Hofbauer/Bergmann
Professionelles Controlling in Marketing und Vertrieb

# Professionelles Controlling in Marketing und Vertrieb

Ein integrierter Ansatz
Mit Kennzahlen und Checklisten

von Günter Hofbauer
und Sabine Bergmann

PUBLICIS

Bibliografische Information Der Deutschen Nationalbibliothek

Die Deutsche Nationalbibliothek verzeichnet diese Publikation in der Deutschen Nationalbibliografie; detaillierte bibliografische Daten sind im Internet über http://dnb.d-nb.de abrufbar.



Autoren und Verlag haben alle Texte in diesem Buch mit großer Sorgfalt erarbeitet. Dennoch können Fehler nicht ausgeschlossen werden. Eine Haftung des Verlags oder der Autoren, gleich aus welchem Rechtsgrund, ist ausgeschlossen. Die in diesem Buch wiedergegebenen Bezeichnungen können Warenzeichen sein, deren Benutzung durch Dritte für deren Zwecke die Rechte der Inhaber verletzen kann.

www.publicis-books.de

**Print ISBN: 978-3-89578-417-0**
**ePDF ISBN: 978-3-89578-696-9**

Verlag: Publicis Publishing, Erlangen


Printed in Germany

# Vorwort

Die nachhaltig erfolgreiche Führung eines Unternehmens stellt eine permanente Herausforderung dar. Der professionelle Umgang mit der Dynamik der Märkte, mit Diskontinuitäten der Nachfrage und steigender Komplexität im Umfeld wird zur Überlebensfrage. Die vielfältigen Informationen von Märkten, Kunden und Wettbewerbern müssen rechtzeitig erkannt, erfasst und adäquat analysiert werden, damit auf dieser Basis erfolgversprechende Strategien und Maßnahmen ergriffen bzw. nachjustiert werden können. Dabei kommt der Controllingfunktion eine bedeutende Aufgabe zu. Insbesondere die Unterstützungsfunktion durch das Controlling in Marketing und Vertrieb ist von elementarer Bedeutung für die Wertschaffung im Unternehmen.

Die konsequente markt- und wertorientierte Ausrichtung der Unternehmen hat auch die Inhalte des Controllings und ihre praktischen Anwendungen nachhaltig beeinflusst. Dabei wird sowohl die Integration von strategischen Fragen als auch die Umsetzung operativer Aufgaben in das Marketing- und Vertriebskonzept immer wichtiger.

Dieses Buch gibt einen Überblick über die Grundlagen des Controllings, die Funktionen und Handlungsfelder sowie über die Instrumente speziell für den Marketing- und Vertriebsbereich. Die identifizierten Managementbereiche für Marketing und Vertrieb sind so dargestellt, dass sie für das Controlling sofort umsetzbar sind. Die einzelnen Kapitel sind modular aufgebaut, so dass das selektive Lesen der einzelnen Themenbereiche möglich ist.

Die Inhalte sind für die Leser so aufbereitet, dass ein Verständnis für die Zusammenhänge und Erfordernisse des Controllings in der markt- und wertorientierten Unternehmensführung entwickelt werden soll. Speziell für den Marketing- und Vertriebsbereich werden Kennzahlen zur Zielsetzung, Analyse und Steuerung zur Verfügung gestellt. Die Themenbereiche sind für die Praxis umsetzungsorientiert aufbereitet.

Unsere Intention ist es, die Professionalisierung in Marketing und Vertrieb sowohl in der Lehre als auch im Beruf ein Stück weit voranzutreiben.

Danken möchten wir allen Mitarbeiterinnen und Mitarbeitern im Verlag, die eine reibungslose Realisierung dieses Buchprojektes ermöglicht haben. Herrn Dr. Seitfudem danken wir für die stets angenehme und professionelle Zusammenarbeit.

Günter Hofbauer
Sabine Bergmann

# Inhaltsverzeichnis

# Verzeichnis aller Darstellungen

# Abkürzungsverzeichnis

| | |
|---|---|
| **AktG** | Aktiengesetz |
| **BdRA** | Bundesverband der Ratinganalysten und Ratingadvisor e.V. |
| **BSC** | Balanced Scorecard |
| **bspw.** | beispielsweise |
| **bzgl.** | bezüglich |
| **CAS** | Computer Aided Selling |
| **CB** | Corporate Behaviour |
| **CC** | Corporate Communication |
| **CD** | Corporate Design |
| **CE** | Customer Equity |
| **CI** | Corporate Identity |
| **CLV** | Customer Lifetime Value |
| **CRM** | Customer Relationship Management |
| **DB** | Deckungsbeitrag |
| **DL** | Dienstleistungen |
| **DW** | Date Warehouse |
| **EAD** | Exposure at Default (Höhe der ausstehenden Forderungen) |
| **EKZ** | Erfolgskennzahl |
| **ERP** | Enterprise Resource Planning |
| **EVA** | Economic Value Added (Geschäftswertbeitrag) |
| **F&E** | Forschung & Entwicklung |
| **FPY** | First Pass Yield |
| **ggf.** | gegebenenfalls |
| **GWB** | Geschäftswertbeitrag |
| **i.d.R.** | in der Regel |
| **i.V.m.** | in Verbindung mit |
| **IFD** | Initiative Finanzstandort Deutschland |
| **IRB** | Internal Rating Based Approach (interner Ratingansatz) |
| **KEP** | Kaufentscheidungsprozess |
| **KMU** | kleine und mittelständische Unternehmen |
| **KonTraG** | Gesetz zur Kontrolle und Transparenz im Unternehmensbereich |
| **KU** | Kapitalumschlag |
| **KVP** | kontinuierlicher Verbesserungsprozess |
| **KWG** | Kreditwesengesetz |
| **LGD** | Loss given Default (Verlustintensität) |
| **M** | Kreditlaufzeit |
| **MaK** | Mindestanforderungen an das Kreditgeschäft für Kreditinstitute |
| **OTCP** | Order-to-Cash-Programm |
| **PD** | Probability of Default (Ausfallwahrscheinlichkeit) |
| **PEP** | Produktentwicklungsprozess |
| **PPS** | Produktionsplanungs- und -steuerungssystem |
| **QCIS** | Qualitätscontrolling-Informationssystem |
| **QL** | Qualifikationslevel |
| **QM** | Qualitätsmanagement |
| **R&D** | Research & Development |
| **ROI** | Return on Investment |
| **RoQ** | Return on Quality |
| **SGF** | strategisches Geschäftsfeld |
| **SRM** | Supplier Relationship Management |
| **TQM** | Total Quality Management |
| **u.a.** | unter anderem |
| **u.U.** | unter Umständen |
| **UR** | Umsatzrendite |
| **USP** | Unique Selling Proposition |
| **usw.** | und so weiter |
| **Y** | Yield (Ausbeute) |

# A Einführung

Die Controllingfunktion nimmt eine bedeutende Stellung in der markt- und werteorientierten Unternehmensführung ein. Gerade die Schnittstelle zwischen dem Unternehmen und dem Umfeld mit den verschiedenen Stakeholdern wie zum Beispiel Kunden, Wettbewerbern, Lieferanten usw. bedarf einer sorgfältigen Analyse, Planung und Steuerung. Die Unterstützungsfunktion durch das Controlling ist für Marketing und Vertrieb an dieser Schnittstelle von elementarer Bedeutung für die Wertschaffung für das eigene Unternehmen. Zur Ausübung dieser Unterstützung sind nicht nur methodische und analytische Fähigkeiten gefragt. Vielmehr muss der Controller das Geschäftsmodell verstehen und sehr viel Wissen und Verständnis für die Zusammenhänge von Marketing und Vertrieb mitbringen. Auf der anderen Seite müssen aber auch die Marketing- und Vertriebsmanager stets controllingorientiert denken und handeln, damit nicht nur die Marktorientierung, sondern auch die Werteorientierung ihrem Stellenwert gerecht wird. Um beiden Seiten gerecht zu werden, haben wir das vorliegende Buch so aufgebaut, dass sowohl Aufgaben und Methoden des Controllings als auch die Ziele und Zusammenhänge in Marketing und Vertrieb dargestellt werden.

In Abschnitt B sind die Grundlagen des Controllings dargestellt. Hier werden die Funktionen und Handlungsfelder kurz umrissen und die Einbindung des Controllings in die Organisation besprochen. Die Toolbox mit den Instrumenten und Methoden schließt diesen Abschnitt ab.

In Abschnitt C wird die Einordnung des Controllings in die Unternehmensführung thematisiert. Neben strategischen und operativen Aufgaben des Controllings geht es auch um die Ausrichtung am Markt, an Werten und an Prozessen. Ein wichtiger Bezug zu Marketing und Vertrieb wird über das Marketing Performance und Relationship Management hergestellt. Mit den Implikationen für das Controlling speziell für Marketing und Vertrieb wird auf den Abschnitt D hingeführt.

In Abschnitt D werden spezifische Marketing- und Vertriebsthemen vorgestellt, die einen Bezug zum Controlling haben. Gut strukturiert in sechs Dimensionen werden Inhalte, Ziele und Vorgehensweisen für Marketing und Vertrieb vorgestellt und jeweils Verbindungen zum Controlling hergestellt. Spezielle Controllingaspekte, adäquate Methoden und praxistaugliche Checklisten geben Hilfestellung für die Umsetzung. Die Dimensionen im Einzelnen sind:

- Management, Organisation und Prozesse
- Markt und Branche
- Marketing und Vertrieb
- Kunden und Lieferanten
- Produkte und Leistungserstellungsprozesse
- Performance Measurement und Auditing

# B Grundlagen

# 1 Notwendigkeit, Entwicklung, Begriff und Ziele des Controllings

## 1.1 Notwendigkeit des Managements von Diskontinuität und Komplexität

Die Erhaltung der Wettbewerbsfähigkeit ist eine ständige Herausforderung für Unternehmen. Sie wird durch die Notwendigkeit des Umgangs mit Diskontinuitäten im Unternehmensumfeld sowie durch die steigende Komplexität des Unternehmensgeschehens [Müller 2009, S. 2] zur primären Managementaufgabe. Diskontinuitäten in den Märkten werden durch einen fortwährenden und immer schneller stattfindenden Wandel im externen Unternehmensumfeld hervorgerufen. Bedingt werden diese Diskontinuitäten durch einen verstärkten internationalen bzw. globalen Wettbewerb, durch stark schwankende Rohstoffpreise, veränderte Wertevorstellungen in der Gesellschaft (z.B. gestiegenes Umweltbewusstsein, Individualisierung), technologischen Fortschritt sowie durch neue gesetzliche Regelungen und Marktderegulierungen.

Gleichfalls ist eine steigende Dynamik im externen Unternehmensumfeld zu verzeichnen. Veränderungen treten mit einer höheren Häufigkeit, in geringeren Abständen und mit einer höheren Intensität auf. Piontek [2005, S. 10] beschreibt die Märkte des 20. Jahrhunderts als zunehmend evolutionärer, komplexer, chaotischer und immer weniger vorhersehbar. Die Veränderung einzelner Umweltfaktoren führt zu Interdependenzen mit weiteren Umweltfaktoren und so zu einer Erhöhung der Komplexität der Umwelt.

Durch die ansteigende Dynamik der Märkte erfährt der Faktor Zeit eine wettbewerbsbestimmende Relevanz. Zunehmender technischer Fortschritt führt zu immer häufigeren Technologiesprüngen (Ablösung von Technologien) und der Notwendigkeit, Entwicklungszeiten zu verkürzen. Neue Produkte verfügen über verkürzte Marktzyklen. Hieraus resultiert eine verkürzte Periode zur Gewinnerzielung. Marktprognosen werden jedoch in Zeiten mit hoher Diskontinuität schwieriger. Die Unternehmen befinden sich in einem Zeitwettbewerb, welcher bei einer frühzeitigen Identifizierung von Marktpotenzialen und einer rechtzeitigen Umsetzung zur Realisierung von Gewinnen führen kann [Piontek 2005, S. 14].

Die Dynamik der Umweltfaktoren und die daraus resultierende Komplexität verhindern eine beständige und gleichmäßige Unternehmensführung. Unternehmen müssen heutzutage anpassungsfähig und flexibel sein, um die Wettbewerbsfähigkeit zu erhalten. Um der Anforderung einer hohen Anpassungsfähigkeit zu genügen, ist die Selbstorganisation von Unternehmen auf Flexibilität zu trimmen und eine schnelle Adaptionsfähigkeit (Zeitwettbewerb) von neuen Marktbegebenheiten zu entwickeln. Die Evolution der

Märkte erfordert somit in gleichem Ausmaß die interne Evolution des Unternehmens. Die Handhabung von Komplexität wird zum Kern der Managementaufgabe [Bleicher 2011, S. 52]. Flexibilität und eine hohe Reaktionsgeschwindigkeit gelten als Erfolgsfaktoren in einem dynamischen Umfeld [Müller 2009, S. 10]. Das frühzeitige Erkennen von Diskontinuitäten und das Ergreifen von Maßnahmen vor bzw. kurz nach dem Eintritt des Wandels sind wettbewerbsentscheidende Aspekte insbesondere in Marketing und Vertrieb.

Die interne Komplexität steht einer schnellen Entscheidungsfindung im Managementprozess oftmals im Wege und gefährdet so die Handlungsfähigkeit von Unternehmen [Müller 2009, S. 10]. Die Entscheidungsfindung erfolgt aufgrund der gestiegenen Dynamik und Komplexität stets unter Ungewissheit. Die Berücksichtigung bzw. das Extrahieren relevanter Informationen, auch aus schwachen Signalen, fällt oftmals aufgrund des geringen Konkretisierungsgrads und der kaum überschaubaren Fülle und Wechselwirkungen schwer. Gemäß dem Modell von Khandwalla strebt das Management den Einsatz von Mechanismen zur Ungewissheitsreduktion (z.B. vertikale Integration, partizipatives Management) an, welche wiederum zu einer zunehmenden organisatorischen Differenzierung (z.B. Delegation von Entscheidungen, Funktions- und Spartengliederung), also einer erhöhten Binnenkomplexität, führen [Horváth 2011, S. 4f]. Der hohe Grad der organisatorischen Differenzierung (interne Komplexität) mit seinen komplexen Prozessen führt wiederum zu einem erhöhten Koordinationsbedarf und bedingt integrative Maßnahmen zur Minderung der Koordinationsprobleme [Horváth 2011, S. 4f]. Grundsätzlich gilt, Komplexität ist zu reduzieren und zu beherrschen. In erster Linie sind möglichst große Synergien zwischen einzelnen Systemelementen zu schaffen [Bleicher 2011, S. 55]. Die Schaffung von Transparenz, das Erkennen der Notwendigkeit zur Reorganisation und der Aufbau einer ganzheitlichen Sichtweise sind Mittel zur internen Komplexitätsbeherrschung [vgl. Piontek 2005, S. 16].

Das moderne Management löst sich von dem singulären Ziel der Gewinnmaximierung mit seiner tendenziell kurzfristigen Perspektive. Sofern lediglich der Ansatz der Gewinnmaximierung in unternehmerischen Entscheidungen berücksichtigt wird, entsteht die Gefahr, in der Zukunft liegende Potenziale zu vernachlässigen. Fehler im Management führen zu intern verursachten Unternehmenskrisen. Diese begründen sich oftmals in der mangelnden Berücksichtigung von Chancen und Risiken, welche durch Veränderungen der Unternehmensumwelt initiiert sind. In Zeiten großer und plötzlich auftretender Unregelmäßigkeiten müssen sich Unternehmen jedoch Handlungsspielräume offen halten und strategische Alternativen entwickeln, um zukünftige Potenziale zu identifizieren und gleichfalls zu realisieren. Mit dem Wissen über zukünftige Potenziale und über Handlungsalternativen können bei auftretendem Wandel notwendige Anpassungen vorgenommen werden. Die moderne Unternehmensführung versteht die Unternehmung daher als Teilsystem in seiner Umwelt und trifft ihre Entscheidungen unter Berücksichtigung von Chancen und Risiken.

Zunehmende Diskontinuitäten in den Märkten, ein Anstieg der Dynamik und der Komplexität sowie eine Verschärfung des Zeitwettbewerbs erfordern zukunftsgerichtete, flexible strategische Konzepte, welche Handlungsalternativen bereithalten. Hierdurch wird vermieden, dass unter Zeit- und Problemdruck das Naheliegende getan wird und

Fern- und Nebenwirkungen unberücksichtigt bleiben [Müller 2009, S. 6]. Eine adäquate Versorgung des Managements mit entscheidenden Informationen gilt als Erfolgsfaktor der modernen Unternehmensführung. Ausgereifte Informationssysteme mit einer Ziel-, Zukunfts-, Nutzen- und Engpassorientierung [Piontek 2005, S. 7] unterstützen das Management von Diskontinuitäten sowie der Komplexität und fördern die Entscheidungsfindung, auch unter zeitlichem Druck. Eine umfassende Versorgung des Managements mit entscheidungsrelevanten Informationen verhindert Führungsfehler, welche aufgrund eines Informationsdefizites zu intern verursachten Krisen führen. Somit ist die Ausgestaltung einer effizienten Planungs-, Kontroll- und Steuerungssystematik notwendige Bedingung, um ein Unternehmen zielführend und erfolgreich zu führen [Jung 2011, S. 4].

Aufgrund der aufgezeigten Entwicklungen lässt sich zusammenfassend festhalten, dass ein Unternehmen über eine adäquate Planung, Steuerung und Kontrolle, also über ein Controllingsystem, verfügen muss, um die Zukunftsfähigkeit fortwährend zu gewährleisten.

Dies bedeutet, dass das Controllingsystem das Management von Diskontinuitäten, Komplexität und Dynamik zu gewährleisten hat. Hierfür ist es auf die Markt-, Werte- und Prozessorientierung auszurichten. Das Controllingsystem muss in erster Linie über eine konsequente Marktorientierung verfügen. Die Marktorientierung richtet das unternehmerische Handeln (Planung, Steuerung und Kontrolle) umfassend auf das externe Unternehmensumfeld aus, orientiert sich primär an den Kundenbedürfnissen und bezieht Aktivitäten der Konkurrenz ein. Diskontinuität, Dynamik und die externe Komplexität finden in der Marktorientierung ihre Berücksichtigung und eröffnen somit Handlungsspielräume. In einem Folgeschritt ist das Controllingsystem auf eine ebenso konsequente Werteorientierung auszulegen. Durch die Schaffung von Werten für Kunden wird die Steigerung des Unternehmenswertes sichergestellt. Die Werteorientierung generiert Rentabilität, sichert die Wirtschaftlichkeit, die Liquidität und den Cashflow. Die durch

**Controllingsystem: Planung, Steuerung und Kontrolle**

| Orientierung | Markt | Werte | Prozess |
|---|---|---|---|
| Management-aufgabe | • Diskontinuität<br>• Dynamik<br>• externe Komplexität | • Kundenwerte<br>• Rentabilität<br>• Liquidität | • Zeitwettbewerb<br>• interne Komplexität |
| Ergebnis | • Potenziale<br>• Handlungsalternativen | • bewertete Handlungs-alternativen<br>• Nutzen | • effizient umzusetzende Handlungsalternativen |

**Darstellung 1** Controllingsystem im Rahmen der Markt-, Werte- und Prozessorientierung

die Marktorientierung eröffneten Handlungsspielräume bzw. -alternativen werden anhand der Wertgrößen beurteilt. Das Management wird in die Lage versetzt, Entscheidungen unter Berücksichtigung der Auswirkungen auf das Unternehmensergebnis zu treffen. Die Größen der Werteorientierung sind gleichfalls der Planung, Steuerung und Kontrolle unterworfen. Und eine ebenso konsequent verfolgte Prozessorientierung unterstützt die Partizipation am Zeitwettbewerb und das Management der internen Komplexität. Jede unternehmerische Entscheidung hat Auswirkungen auf die etablierten Prozesse und Strukturen des Unternehmens. Mittels detailliertem Wissen über Arbeitsabläufe und Strukturen erhält das Unternehmen stets den Überblick über den Zustand der Organisation. Auswirkungen von organisatorischen Anpassungen können zeitnah beurteilt werden. Flexible Strukturen und Prozesse unterstützen eine zeitnahe Adaption neuer Marktanforderungen. Die Handlungsfähigkeit bleibt aufgrund der gewonnenen Flexibilität gewährleistet. Darstellung 1 zeigt den Zusammenhang zwischen Markt-, Werte- und Prozessorientierung und dem Controllingsystem im Überblick.

## 1.2 Die Entwicklung des Controllings

Setzen wir uns mit der Geschichte des Controllings auseinander, so ist zu erkennen, dass sich das Controlling in mehreren Stufen entwickelt hat [Jung 2011, S. 2f; Schierenbeck/Lister 2002, S. 3f; Horváth 2011, S. 19]: Die Ursprünge liegen in der öffentlichen Verwaltung im späten 19. Jahrhundert in den USA. Mit der Industrialisierung erkannten US-amerikanische Großunternehmen die Notwendigkeit einer gesteuerten Kommunikation und Koordination sowie Kostenkontrolle. Erst Anfang der 1950er Jahre etablierte sich das Controlling in Deutschland mit einer vornehmlichen Ausrichtung auf die Produktion (z.B. Standardkosten zur Ermittlung von Verbrauchs- und Preisabweichungen). Anfang der 1960er Jahre richtete das Controlling seinen Fokus auf Problembereiche im Unternehmen und das Marketing (z.B. Produkterfolgsrechnung, Profit Center), um bei der Navigation des Unternehmens zu unterstützen. Mit den 1970er Jahren etablierte sich eine Fokussierung auf Kunden, Anwendergruppen und Marktsegmente, indem Rentabilitätsüberwachungen (z.B. Kundendeckungsbeitragsrechnung, Gemeinkostenwertanalyse) eingeführt wurden. Das heutige Controllingverständnis einer unternehmensweiten Planung, Steuerung und Kontrolle sowie der zwischenbetrieblichen Prozesse entwickelte sich ab 1970. Das Controlling verfolgt seit diesem Zeitpunkt die langfristige Existenzsicherung auf strategischer und operativer Ebene.

Drei Entwicklungsphasen können für das Controlling abgeleitet werden [Steinle/Daum 2007, S. 9f; Schneider 1993, S. 38f]: In den Anfängen lag der Schwerpunkt auf der Kostenrechnung mit einer Bewertung von ergebnis- und finanztechnischen Größen und einer alleinigen Ausrichtung auf das Unternehmensergebnis. Die Durchführung von Plan-Ist-Vergleichen mit Ursachenanalysen dienen als Mittel der kurz- bis mittelfristigen operativen Steuerung. In der zweiten Phase entwickelte sich das rechnungswesenorientierte Konzept weiter zu einem Informationssystem, das vornehmlich auf der Kostenrechnung fußte. Die umfassende Durchführung von Wirtschaftlichkeitsanalysen erlaubte die kurzfristige, stark auf Gewinnoptimierung ausgelegte Führung des Unternehmens. Wertorientierte Kennzahlen wie Rentabilität, Liquidität und Zahlungsfähigkeit stehen im Mittelpunkt der informationszentrierten Controllingkonzeption. In dieser Phase bildeten sich zwei unterschiedliche konzeptionelle Controllingsichtweisen heraus [Schneider 1993, S. 85f; Braunstein 2008, S. 63f]:

- *Ergebnisorientierung:* Führungsunterstützungsfunktion des Controllings, indem Kennzahlen zur Verfügung gestellt und interpretiert werden, welche hauptsächlich aus dem Rechnungswesen stammen.
- *Koordinationsorientierung:* Koordinationsunterstützungsfunktion des Controllings bei dem Abgleich des Informationsbedarfs, der Informationsbeschaffung und Informationsverwendung für Planungs- und Entscheidungsträger.

Der informierende Charakter des Controllings wurde in einem letzten konzeptionellen Entwicklungsschritt um den Anspruch der Unterstützung des Managements erweitert. Das Controlling unterstützt und entlastet die Führung mit der Bereitstellung von quantitativen und qualitativen Analysen zur Planung, Steuerung und Kontrolle des Unternehmensgeschehens und legt einen verstärkten Fokus auf eine umfassende Koordination unter Berücksichtigung der Umweltentwicklung. Das Controlling übernimmt die Verantwortung der erfolgreichen Erreichung der Unternehmensziele [Braunstein 2008, S. 73].

Die Führungs-, Koordinations- und Entscheidungsunterstützung durch das Controlling rückt heutzutage aufgrund der erhöhten Diskontinuität, Dynamik und Komplexität der unternehmensexternen und -internen Umwelt in den Vordergrund. Aufgaben der zukunftsorientierten Planung und Steuerung gewinnen an Gewicht, wobei das interne Rechnungswesen an Dominanz verliert [Horváth 2011, S. 61]. Die ursprünglich stark operative Auslegung der Controllingaufgaben wird durch die vermehrte Einbindung in strategische Fragestellungen kompensiert. Die Sicherstellung der Anpassungsfähigkeit und des notwendigen Flexibilitätsgrades von Unternehmen werden mit einer verstärkten Beratungsfunktion durch das Controlling und den Einbezug des Controllings in die Entscheidung gewährleistet. Gemäß Horváth [2011, S. 62] führt „der wachsende Koordinationsbedarf auf allen Führungsebenen zu einer starken Dezentralisierung des Controllings". Der Komplexitätsanstieg zwingt das Controlling gleichfalls zu einer Funktionsspezialisierung (z.B. Marketing- und Vertriebscontrolling, Forschungs- und Entwicklungscontrolling, Beschaffungscontrolling). Die funktionsspezifische Planungs-, Steuerungs- und Kontrollunterstützung sowie Informationsversorgung stellen dabei die Kernaufgaben dar. Gleichfalls ist eine zunehmende unternehmensübergreifende Ausrichtung auf Kooperationen bzw. Netzwerke und die verstärkte Ausrichtung auf verschiedene Anspruchsgruppen in der Unternehmensführung zu erkennen [Schneider 1993, S. 206]. Mit der verstärkten Ausrichtung des Unternehmens auf die Marktorientierung befasst sich der moderne Controller auch mit der Gewinnung des Vertrauens von Stakeholdern (z.B. Eigen- und Fremdkapitalgebern, Kunden, Lieferanten, Mitarbeitern) [Braunstein 2008, S. 82]. Die Umsetzung dieser neuen Ausrichtungen beeinflusst und erweitert den Aufgabenumfang der Führungsunterstützung durch das Controlling. Der zukünftige Controllingschwerpunkt liegt in der ergebnisorientierten Beratung und der schnellen und flexiblen Bereitstellung von Informationen. Es ist notwendig, dass sich aufgrund der gestiegenen Komplexität und Dynamik das Controlling noch stärker inte-

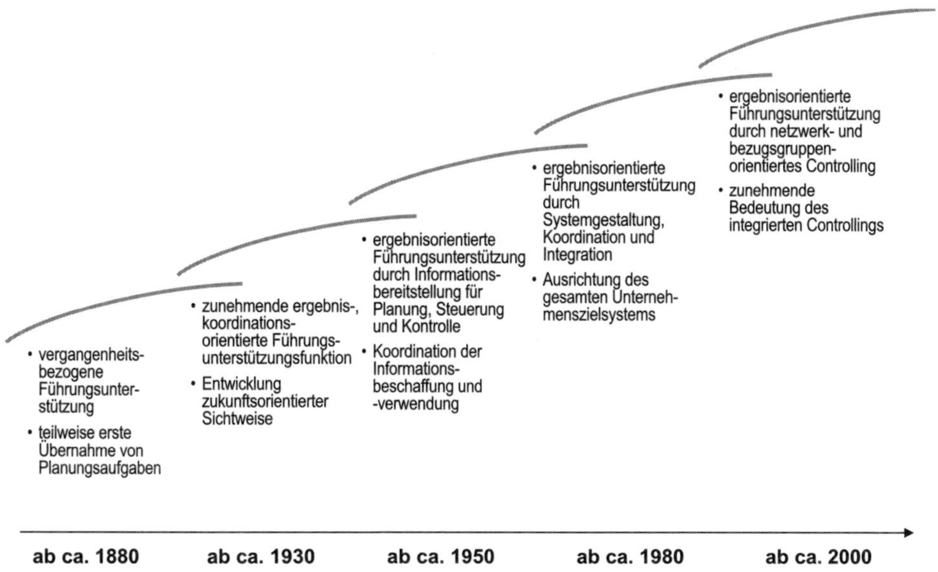


**Darstellung 2** Entwicklung der Aufgaben im Controlling

griert, sich auf das Wesentliche bei der Informationsbereitstellung konzentriert und die personenbezogene Führung durch einen stringenten Beratungsansatz ermöglicht [Braunstein 2008, S. 80]. Darstellung 2 stellt die historische Entwicklung der Controllingaufgaben in einem Überblick kurz dar [in Anlehnung an Schneider 1993, S. 38f].

## 1.3 Der Begriff des Controllings

Der Begriff Controlling entstammt dem Englischen und leitet sich von „to control" ab. Missinterpretationen im deutschen Sprachgebrauch entstehen, sofern eine Übersetzung von „Control" mit Kontrolle erfolgt. In der englischen Begriffsauffassung ist „to control" mehr als die reine Kontrolle. Controlling bezieht sich inhaltlich auf die Beeinflussung, Überwachung, Steuerung und Beherrschbarkeit [Steinle/Daum 2007, S. 7]. Nach Horváth [2011, S. 17] wird durch sinngemäße Übersetzung des Begriffs „Controlling" von Unternehmenssteuerung gesprochen. Selbst wenn Controlling im Sinne von Unternehmenssteuerung aufgefasst wird, ergeben sich aufgrund der mannigfaltigen Auslegung des Controllingbegriffs unterschiedliche Definitionsansätze.

Horváth [2011, S. 129] tituliert Controlling als „Subsystem der Führung, das Planung und Kontrolle sowie Informationsversorgung systembildend und systemkoppelnd ergebniszielorientiert koordiniert und so die Adaption und Koordination des Gesamtsystems unterstützt. Controlling stellt damit eine Unterstützung der Führung dar." Der Controllingansatz nach Horváth ordnet Controlling als ein Subsystem der Führung in das Unternehmen ein und untergliedert das Führungssystem in Planungs-, Kontroll- und Informationsversorgungssystem.

Ebert gliedert das Subsystem Controlling als Führungsmaxime in einen systematischen-ganzheitlichen Managementansatz, indem er definiert [Preissler/Ebert 1996, S. 16]: „Controlling ist ein funktionsübergreifendes Steuerungsinstrument, das den unternehmerischen Entscheidungs- und Steuerungsprozess durch zielgerichtete Informationserund -verarbeitung unterstützt." Für besonders relevant erachtet Ebert die Koordinationsleistung (funktionsübergreifender Aspekt) als auch den Servicegedanken des Controllings für das Management (Unterstützung durch Informationsversorgung), wobei die Übernahme von Managementaufgaben durch das Controlling ausgeschlossen wird [Braunstein 2008, S. 326].

Reichmann definiert den Controllingbegriff wie folgt: „Controlling ist die zielbezogene Unterstützung von Führungsaufgaben, die der systemgestützten Informationsbeschaffung und Informationsverarbeitung zur Planerstellung, Koordination und Kontrolle dient; es ist eine rechnungswesen- und vorsystemgestützte Systematik zur Verbesserung der Entscheidungsqualität auf allen Führungsstufen der Unternehmung." [Reichmann 2011, S. 12]. Die wesentlichen Elemente des Controllingansatzes nach Reichmann sind die Entscheidungs- und Informationsorientierung, indem Controllingaufgaben gemäß dem Entscheidungsprozess strukturiert werden und die bereitgestellten Informationen das Ergebnis eines konkreten Informationsbedarfs mit subjektiver Interpretation sind [Braunstein 2008, S. 455].

Jung [2011, S. 6] versteht unter Controlling „ein funktionsübergreifendes Steuerungsinstrument, das den unternehmerischen Entscheidungs- und Steuerungsprozess durch zielgerichtete Informationserarbeitung und -verarbeitung unterstützt. Der Controller sorgt dafür, dass ein wirtschaftliches Instrumentarium zur Verfügung steht, das vor allem durch systematische Planung und der damit notwendigen Kontrolle hilft, die aufgestellten Unternehmensziele zu erreichen."

Weber [2005, S. 11] stellt folgende Sichtweise des Controllings auf: „Wir sehen Controlling als Rationalitätensicherung der Führung und leiten diese Sicht aus den Aufgaben von Controllern ab: Controller leisten Führungsunterstützung, indem sie Informationen bereitstellen, bei der Erstellung von Plänen helfen, Kontrollen durchführen und in vielerlei Hinsicht beratend und coachend handeln." Im Sinne von Weber verfolgt bzw. unterstützt das Controlling das Ziel der Vermeidung von Führungsfehlern. Der Autor stellt die verhaltensorientierte Perspektive in den Vordergrund und definiert somit die Zusammenarbeit zwischen Führungskraft und Controller als zentrales Element des Controllingansatzes.

Wir erheben nicht den Anspruch, uns durch eine weitere Controllingdefinition in die Reihe vielzähliger Verfasser einzugliedern. Vielmehr möchten wir die grundlegenden Gemeinsamkeiten, welche die Darstellung eines umfassenden Controllinganansatzes definieren und die markt-, werte- und prozessorientierte Unternehmensführung unterstützen, darstellen. Folgende *grundlegende Gemeinsamkeiten* lassen sich aus den Definitionsansätzen extrahieren:

- Controlling ist die Koordination des Führungssystems durch Informationsbeschaffung und -bereitstellung zur Ableitung relevanter Maßnahmen und durch Einsatz von Instrumenten.

- Controlling ist Dienstleistung, indem es die Führung unterstützt und berät (Rationalitätssicherung).
- Controlling verbessert die Entscheidungsqualität durch Ergebnisorientierung und sichert die Erreichung der Unternehmensziele.
- Controlling ist die Planung und Kontrolle eines Systems.

Das erarbeitete Extrakt der Controllingdefinitionen stellt das Wesen des Controllings dar. Es lassen sich aus dieser Wesensbeschreibung grundlegende Ziele und Funktionen ableiten, welche in den folgenden Abschnitten vorgestellt werden.

## 1.4 Ziele des Controllings

In jedem Unternehmen geht es darum, „im Rahmen der Geschäftstätigkeit durch den geschickten Einsatz von Technologie und Know-how und durch intelligentes Management solche Produkte oder Dienstleistungen herzustellen und am Markt abzusetzen, deren Wert (die Leistung des Unternehmens) den Wert der eingesetzten Produktionsfaktoren (die Kosten des Unternehmens) übersteigen." [Liermann/Uecker 2006, S. 17]. Die Umsetzung dieses Ziels erfordert eine konsequente Markt-, Werte- und Prozessorientierung der Unternehmung. Im Sinne des Controllings ist der Unternehmenserfolg durch Zielvorgaben konkret zu planen, die Realisierung mittels Steuerungsmechanismen (Informationsbeschaffung und -versorgung) sicherzustellen und deren Erreichungsgrad durch eine unterstützende Kontrolle zu messen. Im Rahmen der Zielplanung wird die Sollgröße entwickelt. Um das Unternehmensziel zu erreichen, also Werte für das Unternehmen zu generieren, sind Entscheidungen notwendig, welche unter Einbezug von unsicheren externen Umfeldfaktoren (Störgrößen) und durch interne Faktorkombinationen, wie z.B. Verteilung der Aufgaben auf Mitarbeiter, Überlegungen hinsichtlich Zeit und Ort der Ausführung, getroffen werden. Der Entscheider verfügt über eine Vielzahl von Handlungsalternativen, wobei die am meisten versprechende Alternative auszuwählen ist. Unternehmerische Zielsetzungen geben bei der Auswahl der Handlungsalternativen die Richtung vor. Das Controlling unterstützt mittels der verantworteten Planungs- und Kontrollprozesse die Erreichung des Unternehmensziels. Durch seine informierende und koordinierende Funktion stellt das Controlling alle notwendigen Informationen für die Entscheidungsfindung bereit. Ziel des Controllings ist, durch maßgeschneiderte Informationsbereitstellung die Führung zu unterstützen und zu beraten. Gleichfalls zielt das Controlling auf eine Verbesserung der Entscheidungskoordination und gewährleistet durch seine Beiträge rationale Entscheidungen durch das Management. Durch die Rationalitätensicherung, welche sich lediglich an Fakten orientiert, soll eine analytisch fundierte Wahl der Ziele sowie das Erreichen der Ziele sichergestellt werden [Alter 2011, S. 15].

Als Hauptziel des Controllings gilt die Unterstützung der Gesamtzielerreichung. Die Gesamtzielerreichung drückt sich durch Gewinn-, Umsatz- und Rentabilitätssteigerungen aus und gewährleistet den dauerhaften Fortbestand des Unternehmens [Jung 2011, S. 8]. Durch diese Zielkombinationen ermöglicht das Controlling der Führung, die

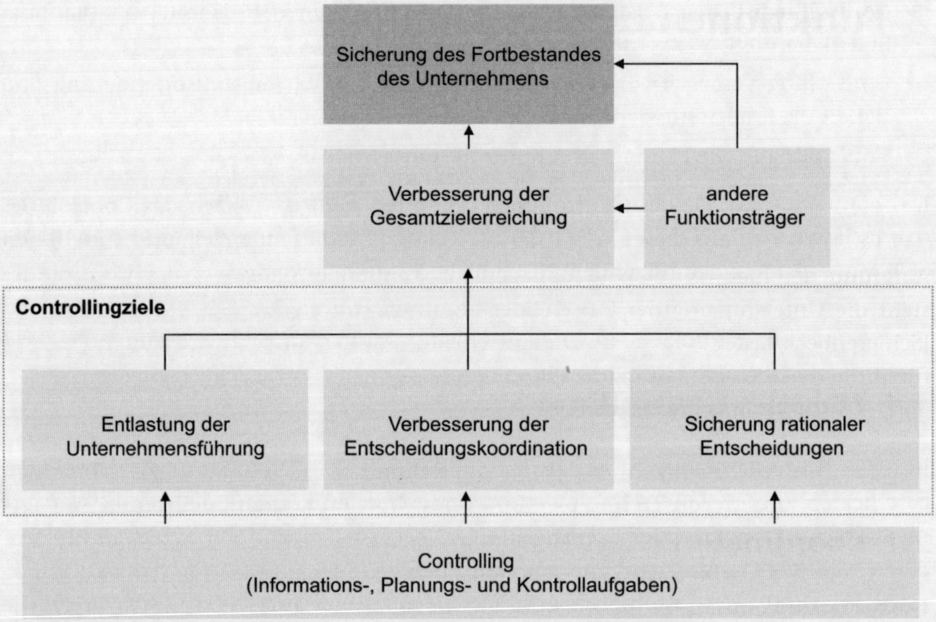


**Darstellung 3** Controllingziele

Unternehmung durch Planung zielorientiert an Umweltänderungen anzupassen und die dazu erforderlichen Steuerungsaufgaben wahrzunehmen [Piontek 2005, S. 17]. Darstellung 3 zeigt den Einfluss der Controllingziele zur Verbesserung der Gesamtzielerreichung und damit zur Sicherung des Fortbestandes des Unternehmens [in Anlehnung an Jung 2011, S. 8].

# 2 Funktionen des Controllings

Aufgrund der hier vertretenen managementorientierten Sichtweise des Controllings steht die Unterstützung der Entscheider bei ihren Führungsaufgaben im Mittelpunkt [Schierenbeck/Lister 2002, S. 8]. Die Entscheidungsunterstützung wird durch die Kernfunktionen der Koordination, der Planung und Kontrolle sowie der Informationsversorgung des Controllings realisiert.

## 2.1 Koordinationsfunktion

Die führende Kernfunktion ist die Koordinationsfunktion. Diese Funktion stellt die systematische Koordination des Führungssystems sicher, indem durch das Controlling eine ziel- und zweckorientierte Aufbau- und Ablauforganisation für die Planung, Kontrolle, Informationsgenerierung und -versorgung entwickelt und abgesichert wird [Steinle/Daum 2007, S. 25]. Führung ist eine Aufgabe, welche die Steuerung und Gestaltung des Handelns anderer Personen zum Gegenstand hat, welche z.B. durch die Zielbildung, Planung, Entscheidung und Kontrolle zum Ausdruck gebracht wird [Horváth 2011, S. 95]. Es wird davon ausgegangen, dass die Notwendigkeit einer institutionalisierten Koordination innerhalb eines Systems steigt, je mehr aufbau- und ablauforganisatorische Differenzierungen im Führungssystem bestehen [Schierenbeck/Lister 2002, S. 13; Küpper 2008, S. 27]. Die Notwendigkeit der Koordination begründet sich durch interdependente Entscheidungen in einem Unternehmen. Es wird angenommen, dass eine Entscheidung direkt oder indirekt die Zielerreichung mindestens einer anderen Entscheidung beeinflusst und somit wechselseitige Abhängigkeiten entstehen [Horváth 2011, S. 99]. Die Ausübung der Koordinationsfunktion sichert somit die Entscheidungsqualität ab. Die Koordination versteht sich somit als gezielte Abstimmung von Einzelentscheidungen auf ein gemeinsames Ziel hin [Horváth 2011, S. 100]. Die Ausgestaltung von Regeln zur Kommunikation, zur Entscheidungsfindung und zur Steuerung sind wesentliche Controlling-Aspekte der Koordination [Schneider 1997, S. 451f]:

- Mittels *Regeln zur Kommunikation* erfolgt eine Kanalisierung der Wissensverteilung zwischen Organisationseinheiten vor und während der gemeinsamen Planerarbeitung und -abstimmung als auch nach dem Vollzug des Plans.
- Die *Regelung der Entscheidungsfindung* definiert Entscheidungsbefugnisse sowie -spielräume und bestimmt so das Zustandekommen von Entscheidungen (z.B. hierarchische Entscheidungen, Entscheidung durch Diktat oder Delegation).
- Der Vollzug als auch die Korrektur von Entscheidungen werden durch *Regeln zur Steuerung* bestimmt.

Insbesondere werden durch das Controlling die Planungs- und Kontrollprozesse auf unterschiedlichen Hierarchieebenen des Unternehmens koordiniert, indem zum Beispiel die Konsolidierung von abteilungs- bzw. bereichsspezifischen Einzelplänen zu einem strategischen Unternehmensplan vorgenommen wird. Eine weitere Aufgabe in der Wahrnehmung der Koordinationsfunktion durch das Controlling besteht in der fortwährenden Weiterentwicklung und Verbesserung des Planungs- und Kontrollsystems.

Die Koordinationsaufgabe umfasst gleichfalls die Zielausrichtungsfunktion [Küpper 2008, S. 33f]. Definierte Unternehmensziele liefern hierfür die Grundlage. Im Rahmen der Wahrnehmung der unternehmensweiten Koordinationsaufgabe ist durch das Controlling ein Zielsystem, welches zum Beispiel Rentabilitätsziele, finanzielle Ziele und Marktziele umfasst, zu gestalten und die Abstimmung von Einzelzielen zu einem sinnvollen Ganzen zu unterstützen.

Nicht nur die interne Koordination, sondern auch eine Koordination der Unternehmensführung mit ihrer Umwelt wird durch diese Funktion ermöglicht. Die im Rahmen der Koordinationsfunktion integrierte Anpassungs- und Innovationsfunktion bezieht sich auf die Unterstützung einzelner Fachbereiche (z.B. Marketing, Vertrieb, Beschaffung). Eine gezielte Informationsbereitstellung (z.B. durch Früherkennungssysteme) und Kontrolle, können die Anpassungs- und Innovationstätigkeiten der Fachbereiche unterstützen und gegebenenfalls auch auslösen [Küpper 2008, S. 33].

Koordinationsprobleme lassen sich durch Unterschiede im Wissensstand über Tatsachen und Theorien sowie in Einschätzungen der Unsicherheit begründen [Schneider 1997, S. 450]. In diesem Sinne unterstützt die Rationalitätssicherung als Element des Controllings die Koordinationsfunktion. Die Rationalitätssicherung dient der Nutzenmaximierung in Form von Gewinn- und Wertmaximierung und hat stets das übergeordnete Unternehmensziel im Blickfeld. Entscheider im Unternehmen verfügen über unterschiedliche Management- und Führungsmuster und gleichfalls über unterschiedlich ausgeprägte Fähigkeiten. Die Unterschiede treten durch unterschiedliches Können und Wollen zum Vorschein [Weber 2005, S. 25]. Exemplarisch können folgende Differenzierungen zwischen Wollen und Können dargestellt werden:

1. Entscheider verfügt über das nötige Können und Wollen.
2. Entscheider verfügt nicht über das nötige Können, jedoch über das notwendige Wollen.
3. Entscheider verfügt über das nötige Können, jedoch nicht über das notwendige Wollen.

Die Ausführung der Controllingaufgaben erfolgt im Sinne einer internen Kundenorientierung gegenüber den Entscheidern, indem je nach Eigenschaft der Manager eine spezifische Strategie der Zusammenarbeit gewählt wird [Weber 2005, S. 27]. Hierdurch wird das Controlling zur Dienstleistung, indem es die Führung unterstützt und berät. Im Sinne dieser Servicefunktion erfolgt die Unterstützung und Beratung in unterschiedlicher Form, je nach Ausprägung des Können- und Wollenfaktors des Entscheiders. Im ersten Fall entlastet das Controlling das Management, indem es eine Zulieferfunktion (z.B. Übernahme des Berichtswesens) wahrnimmt und gleichfalls die Wirtschaftlichkeit des Führungsbereichs erhöht [Weber 2005, S. 42f]. Im zweiten Fall ergänzt das Controlling die Führung, indem das Fach- und Methodenwissen des Controllings die Handlungen der Manager auf Rationalität überprüft. Sofern opportunistisches Handeln bei den Entscheidern zu erkennen ist und diese ihren vorgegeben Handlungsrahmen verlassen, obliegt dem Controlling die Aufgabe der Begrenzung [Küpper 2008, S. 19]. Diese Aufgabe ist im dritten Fall vorzunehmen.

Die Kenntnis bzw. der Einsatz geeigneter Methoden zur Erfüllung der Koordination des Führungssystems und zur Unterstützung der Führung stellt eine weitere Facette der Koordinationsfunktion dar. Im Sinne der Servicefunktion stellt das Controlling geeignete Methoden zur Koordination des Führungsystems und zur Informationsbereitstellung für ein koordiniertes zweckmäßiges Handeln bereit [Küpper 2008, S. 34].

Betrachten wir die Koordinationsfunktion des Controllings, so umfasst sie die originäre Koordinationsaufgabe, die Zielausrichtungs-, die Anpassungs- und Innovations-, die Servicefunktion sowie die Rationalitätssicherung im Führungssystem. In bisherigen Erläuterungen haben wir uns auf die allgemeine Darstellung der einzelnen Funktionen bezogen. Es ist jedoch eine weitere Unterscheidung bezüglich des Führungssystems zu treffen, um die Koordinationsfunktion umfassend darzustellen. Das Führungssystem eines Unternehmens besteht aus verschiedenen Führungsteilsystemen (Planungs-, Kontroll-, Informationssystem, Aufbau- und Ablauforganisation, usw.) und umfasst somit unterschiedliche Bereiche der Koordination. Die Koordination innerhalb einzelner Führungsteilsysteme und zwischen verschiedenen Führungsteilsystemen ist zu unterscheiden [Küpper 2008, S. 36f]:

- Die *Koordination innerhalb einzelner Führungsteilsysteme* ist erforderlich, da zum Beispiel im Rahmen des Planungssystems Verbindungen zwischen der Absatz-, Produktions-, Finanz- und Investitionsplanung bestehen. Eine Abstimmung der verwendeten Planungsmethoden ist notwendig. Gleichfalls sind einzelne Ziele auf ihre gegenseitigen Wechselwirkungen und ihren Beitrag zum Gesamtziel zu analysieren und zu koordinieren.
- Die *Koordination zwischen verschiedenen Führungsteilsystemen* umfasst zum Beispiel die Ausrichtung des Informationssystems auf Planung, Steuerung und Kontrolle oder die Koordination von Planung und Kontrolle. Im Falle der Koordination des Informationssystems mit der Planung, Steuerung und Kontrolle ist zum Beispiel der Informationsbedarf dieser einzelnen Systeme zu ermitteln und die Gestaltung der Informationserzeugung sowie die Bereitstellung im Rahmen eines Berichtswesens zu definieren. Die Koordination der Führungsteilsysteme Planung und Kontrolle setzt zum Beispiel die Verknüpfung der strategischen und operativen Planung mit spezifischen Kontrollformen und -instrumenten voraus.

Zusammenfassend lässt sich festhalten, dass die zielgerichtete Umsetzung der Koordinationsfunktion durch das Controlling eine komplexe Aufgabe ist, welche die Etablierung effizienter Planungs-, Kontroll- und Informationssysteme erfordert. Die Ausgestaltung der koordinativen Elemente im Führungssystem erfordert die Berücksichtigung folgender Elemente [Schierenbeck/Lister 2002, S. 14; vgl. Horváth 2011, S. 104f]:

- *Systemkopplung:* Alle Informations-, Planungs- und Kontrollsysteme müssen effizient aufeinander abgestimmt werden.
- *Systembildung:* Innerhalb einzelner Führungsteilsysteme ist die Koordination aller Tätigkeiten erforderlich.
- *Systemüberprüfung und -anpassung:* Die sich permanent wandelnde Umweltsituation der Unternehmung erfordert die ständige Kontrolle der existierenden Systeme, die, falls sie nicht mehr steuerungsadäquat sind, anzupassen sind.
- *Systemdurchsetzung:* Systeme müssen implementiert, akzeptiert und angewendet werden.
- *Systembetrieb:* Die vom Controlling geschaffenen Systeme müssen von diesem, vollständig oder teilweise, betrieben werden.

Die Planungs-, Kontroll- und Informationsfunktionen sind sekundäre Elemente der Koordinationsfunktion, allerdings nicht minder wichtig, da hierdurch erst eine effiziente Koordination ermöglicht wird.

## 2.2 Planungs- und Kontrollfunktion

Das Wesen der Planung besteht darin, adäquate Maßnahmen zur Erreichung eines angestrebten Zustandes zu ermitteln [Klein/Scholl 2011, S. 1]. Die Planung bezieht sich auf die Zukunft und stets auf unternehmerische Ziele. Sie bezieht sich gleichfalls auf das Unternehmen selbst und integriert die Umfeldentwicklung. Durch die Planung werden Annahmen über Zukunftsentwicklungen getroffen. Sie evaluiert zukünftige Entwicklungen, zum Beispiel im externen Unternehmensumfeld, und definiert Maßnahmen zur Ausnutzung von Chancen und zur Reduzierung von Risiken für das Unternehmen. Die Planung verläuft vielfach systematisch und wird durch einen Prozess gesteuert, in dem eine sachlogische und zeitliche Abfolge definiert ist [Hammer 2011, S. 40] und eine zielgerichtete Informationsverarbeitung erfolgt. In den Prozess werden Informationen zum Planungsgegenstand und Ziel, zum Istzustand, zu zukünftig erwarteten Entwicklungen einbezogen, daraus bewertete Handlungsalternativen generiert und all diese Informationen in einem Plan (Ergebnis der Planung) zusammenfasst [Klein/Scholl 2011, S. 2]. Die Planung als Element des Controllings unterstützt folgende allgemeine Planungsfunktionen [vgl. Hammer 2011, S. 46f]:

- *Führungs- und Steuerungsfunktion:* Durch schriftlich fixierte Pläne wird die Kontrolle des Unternehmensgeschehens ermöglicht. Die Methode des Soll-Ist-Vergleiches ermittelt und analysiert Planabweichungen und gibt Aufschluss über erforderliche gegensteuernde Maßnahmen.
- *Leistungsfunktion:* Die Planung versteht sich als Anreizsystem für die an der Planung beteiligten Bereiche und Personen, in dem Ziele gesetzt werden und deren Umsetzung erreicht wird. Die erfolgreiche Umsetzung dieser Funktion wird erst durch Einbezug der „Betroffenen“ in die Planung gewährleistet.
- *Optimierungsfunktion:* Im Rahmen einer aktiven Unternehmensführung erfolgt eine ständige Optimierung (z.B. Optimierung des Produktprogrammes, Optimierung der

Lagerhaltung) und Weiterentwicklung bestehender Strukturen und Prozesse. Die Planung generiert eine Vielzahl von Handlungsalternativen zur Optimierung und Weiterentwicklung, welche einer Auswahl bedürfen. Eine Entscheidung ist für die zielführendste Handlungsalternative zu treffen.

- *Sicherungsfunktion:* Aufgrund ansteigender Diskontinuität und Dynamik werden Entscheidungen unter Unsicherheit getroffen. Die Planung leistet durch die Identifikation und Evaluierung von Chancen und Risiken einen Beitrag zur Reduzierung der Unsicherheit sowie zur Bewertung möglicher Konsequenzen.
- *Ordnungsfunktion:* Die Planung reduziert die Komplexität, indem sie Transparenz für unternehmerische Aufgaben schafft. Die Komplexitätsreduktion wird durch ein systematisches Vorgehen und durch den Einsatz von Methoden, zum Beispiel zur Modellierung komplexer Situationen, gewährleistet.
- *Alternativen- und Flexibilitätsfunktion:* Das frühzeitige Aufzeigen von Alternativen durch die Planung generiert alternative Handlungsräume. Sofern sich Planungsannahmen nicht erfüllen, werden durch die Bereitstellung von Alternativen rasche Reaktionen auf veränderte Bedingungen ermöglicht.

Zusammenfassend lassen sich für das Controlling als primäre Planungsaufgaben die Unterstützung bei der Reduzierung von Unsicherheiten, die Komplexitätsreduzierung, die Optimierung bestehender Prozesse und Strukturen sowie das Aufzeigen von Handlungsalternativen nennen. Dies erfolgt durch die systematische Ermittlung, Verarbeitung und Bereitstellung von Informationen für die Planer. Durch die grundsätzliche Zukunftsorientierung und die Verarbeitung zukunftsbezogener Informationen wird durch die Planung die Anpassung bzw. Gestaltung von Strukturen und Prozessen ermöglicht. Gleichfalls wird die Komplexität reduziert und Entscheidungskonsequenzen für Handlungsalternativen werden aufgezeigt.

Da die Koordinationsfunktion die führende Funktion im Controlling ist, erfolgt auch diese Aufgabe im Rahmen der Planung. Gemäß Küpper [2008, S. 111] soll „die Koordination der Planung zu gegenseitig abgestimmten Unternehmensgesamt- und -einzelplänen führen, durch welche die Unternehmensziele möglichst gut erreicht werden." Koordiniert werden Planziele, Planungsträger, der Planungsprozess und Planungsgegenstände sowie -ebenen. In der Regel wird durch das Controlling ein geschäftsbereichsübergreifendes Zielsystem gebildet, die bestehenden Beziehungen der Ziele werden analysiert und Zielkonflikte aufgelöst. Die Koordination der Planungsträger beschäftigt sich mit der Aufbauorganisation. Die Koordination erfolgt unter anderem durch Hierarchiebildung und bezieht so die Kompetenzaufteilung in die Planung mit ein. Die Koordination der Planungsprozesse regelt Abstimmungen zwischen den Planungsphasen. Eine Koordination der Planungsträger (z.B. Vertriebs-, Produktions-, Investitionsplanung) ist aufgrund von Wechselwirkungen zwischen den einzelnen Planungsträgern erforderlich, um die Einzelplanungen zeitlich und sachlich aufeinander abzustimmen [Küpper 2008, S. 112f].

Es besteht eine enge Verknüpfung der Planung mit der Kontrolle. Die Planung wird mit dem Ziel, die Ungewissheitsreduktion zu unterstützen, um die Kontrollfunktion ergänzt. Nach Horváth [2011, S. 150] besteht Ungewissheit darüber, ob

- „die Annahmen richtig waren und während der Planrealisierung keine unvorhergesehenen Ereignisse auftreten,
- die Zielwirkungen der geplanten Maßnahmen richtig geschätzt wurden,
- die Mittel wie vorgesehen verfügbar sind und eingesetzt werden,
- die Beteiligten sich planmäßig verhalten."

Die Kontrolle dient somit zur Überprüfung des Erfüllungsgrades der Planvorgaben. Durch die Ermittlung von Istwerten können Vergleiche mit den in der Planung verankerten Sollwerten, im Rahmen eines Soll-Ist-Vergleiches, vorgenommen werden. Mittels Abweichungsanalysen werden gegensteuernde Maßnahmen entwickelt und ergriffen, um die Planerfüllung weiterhin effektiv und effizient voranzutreiben. Sofern umfangreiche Abweichungen identifiziert werden und neue und/oder detaillierte Informationen zum Planungsgegenstand vorliegen, können diese gleichfalls zu Planänderungen bzw. -anpassungen führen. Der Planungsprozess wird erneut durchlaufen. Die Kontrolle übt auf die Planung einen regelnden Einfluss aus [Klein/Scholl 2011, S. 21f].

Der Beitrag des Controllings zur Kontrollfunktion bezieht sich in der Regel auf die Durchführung von Abweichungsanalysen. Hierdurch wird eine Rückkopplung erzeugt, welche die Realisation der Planung sicherstellt und/oder Plananpassungen hervorbringt [Küpper 2008, S. 222]. Gleichfalls erfordert der enge Zusammenhang des Planungs- mit dem Kontrollteilsystem die Koordination und eine enge Abstimmung dieser beiden Systeme.

## 2.3 Informationsfunktion

Die Koordinationsfunktion des Controllings wird neben der Planungs- und Kontrollfunktion von der Informationsfunktion unterstützt. Um die Entscheidungsunterstützung für das Management zu gewährleisten, sind regelmäßig Informationen über die Aktivitäten des Unternehmens und Informationen zur externen Unternehmensumwelt zu erheben und zu analysieren. Dem Controlling obliegt die ergebnisorientierte Informationserstellung und -erstattung [Steinle/Daum 2007, S. 26]. Hierfür ist der notwendige Informationsbedarf festzustellen und in einem weiteren Schritt die Informationsbereitstellung durch ein Informationssystem zu gewährleisten. Erst dadurch wird die Herbeiführung von Managemententscheidungen unterstützt. Im Sinne einer effizienten Informationsversorgung des Managements ist eine etwaige Diskrepanz zwischen Informationsbedarf, -nachfrage und -bereitstellung so gering wie möglich zu halten und eine Informationsüber- und -unterdeckung zu vermeiden [Steinle/Daum 2007, S. 26]. Ziel ist der Aufbau eines wirtschaftlichen Berichtswesens, welches sich an den Informationsbedürfnissen der Entscheider orientiert.

Als eine grundlegende Aufgabe des Controllings lässt sich die organisatorische Ausgestaltung der betrieblichen Informationswirtschaft definieren [Schierenbeck/Lister 2002, S. 68]. Für das Controlling sind diejenigen Informationen relevant, welche die Erreichung der unternehmerischen Ziele unterstützen. Dies sind zum Beispiel Mengen und Preise, Kundenwünsche und Servicequalität als auch Produktivitätskennzahlen

[Horváth 2011, S. 298]. Informationen müssen so gestaltet sein, dass jede Entscheidung, die auf diesen Informationen basiert, aus Sicht der Werteorientierung dazu beiträgt, den Unternehmenswert zu erhöhen oder zu stabilisieren [Schierenbeck/Lister 2002, S. 68].

Das für das Controlling notwendige Informationsmanagement regelt den Umgang mit Informationsressourcen und Informationstechnologien. Das Management der Informationsressourcen stellt die Informationsfähigkeit und Informationsversorgung sicher [Piontek 2005, S. 106]. Es werden die Informationsbeschaffung, -verarbeitung, die Speicherung und Archivierung geregelt. Dem Controlling stehen zur Informationsbeschaffung interne und externe Informationsquellen zur Verfügung. Einen elementaren Beitrag zur Entscheidungsfindung leistet das Controlling durch die Informationsverarbeitung. Die in der Regel vorliegende Vielzahl von Daten wird durch Informationsverdichtung, z.B. zu aussagekräftigen Kennzahlen, aggregiert. Gleichfalls werden durch die Analyse von Beziehungen zwischen einzelnen Datenparametern Wirkungszusammenhänge ermittelt. Um die Aktualität der Daten aufrechtzuerhalten, sind diese fortlaufend zu aktualisieren. Die Speicherung/Archivierung von Informationen erfolgt durch Zuhilfenahme von Datenbanken [Klein/Scholl 2011, S. 24f]. Das Informationstechnologie-Management gestaltet und implementiert die Informationsinfrastruktur zur Gewinnung und Kommunikation von Informationen [Piontek 2005, S. 106]. Diese systemorientierten Aufgaben des Controllings umfassen zum Beispiel die Entwicklung, Genehmigung, Implementierung und den Betrieb eines Informationsversorgungssystems [Schierenbeck/Lister 2002, S. 70].

Zusammenfassend lässt sich für die Informationsfunktion des Controllings festhalten, dass sie eine Unterstützung von Planung und Entscheidung, von Analyse und Kontrolle bei der Informationsbeschaffung und -aufbereitung, bei der Koordination und Kommunikation darstellt [Piontek 2005, S. 123f].

Aufgrund des umfassenden Funktionsansatzes geht das Controlling über eine schlichte Orientierung an monetären Werten hinaus. Es bezieht gleichfalls quantitative, nicht monetäre und qualitative Informationen in die Entscheidungsfindung ein [Baum/Coenenberg/Günther 2007, S. 7]. Im nachfolgenden Abschnitt werden die zwei Bezugsebenen des Controllings dargestellt.

# 3 Handlungsfelder des Controllings

Das Controlling umfasst stets die Funktionen der Koordination, der Planung und Kontrolle sowie der Informationsversorgung. Diese Funktionen werden auf zwei unterschiedlichen Bezugsebenen ausgeführt. Das Controlling verfügt über eine strategische und operative Ausrichtung. Beide Ausrichtungen unterstützen die Umsetzung der Markt-, Werte- und Prozessorientierung einer Organisation.

## 3.1 Strategisches Controlling

Das strategische Controlling hat langfristigen Charakter und unterstützt die nachhaltige Sicherung der Unternehmensexistenz. Es zielt auf die Schaffung zukünftiger Erfolgspotenziale (Werte) sowie auf den Erhalt bereits bestehender Erfolgspotenziale ab. Indem es primäre Informationen (eher qualitativ) zum externen Unternehmensumfeld hinzuzieht, gibt das strategische Controlling Ansatzpunkte für eine konsequente Ausrichtung des Unternehmens auf seine Umwelt. Unterstützt wird hierdurch die Ermittlung von zukünftigen Erfolgspotenzialen, wie zum Beispiel des Marktanteils [Jung 2011, S. 14]. Die vorherrschende Komplexität, die Dynamik und die Diskontinuität der Märkte werden durch das strategische Controlling erfasst und durch geeigneten Methodeneinsatz werden zukünftige Erfolgspotenziale ermittelt. Beziehen wir die Funktionen des Controllings mit ein, so „kann (das) strategische Controlling als Versorgung der Unternehmensleitung mit entscheidungsrelevanten Informationen und als Koordination verschiedener strategischer und operativer Subsysteme des Unternehmens zur Gewährleistung einer nachhaltigen Existenzsicherung als oberste Zielsetzung verstanden werden." [Baum/Coenenberg/Günther 2007, S. 9]. Das Controlling unterstützt die strategische Unternehmensführung (siehe Kapitel 9.1.2), indem es

- bei der Schaffung und Weiterentwicklung des Planungs- und Kontrollsystems mitwirkt,
- Aufgaben im Planungsmanagement (z.B. Vorbereitung und Durchführung von Planungsrunden) übernimmt,
- Serviceaufgaben zur inhaltlichen Planung (z.B. Entscheidungsvorbereitung, Aufbereitung von Planungsunterlagen) übernimmt,
- die Übernahme von inhaltlichen Planungsaufgaben (z.B. Sicherstellen der Zielorientierung und einer realistischen Einschätzung) und
- operative Controllingelemente (z.B. Gegenprüfung von prognostizierten Trends mit Ist-Daten aus dem Rechnungswesen) einbezieht [Steinle/Daum 2007, S. 328f].

Darstellung 4 zeigt die neun Phasen des strategischen Controllingprozesses, welche nachfolgend kurz erläutert werden [in Anlehnung an Reichmann 2011, S. 519f]: Das strategische Controlling nimmt seinen Ausgangspunkt mit der strategischen Planung, indem eine grobe Zielformulierung die allgemeine Planungsrichtung vorgibt. Durch das Controlling durchgeführte Analysen und Prognosen leisten einen Beitrag zur realistischen Zielformulierung [Steinle/Daum 2007, S. 330]. Die strategische Analyse nimmt eine zentrale Position im strategischen Controllingprozess ein. Begründet liegt dies in der starken Einflussnahme des externen Unternehmensumfeldes auf die Entwicklung des Unternehmens. Die strategische Analyse befasst sich mit der detaillierten Untersuchung externer Umfeldfaktoren und ermittelt Chancen und Risiken, welche in Zukunft auf das Unternehmen einwirken. Anschließend wird eine unternehmensbezogene Analyse vorgenommen, welche durch einen Konkurrenzvergleich Stärken und Schwächen des Unternehmens evaluiert. Gleichfalls fließen an dieser Stelle Informationen aus dem Risikomanagement des Unternehmens ein. Aus den Chancen, Risiken, Stärken, Schwächen und den Informationen aus dem Risikomanagement wird die strategische Ausgangssituation bestimmt. Die Definition alternativer Umweltbedingungen nutzt quantitative und qualitative Prognose- und Früherkennungsverfahren zur Eruierung in der

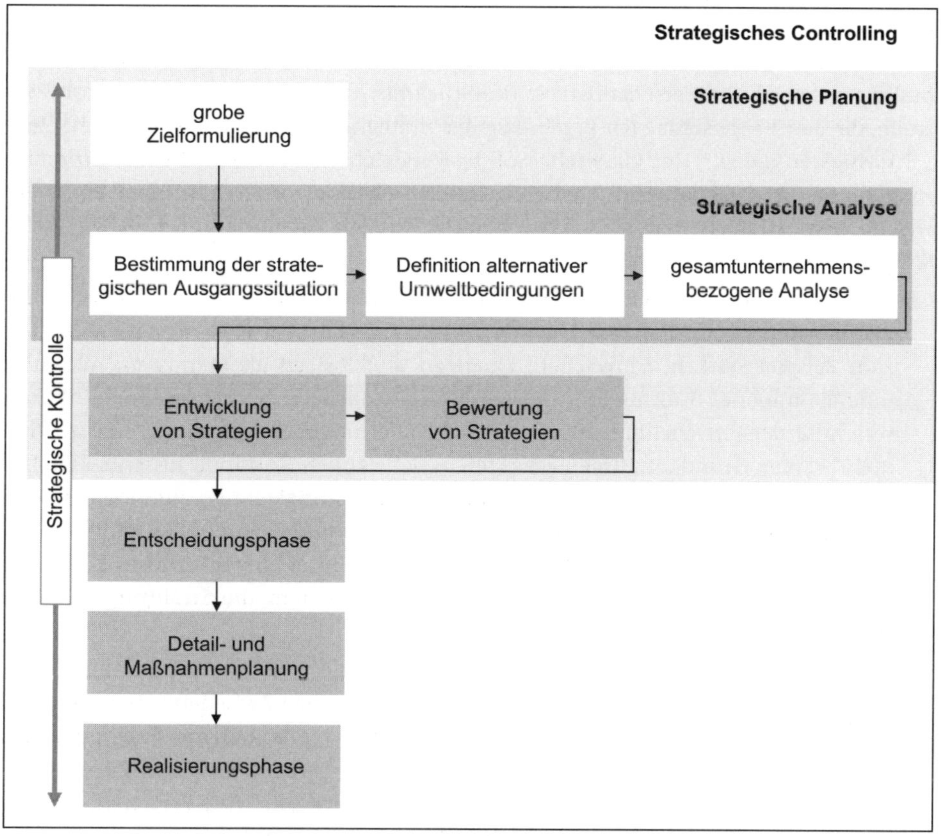


**Darstellung 4** Phasen des strategischen Controllings

Zukunft liegender Trendentwicklungen für den Markt und das Unternehmen. Die gesamtunternehmensbezogene Analyse hat die Untersuchung einzelner Geschäftsbereiche zum Gegenstand, wobei die Geschäftseinheiten hinsichtlich Ertragspotenzial, Chancen und Risiken aus dem Gesamtzusammenhang des Unternehmens heraus analysiert werden. Das Controlling unterstützt den Prozess der strategischen Analyse durch den Aufbau des Planungs-, Kontroll- und Informationssystems. Gleichfalls kommt dem Controlling eine Alarmfunktion zu, welche strategischen Planungsbedarf frühzeitig erkennt und den Planungsprozess wiederholt einleitet [Steinle/Daum 2007, S. 330].

Im weiteren Prozessverlauf erfolgt die Entwicklung, Bewertung und Auswahl der am besten geeigneten Strategie sowie die Umsetzung der Detail- und Maßnahmenpläne. Das Controlling nimmt Beratungs- und Koordinationsaufgaben in diesem zweiten Prozessabschnitt wahr. Die Vorbereitung der Strategieumsetzung unterstützt das Controlling durch die Budgetierung, indem die Zuordnung finanzieller Mittel (vgl. Budgetierung) auf strategierealisierende Einheiten und Zeiträume erfolgt [Steinle/Daum 2007, S. 332].

Die strategische Kontrolle nimmt eine umfassende Stellung im Prozess des strategischen Controllings ein. Sie dient der Überprüfung der strategischen Planung und zum Ausgleich strategischer Risiken. Im Rahmen der strategischen Kontrolle werden die strategischen Schlüsselannahmen geprüft und nicht mehr realistische Ziel- und Planbestandteile in Frage gestellt [Steinle/Daum 2007, S. 294]. Gemäß Steinmann/Schreyögg [2005, S. 275] kommt „aufgrund des weiten Planungshorizontes und der damit in besonderem Maße gegebenen Unüberschaubarkeit (Komplexität) und Dynamik eine Ex-post-Kontrolle, die den Niederschlag der Ergebnisse der strategischen Umsetzung abwartet, einer Fahrlässigkeit gleich." Der klassische Soll-Ist-Vergleich ist in diesem Betrachtungsrahmen somit nicht zielführend. Dennoch lassen sich Kontrollmechanismen ergreifen, welche dem strategischen Gedanken gerecht werden [Steinmann/Schreyögg 2005, S. 279f]:

- Die strategische Prämissenkontrolle begutachtet die strategischen Annahmen im Planungsprozess im Rahmen eines Wird-Ist-Vergleichs. Im Planungsprozess gelten zum Beispiel Stärken, Schwächen, Chancen und Risiken als Prämissen. Aufgrund unvollkommener Information und der Komplexitätsreduzierung werden zur Strukturierung der Entscheidungssituation nicht alle möglichen Zustände erfasst. Vielmehr werden Grundannahmen getroffen, welche andere Zustände ausschließen. Die Prämissenkontrolle prüft diese Annahmen auf ihre Gültigkeit und auf mögliche Veränderungen. Eine Risikoreduzierung erfolgt, indem ausgeblendete Zustände in der strategischen Planung begutachtet werden und so die zu einem früheren Zeitpunkt noch unbekannten oder unerkannten Entwicklungen in die Strategie im Nachhinein einfließen.
- Strategien verfügen über einen langfristigen Planungshorizont. Um die Umsetzung zu strukturieren, werden Meilensteine bzw. kürzerfristige Zwischenziele formuliert. Mit der Strategieumsetzung werden Informationen zu registrierbaren Ergebnissen im Rahmen der strategischen Durchführungskontrolle erhoben. Mittels dieser Kontrollform erfolgt die Überwachung der Zielerreichung per Soll-Wird-Vergleich. Sie diagnostiziert und analysiert erreichte Zwischenergebnisse und prognostiziert den zu

erwartenden Verlauf der Planumsetzung, indem sie Informationen über die zu erwartende Planverwirklichung liefert [Steinle/Daum 2007, S. 295].

- Als wesentlicher Kritikpunkt an der Prämissenkontrolle und der strategischen Durchführungskontrolle gilt die gerichtete und somit selektive Vorgehensweise, welche die Komplexität und die Unsicherheit im internen und externen Unternehmensumfeld nur unzureichend berücksichtigt [Müller 2009, S. 255]. Die strategische Überwachung stellt eine Form der unspezialisierten und globalen Kontrolle dar und sichert somit die Strategie fortlaufend und umfassend ab. Ihr kommt eine Scannerfunktion zu, welche Einflüsse auf die Potenziale eines Unternehmens sowie auf Chancen und Risiken erkennt [Steinle/Daum 2007, S. 296]. Eine kontinuierliche Überwachung des internen und externen Umfelds identifiziert vernachlässigte oder nicht berücksichtigte Einflussfaktoren.

Trotz aller Schwierigkeiten, welche durch ungenügende Information bei der strategischen Kontrolle entstehen, kann auf diese nicht verzichtet werden, da ein antizipatives Chancen- und Risikomanagement die kontinuierliche Überwachung der externen und internen Umfeldfaktoren sowie der Auswirkungen von in der Umsetzung befindlicher Strategien erfordert [Müller 2009, S. 257].

Aufgrund der ansteigenden Komplexität und Dynamik und der zunehmenden Diskontinuität nimmt das strategische Controlling eine immer wichtiger werdende Rolle im Rahmen der Führungsunterstützung ein. Die strategische Managementaufgabe kann nur dann sinnvoll umgesetzt werden, wenn sie durch das operative Controlling ergänzt wird [Jung 2011, S. 16].

## 3.2 Operatives Controlling

Das operative Controlling unterstützt das Management bei der Erreichung der Erfolgsziele, der Sicherung von Rentabilität und Liquidität sowie der Wirtschaftlichkeit. Es richtet sich konsequent auf das interne Unternehmensumfeld aus, berücksichtigt allerdings auch bestehende externe Umfeldbeziehungen. Zentrale Führungsgrößen sind zum Beispiel der Unternehmenserfolg und die Liquidität. Das operative Controlling arbeitet mit Daten aus dem internen Rechnungswesen, welche vornehmlich quantitativer Natur sind [Jung 2011, S. 14]. Es bildet die Plattform für eine kurz- bis mittelfristige Unternehmenssteuerung, indem bestehende Erfolgspotenziale bestmöglich ausgeschöpft werden, ohne zukünftige Potenziale zu beeinträchtigen [Piontek 2005, S. 24].

Darstellung 5 zeigt den Regelkreis des operativen Controllings [Liessmann 1999, S. 11]. Die strategische Planung mit ihren Grundannahmen, personellen und finanziellen Ressourcen sowie ihren Meilensteinen bildet die Basis für das operative Controlling [Steinle/Daum 2007, S. 297]. Durch das strategische Management werden für das operative Controlling relevante Erfolgsziele vorgegeben.

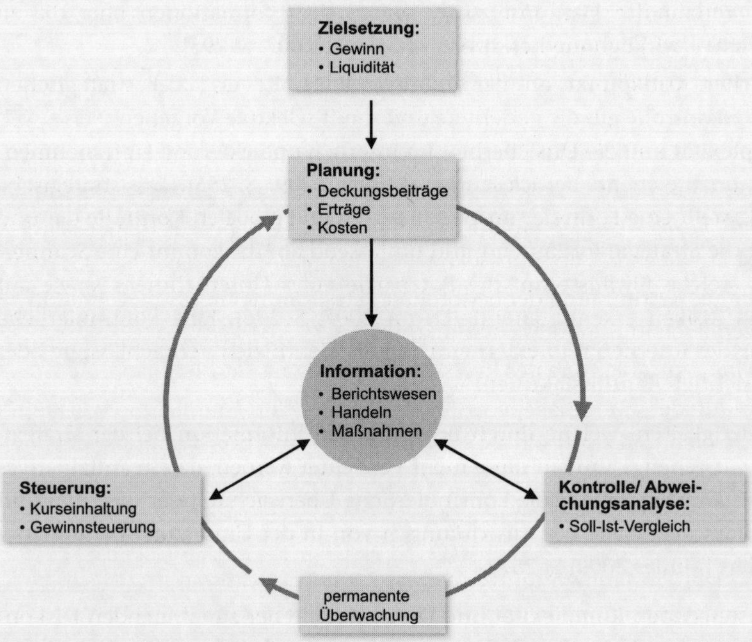


**Darstellung 5** Regelkreis des operativen Controllings

In einem weiteren Schritt wird die operative Planung vollzogen. Sie legt den Kurs und das Ziel der kommenden, zeitlichen Periode fest [Piontek 2005, S. 25]. Die operative Planung wird anhand folgender Merkmale beschrieben [Jung 2011, S. 371]:

- Sie verfügt über einen kurzfristigen Planungshorizont mit einer kurzfristigen Prognosereichweite.
- Sie ist stark differenziert und in viele Teilpläne untergliedert, welche Einzelheiten sehr detailliert erfassen.
- Die Erfassung erfordert einen hohen Detaillierungsgrad der Planungsinformationen.

Die operative Planung richtet sich nach Planungsrichtlinien, an definierten Planungsprämissen sowie an Planungsstufen aus. Sie wird auf zwei Ebenen vollzogen. Zum einen erfolgt eine Planung auf der Güterebene, zum anderen auf der Finanzebene. Die Planung auf der Güterebene nimmt Bezug auf die Funktionsbereiche eines Unternehmens. Sie befasst sich mit den Leistungserstellungs- und Leistungsaustauschprozessen des Unternehmens und wird durch die Erstellung von Teilplanungen durchgeführt. Im Rahmen des Planungsprozesses werden je Teilplanung Maßnahmen zur Erreichung der Unternehmensziele festgehalten. Nachfolgend werden die wichtigsten Teilplanungen kurz vorgestellt [Steinle/Daum 2007, S. 300f]:

- *Produktprogrammplanung* zur Bestimmung des ergebnis- bzw. deckungsbeitragsoptimalen Produktprogrammes
- *Marketing-, Absatz-und Umsatzplanung* zur Bestimmung der operativen Marketingziele, Auswahl der Marketinginstrumente und Ausgestaltung des Marketingmix

- *Produktionsplanung* zur Ziel- und Maßnahmenplanung für das Produktionsprogramm, den Bedarf an Verbrauchsfaktoren und für Produktionsprozesse
- *Materialbeschaffungsplanung* zur zeit-, kosten- und qualitätsgerechten Bereitstellung von Einsatzgütern
- *Personalplanung* zur Ermittlung des Personalbedarfs, dem Personaleinsatz, der Personalentwicklungsmaßnahmen und Personalkosten
- *Forschungs- und Entwicklungsplanung* zur Bestimmung des Programms für die Zweckforschung und Entwicklung, der Entwicklungskosten und -zeiten
- *Anlagenplanung* zur Bestimmung der benötigten Betriebsmittel und Anlagen inklusive der Anlagenbeschaffung und -instandhaltung
- *Investitionsplanung* zur Ableitung des Investitionsbedarfs aus den Teilplanungen.
- *Projektplanung* auf der Grundlage von Teilplanungen zur Umsetzung von zeit-, ressourcenintensiven und erfolgskritischen Vorhaben zur Organisationsentwicklung und zur Strategieumsetzung
- Neben der Erstellung der Teilplanungen ist die *wertbezogene Konsolidierung der Teilplanungen* auf der Finanzebene durchzuführen. Hierbei liegt der Planungsfokus auf dem Wertumlauf, indem Einnahmen und Ausgaben (Liquidität), Kosten und Leistungen (Rentabilität) und Aufwendungen und Erträge (bilanzielles Ergebnis) geplant werden [Steinmann/Schreyögg 2005, S. 312]. Die Teilpläne des Wertumlaufprozesses umfassen die kalkulatorische Betriebsergebnisplanung, die Planbilanzierung und die kurzfristige Finanzplanung [vgl. Steinmann/Schreyögg 2005, S. 312f; Steinle/Daum 2007, S. 303f]:
- Die *Kosten- und Erlösplanung* (kalkulatorische Betriebsergebnisplanung) bezieht sich in der Regel auf die für die Güterproduktion erforderlichen Kosten pro Periode oder pro Stück (z.B. Material-, Personalkosten, Kosten für Betriebsmittel) und plant Einzel- und Gemeinkosten, welche über einen fixen und variablen Kostenanteil verfügen. Die vorkalkulierten Kosten und Preise bilden die Grundlage der Planung des optimalen Produktprogramms und somit des geplanten Gesamtdeckungsbeitrags. Indem vom Plan-Gesamtdeckungsbeitrag die Plan-Fixkosten in Abzug gebracht werden, kann das Plan-Betriebsergebnis ermittelt werden.
- Die *bilanzielle Ergebnisplanung (Planbilanzierung)* ermittelt auf Grundlage eines kalkulatorischen und neutralen Planergebnisses sowie der Ausschüttungspolitik den Jahresüberschuss der Planperiode. Sie liefert wichtige Informationen über die zu erwartende Rentabilitätssituation des Unternehmens. Geplante Aufwendungen und Erträge geben Hinweise über den planmäßigen Erfolg (Gewinn oder Verlust), und die Planbilanz liefert Informationen über die zukünftige Entwicklung der Vermögens- und Kapitalstruktur. Die Zahlen der Planbilanz erlauben die Ermittlung unterschiedlicher Rentabilitätskennziffern (z.B. Gesamt-, Eigenkapitalrentabilität), durch welche wiederum eine Rückkoppelung auf die Planung der Güterebene möglich ist. So kann zum Beispiel eine Reduzierung des geplanten Geschäftsausbaues vorgenommen werden, um eine zu starke unerwünschte Fremdfinanzierung zu vermeiden.
- Im Rahmen der *kurzfristigen Finanzplanung (Liquiditätsplanung)* wird die Liquidität unter Berücksichtigung der Unternehmensziele und der Produktprogrammplanung ausgearbeitet. Durch die Abschätzung der Einnahmen (z.B. aus Umsatzerlösen, Zins-

erträgen) und Ausgaben (z.B. Löhne und Gehälter, Einkauf von Roh-, Hilfs- und Betriebsstoffen) soll das finanzielle Gleichgewicht des Unternehmens sichergestellt werden. Ferner finden in der Finanzplanung strategische Überlegungen, wie z.B. der Kauf von Grundstücken für den Bau von Fabrikgebäuden, der Kauf eines Unternehmens oder geplante Kapitalerhöhungen, Berücksichtigung. Die Einnahmen- und Ausgabenströme werden für die Planungsperiode gegenübergestellt und Finanzüberschüsse oder Finanzdefizite ermittelt.

Zwischen den Teilplanungen bestehen Abhängigkeiten, also Interdependenzen, die aufeinander abgestimmt werden müssen. So bestehen zum Beispiel Abhängigkeiten auf der sachlichen Ebene (Güterplanung) zwischen dem Marketing- und dem Produktionsplan. Um die Umsatzplanung zu vollziehen, sind Informationen zu den Produktionskosten und zu den Absatzmengen notwendig. Gleichfalls basiert die Planung des Produktionsprogrammes auf Absatzmengen [Steinle/Daum 2007, S. 305]. Die Güterplanung beeinflusst allerdings auch die Ergebnis- und Finanzpläne. Die Finanzplanung kann zum Beispiel nicht durchgeführt werden, sofern keine Kenntnis über das Absatzprogramm, also über zu erwartende Einnahmen aus Umsatzerlösen, vorliegt [Steinmann/Schreyögg 2005, S. 307]. Interdependenzen entstehen auch unter zeitlichen Gesichtspunkten. Die konkrete Ausgestaltung der Vermarktungsplanung kann sinnvollerweise erst erfolgen, wenn die Produktentwicklung abgeschlossen und Kenntnis über das realisierte Qualitätsniveau und die konkrete Produktgestaltung besteht. Allerdings erfolgt die Ausgestaltung des Marketingmix oftmals vor Abschluss der Entwicklungsausgabe und es werden bereits im Vorfeld Werbeaussagen, z.B. zur zukünftigen Qualität, getätigt [Steinle/Daum 2007, S. 305].

Zur Auflösung der Interdependenzen kann ein stufenweises, ein sukzessives und iteratives Planungsvorgehen gewählt werden [Steinle/Daum 2007, S. 305f]: Der stufenweise Planungsablauf erfordert von den Funktionsbereichen die Erstellung vorläufiger Handlungsprogramme, welche unter Mitwirkung des Verantwortlichen für die Gesamtplanung schrittweise aggregiert und mit der Ergebnis- und Finanzplanung abgestimmt werden. Die Erstellung der vorläufigen Handlungsprogramme und die Aggregation der Pläne erfolgt unter Einbezug von Vorgaben (Prämissen), welche durch die strategische Planung entwickelt wurden. Dieses Verfahren erfordert mehrere Planungsdurchläufe, um die strategischen Planungsaspekte über Abstimmungsrunden vollständig zu erfassen und einen tragfähigen operativen Gesamtunternehmensplan zu erstellen.

In ähnlicher Form wird die Iterativplanung vollzogen. Hierbei werden die Teilplanungen so lange aufeinander abgestimmt und verändert, bis die strategischen Zielvorgaben in der operativen Planung vollständige Berücksichtigung finden und eine Zielerfüllung ermöglicht wird.

Die Sukzessivplanung mittels Gegenstromverfahren gibt top-down Ziele für Funktionsbereiche vor. Bottom-up werden durch die einzelnen Funktionsbereiche die Teilplanungen unter Berücksichtigung der Vorgaben ausgestaltet. Zu Beginn der Planung wird der Funktionsbereich ausgewählt, welcher einen Engpass darstellt. In gesättigten Märkten ist dies oftmals der Absatzbereich [Steinmann/Schreyögg 2005, S. 319]. Auf Grundlage der Absatzplanung werden weitere Teilpläne, zum Beispiel der Produktionsplan und anschließend der Beschaffungsplan, entwickelt.

Das Controlling nimmt hier ebenso wie bei der strategischen Planung die Koordinationsfunktion wahr. Es unterstützt die Funktionsbereiche bei der Teilplanung durch Analyse, Auswahl und den Aufbau operativer Planungsinstrumente und -methoden. Es ermittelt und bereitet notwendige erfolgszielrelevante Informationen auf. Gleichfalls haben die Funktionsbereiche die Möglichkeit, Beratungsleistungen des Controllings bei der Erstellung der periodenbezogenen Teilpläne in Anspruch zu nehmen. Die umfassendste Aufgabe des Controllings ist die Abstimmung der Teilpläne und die Zusammenführung dieser zu einem Gesamtunternehmensplan [Jung 2011, S. 16].

Nach erfolgreicher Erstellung der operativen Teilpläne und der Erstellung des operativen Gesamtunternehmensplans ist die Plandurchführung zu kontrollieren, um mögliche Planabweichungen zu identifizieren. Die in der Planung verabschiedeten Soll-Werte bilden den Maßstab zur Bemessung des erreichten Fortschritts entsprechend der Ist-Werte [Steinmann/Schreyögg 2005, S. 404]. In einem ersten Schritt sind alle relevanten Ist-Daten (z.B. Mengen, Zeiten, Werte, durchgeführte Tätigkeiten) in den dafür zu Verfügung stehenden Systemen periodengerecht zu erfassen und anschließend zu plausibilisieren. Im Folgenden wird durch einen Abgleich der Ist-Werte mit den Soll-Werten (Abweichungsanalyse) der Erfolg der durchgeführten Maßnahmen bewertet und Abweichungen festgestellt. Das Aufspüren, das Bewerten und das Priorisieren der Abweichungsgründe stellt die zentrale Aufgabe in diesem zweiten Schritt dar. Es ist die Auswirkung auf die Planung zu bewerten, indem eine inhaltliche Beurteilung der Abweichungsgründe vorgenommen wird. So sind zum Beispiel die zeitliche Auswirkung (einmalige/sich wiederholende Abweichung) und die Auslöser (interne/externe Verursachung) festzustellen. In einem dritten Schritt werden durch die Erstellung von Vorausschauen die Auswirkungen der Abweichungen sowie die Auswirkungen möglicher Gegensteuerungsmaßnahmen sichtbar gemacht. Die durch die Abweichungsanalysen ermittelten Gründe und vorläufigen Gegensteuerungsmaßnahmen müssen anschließend mit dem Management diskutiert und durch das Management beschlossen werden [Steinle/Daum 2007, S. 370f].

Analog der Planung sind Kontrollen für die Güter- und Finanzebene durchzuführen. Gemäß Steinmann/Schreyögg [2005, S. 407] bezieht sich „die Kontrolle im Güterprozess auf den Prozess der Gütererstellung und -verteilung, der sich klassischerweise von der Beschaffung der notwendigen Faktoren über die Transformationsprozesse der Produktion bis hin zur Abgabe der fertigen Produkte an die Abnehmer erstreckt". Hierbei werden die produktprogrammorientierte und die funktionsbereichsorientierte Kontrolle unterschieden [Steinmann/Schreyögg 2005, S. 407]:

- Im Rahmen der produktprogrammorientierten Kontrolle erfolgt die Beobachtung der Planerfüllung nach Art, Menge und Zeit. Im Falle auftretender Abweichungen sind die Gründe der Abweichungen zu ermitteln und zu bewerten.
- Die im Rahmen der produktprogrammorientieren Kontrolle identifizierten Abweichungen finden sich gleichfalls in den Funktionsbereichen (z.B. im Produktions-, Absatz- und Materialbeschaffungsplan) wieder. Um den Plan konsequent zu erfüllen, müssen in den von den Abweichungen betroffenen Funktionsbereichen gegensteuernde Maßnahmen definiert und umgesetzt werden.

Die Kontrolle des Wertumlaufs dient der Absicherung möglicher monetärer Risiken und zielt auf die Sicherung der Zahlungsfähigkeit des Unternehmens. Steinmann/Schreyögg [2005, S. 408f] unterscheiden die kalkulatorische Ergebniskontrolle, die Kontrolle des bilanziellen (Plan-)Ergebnisses und die Finanzkontrolle:

- Die *kalkulatorische Ergebniskontrolle* (Betriebsergebniskontrolle) prüft, ob die angefallenen Kosten und Leistungen den Plandaten entsprechen. Im Falle von Über- oder Unterdeckungen sind produktprogramm- und funktionsbereichsbezogene Nachkalkulationen vorzunehmen, um den Erfolg einzelner Kostenträger (Produkte) zu verifizieren.
- Die *bilanzielle (Plan-)Ergebniskontrolle* zielt auf die Rentabilitätssicherung ab und stellt die realisierten Aufwendungen und Erträge den Planzahlen gegenüber. Die Kontrolle des bilanziellen Planergebnisses erfolgt ebenso durch einen Soll-Ist-Vergleich. Sie kann jedoch um eine Kontrolle zur Gewinnanalyse mittels Bilanzkennzahlen ergänzt werden.
- Die *Finanzkontrolle* sichert die Liquidität des Unternehmens, indem die geplanten den tatsächlichen Zahlungsströmen, also die Einnahmen und Ausgaben, gegenübergestellt werden. Abweichungen entstehen zum Beispiel auf der Einnahmenseite durch ein verändertes Zahlungsverhalten von Kunden und Veränderungen der Umsatzerlöse. Abweichungen bezüglich Ausgaben sind zum Beispiel durch unabsehbare Mengen- und Preisänderungen von Beschaffungsgütern verursacht.

Das Controlling des Unternehmensgeschehens und die Überwachung der Zielerreichung sind nur zielführend, wenn neben der Planung und Kontrolle die Steuerung durch das Management einsetzt. Wird die Steuerungsfunktion nicht wahrgenommen, so wird der Regelkreis des operativen Controllings nicht vollends durchlaufen und es besteht die Gefahr, dass sich das Unternehmen ziellos selbst steuert [Schröder 1996, S. 161]. Das Steuerungssystem soll die Kurseinhaltung garantieren und stellt somit einen Maßnahmeninitiator dar, welcher bei Abweichungen regelnde Vorgaben zur Kurseinhaltung vorgibt [Piontek 2005, S. 25]. Es dient der Erfüllung der in der Jahresplanung festgelegten Mengen-, Zeit-und Wertepläne, indem es Maßnahmen zur Zielerreichung initiiert [Steinle/Daum 2007, S. 377]. Damit das Management seine Steuerungsaufgabe wahrnehmen kann, liefert das operative Controlling Steuerungsinstrumente, welche Transparenz trotz zunehmender Komplexität schaffen, Steuerungsmaßnahmen einleiten, eine ganzheitliche Unternehmensführung ermöglichen und das betriebswirtschaftliche Gleichgewicht aus Umsatz-Kosten-Gewinn-Finanzen im Sinne der Zukunftssicherung aufrechterhalten [Piontek 2005, S. 24]. Die Steuerung wird in die Primär- und Sekundärsteuerung unterschieden. Die *Primärsteuerung* ergibt sich aus dem zugrundeliegenden Jahresplan der Unternehmung und seinen Maßnahmen. Sie gibt die Maßnahmenumsetzung vor. Die *Sekundärsteuerung* ist als Gegensteuerung zu verstehen, indem sie auf bereits eingetretene Abweichungen korrektiv einwirkt. Im Rahmen der Entscheidungsfindung für steuernde Maßnahmen sind stets die Handlungsalternativen zu berücksichtigen, zu prüfen, zu bewerten und die optimale Maßnahme auszuwählen [Steinle/Daum 2007, S. 377ff]. Das Controlling muss sicherstellen, dass die Maßnahmen, welche den höchsten Einfluss auf die Zielerreichung ausüben, mit Priorität ausgestaltet, beschlossen und umgesetzt werden.

Als zentrales Bindeglied zwischen Planung, Kontrolle und Steuerung fungiert das Berichtswesen. Durch das Berichtswesen werden alle notwendigen Informationen zur Steuerung des Unternehmens zur Verfügung gestellt und eine permanente Überwachung ermöglicht. Durch sinnvolle Datenverknüpfung (z.B. zu Kennzahlensystemen) der Basisdaten (Ist- und Solldaten) werden Informationen zur Initiierung von Steuerungsmaßnahmen erzeugt. Das Controlling muss sicherstellen, dass richtige und vollständige Informationen termingerecht und den Entscheidungserfordernissen sowie den Verantwortungsbereichen entsprechend bereitgestellt werden [Steinle/Daum 2007, S. 377].

## 3.3 Budgetierung zur Koordination von Planung und Kontrolle

Die monetäre Bewertung der in der Planung festgelegten Maßnahmenpläne erfolgt durch die Budgetierung. „Beim Budget handelt es sich um schriftlich und konkrete wertmäßig formulierte Vorgaben (Leistungsziele und dadurch bedingte Kosten) in Form eines Planes, der einem organisatorischen Verantwortungsbereich, für einen bestimmten Zeitraum, mit einem bestimmten Verbindlichkeitsgrad auferlegt wird." [Jung 2011, S. 382]. Sie dient als Mittel zur Umsetzung der Markt- und Werteorientierung. Die Budgetierung erfolgt im strategischen als auch im operativen Controlling und besitzt damit je nach Planungszeitraum einen lang- und mittel- bis kurzfristigen Charakter. Voraussetzung für eine erfolgreiche Budgetierung ist die Prognose der Umweltsituation sowie das Wissen über verschiedene Handlungsalternativen des Unternehmens, welche im Rahmen der Planung entwickelt werden. Durch die monetäre Bewertung der Handlungsalternativen und die Berücksichtigung der Umfeldfaktoren werden Unsicherheiten für das Unternehmen beherrschbar und gleichfalls die interne Komplexität reduziert [Weber 2005, S. 218]. Somit nimmt das Budget aufgrund seines hohen Detaillierungsgrads und der wertmäßigen Prognosefähigkeit im operativen Controlling einen besonderen Stellenwert ein.

Aufgrund der im Budget hinterlegten Wertgrößen bildet es das Bindeglied zwischen Planung und Kontrolle und ermöglicht dem Management, seine Steuerungsaufgabe wahrzunehmen. Mittels der Budgetierung werden eindeutige Verantwortlichkeiten (z.B. Funktionsbereiche, Kostenstellen) für Kosten und Leistungen festgelegt. Sie dient gleichfalls als Anreizsystem für das Management, welches die Budgeteinhaltung favorisiert und die Nichteinhaltung sanktioniert. Auf Basis der in der Planung erstellten Teilpläne werden die Budgets aufgestellt, anschließend verabschiedet und im Rahmen der Kontrollfunktion eines Soll-Ist-Vergleiches sowie einer Abweichungsanalyse unterworfen.

Die Budgetaufstellung verläuft als ein Unterprozess der Planung. Die Ausgestaltung der Budgets kann anhand vielfältiger Ansatzpunkte erfolgen [vgl. Darstellung 6; Horváth 2011, S. 204f].

| | |
|---|---|
| **Entscheidungseinheit** | • horizontale Differenzierung nach Funktionen, Prozessen, Produkten, Regionen oder Projekten<br>• vertikale Differenzierung nach Ebenen der Unternehmenshierarchie |
| **Geltungsdauer** | • Monatsbudget<br>• Quartalsbudget<br>• Jahresbudget<br>• Mehrjahresbudget |
| **Wertdimension** | • Ausgabenbudget<br>• Kostenbudget<br>• Deckungsbeitragsbudget<br>• Umsatzbudget |
| **Verbindlichkeitsgrad** | • Budget mit Vorgabe einer absolut starren Ober- bzw. Untergrenze<br>• Budget mit Vorgabe einer Orientierungsgröße |

**Darstellung 6** Formen der Budgetgestaltung

Die Beschäftigung, also das Leistungsvermögen einer Funktionseinheit, ist die Kenngröße zur Unterscheidung von starren und flexiblen Budgets. Die Bildung starrer Budgets erfolgt aufgrund einer angenommenen, sich nicht veränderten Beschäftigung. Im Gegensatz dazu beziehen flexible Budgets die Schwankungen in der Beschäftigung, wie sie zum Beispiel im Fertigungsbereich anzutreffen sind, mit ein [Kieninger 2003, S. 97].

Zur Festlegung der Budgets können, abhängig vom Grad der Zentralisierung des Unternehmens, drei unterschiedliche Verfahren angewandt werden. Die Budgetierung erfolgt als Top-down-Vorgabe, im Gegenstromverfahren mit zentralen Vorgaben und dezentraler Detailplanung oder durch den Bottom-up-Ansatz als dezentrale Variante der Budgetierung [Weber 2005, S. 219].

- Im Rahmen des Top-down-Verfahrens (*retrograde Budgetaufstellung*) erstellt das Management die Budgetvorgaben. Die retrograde Budgetaufstellung geht von einer Sollgröße (z.B. Eigenkapitalrentabilität, Gewinn vor Steuern) aus. Das Management passt die Budgets der Funktionsbereiche so lange an, bis die Sollgröße erreicht wird. Das retrograde Verfahren sichert zwar die Übereinstimmung des Budgets mit der strategischen Stoßrichtung des Unternehmens ab, jedoch kann durch die mangelnde Einbindung der Funktionsbereiche nur eine geringe Akzeptanz erreicht werden [Steinle/Daum 2007, S. 312].
- Bei der Durchführung des Bottom-up-Ansatzes (*progressive Budgetaufstellung*) wird die Budgetierung auf der untersten Unternehmensebene angestoßen. Ausgangspunkt sind die Teilbudgets der Funktionsbereiche, welche durch Aggregation zu einem Gesamtbudget zusammengeführt werden. Durch den Bottom-up-Ansatz ist der Einbezug strategischer Aspekte nicht gewährleistet und das Unternehmen läuft Gefahr, dass Bereichsinteressen verstärkt Berücksichtigung finden und somit eine Einigung auf dem „kleinsten gemeinsamen Nenner" erreicht wird [Steinle/Daum 2007, S. 312].
- Das *Gegenstromverfahren* kombiniert den Top-down- und Bottom-up-Ansatz und erhöht die Akzeptanz der Budgets, indem das Management die Zielgrößen der Bud-

getierung durch Eckdaten vorgibt und die Funktionsbereiche die Budgetierung im Rahmen dieser Eckdaten dezentral, gemäß den Annahmen in den Teilplänen, detaillieren [Jung 2011, S. 383]. Die Top-down-Vorgaben werden zum Beispiel unter Berücksichtigung von Kosten aus zurückliegenden Perioden sowie unter Berücksichtigung von Veränderungen (z.B. in der Produktion) und von Zielvorstellungen (Prozentsatz für erwartete Rationalisierung) ausgearbeitet. Die Bottom-up-Planvorschläge der Funktionsbereiche basieren zum Beispiel auf den geplanten Produktionsbedarfen (abgeleitet aus dem Absatzplan), geplanten Änderungen der Produktionsabläufe und der Anlagen- sowie Personalverfügbarkeit [Weber/Schäffer 2008, S. 276]. Werden im Ergebnis der anschließenden Konsolidierung der Einzelbudgets die Budgetvorgaben des Managements nicht erreicht, so erfolgt ein mehrstufiger Abgleich der vorgegebenen und der geplanten Werte. Das Gegenstromverfahren ist somit ein iterativer Prozess, der durch Budgetverhandlungen die Akzeptanz der Unternehmensplanung erhöht.

Um die Unternehmenssteuerung sowie die Funktionsbereiche zu unterstützen, werden Budgetabweichungen identifiziert und bewertet [Jung 2011, S. 385]. Das Controlling analysiert die Feststellung der Ursachen für die Budgetabweichung sowie deren Auswirkungen auf den Unternehmenserfolg, die Liquidität und die Rentabilität und entwirft Szenarien zur Regulierung. Gemeinsam mit den Budgetverantwortlichen werden, analog dem Kontrollprozess, Maßnahmen zur Gegensteuerung diskutiert, entschieden und anschließend umgesetzt.

Im Rahmen der Planung, Steuerung und Kontrolle werden die einzelnen Budgets und somit alle wertmäßig bewerteten Maßnahmen eines Unternehmens auf die Zielgröße des Unternehmenserfolgs ausgerichtet. Die Budgetkoordination wird als zentrale Aufgabe des Controllings gesehen. Das heißt, das Controlling plant nicht das Budget, es unterstützt lediglich die Budgetierung, indem es eine geeignete Organisation schafft, einen effizienten Prozess implementiert, die Berichterstattung übernimmt [Weber 2003, S. 101] und die Ergebnisse im Sinne der Gesamtunternehmensziele absichert.

Die Handlungsfelder des Controllings liegen auf strategischer und operativer Ebene. Das strategische Controlling gibt Ansatzpunkte für eine konsequente Ausrichtung des Unternehmens auf seine Umwelt. Sein Ziel ist die Gewährleistung einer nachhaltigen Existenzsicherung. Das operative Controlling unterstützt das Management bei der Erreichung der Erfolgsziele sowie bei der Absicherung der Rentabilität und Liquidität. Die Budgetierung betrifft das strategische und operative Controlling und wurde als wichtiger Koordinationsmechanismus explizit hervorgehoben. Alle drei Handlungsfelder des Controllings unterstützen und fördern die konsequente Ausrichtung des Unternehmens auf den Markt und die Wertegenerierung.

# 4 Einbindung des Controllings in die Organisation

Grundlegende Herausforderung für das Unternehmen ist das Management von Diskontinuitäten, von Dynamik und Komplexität. Das Controlling unterstützt diese Managementaufgaben, indem es in erster Linie koordinierend auf strategischer und operativer Ebene auf die Erfüllung der Unternehmensziele einwirkt, Informationen für die Steuerung des Unternehmens bereitstellt, den Planungsprozess unterstützt und im Rahmen der Kontrolle korrigierend auf Planabweichungen reagiert. Die grundsätzliche Ausrichtung des Unternehmens auf die Markt-, Werte- und Prozessorientierung stellt die Effektivität und Effizienz sicher. Hierfür müssen innerbetrieblich reibungslose Abläufe gewährleistet sein, in welchen Kompetenzen, Weisungsbefugnisse und Informationswege definiert sind. Dies bedeutet, dass sich neben allen anderen Funktionsbereichen auch das Controlling in das Prozessgefüge und in die Strukturen der Organisation eingliedern muss. Erst durch eine optimale Form der Eingliederung des Controllings kann es seine Wirkkraft bei der Unterstützung der Effektivitäts- und Effizienzsteigerung vollends entfalten. Es stellt sich somit die Frage, an welcher Stelle im Unternehmen die Controllingaufgaben ausgeführt werden.

Grundsätzlich gilt, dass Controlling ein Teil einer jeden Stelle ist und von dort aus einen Einfluss auf die Organisation des Unternehmens ausübt [Jung 2011, S. 40]. Im Rahmen der organisatorischen Ausgestaltung des Controllings geht es vornehmlich um die Zuordnung der Controllingaufgaben auf organisatorische Einheiten [Hahn 2003, S. 523].

## 4.1 Notwendigkeit von Controllingstellen

Die Sinnhaftigkeit einer Controllingstelle oder einer Controllingabteilung ist primär von der Unternehmensgröße, der Umwelt und der Organisationsstruktur abhängig. Mit wachsender Unternehmensgröße und somit einer gleichfalls ansteigenden internen Komplexität und Differenzierung des Unternehmens nehmen die Koordinationserfordernisse zu [Küpper 2008, S. 545f]. Die Dynamik der externen Unternehmensumwelt erhöht den Grad der Unsicherheit, welcher sich insbesondere auf den Planungsaufwand auswirkt und die Anwendung spezieller Prognoseinstrumente erfordert [Jung 2011, S. 27]. Dies wiederum führt zur Notwendigkeit von Controllingstellen, da von den Aufgabenträgern in der Linie oder den Führungskräften typische Controllingfunktionen, wie die Planung, Kontrolle, Informationsbeschaffung und -aufbereitung, nicht in vollem Umfang wahrgenommen werden können. Die vorherrschende Organisationsform des Unternehmens bedingt die strukturelle Ausrichtung des Controllings. Eine dezentrale Organisation fördert die Einrichtung von Controllingstellen aufgrund eines höheren Koordinationsbedarfs, wohingegen Organisationen mit einem funktionalen Aufbau tendenziell weniger Controllingstellen aufweisen. Verfügt das Unternehmen über eine Spartenorganisation, so haben Controllingstellen eher einen Stabscharakter, wobei bei einer funktionalen Organisationsform die Stellen tendenziell in der Linienorganisation angesiedelt sind [Küpper 2008, S. 546f]. Des Weiteren ist die Entscheidung für die Schaffung einer Controllingstelle von der Art und dem Inhalt der gewünschten Unterstützungsleistung, dem Entwicklungsstand des Controllingsystems sowie der Informationssysteme abhängig [Steinle/Daum 2007, S. 32f]. Durch die Schaffung einer Controllingstelle können für Koordinationsaufgaben systematisch Instrumente entwickelt und zur Anwendung gebracht werden [Küpper 2008, S. 549]. Ebenso besteht die Möglichkeit des Aufbaus eines umfassenden Erfahrungs- und Wissenspools, welcher der Beratungsunterstützung dient.

Das Konzept des Selbstcontrollings beruht auf der Lean-Management-Philosophie und reduziert die Arbeitsteilung in der Organisation. Selbstcontrolling bedeutet „die teilweise bis vollständige Übernahme der Controllingfunktion durch einzelne Manager und die eigenverantwortliche Ausübung innerhalb des jeweiligen Verantwortungsbereichs, unter Einhaltung der für die Unternehmung gültigen organisatorischen und ökonomischen Richtlinien“ [Gruber 1995, S. 103]. Innerhalb dieses Rahmens werden Controllingaufgaben durch das Management und teilweise auch durch die Mitarbeiter ausgeführt, wobei letztere vornehmlich Steuerungs- und Koordinationsaufgaben übernehmen [Horváth 2011, S. 774]. In Sinne des Selbstcontrollings könnte ein flexibles Controllingsystem geschaffen werden, welches auf umfassende und komplexe Erfassungs- und Informationssysteme verzichtet, da jeder Entscheider bereits über die für ihn notwendigen Daten verfügt und diese heranzieht [Barth/Barth 2004, S. 69]. Jedoch besteht die Gefahr, dass sich die Kontroll- und Steuerungsprozesse verselbstständigen und der Blick auf die übergeordneten Unternehmensziele sowie die Objektivität und Neutralität verloren geht [Horváth 2011, S. 775].

Sofern über die Bildung eines institutionalisierten Controllings, also die Ausgliederung von Controllingaufgaben, positiv entschieden wurde, sind die Kompetenzen und die organisatorische Einbindung des Controllings zu definieren.

## 4.2 Kompetenzen des Controllings

Um das Kompetenzgefüge des Controllings festzulegen, sind Entscheidungs- und Weisungsbefugnisse zu klären. Damit das Controlling als ernsthafter Sparringspartner im Sinne der Führungsunterstützung wahrgenommen wird, werden Kompetenzen benötigt, die über eine reine Beratungsdienstleistung hinausgehen. Das Controlling muss über die Möglichkeit verfügen, Entscheidungen zu beeinflussen. Hierfür benötigt es Informationsrechte und auch Vetorechte, um gegen Entscheidungsvorlagen Einfluss zu nehmen [Weber/Schäffer 2008, S. 428]. Mit welchen Weisungs- und Entscheidungsbefugnissen das Controlling ausgestattet wird, hängt vornehmlich von der organisatorischen Eingliederung als Stabs- oder Linienstelle ab.

Wir haben bereits herausgearbeitet, dass die Kernaufgabe des Controllings die Führungsunterstützung ist. Hierfür bedient es sich der Informationsverarbeitung und -bereitstellung. Um diese Dienstleistung wahrzunehmen, muss das Controlling mit vielen Informationsgebern im Unternehmen zusammenarbeiten. Unter Berücksichtigung der Voraussetzung, dass das Controlling die Serviceaufgabe effektiv und effizient wahrnehmen soll, ist eine Abwehrhaltung der Linien so gut wie möglich zu vermeiden und die organisatorische Ansiedelung des Controllings als Stabstelle ausreichend. Somit wird das Aufgabenspektrum des Controllings auf Informationsaufgaben beschränkt, indem es die Verantwortung für die Suche und Analyse von Informationen sowie die Entscheidungsvorbereitung inne hat [Küpper 2008, S. 556]. Nimmt das Controlling seine Aufgaben innerhalb einer Stabstelle wahr, ist es „zahnlos" und verfügt über keinerlei Autorität. Einen größeren Beitrag zu einer effektiven und effizienten Planung, Steuerung und Kontrolle kann das Controlling leisten, sofern es mit einer Methodenhoheit, z.B. für Analysen, sowie der Systemführerschaft, zum Beispiel für die Planungs- und Kontrollsysteme, ausgestattet wird. Sofern das Controlling die Aufgabe der Planungskoordination verantwortet, ist es mit den Rechten zur Gestaltung des Planungssystems, zur Überprüfung des Planungsprozesses und der Pläne, sowie zur Mitentscheidung bei der Abstimmung zwischen Bereichen und zur Festlegung der Budgets auszustatten [Küpper 2008, S. 557]. Die Aufgaben, welche das Controlling am Beispiel der Planungskoordination wahrnimmt, gehen über die einer reinen Stabstelle hinaus und sind in einer Linienfunktion angesiedelt. Zusammenfassend lässt sich aus oben genannten Beispielen ableiten, dass das Controlling sowohl Stabs- als auch Linienfunktionen ausübt. Es übt Linienaufgaben im Rahmen der Gestaltung des Controllingsystems und Stabsaufgaben bei der systemkoppelnden Koordination aus [Horváth 2011, S. 755].

Horváth [2011, S. 757] stellt als praktikable Lösung die Organisation des Controllings als Querschnittsbereich heraus, welcher innerhalb der Controllingabteilung fachliche und disziplinarische Weisungsbefugnis und gegenüber den anderen Funktionsbereichen des Unternehmens funktionale Weisungsbefugnis für controllingspezifische Fragen hat. Hierdurch werden die Nachteile der Stabsfunktion eliminiert und das Controlling übernimmt unternehmensweite Verantwortung für sein Teilsystem, indem ihm Weisungsbefugnisse zur Verfügung stehen [Horváth 2011, S. 758].

## 4.3 Organisationsstrukturen des Controllings

Das Controlling ist Teil des Führungssystems und stellt die markt- und werteorientierte Sicherung des Unternehmenserfolgs sicher, indem es die Koordinations-, Planungs- und Kontroll- und Informationsfunktion wahrnimmt. Als Bestandteil des Führungssystems ist das Controlling Dienstleister für das Management. Zur effizienten Erfüllung der Dienstleistungspflichten ist die Frage nach der Einbindung des Controllings in die Organisation zu beantworten. Unterschieden wird das zentrale und dezentrale Controlling sowie eine Spezialisierung des Controllings nach der Verrichtung, nach Adressaten und nach Bereichsfunktionen [Jung 2011, S. 30f].

Ein zentrales Controlling ermöglicht die Führung des Unternehmens von der Unternehmensspitze aus [Weber/Schäffer 2008, S. 470]. Es ist als Abteilung im Sinne eines geschlossenen Systems zu sehen. Zur organisatorischen Ausgestaltung der Controllingstellen innerhalb dieses Systems sind die Zahl der Hierarchiestufen und die Leistungsspannen zu definieren [Küpper 2008, S. 561]. Allerdings muss entschieden werden, in welche Hierarchieebene des Unternehmens das Controlling eingegliedert wird. Das Controlling kann auf der ersten oder zweiten Führungsebene angesiedelt werden, wie Darstellung 7 zeigt [Horváth 2011, S. 752]:

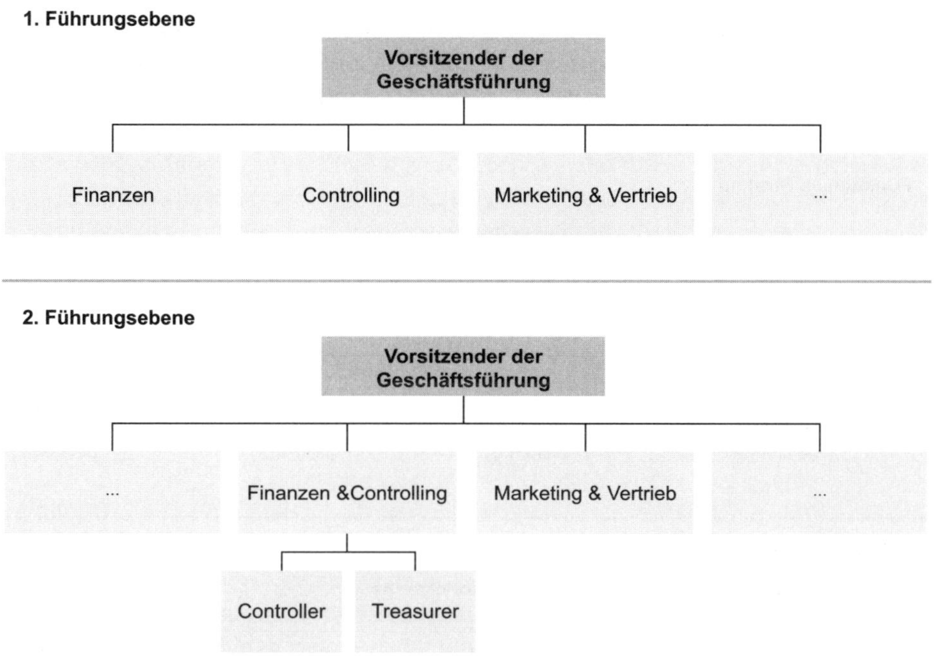


**Darstellung 7** Einordnung des zentralen Controllings in die Führungshierarchie

Für eine Angliederung in der ersten Führungsebene spricht, dass hierdurch eine neutrale Instanz geschaffen wird, welche stets die unternehmensübergreifende Ergebnisorientierung im Blick behält. Durch diese Anordnung erhält die Controllingstelle eine hohe Autorität mit umfangreichen Entscheidungs- und Weisungsbefugnissen, wohingegen die Informations- und Beratungsfunktion eher in den Hintergrund tritt [Küpper 2008, S. 558].

Die Anordnung des Controllings auf der zweiten Führungsebene verspricht eine höhere Distanz zur Geschäftsführung. Das Controlling ist somit in der Lage, losgelöst von der Einbindung in laufende Entscheidungen, eine objektive Sichtweise auf die durchzuführenden Controllingaufgaben zu entwickeln. Selbst bei einer Einbindung in die zweite

Führungsebene besteht eine relativ hohe Verankerung des Controllings in der Hierarchie des Unternehmens mit einer entsprechenden Kompetenzausstattung [Küpper 2008, S. 560].

Sofern das zentrale Controlling durch ein dezentrales Controlling ergänzt wird, fallen folgende Aufgaben im zentralen Controlling an [Jung 2011, S. 31]:

- Das zentrale Controlling fungiert als zentrale Anlaufstelle für die dezentralen Controllingstellen.
- Es bearbeitet fallweise bereichsübergreifende auftretende Problemstellungen.
- Es besitzt die Methodenhoheit und verantwortet die Implementierung und Weiterentwicklung adäquater Controllinginstrumente und stellt diese dem dezentralen Controlling zur Verfügung.

Insbesondere bei mittleren und großen Unternehmen ist eine Kompetenzaufteilung zwischen zentralem und dezentralem Controlling vorzufinden. Darstellung 8 zeigt zwei mögliche Ausprägungen des dezentralen Controllings [Weber/Schäffer 2008, S. 471].

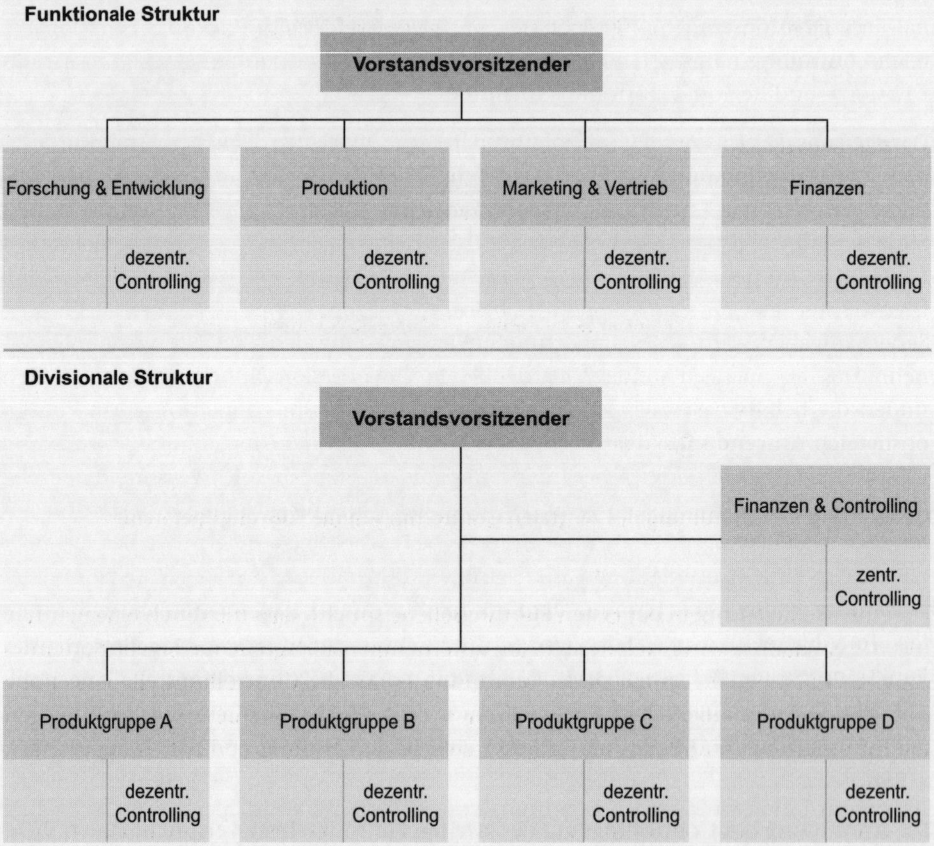


**Darstellung 8** Exemplarische Ausprägungen des dezentralen Controllings

Grundlage für die Bildung einer dezentralen Controllingorganisation bildet die bestehende Organisation des Unternehmens. Wird das zentrale Controlling durch ein dezentrales Controlling ergänzt, so sind die Kompetenzen und Aufgaben klar voneinander zu trennen und zu regeln. Notwendig ist allerdings die Ausrichtung des dezentralen Controllings auf das Gesamtunternehmensziel, was zu einer Weisungsgebundenheit an das zentrale Controlling führt [Horváth 2011, S. 752]. Gleichfalls sind die dezentralen Controllingeinheiten an ihren Organisationsbereich gebunden, um die Akzeptanz und die Informationsversorgung zu sichern [Jung 2011, S. 31f]. Im Idealfall wird in der organisatorischen Anbindung des dezentralen Controllings das „Dotted-Line-Prinzip" verwirklicht, welches eine disziplinarische Zuordnung zu seinem Fachbereich und eine fachliche Zuordnung zum zentralen Controlling vorsieht [Horváth 2011, S. 752].

Neben der grundlegenden Teilung des Controllings in zentral und dezentral erfährt es eine zunehmende Spezialisierung. So finden sich spezialisierte Controllingorganisationen in Unternehmen, welche sich zum Beispiel auf die Unternehmensplanung und Budgetierung, das Berichtswesen und Investitionsanalysen fokussieren [Jung 2011, S. 30]. Hierbei steht die Art der Verrichtung des Controllings im Mittelpunkt. Weitere Spezialisierungstendenzen sind auf Funktionsbereiche oder auf Adressaten (z.B. Regional- und Divisionscontrolling) gerichtet. Im folgenden Abschnitt soll das Funktionsbereichscontrolling näher erläutert werden. In ähnlicher Form und Ausgestaltung ist das Divisions- und Regionalcontrolling vorzufinden.

Das *Funktionsbereichscontrolling* erfolgt in der Regel für die betrieblichen Grundfunktionen (z.B. Marketing und Vertrieb, Beschaffung, Produktion) oder in Querschnittsfunktionen (z.B. Personal, Logistik, Qualität) [Hahn 2003, S. 261]. Hierbei werden die Teilsysteme der Führung speziell auf die Funktionsbereiche angepasst und eigens geplant und kontrolliert [Küpper 2008, S. 464]. Das Funktionsbereichscontrolling ist als spezieller Dienstleister im Funktionsbereich etabliert und nimmt spezifische bereichsinterne Serviceaufgaben wahr. Es besitzt Schnittstellen zum zentralen Controlling einer Unternehmung, als auch zu weiteren betrieblichen Organisationseinheiten. Grundsätzlich finden die bereits beschriebenen klassischen Controllingfunktionen in jedem Funktionsbereich Anwendung. Allerdings werden sie je nach Charakteristik des Bereichs und Erfordernis mit unterschiedlicher Intensität berücksichtigt. Beispielsweise ist in der Ausgestaltung des Informationssystems der bereichsspezifische Informationsbedarf für das funktionsbereichsspezifische Controlling zu berücksichtigen, sofern der Bereich über eine ausgereifte Planungssystematik verfügt [Küpper 2008, S. 466]. Von besonderer Bedeutung ist die Wahrnehmung der Koordinationsaufgabe an den Bereichsschnittstellen. Im Allgemeinen unterscheiden sich die Controllingaufgaben und -ziele je nach Funktionsbereich und je nach grundsätzlicher Ausrichtung des Bereiches. Bereichsindividuelle Anforderungen müssen jedoch ebenso wie bereichsübergreifende Anforderungen innerhalb des unternehmensweiten Controllingsystems berücksichtigt werden. Trotz aller spezifischen Anforderungen eines Bereiches findet sich im Funktionsbereichscontrolling die klassische Trennung von strategischen und operativen Controlling wieder. Lediglich die Auswahl der Methoden, Instrumente und Kontrollkennzahlen unterscheidet sich von Bereich zu Bereich.

Abschließend soll eine weitere Spezialisierungsform des Controllings vorgestellt werden. Diese bezieht sich auf Projekte. Unternehmen führen Projekte durch, um auf die ansteigende Dynamik, Diskontinuität und Komplexität schneller reagieren zu können. Projekte sind zeitlich befristet, mit einer konkreten Zielvorgabe versehen, verfügen über eine relative Neuartigkeit für das Unternehmen, sie sind risikobehaftet und die Aufgabe ist in der Regel einmalig durchzuführen. Projekte werden, so wie Unternehmenseinheiten auch, durch eine verantwortliche Person geführt. Das Projektmanagement leistet somit einen Beitrag zur Erfüllung der Unternehmensziele. Dieser Beitrag soll in Anbetracht von Effizienz und Effektivität einem *Projektcontrolling* unterliegen. Das Projektcontrolling fungiert als Unterstützungsfunktion des Projektmanagements, das Planungs-, Steuerungs- und Kontrollsysteme erfordert, die systematisch projektbezogene, projektübergreifende und unternehmensbezogene Ziele abstimmen und koordinieren [Reichmann/Schön 2003, S. 593]. Um dies zu unterstützen, muss das Projektcontrolling geeignete Systeme zur Projektplanung, -steuerung und -kontrolle bereitstellen, geeignete Strukturen schaffen sowie ein Berichtswesen implementieren. Erst hierdurch wird eine zielgerichtete Projektabwicklung ermöglicht. Bei der Frage der Organisation muss man entscheiden, in welcher Form das Controlling organisatorisch verankert wird. Die Form der Verankerung kann durch ein Selbstcontrolling, gesamtunternehmensbezogen vom zentralen Controllingbereich, durch ein externes Projektcontrolling sowie durch eine eigenständige, projektbezogene Controllingstelle erfolgen [Steinle/Daum 2007, S. 857]. Diese Entscheidung wird in Abhängigkeit von der Größe (z.B. Anzahl involvierter Mitarbeiter), der Relevanz des Projektes für das Unternehmen und der Zeitdauer des Projektes getroffen. Nichtsdestotrotz erfordert eine wirkungsvolle Koordination des Projekts die Eingliederung des Projektcontrollings in eine höhere Führungsebene. Je nach Eingliederung des Projektcontrollings kann die Controllingstelle fachlich und disziplinarisch dem zentralen Controlling unterstellt sein, oder über eine „Dotted-Line-Anbindung" verfügen, bei welcher die disziplinarische von der fachlichen Unterstellung getrennt ist. In diesem Falle ist die Projektcontrollingstelle dem Projektmanager disziplinarisch unterstellt.

Mit der Gestaltung der Aufbauorganisation des Controllings geht gleichfalls eine Gestaltung der Controllingprozesse (Ablauforganisation) einher. Nach Horváth [2011, S. 769] besteht eine zweifache Notwendigkeit, das Controlling prozessorientiert zu gestalten: „Einerseits hat der Controller in einer prozessorientierten Organisation [...] seine Aufgabenwahrnehmung und seine Instrumente prozessorientiert auszurichten, andererseits hat er seine Arbeit durch die eigene Prozessorientierung entscheidend effizienter zu machen." Grundsätzlich sind die Controllingprozesse an den Prozessen des Führungssystems auszurichten, um die richtigen entscheidungsrelevanten Inhalte zum richtigen Zeitpunkt bereitzustellen. Dies gilt für die Steuerung des Gesamtunternehmens sowie auch für die Steuerung der Funktionsbereiche. Gleichfalls orientiert sich das prozessorientierte Controlling, insbesondere das funktionsbereichsspezifische Controlling, an den Geschäftsprozessen der Organisation (vgl. auch Kapitel 9). Das Controlling muss sich somit intensiv mit der Ablauforganisation aller relevanten Systeme und Instrumente zur Koordination befassen [Küpper 2008, S. 576]. Insbesondere sind effiziente Abläufe für die Kernfunktionen der Planung und Kontrolle zu entwickeln. Mit der Einführung ablauforganisatorischer Regeln werden inhaltliche Abstimmungen zwischen den Bereichen erst ermöglicht [Küpper 2008, S. 576].

Mit einer organisatorischen Anbindung des Controllings wird die Arbeitsteilung eines Unternehmens beeinflusst. Hierbei ist von der Organisation zu entscheiden, ob Controllingstellen geschaffen werden sollen oder das Selbstcontrolling durch Führungskräfte präferiert wird. Im Sinne der Führungsunterstützung und im Sinne effektiver und effizienter Unternehmensprozesse ist in mittleren und großen Unternehmen das Controlling zentral zu steuern. Im Rahmen einer optimalen Funktionsbereichssteuerung ist das Controlling zu spezialisieren, um den bestmöglichen Beitrag zu einer markt- und werteorientierten Unternehmensführung zu leisten.

# 5 Toolbox des Controllings

Das Controlling erarbeitet Ziele und Maßnahmen und nimmt Planungs-, Kontroll- und Informationsaufgaben wahr. Um den Aufgaben im Rahmen der Informationsversorgung nachzukommen, stehen dem Controlling eine Vielzahl an Instrumenten und Methoden zur Verfügung. Das Berichtswesen bereitet die führungs- und entscheidungsrelevanten Informationen auf. Seine Aussagefähigkeit wird durch den Einsatz von Wertgrößen und Kennzahlensystemen erhöht (vgl. Kapitel 7.2.2).

## 5.1 Controllinginstrumente und -methoden

Erst durch den Instrumenten- und Methodeneinsatz werden die Komplexität strukturiert erfasst und die unternehmensinternen Systeme vergleichbar gestaltet. Der Einsatz von Controllinginstrumenten ermöglicht die Schaffung von betrieblichen Modellen, welche die entscheidenden Zusammenhänge schnell erfassen und Transparenz erzeugen [Jung 2011, S. 55]. Die Anwendung von spezifischen Methoden und Instrumenten stellt die Grundvoraussetzung für Analysen dar. Im modernen Controlling werden diese durch den Einsatz von Hard- und Software unterstützt. Im Sinne einer zielführenden Führungsunterstützung obliegen dem Controlling die Auswahl adäquater Controllinginstrumente und -methoden sowie deren Weiterentwicklung. Welche der vielzähligen Instrumente und Methoden in einer Unternehmung zur Anwendung kommen, ist abhängig von der Unternehmenskultur, -struktur sowie vom Führungsstil und natürlich von der grundsätzlichen Eignung des Instruments oder der Methode zur Problemlösung [Baier 2008, S. 121]. Grundsätzlich muss das gewählte Instrument oder die Methode die Hauptfunktionen der Planung, Kontrolle und Informationsbereitstellung bedienen. Ein weiteres Kriterium zur Auswahl geeigneter Instrumente/Methoden ist die Unterstützung der Erreichung der Unternehmensziele (strategische Perspektive) als auch der Beitrag zur monetären Ergebnisoptimierung (operative Perspektive) [Steinle/Daum 2007, S. 30]. Die Auswahl und erfolgreiche Anwendung der Instrumente und Methoden ist an die Akzeptanz in der Organisation geknüpft. Umfangreiche und komplexe Instrumente und Methoden, welche zielführende Analysen ermöglichen, jedoch von den Anwendern nicht angenommen werden, wirken einer effektiven und effizienten Ausgestaltung des Controllings entgegen. Sofern die Sinnhaftigkeit der gewählten Instrumente von Führungskräften oder Mitarbeitern, welche zum Beispiel bei der Datenerhebung unterstützen, in Frage gestellt wird, nehmen die Informationsqualität und die Termintreue in der Berichterstattung ab [Baier 2008, S. 121]. Ein dritter entscheidungsrelevanter Aspekt beim Einsatz von Controllinginstrumenten und -methoden ist das Kosten-Nutzen-Verhältnis. Der Einsatz moderner Informationstechnologien erleichtert die Datenerhebung

| Aufgaben | Instrumente |
|---|---|
| Analysen, Prognosen | • Benchmarking<br>• Frühwarnsysteme<br>• Umweltanalyse |
| Projektplanung, Produktplanung | • Wertanalyse<br>• Target-Costing<br>• Wirtschaftlichkeitsanalyse |
| Funktionsbereichs-planung | • Gemeinkostenwertanalyse<br>• Budgetierung<br>• Kalkulation |
| Programmplanung | • Portfolioanalyse<br>• Break-Even-Analyse<br>• Deckungsbeitragsrechnung |

**Darstellung 9** Controllinginstrumente

und -analyse, verleitet jedoch, aufgrund einer umfangreichen und relativ einfach zu verwaltenden Datengrundlage, zu einem umfassenden, in manchen Fällen jedoch überdimensionierten und somit nicht mehr effektiven Einsatz. Eine in regelmäßigen Abständen kritische Reflexion der angewandten Controllinginstrumente sowie der Planungs- und Kontrollmethoden wird empfohlen, um zum Beispiel nicht mehr benötigte Berichte zu eliminieren und veraltete Methoden und Instrumente durch zeitgemäße zu ersetzen [Baier 2008, S. 122f].

Darstellung 9 zeigt einen Auszug typischer Controllinginstrumente und der dazugehörigen Controllingaufgaben [in Anlehnung an Steinle/Daum 2007, S. 31]. Abschließend möchten wir darauf hinweisen, dass in den nachfolgenden Abschnitten eine Vielzahl weiterer Controllinginstrumente veranschaulicht wird.

## 5.2 Berichtswesen

Die Ausgestaltung des Berichtswesens ist ein wichtiges Element zur Erfüllung der Informationsfunktion. Die Informationsfunktion stellt eine adäquate Versorgung der Führung mit relevanten und aktuellen internen und externen Informationen sicher, auf deren Grundlage Handlungsalternativen entwickelt und Führungsentscheidungen getroffen werden. Entscheidungsrelevante Informationen dienen der Führungsunterstützung im Sinne der Unternehmenssteuerung und sie unterstützen die Planungs- und Kontrollfunktion. „Es geht darum, alle für die Planung und Kontrolle benötigten Informationen mit dem notwendigen Genauigkeits- und Verdichtungsgrad am richtigen Ort und zum richtigen Zeitpunkt bereitzustellen.“ [Horváth 2011, S. 295]

Aufgrund der in Organisationen vorzufindenden arbeitsteiligen Prozesse und Strukturen sind die Orte der Informationsentstehung und Informationsverwendung voneinander losgelöst. Das Berichtswesen fungiert als Bindeglied zwischen Entstehungs- und Verwendungsort von Informationen und sichert somit die Informationsversorgung für das Management ab [Jung 2011, S. 141]. Das Controlling nimmt die systemkoppelnde Koordination der Informationsversorgung wahr. Gleichfalls ist es für die Ausgestaltung des Berichtswesens zuständig. Des Weiteren obliegt dem Controlling die Aufgabe der Berichterstellung und der Weiterleitung an die betreffenden Führungskräfte.

Informationen sind der Gegenstand für das Berichtswesen. Sie stellen zweckgerichtetes Wissen über Sachverhalte dar und verfügen über einen Nachrichtencharakter [Hildebrandt 2001, S. 3]. Allerdings bestehen die Herausforderungen bei der Nutzbarmachung von Informationen für das Controlling vornehmlich darin,

- die richtigen Informationen zu erheben und durch Filterung, Verdichtung und Kanalisation die Aussagefähigkeit und den Informationsgehalt optimal aufzubereiten,
- die relevanten Informationen, trotz zunehmender Dynamik, Komplexität und auftretenden Diskontinuitäten rechtzeitig bereitzustellen,
- die Qualität der Informationen zu bewerten und Informationen in der notwendigen Qualität bereitzustellen, um eine adäquate Basis für die Entscheidungsfindung bereit zu stellen und schließlich
- einen Zugang zu den erforderlichen Informationen (Informationsfluss) zu gewährleisten, da die Orte der Informationsentstehung und -verwendung oftmals unterschiedlich sind [Horváth 2011, S. 299].

Die oben dargestellten Herausforderungen erfordern ein stringentes und zielführendes Informationsmanagement im Controlling. Es muss die Anforderungen, welche aus den Planungs- und Kontrollprozessen entstehen, aufgreifen und im Rahmen dieses Unterprozesses umsetzen. Somit müssen in einem ersten Schritt die Informationen, welche für den Kontrollprozess benötigt werden, erhoben und in einem zweiten Schritt der Planung zugeführt werden. Erst durch diese Nutzbarmachung erfolgt eine Führungsunterstützung durch das Controlling, indem entscheidungsrelevante Sachverhalte durch das Berichtswesen ermittelt und bereitgestellt werden. Nicht zu vernachlässigen ist dabei die Wirtschaftlichkeit des Berichtswesens, welche stets die Maximierung des Informationsnutzens und die Minimierung der Informationskosten im Blick haben sollte.

Im Rahmen der Berichterstattung werden unternehmensrelevante Daten aufbereitet und verdichtet und im Sinne des betreffenden Reportingschwerpunktes dargestellt [Steinle/Daum 2007, S. 504]. Das Berichtswesen ist an den Informationserfordernissen des Managements auszurichten, welche sich je nach Hierarchieebene im Unternehmen unterscheiden und über die Hierarchieebenen hinweg eine Konsolidierung der Informationen erfordert. Die Nutzbarmachung der Information erfordert in der Regel die Informationsverarbeitung und -aufbereitung.

Mit der Implementierung eines Informationssystems wird dieser Prozess gesteuert. Die Implementierung eines Informationssystems erfordert eine Informationsbedarfsanalyse, um alle entscheidungsrelevanten Informationen zu identifizieren. Der Informationsbedarf wird anhand der Art, des Verdichtungsgrades, der Aktualitätsanforderung, Darstellungsform, Bedeutung, Termindringlichkeit, Qualität und Verwendungszweck klassifiziert [Piontek 2005, S. 108].

In einem weiteren Schritt ist die Informationsbeschaffung und -aufbereitung auszugestalten. Externe und interne Informationsquellen dienen der Informationsbeschaffung, welche unter Berücksichtigung der jeweiligen Beschaffungskosten für die gewünschten Informationen auszuwählen sind. Vornehmlich wird die Informationsaufbereitung durch den notwendigen Verdichtungsgrad und die Darstellungsform der Informationen bestimmt. Der Verdichtungsgrad bestimmt die Zusammenfassung oder Aufteilung von Einzeldaten, indem zum Beispiel Umsatzzahlen von Produktarten zu Produktgruppen oder von Kunden zu Kundengruppen und schließlich zum Gesamtumsatz konsolidiert werden [Küpper 2008, S. 183]. Unterstützt wird die Informationsbeschaffung und -aufbereitung durch technische Informationssysteme.

In Berichten werden die erhobenen, ausgewerteten und aufbereiteten Informationen zusammengefasst und dem Empfänger zur Problemlösung bereitgestellt. Berichte lassen sich hinsichtlich des Sachgebiets (z.B. Marketing, Vertrieb, Beschaffung), des Zeitbezugs (z.B. Ist-Daten, Soll-Daten), der Frequenz (z.B. regelmäßig, unregelmäßig), dem Verdichtungsgrad (z.B. Einzelpositionen, Kennzahlen) und der Funktion (z.B. Dokumentation, Ursachenanalyse) unterscheiden [Horváth 2011, S. 535]. Hinsichtlich ihres Verwendungsbeitrags der Information bei der Planung und Kontrolle werden Standard-, Abweichungs- und Bedarfsberichte unterschieden, wie Darstellung 10 zeigt [Jung 2011, S. 142].

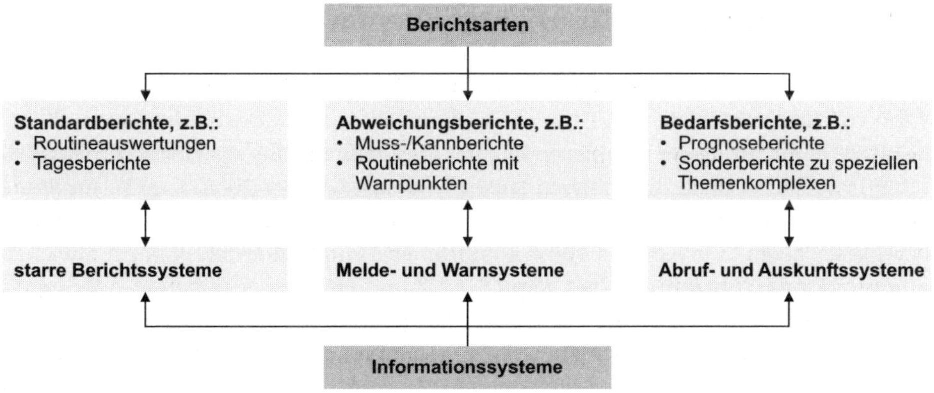


**Darstellung 10** Berichtsarten

Standardberichte werden in regelmäßigen Abständen für eine definierte Empfängergruppe erstellt. Ihr Informationsgehalt wurde in der Regel einmalig ermittelt und beinhaltet umfassende, standardisierte Daten. Bei ihrer Erstellung entstehen eher geringe Kosten. Dem Berichtsempfänger steht eine Vielzahl von Daten zur Verfügung. Für ihn relevante Informationen werden eigenständig identifiziert und für seine Zwecke weiter genutzt. Aufgrund des hohen Standardisierungsgrades besteht für den Berichtsempfänger nicht die Möglichkeit, Inhalte oder den zeitlichen Erstellungs- und Bereitstellungszyklus zu beeinflussen [Horváth 2011, S. 535f].

Abweichungsberichte werden lediglich bei der Über- bzw. Unterschreitung definierter Toleranzwerte erstellt. Für diese Berichtsart ist kein regelmäßiger Erstellungsrhythmus vorgesehen. Im Sinne einer effizienten Berichterstattung wird hierdurch eine zu häufige Berichterstattung vermieden, sofern die Toleranzwerte richtig gewählt wurden. Dieser Berichtstyp zeigt spezifische Problemstellungen (z.B. Umsatz-, Budgetabweichungen) auf, welche eine individuelle Steuerungsentscheidung erfordern [Jung 2011, S. 144f].

Ein Bedarfsbericht dient der ergänzenden Problemuntersuchung, wenn die identifizierten Problemstellungen, zum Beispiel aus einem Abweichungsbericht, eine höhere Detaillierung erfordern. Die Erstellung des Berichts erfolgt durch gezielte Beauftragung zur Deckung eines spezifischen Informationsbedürfnisses [Horváth 2011, S. 536].

Aufgrund des hohen Standardisierungsgrades der Berichte dienen diese vornehmlich der operativen Planung, Steuerung und Kontrolle. Die Analyse strategischer Aspekte erfordert zielgerichtete, individuelle Berichtsformate, welche speziell entwickelt oder angewendet werden.

Das inhaltliche Spektrum der Controllingberichte ist aus Effizienzgründen auf Führungsinformationen beschränkt und umfasst vornehmlich Informationen zu internen Operationen, Ereignissen und Analysen, Signalen über unternehmensbezogene Ereignisse und Signalen über Ideen und Trends [Piontek 2005, S. 123].

## 5.3 Kennzahlen und Kennzahlensysteme

Wesentliches Element des Berichtswesens sind Zahlen, welche oftmals aggregiert, in Form von Kennzahlen, dargestellt werden. „Kennzahlen sind quantitative Daten, die als bewusste Verdichtung der komplexen Realität über zahlenmäßig erfassbare betriebswirtschaftliche Sachverhalte informieren sollen." [Weber/Schäffer 2008, S. 173]. Im Sinne der Führungsunterstützung werden dem Management verdichtete Informationen bereitgestellt, um in prägnanter Weise komprimierte Einzelinformationen zur Entscheidungsfindung zu übermitteln (vgl. Kapitel 7.2.2 und Erfolgskennzahlen in Anhang II). Sie tragen zum Beispiel zur Absicherung bzw. Steigerung der unternehmerischen Ertragslage bei, indem Stärken und Schwächen der gesamten Organisation oder von Organisationseinheiten identifiziert werden [Steinle/Daum 2007, S. 508]. Kennzahlen dienen nicht nur der Bewertung der unternehmensinternen Planung, Steuerung und Kontrolle und somit zur Einleitung von Maßnahmen bei Planabweichung, sie erlauben auch eine Einschätzung der eigenen Position im Vergleich zum Wettbewerb. Zur Erfüllung dieser Zwecke verfügen Kennzahlen über folgende Funktionen [Weber/Schäffer 2008, S. 175, Müller 2009, S. 213]:

- Anregungsfunktion: Kontinuierliche Erfassung von Kennzahlen zur Identifikation von Auffälligkeiten und Veränderungen.

- Operationalisierungsfunktion: Bildung von Kennzahlen zur Operationalisierung von Zielen und der Zielerreichung (Leistungen).
- Vorgabefunktion: Ermittlung kritischer Kennzahlenwerte als Zielgrößen für unternehmerische Teilbereiche.
- Steuerungsfunktion: Nutzung von Kennzahlen zur Vereinfachung von Steuerungsprozessen.
- Kontrollfunktion: Fortlaufende Erfassung von Kennzahlen zur Erkennung von Soll-Ist-Abweichungen und anschließenden Abweichungsanalysen.

Für Berichtszwecke können absolute Kennzahlen und Verhältniskennzahlen herangezogen werden. Absolute Kennzahlen zeigen Einzelwerte (z.B. Day Sales Outstanding), Summen (z.B. Lieferantenvolumen), Differenzen (z.B. vertriebskanalspezifischer Deckungsbeitrag) und Mittelwerte (z.B. Gewinn) [Jung 2011, S. 156]. Verhältniszahlen setzen zwei absolute Kennzahlen in Relation und zeigen Zusammenhänge zwischen bestimmten Sachverhalten auf [Jung 2011, S. 156]. Unterschieden werden Beziehungszahlen (Zuordnung zweier begrifflich verschiedener Merkmale, z.B. Umsatzrentabilität), Gliederungszahlen (Verhältnis eines Teils zum Ganzen, z.B. absoluter Marktanteil) und Indexzahlen (Verhältnis zweier gleichartiger Merkmale, wobei eine Größe mit 100 gleichgesetzt wird, z.B. Preisindex) [vgl. Küpper 2008, S. 390 und Horváth 2011, S. 500].

Des Weiteren werden Kennzahlen hinsichtlich ihrer Aufgaben unterschieden. Darstellung 11 zeigt die Unterscheidung zwischen Kennzahlen, welche zur Analyse und Information sowie zur Steuerung bzw. Durchsetzung herangezogen werden [vgl. Gladen 2008, S. 35 und Küpper 2008, S. 393].

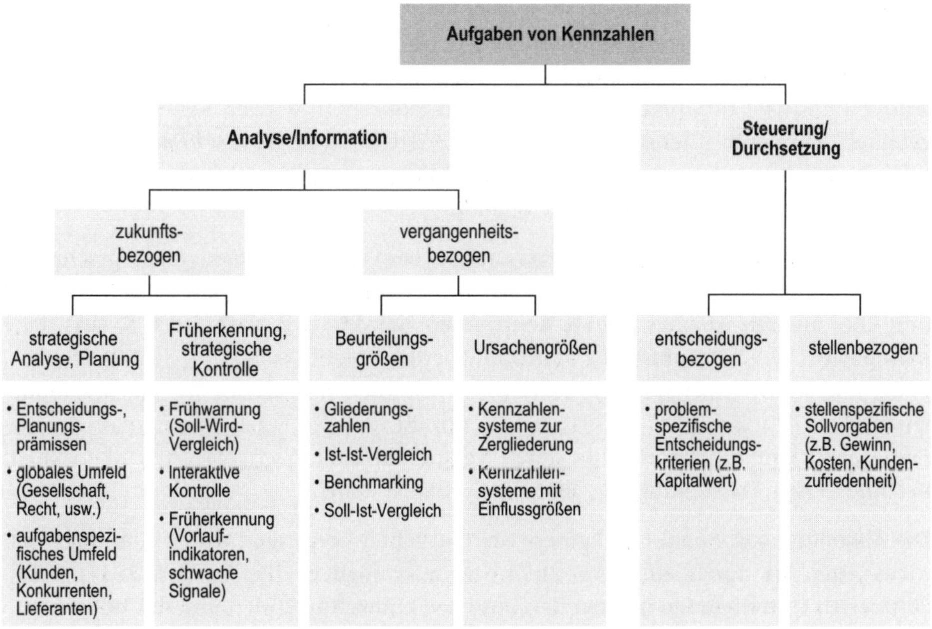


**Darstellung 11** Aufgaben von Kennzahlen

Mittels Steuerungskennzahlen werden die in der Planung verbindlichen Ziele durchgesetzt. Sie dienen der sachlichen und personellen Koordination und somit der Willensdurchsetzung des Managements [Gladen 2008, S. 33f]. Die Bildung von Steuerungskennzahlen erfolgt durch eine stellenspezifische Zerlegung der Unternehmensziele. Kennzahlen, welche nicht explizit eine Steuerungsaufgabe wahrnehmen, dienen der Analyse und Information. Sie unterstützen vornehmlich die Beurteilung komplexer Sachverhalte und das Aufdecken von Entstehungsursachen. Sie werden durch eine schrittweise Zerlegung eines Sachverhalts gebildet. Die vergangenheitsbezogene Analyse beurteilt Zusammenhänge und betreibt in einem weiteren Schritt Ursachenforschung. Eine zukunftsgerichtete Analyse erfordert Kennzahlen, welche prognostiziert werden können und somit auf mögliche Chancen und Risiken für das Unternehmen hinweisen [Gladen 2008, S. 35f].

Bei der Bildung von Kennzahlen ist darauf zu achten, dass sie über Aussagekraft verfügen und somit eine Einschätzung über wichtige Zusammenhänge ermöglichen. Des Weiteren müssen sie messbar und spezifisch ausgestaltet sein, um komplizierte und umfangreiche Sachverhalte einfach darzustellen und so eine rasche Informationserfassung zu erlauben [Reichmann 2011, S. 24]. Die Güte der zugrundeliegenden Daten für die Kennzahl ist ausschlaggebend für ihren Aussagewert. Sofern bei der Bildung der Kennzahlen logische Fehler entstehen, werden Fehlinformationen generiert, welche in der Konsequenz zu Fehlentscheidungen des Managements führen. Die Qualität des Informationsgehalts von Kennzahlen wird durch Ergänzung des quantitativen Aussagewertes um qualitative Aussagen erhöht [Reichmann 2011, S. 26].

Einzelne Kennzahlen verfügen oftmals über eine begrenzte Aussagefähigkeit und einen umfangreichen Interpretationsspielraum [Müller 2009, S. 214f]. Bei der Verwendung vieler Einzelkennzahlen können diese oftmals verwirrend sein oder sogar im Widerspruch zueinander stehen und somit die Koordinationsaufgabe beeinträchtigen [Horváth 2011, S. 500]. Um die Aussagefähigkeit hinsichtlich führungsrelevanter Aspekte zu erhöhen und den Interpretationsspielraum zu reduzieren, werden Kennzahlensysteme gebildet. „Ein Kennzahlensystem ist eine geordnete Gesamtheit von Kennzahlen, die in einer Beziehung zueinander stehen und so als Gesamtheit über einen Sachverhalt vollständig informieren." [Horváth 2011, S. 500].

In Rahmen der Bildung von Ordnungssystemen wird ein Kennzahlensystem geschaffen, welches Kennzahlen zu einem bestimmten Sachverhalt (z.B. Absatzbereich) umfasst und über mehrere Ebenen weitere Kennzahlen zuordnet [Horváth 2011, S. 501]. Eine mathematische Verknüpfung der Kennzahlen erfolgt nicht [Jung 2011, S. 162]. Die Ausgestaltung eines Rechensystems verknüpft Kennzahlen rechnerisch in einer pyramidalen Struktur [Horváth 2011, S. 501]. Jede Kennzahl stellt ein Ergebnis innerhalb der hierarchischen Struktur dar, welches durch Veränderung die nachgelagerten Kennzahlen beeinflusst (vgl. Darstellung 22 – ROI-Kennzahlensystem).

Die Abbildung von finanz- und güterwirtschaftlichen Vorgängen wird in bündiger und fokussierter Art durch ein Kennzahlensystem ermöglicht [Reichmann 2011, S. 27]. Sofern sich Unternehmen in einer dynamischen Umwelt befinden und mit hoher Komplexität umgehen müssen, sind adäquate Informationen über die unternehmensinterne und -externe Lage für Steuerungszwecke bereitzustellen. Das Mittel der Kennzahlensysteme begegnet diesen Anforderungen in sachgerechter Weise.

Zur Ausgestaltung des Controllings in einem Unternehmen haben wir in obigen Ausführungen eine Vielzahl wichtiger Elemente umfassend aufgezeigt. Ausgehend von der Notwendigkeit des Managements von Diskontinuität und Komplexität wurden die Ziele und die Funktionen des Controllings definiert. Mit der Darstellung der strategischen und operativen Controllingaufgaben sowie der Koordination von Planung und Kontrolle durch die Budgetierung und der organisatorischen Einbindung des Controllings wurde der Handlungsspielraum des Controllings festgelegt. Die Einführung in die Themen der Controllinginstrumente und -methoden, des Berichtswesens und der Kennzahlen sowie Kennzahlensysteme beschreiben das tägliche Handwerkszeug des Controllers. Alle diese Elemente müssen zusammenwirken und ein markt-, werte- und prozessorientiertes System bilden, um die Zielerreichung der Unternehmung zu unterstützten. Der Controllingansatz als auch das Verhältnis des Controllings zu Marketing und Vertrieb als integrativer Ansatz werden in Abschnitt C dargestellt.

# C Ausrichtung für Unternehmensführung, Marketing und Vertrieb

Die zunehmende Diskontinuität, Komplexität und Dynamik stellt Unternehmen auch im Marketing und Vertrieb vor neue Herausforderungen. Diesen Herausforderungen kann jedoch mit geeigneten Maßnahmen Paroli geboten werden, wenn sich das Unternehmen auf die Anforderungen der werteorientierten Unternehmensführung einstellt. Die Werteorientierung liefert den notwendigen Beitrag zur Erhöhung der Rendite und Reduzierung von Risiken. Werte schaffen bedeutet, Erfolgspotenziale eines Unternehmens zu nutzen und diese durch geschicktes Agieren auf dem Markt in Renditen zu verwandeln. Marketing und Vertrieb und das in diesen Funktionsbereichen zugeordnete Controlling leisten einen beträchtlichen Beitrag zur werteorientierten Unternehmensführung und beeinflussen somit auch den Unternehmenserfolg.

In diesem Abschnitt werden die Grundelemente der werteorientierten Unternehmensführung dargestellt. Zu Beginn werden die Grundlagen der Unternehmensführung erläutert, wichtige Orientierungsrichtungen für die Organisation dargestellt, sowie ein theoretischer Einblick in die Funktionen von Marketing und Vertrieb gegeben (siehe Darstellung 12). Das Controlling hat die Aufgabe, den Unternehmenserfolg abzusichern. Als grundlegende Erfolgskennzahl kann der Return-on-Investment in diesem Controllingansatz für Marketing und Vertrieb herangezogen werden. Der Return-on-Investment (ROI) ergibt sich aus der Multiplikation der Umsatzrentabilität (UR) mit dem Kapitalumschlag (KU) (siehe Darstellung 22).

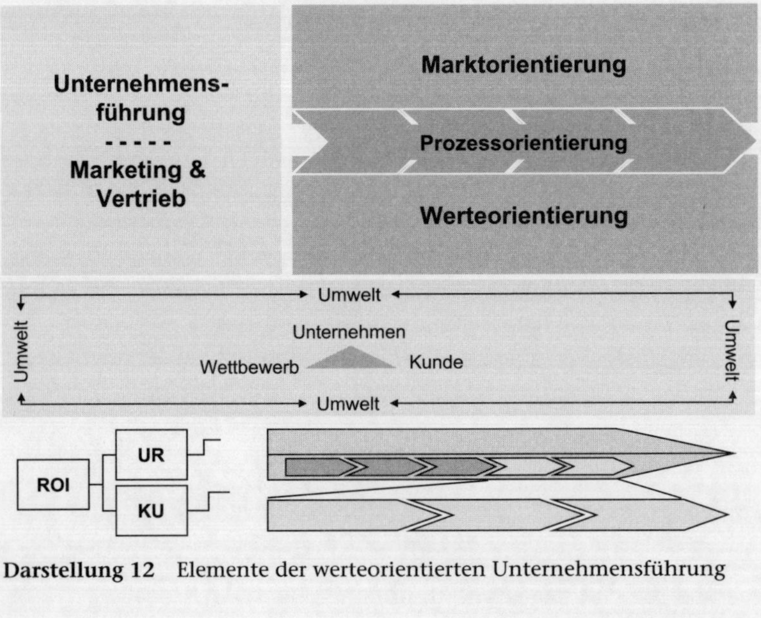


**Darstellung 12** Elemente der werteorientierten Unternehmensführung

# 6 Unternehmensführung

Wir haben das Controlling bereits als Unterstützungsfunktion im Führungssystem des Unternehmens kennengelernt. Um eine Einordnung in das Führungssystem vornehmen zu können, werden nachfolgend die Führungsaufgaben des Managements umfassend dargestellt.

Die Festlegung grundlegender unternehmerischer Ziele, Strategien und das Treffen von Entscheidungen über die optimale wirtschaftliche Kombination der betrieblichen Produktionsfaktoren sind essenzielle Aufgaben der Unternehmensführung [Neu 2005, S. 21]. Durch diese Rahmenbedingungen wird der Erfolg einer Organisation bestimmt. Der Einsatz ausgewählter Werkzeuge und Methoden erlaubt dem Unternehmer, seine Organisation zu wirtschaftlichem Erfolg zu führen. Um den oft langen und steinigen Weg zu einem erfolgreich geführten Unternehmen zu beschreiten, bedarf es einer Vielzahl richtungsweisender Entscheidungen des Topmanagements, welche mit der Unterstützung und Beratung des Controllings vorbereitet werden. Erfolgreiche Unternehmensführung erfordert ein ergebnisorientiertes Management und eine systematische Unternehmensplanung. Werden Entscheidungen aufgrund des Erfahrungsschatzes des Managements und ohne solide Controllingunterstützung getroffen, so beruhen sie nicht immer auf hieb- und stichfesten Fakten. Die zunehmende Dynamik, Diskontinuität und Komplexität erschwert die Erfassung umfangreicher entscheidungsrelevanter Informationen durch das Management. Mittels solcher intuitiver Führung beginnt ein unternehmerischer Blindflug, der meist beträchtliche negative Konsequenzen nach sich ziehen kann. Grundsätzlich lässt sich die Unternehmensführung in zwei Bereiche unterteilen Darstellung 13).

Das Controlling, mit der Aufgabe der Führungsunterstützung, berät die Unternehmensführung auf operativer und strategischer Ebene und stellt relevante Informationen zur Entscheidungsfindung zur Verfügung. Anschließende Ausführungen zur strategischen und operativen Unternehmensführung werden aus der Perspektive des Managements getätigt. Die Aufgaben des Controllings im Rahmen der Planung, Steuerung und Kontrolle wurden bereits in Abschnitt B dargelegt.

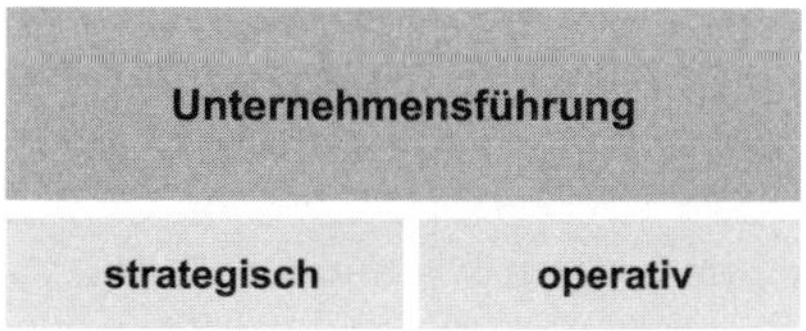


**Darstellung 13** Die zwei Bereiche der Unternehmensführung

## 6.1 Strategische Unternehmensführung

Die strategische Unternehmensführung bildet die Basis für einen langfristigen Unternehmenserfolg. Oder anders ausgedrückt: Ziel der strategischen Unternehmensführung ist die nachhaltige Sicherung der Lebensfähigkeit des Unternehmens. Um die Organisation zu einer langfristigen Erfolgsorientierung zu führen, bedarf es einiger Überlegungen innerhalb der strategischen Planung. Benötigt wird eine zielführende Unternehmensstrategie. Durch die Erarbeitung einer Strategie setzt sich die Unternehmensleitung bewusst mit allen Einflüssen auseinander, die auf das Unternehmen wirken (vgl. Kapitel 14.1.2). Man spricht von strategischer Planung, wenn das Management danach strebt, den Prozess der Strategieerarbeitung systematisch anzugehen, und auf diesem Weg entstehende Strategien rational und datengestützt begründen kann [Grünig 2005, S. 10]. Eine Strategie lässt sich durch folgende Merkmale charakterisieren [Vahs/Burmester 2002, S. 98f]:

- hohe Komplexität
- langfristiger Charakter und Kontinuität
- bewusste Planung und Gestaltung der angestrebten Ziele
- Topmanagement-Aufgabe
- strikte Zielorientierung
- Anpassungsfähigkeit

Daraus lässt sich das Erfordernis ableiten, dass die Strategie unter sachlichen Gesichtspunkten und unter Zuhilfenahme von Informationen aus dem Unternehmensumfeld und zu erwartenden Entwicklungen zu planen ist. Der Term „Strategie" wird des Weiteren in der folgenden Bedeutung verwendet: Strategien sind Dokumente in Form von Plänen mit langfristigen Vorgaben zum Aufbau und zur Sicherung von Erfolgspotenzialen [Grünig 2005, S. 15]. Es ergibt sich die Notwendigkeit, dass Strategien, egal ob auf Unternehmensebene oder pro Geschäftseinheit, schriftlich fixiert werden, um diese ständig als Entscheidungsgrundlage nutzen zu können und das Erreichen der strategischen Ziele zu gewährleisten. Auch wenn die strategische Planung sehr umfangreich ist und sehr viel Zeit in Anspruch nimmt, kann nur durch diese Strukturierung ein Fahrplan für die Zukunft festgelegt werden. Das Wissen um das Unternehmen selbst und um Einflussfaktoren der Umwelt macht auf Stärken, Schwächen, Chancen und Risiken aufmerksam. Mittels dieser Informationen können passende Instrumente gewählt werden, um auf dem schnellsten Weg ohne Zeit- und Ressourcenverschwendung ans Ziel zu gelangen [Becker 2001, S. 142].

### Einflussfaktoren auf Strategien

Bevor eine Strategie ausgearbeitet werden kann, muss jedoch zuerst die betreffende Organisation und deren Umwelt detailliert betrachtet werden. Die Organisation agiert in einem sozialen System, sie ist ein Zusammenschluss von Personen, welche die zur Verfügung stehenden Ressourcen nutzen, um zusammen einen bestimmten Zweck zu verfolgen [Haberberg/Rieple 2001, S. 4]. Zu diesen Ressourcen zählen nicht nur finanzielle, physische, organisatorische, technologische Ressourcen und Humanressourcen, sondern auch verschiedene immaterielle Faktoren (z.B. Qualifikationen und Fertigkeiten von Mitarbeitern, Markenimage), auf denen der betriebliche Leistungsprozess beruht [Steinmann/Schreyögg 2005, S. 207]. Starken Einfluss auf das soziale System üben die Unternehmenskultur, das Leitbild des Unternehmens und strukturelle Faktoren, wie zum Beispiel die Unternehmensorganisation und der Standort, aus. Um auf den teilweise sehr hart umkämpften Märkten bestehen zu können, ist ein Wettbewerbsvorteil von entscheidender Wichtigkeit. Dieser Vorteil ist wertegenerierend und wird durch besondere Kompetenzen und Fähigkeiten der Organisation bestimmt. Diese gelten als maßgebliche Erfolgsfaktoren. Die interne Betrachtung generiert eine Vielzahl von strategierelevanten Informationen, welche einen nicht zu unterschätzenden Einfluss auf die strategische Ausrichtung haben.

| Anspruchs-gruppen | Interessen (Ziele) |
|---|---|
| **Unternehmensinterne Anspruchsgruppen** | |
| Eigentümer | • Einkommen/Gewinn<br>• Erhaltung, Verzinsung und Wertsteigerung d. investierten Kapitals<br>• Selbstständigkeit/Entscheidungsautonomie |
| Management | • Macht, Einfluss, Prestige<br>• Entfaltung eigener Ideen und Fähigkeiten |
| Mitarbeiter | • Einkommen (Arbeitsplatz)<br>• sinnvolle Betätigung<br>• Entfaltung der eigenen Fähigkeiten<br>• soziale Sicherheit<br>• zwischenmenschliche Kontakte (Gruppenzugehörigkeit)<br>• Status, Anerkennung, Prestige |
| **Unternehmensexterne Anspruchsgruppen** | |
| Fremdkapital-geber | • sichere Kapitalanlage<br>• befriedigende Verzinsung<br>• Vermögenszuwachs |
| Lieferanten | • stabile Liefermöglichkeiten<br>• günstige Konditionen<br>• Zahlungsfähigkeit der Abnehmer |
| Kunden | • möglichst hohe Produktqualität<br>• günstiges Preis-Leistungs-Verhältnis<br>• adäquate Serviceleistungen |
| Konkurrenz | • Einhaltung fairer Grundsätze und Spielregeln der Markttransparenz<br>• Kooperation auf branchenpolitischer Ebene |
| Staat und Gesellschaft | • Steuern und Sozialleistungen<br>• Sicherung der Arbeitsplätze<br>• positive Beiträge für die Infrastruktur<br>• Einhaltung von Rechtsvorschriften und Normen<br>• Teilnahme an der politischen Willensbildung<br>• Erhaltung einer lebenswerten Umwelt |

**Darstellung 14** Anspruchsgruppen des Unternehmens und ihre Interessen

Betrachtet man ein soziales System in seiner Umwelt, ist zu erkennen, dass es mit einer Vielzahl anderer Akteure verzahnt ist. Diese Anspruchsgruppen verfolgen die unterschiedlichsten Interessen und Ziele, wie Darstellung 14 zeigt [Becker 2002, S. 30].

Abhängig von der Möglichkeit der Einflussnahme und dem grundsätzlichen Interesse sind die Stakeholder mit Informationen zu bedienen. Verfügt zum Beispiel ein Stakeholder über eine hohe Einflusskraft und ein hohes Interesse, so ist eine enge Zusammenarbeit anzustreben. Das Controlling unterstützt die Führung im Stakeholdermanagement und bei der Bedienung des Informationsbedarfs. Hierdurch wird das Unternehmen auch in die Lage versetzt, die Corporate Social Responsibility (gesellschaftliche Unternehmensverantwortung) wahrzunehmen und das nachhaltige Handeln zu kommunizieren und zu demonstrieren.

Stellt sich der Betrachter nun vor, dass jeder einzelne Stakeholder in diesem System Entscheidungen trifft und stets versucht ist, den größtmöglichen Vorteil zu erzielen, so wird schnell ersichtlich, dass sich das Unternehmen nicht in einer Welt von Konstanten befindet. Die gemächliche Evolution der wirtschaftlichen Umwelt ist heutzutage nicht mehr gegeben – nein, vielmehr ist das heutige Wirtschaftssystem einem ständigen und rapiden Wandel unterworfen. Es gilt, diese Trends frühzeitig zu erkennen und mit ihnen Schritt zu halten.

Die beiden Sichtweisen – die interne Betrachtung der Unternehmensressourcen und die externe Betrachtung der Umwelt – bilden die Grundlage für die Ableitung der Unternehmensstrategie und der Unternehmensziele, um einen Blindflug des Unternehmens ins Unbekannte zu vermeiden. Die Strategie bildet also das Leitwerk für alle getroffenen Entscheidungen und bestimmt maßgeblich die Richtung des vom Unternehmen eingeschlagenen Weges. Jedoch ist zu beachten, dass sie die Evolution des Unternehmens nicht lähmt oder verhindert, vielmehr muss sie flexibel auf zukünftige Entwicklungen anzuwenden sein und Handlungsalternativen bereithalten oder generieren. Ist die Unternehmensstrategie ausgearbeitet und beschlossen, so gilt es, diese in der Organisation zu implementieren. Veränderungen in Unternehmen benötigen immer das Bekenntnis aller Beteiligten zur Strategie.

Mittels der strategischen Planung, also einer bewussten Betrachtung und Auseinandersetzung mit Aspekten, welche das Unternehmen und dessen Fortbestand maßgeblich beeinflussen können, ist die Grundlage für die operative Führung geschaffen worden.

**Die strategische Unternehmensführung**

- **sichert nachhaltig die Zukunftsfähigkeit,**
- **ermöglicht die Erschließung von Erfolgspotenzialen und**
- **berücksichtigt die Interessen der Anspruchsgruppen.**

## 6.2 Operative Unternehmensführung

Um die Umsetzung der strategischen Planung zu vollziehen, ist eine Steuerung des Unternehmens auf operativer Ebene notwendig. Mittels der strategischen Planung versucht man, die Erfolgspotenziale des Unternehmens zu identifizieren und greifbar zu machen. Die operative Unternehmensführung hingegen legt die Taktik fest. Um eine Abgrenzung von Strategie und Taktik vorzunehmen, werden in Darstellung 15 die beiden Begriffe noch einmal gegenübergestellt [Becker 2000, S. 143].

| Strategie | Taktik |
|---|---|
| • Grundsatzregelungen<br>• strukturbestimmend (konstitutiv)<br>• mittel-/langfristig orientiert<br>• Entscheidung für Zukunft<br>• schwer zu korrigieren<br>• Effektivitätskriterium<br>• „Die richtigen Dinge tun" | • operative Handlungen<br>• ablaufbestimmend (situativ)<br>• kurzfristig orientiert<br>• Entscheidungen für die Gegenwart<br>• leichter zu korrigieren<br>• Effizienzkriterium<br>• „Die Dinge richtig tun" |

**Darstellung 15** Abgrenzung von Strategie und Taktik

Auf operativer Ebene gilt es nun, die strategische Planung auf die verschiedenen Ebenen des Unternehmens abzuleiten und Ziele zu operationalisieren. Man versucht, geeignete Indikatoren für die Strategie zu finden. Diese Indikatoren werden für einzelne Unternehmensbereiche definiert und gliedern somit die Gesamtstrategie immer weiter auf. An dieser Stelle nun können zum Beispiel konkrete Ziele für Marketing und Vertrieb abgeleitet werden, welche auf einer bereits definierten Strategie basieren. Diese Ziele werden wiederum durch Unterziele konkretisiert und können durch den Einsatz von bestimmten Instrumenten verfolgt werden. Die jeweiligen Unterziele werden für Bereiche determiniert und im Rahmen von individuellen Zielvereinbarungen erfolgt eine Übertragung auf den Mitarbeiter. Der Mitarbeiter übernimmt damit die Verantwortung für die Zielerreichung. Somit wird zum Beispiel aus dem Strategieziel der Kostenführerschaft (Ziel im Bereich Marketing) in einem bestimmten Produktbereich ein Ziel zur Kosteneinsparung im Beschaffungswesen des Unternehmens. Dies wiederum kann zum Beispiel eine Optimierung des Beschaffungsprozesses nach sich ziehen. Die Beschaffungsabteilung wird sich Gedanken über den Lieferantenauswahlprozess, die Abwicklung des Bestellwesens und der Eingangskontrolle usw. machen.

Das operative Ziel der Kostenreduzierung hat direkte Auswirkungen auf den Deckungsbeitrag, welcher die Rentabilität positiv beeinflusst. Aus diesem Beispiel lässt sich ableiten, dass die operative Unternehmensführung unter Berücksichtigung der strategischen Ziele eine klare Orientierung für das tägliche, wöchentliche und monatliche Handeln stellt [Steinmann/Schreyögg 2005, S. 163].

Die Aufgabe des Controllings ist es, diese interdependenten Sachverhalte in der operativen Planung zu erkennen und die Koordination im Sinne der Erfüllung der Zielvorgaben vorzunehmen (vgl. Kapitel 14.1.3). Um ein effektives, kurzfristiges Handeln zu ermöglichen, macht sich der Manager wiederum die Planung zunutze. Die operative Unternehmensführung durchdringt im Idealfall das Unternehmen von der mittleren bis zur untersten Führungsebene [Jung 2004, S. 169]. Alle Geschäftseinheiten und Abteilungen leisten ihren Anteil zur Zielerreichung. Aufgrund der Komplexität von Unternehmen lässt sich an dieser Stelle schon erahnen, dass dieser Operationalisierungsprozess der Ziele sehr umfangreich ist. Er ist jedoch alle Mühe wert, da der Prozess ein Erreichen der Unternehmensziele garantiert und der Grad der Zielerreichung quantitativ messbar wird.

**Die operative Unternehmensführung**

- **setzt die Strategie in wertschöpfende Taktik um,**
- **ergreift Maßnahmen zur Zielerreichung und**
- **macht die Zielerreichung messbar.**

## 6.3 Die Führung des Unternehmens

Eine Fixierung von Strategien und operativen Zielen ist angebracht und durchaus notwendig, jedoch nicht ausreichend. Vielmehr ist der Unternehmer bestrebt, den Planungen auch Taten folgen zu lassen und durch unternehmerisches Handeln das Unternehmen zum Erfolg zu führen. Durch den unterstützenden Einsatz von Planungs-, Steuerungs- und Kontrollelementen ist es ihm möglich, Strategien und Ziele erfolgreich zu realisieren und möglichen Risiken entgegenzusteuern, welche zu Unternehmenskrisen führen können (siehe Kapitel 14.1.4).

Unternehmenskrisen können durch viele Ursachen hervorgerufen werden. Mögliche Auslöser sind eine unangemessene Investitionspolitik, zu geringe Personal- und Anlagenkapazitätsauslastungen oder ein verfehltes Preis- und Forderungsmanagement. Im Rahmen der Ausführungen zur strategischen und operativen Unternehmensführung wurde bereits erläutert, dass die Planung richtungsweisend für das Unternehmen ist. Die Steuerung des Unternehmens erlaubt dem Manager, die Prozesse im Unternehmen entsprechend veränderter Bedingungen und unternehmensinterner Anforderungen anzupassen, um Risiken rechtzeitig zu erkennen und Krisen zu vermeiden [vgl. Jung 2004, S. 155]. Die Kontrollfunktion erlaubt eine Messung der Zielerreichung und zieht gegebenenfalls eine Nachbesserung nach sich.

Um diese drei Aspekte – Planung, Steuerung und Kontrolle – im Kontext der Unternehmensführung näher zu erläutern, hilft an dieser Stelle die Theorie des Managementprozesses. Der Managementprozess besteht aus den Teilbereichen Zielsetzung, Planung, Durchführung und Kontrolle. Die Steuerung verläuft parallel zu jeder Prozessphase. Darstellung 16 zeigt die Komponenten des Managementprozesses [Olfert/Pischulti 1999, S. 37].

Der *Führungsprozess* wird mit der *Zielsetzung* angestoßen. Ausgangspunkt ist die Artikulation der zu verfolgenden Strategien und Ziele. Ziele beschreiben im Allgemeinen einen

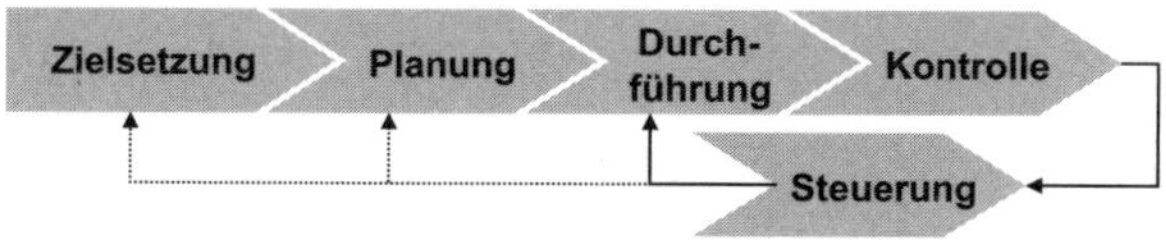


**Darstellung 16** Der Managementprozess

erwünschten zukünftigen Zustand, den das Unternehmen zu erreichen sucht [Jung 2004, S. 163]. Der Zielsetzung folgt die Planungsphase. Innerhalb der *Planung* werden Überlegungen angestellt, um Wege und Mittel zu finden, die bereits definierten Ziele zu realisieren. Eine erfolgreiche Planung bewirkt das Erreichen der gesetzten Ziele und gestaltet die Unternehmensprozesse wirtschaftlich [Olfert/Pischulti 1999, S. 43]. Innerhalb des Planungsprozesses werden in der Regel mehrere Handlungsoptionen geschaffen. Jedoch birgt jede Alternative auch verschiedene Unsicherheiten. Ungewissheiten werden durch sich schnell verändernde und vielschichtige Umweltfaktoren hervorgerufen, sie drücken sich durch eine ansteigende Dynamik, Diskontinuität und Komplexität aus und erschweren oft die Entscheidungsfindung innerhalb dieser Phase – denn wer kann heute schon genau sagen, was morgen wirklich geschieht? Am Ende jedes Planungsprozesses steht die Entscheidung für die optimale Alternative, also den optimalen Lenkungskanal. Der nächste Prozessschritt beschreibt die Umsetzung der Planung. Hier erfolgt die praktische Umsetzung – die *Durchführung* des Plans. Für die Umsetzung der Entscheidungen in die Tat sind in der Regel die Mitarbeiter des Unternehmens verantwortlich. Die Qualität der Zielerfüllung hängt innerhalb der Durchführungsphase unter anderem von der Führung durch den Vorgesetzten sowie dem Engagement und dem Können des Mitarbeiters ab. Schließlich wird der Managementprozess mit der Kontrollphase beendet. Die *Kontrolle* besteht in der Überwachung der in der Durchführungsphase geleisteten Ergebnisse [Thommen/Achleitner 2003, S. 44]. In der Regel werden auftretende Soll-Ist-Abweichungen analysiert, um Ursachen für etwaige Differenzen herauszufiltern. Diese Kontrollergebnisse können zu einer Plan- bzw. Zielkorrektur führen oder es wird durch Eingreifen die tatsächliche Durchführung gesteuert. Um die Zielerreichung kontrollieren zu können, ist es notwendig, die Ziele genau zu spezifizieren, um im Nachhinein auch zu wissen, was und nach welchen Kriterien kontrolliert werden soll. Eine *Steuerung* des gesamten Prozesses verläuft zu allen Phasen parallel. Dabei werden sowohl die einzelnen Teilprozesse in sich, aber auch gleichzeitig der Gesamtprozess gesteuert. Ein ständiges *Monitoring*, welches durch den Managementprozess gewährleistet ist, erlaubt dem Unternehmer ein frühzeitiges Aufdecken von Risiken oder Verbesserungspotenzialen.

**Die Führung des Unternehmens**

- **nutzt Planungs-, Steuerungs- und Kontrollinstrumente,**
- **soll Ursachen für Unternehmenskrisen ausschalten und**
- **nutzt den Managementprozess zum gezielten Ressourceneinsatz.**

## 6.4 Zusammenfassung

Voraussetzung für die Zukunftsfähigkeit eines Unternehmens ist eine intelligente und fundierte Strategie. Strategische Überlegungen beziehen die unternehmerischen Ressourcen und Fähigkeiten mit ein und stimmen diese auf die Marktpotenziale ab. Um die unternehmerischen Ziele auch erreichen zu können, muss die strategische Planung auf operativer Ebene fortgesetzt werden. Durch den Einsatz von geeigneten Steuerungs- und Kontrollsystemen wird das Unternehmen zum Erfolg geführt. Drei Aspekte prägen das unternehmerische Handeln [Hofbauer/Sangl 2011, S. 39]:

- Der stetig zunehmende *Wettbewerb* zwingt Unternehmen dazu, sich weiter durch zusätzliche Leistungen bzw. Dienstleistungen zu differenzieren, damit sie nicht in die Preisspirale geraten.
- Die zunehmende *Dynamik* der Märkte bezeugt die Schnelllebigkeit der Branchen und erfordert Strategien und Kompetenzen des Unternehmens, um weiterhin wettbewerbsfähig zu bleiben.
- Die nachhaltige *Sicherung der Ertragskraft des Unternehmens* ist von zentraler Bedeutung. Voraussetzung hierfür ist eine ausgewogene Gestaltung des Produktportfolios, damit die notwendigen Finanzmittel für Innovationen selbst erwirtschaftet werden können.

Das Controlling unterstützt das Management bei der Absicherung der Ertragskraft und somit bei der Sicherung der Zukunftsfähigkeit des Unternehmens. Die Analyse der Branchensituation und des vorherrschenden Wettbewerbs sowie die Befähigung des Managements, sich mittels Planungs-, Steuerungs- und Kontrollinstrumenten auf ständig neue Herausforderungen einzustellen, sind wesentliche Erfolgsparameter im Controlling. Um Risiken und Chancen für das Unternehmen frühzeitig zu erkennen und um die Ertragskraft nachhaltig zu sichern, muss das Unternehmen markt-, werte- und prozessorientiert handeln.

# 7 Orientierungsrichtungen

Viele Branchen sehen sich ständig veränderten Herausforderungen gegenüber. Bedürfnisse, Gewohnheiten und demografische Aspekte der Verbraucher wandeln sich. Politische Deregulierung und technischer Fortschritt mischen die Karten in Branchen neu. Die Konkurrenz schläft nicht und fährt stets neue Manöver, um den größtmöglichen Vorteil zu erlangen. Und schließlich fordert der Kunde Produktlösungen, welche seinen Vorstellungen zu einem vernünftigen Preis-Leistungs-Verhältnis entsprechen. Nun stellt sich die Frage, wie Unternehmen mit diesen Veränderungen umgehen sollen, um nicht in seichtes Fahrwasser zu geraten und schließlich manövrierunfähig auf Grund zu laufen. Dabei helfen die im Folgenden dargestellten Orientierungsrichtungen.

## 7.1 Marktorientierung

Eine wesentliche Orientierungsrichtung bietet der Markt. Durch die Marktorientierung kann die Zukunftsfähigkeit des Unternehmens gesichert werden. Voraussetzung dafür ist jedoch eine fundierte Informationsbasis (Informationssystem), damit man in erster Linie auf Veränderungen aufmerksam werden und in einem zweiten Schritt die richtigen strategischen Anpassungen vornehmen kann. Ein Patentrezept kann leider nicht angeboten werden, da jedes Unternehmen einer anderen Marktsituation gegenübersteht.

Unternehmen müssen ihre Strategien auf eine zunehmende Sättigung und Schrumpfung von traditionellen Wachstumsmärkten, auf einen ausgeprägten Verdrängungswettbewerb, bedingt durch das Zusammenwachsen von Märkten, auf immer kürzer werdende Produktlebenszyklen, eine steigende Erwartungshaltung der Kunden und auf Preiserosionen abstimmen [Hofbauer 2004d, S. 4]. Aufgrund solcher Faktoren sollte das unternehmerische Handeln genau auf den Markt ausgerichtet werden. Strategieorientiertes Handeln ist somit unabdingbar, um das Erzielen von Wettbewerbsvorteilen zu gewährleisten. Dreh- und Angelpunkt für den Erfolg des Unternehmens bildet die Marktorientierung, welche elementar durch Kunden und Wettbewerb beeinflusst wird, wie das strategische Dreieck in Darstellung 17 zeigt.

Ausgangspunkt der marktorientierten Unternehmensführung ist der Kunde. Das Unternehmen orientiert sich an den Bedürfnissen und Wünschen dieser und versucht durch deren Erfüllung die Zahlungsbereitschaften abzugreifen [Hofbauer 2004d, S. 3]. Wichtige Voraussetzung für die Erfüllung von Bedürfnissen ist die Kundenorientierung, welche wiederum für die zielgruppenspezifische Ansprache der Kunden unumgänglich ist. Durch die *Marktsegmentierung* und die *Produktpositionierung* können maßgeschneiderte

**Darstellung 17** Das strategische Dreieck

Leistungen für die bearbeiteten Segmente erbracht und durch eine gezielte Nutzenargumentation für den Kunden angeboten werden. Marktorientierung bedeutet nicht nur ein ständiges Analysieren der Kundenbedürfnisse; Marktorientierung bedeutet auch, sich am Wettbewerb, an der Technologie, an den Vertriebspartnern und dem Ergebnis zu orientieren. Diese fünf Aspekte bilden gemeinsam mit den Inhalten von Darstellung 18 die *strategische Grundausrichtung* eines marktorientiert geführten Unternehmens [Winkelmann 2006, S. 35].

Im Zentrum stehen die Kunden mit ihren Erwartungen und Wünschen. Diese Erwartungen und Wünsche müssen ausfindig gemacht werden und für den Kunden nutzenstiftend in Produkte und/oder Dienstleistungen gepackt werden. Der Nutzen für den Kunden liegt in der Erfüllung seiner Bedürfnisse durch das Unternehmen, während der Nut-

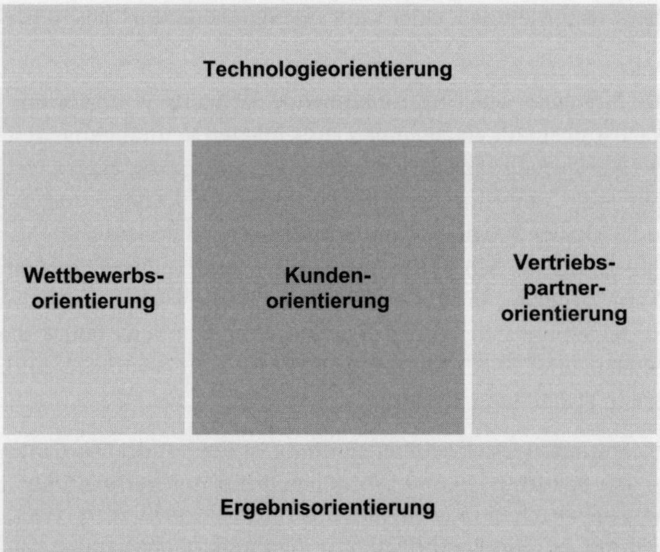


**Darstellung 18** Elemente der Marktorientierung

zen für das Unternehmen im Gewinn der Kundenbeziehung und in der erwirtschafteten Rendite zu sehen ist [Bruhn 2001, S. 12]. Technologische Neuerungen erlauben es, Produkte mit Wettbewerbsvorteilen auszustatten. Der technologische Wandel ist in der heutigen Zeit nicht zu unterschätzen und birgt für das Unternehmen Chancen, wenn es in der Lage ist, mit diesem Schritt zu halten. Die *Marktorientierung* des Unternehmens gerät in Gefahr, sollte ein Wandel in der Technologie nicht oder zu spät erkannt werden. Durch die *Wettbewerbsorientierung* wird das Marktverhalten der Konkurrenz analysiert. Dies ist notwendig, um im eigenen Unternehmen Wettbewerbsvorteile beizubehalten oder neue zu schaffen. Für den Markterfolg des Unternehmens ist der Absatz der Güter notwendig. Dies erfordert die Steuerung von Vertriebswegen und die Einhaltung der *Vertriebspartnerorientierung*. Schließlich wird durch die *Ergebnisorientierung* die Kontrolle des Ressourceneinsatzes vollzogen, um zu gewährleisten, dass genügend hohe Renditen erwirtschaftet und somit Werte für das Unternehmen generiert werden.

Der Begriff Marktorientierung kann noch weiter gefasst werden. Marktorientierung bedeutet auch, alle Unternehmensbereiche auf den Kunden auszurichten [Winkelmann 2006, S. 524]. Implementiert wird die Marktorientierung durch die strategische Planung, welche das gesamte Unternehmen beeinflusst. Somit ist diese Orientierung nicht nur im Marketing und Vertrieb wiederzufinden, sondern auch in Bereichen wie der Forschung und Entwicklung, der Produktion, der Beschaffung und natürlich dem Controlling.

Die Marktorientierung, welche über die strategische Planung in das Unternehmen implementiert wird, schafft die Grundlage dafür, auch zukünftig erfolgreich am Markt zu operieren. Eine ausgeprägte Marktorientierung führt zu höheren Renditen, steigenden Verkaufszahlen und einer erhöhten Erfolgswahrscheinlichkeit bei Innovationen bzw. Produkteinführungen. Aufgabe des Controllings ist die Unterstützung der Umsetzung einer umfassenden Marktorientierung in der Organisation. Das Controlling muss die Stellgrößen für die Kundenorientierung als Voraussetzung für den Markterfolg identifizieren und durch gezielte Kommunikation in den Funktionsbereichen verankern [Müller 2002, S. 130].

**Die Marktorientierung**

- **gewährleistet die Fokussierung auf den Kunden,**
- **fordert bessere Ergebnisse im Vergleich zu Wettbewerbern und**
- **nutzt Partner und Technologien.**

## 7.2 Werteorientierung

Hat es ein Unternehmen einmal geschafft, die Dynamik der Märkte, die Tücken des Wettbewerbsverhaltens und die Orientierung am Kunden im Unternehmensgefüge zu handhaben, so muss es sich am Erfolg des eingeschlagenen Kurses messen lassen. Gemessen wird der Erfolg an der Ertragskraft des Unternehmens. Die Ertragskraft sichert die Zukunftsfähigkeit mit dem Ziel, den Unternehmenswert dauerhaft zu steigern. Marktorientierung bildet die Grundlage für die Werteorientierung. Die Schaffung von

Werten, sowohl für die Kunden, als auch für das Unternehmen, steht im Vordergrund der werteorientierten Unternehmensführung [Hofbauer 2004c, S. 3]. Der Wert für den Kunden wird durch den Nutzen bestimmt, welchen ein bestimmtes Produkt oder eine Dienstleistung bietet; der Wert wird bemessen, indem der Kunde eine Einschätzung des Nutzens vornimmt und die Fähigkeit der Leistung bezüglich der Bedürfnisbefriedigung vornimmt [Kotler/Bliemel 2001, S. 15]. Wert für den Kunden wird dadurch geschaffen, wenn die wahrgenommene Leistung die Kosten übersteigt (Value to the Customer). Erst die Wertschaffung für den Kunden verursacht wiederum die Schaffung von Werten für das Unternehmen (Value from the Customer). Die Werteorientierung ist als grundsätzliche Unternehmensphilosophie und gleichfalls als Instrument in der Organisation zu verankern. Sie beeinflusst das gesamte Unternehmen, indem alle Prozesse auf die aktuellen und potenziellen Kundenwünsche ausgerichtet werden. Erst die Wertschaffung für den Kunden bewirkt eine Wertgenerierung für das Unternehmen und sichert somit die Ertragskraft nachhaltig.

Der *Shareholder Value* ist ein betriebswirtschaftliches Konzept und eine wertorientierte Planungs- und Steuerungsmethode, welche die Leistung eines Unternehmens in der Höhe der zu erwirtschaftenden Renditen für den Investor bemisst. Ziel des Managements ist es, langfristig den Unternehmenswert zu steigern. Mittels des Shareholder-Value-Konzepts wird die Führung dazu veranlasst, die zukünftigen Erwartungen an den Unternehmenserfolg – generiert durch Produkte und Dienstleistungen – mit den Kundenanforderungen und unter Berücksichtigung des Wettbewerbs in Übereinklang zu bringen und darzulegen. Der Ansatz dient der Planung, Steuerung und Kontrolle und somit der Erfolgsmessung. Eine Steigerung des Unternehmenswertes wiederum bedeutet, dass langfristig hohe freie Cashflows erwirtschaftet werden. Diese freien Cashflows sind nicht nur von Interesse und notwendig für die Kapitalgeber oder Eigentümer, sondern auch Basis zur Durchsetzung langfristiger Strategien und zur Verbesserung der Wettbewerbsposition des Unternehmens [Schröder 2003, S. 596]. Die erwirtschafteten freien Cashflows dienen dem Unternehmen auch für Investitionen in Innovationen, um eine ausgewogene Portfoliogestaltung zu gewährleisten und somit die Zukunftsfähigkeit zu sichern.

Die Werteorientierung dient als Instrument für die zukunftsgerichtete Analyse von Investitionen. Durch die Cashflow-Rechnung werden Investitionen und ihre späteren Rückflüsse nach ihrer Ertragskraft beurteilt. Ausgehend von den Kosten für eine Investition werden zukünftige Rückflüsse erwartet. Diese bevorstehenden Einnahmenüberschüsse, welche die Cashflows darstellen, werden durch Diskontierung mit dem gewichteten Kapitalkostensatz der Investition gegenübergestellt. Wenn die Rendite der Investition über den Kapitalkosten des Unternehmens liegt, dann spricht man von Wertschaffung, liegt sie darunter, wird Wert vernichtet.

Dies erlaubt dem Management, die knappen Ressourcen optimal einzusetzen. Eine konsequente Werteorientierung lehnt aufgrund der Unterstützung der Gewinnmaximierung allerdings auch Pläne und Strategien ab, welche nach einer Bewertung zu geringe Renditen erzielen. Der Unternehmenswert ist auch ein objektiv messbares Erfolgskriterium. Ertragssteigerungen wirken sich positiv auf den Unternehmenswert aus. Negative Auswirkungen entstehen, sofern das Unternehmen über ein hohes Risiko verfügt.

### 7.2.1 Die Wertkette

Das Instrument der Wertkette dient zur kostenoptimalen Herstellung eines definierten Kundennutzens. Die Differenz zwischen dem Wert, den der Kunde zu zahlen bereit ist, und den Kosten, die zur Herstellung erforderlich sind, soll möglichst groß sein. Es gilt, die werttreibenden Aktivitäten herauszufinden und diese zur optimalen Wertgenerierung zu steuern.

Darstellung 19 zeigt die Wertkette. Sie untergliedert die Grundfunktionen eines Unternehmens in *primäre Aktivitäten,* welche den Prozess der Erstellung aufzeigen, und in *sekundäre Aktivitäten,* welche die Leistungserstellung unterstützen. Die Wertkettenanalyse zeigt den Anteil der einzelnen Aktivitäten für den Wertbeitrag [Bruhn/Steffenhagen 1998, S. 426]. Durch diese prozessorientierte Sichtweise kann reines Abteilungsdenken eliminiert werden und alle Aktivitäten werden gezielt auf den Kunden ausgerichtet. Die Wertkette nach Porter stellt die Wertschöpfung des Unternehmens dar und erlaubt bei näherer Betrachtung der einzelnen Aktivitäten auch eine Einsicht in die Geschäftsprozesse. Sie dient jedoch auch zur Identifizierung von Wettbewerbsvorteilen, welche sich durch eigene Stärken im Vergleich zur Konkurrenz bestimmen lassen. Ausgangspunkt der Wertkettenanalyse ist die Überlegung, dass sich Vorteile, die ein Unternehmen gegenüber dem Wettbewerber aufbaut, in einem höheren Wert bzw. geringeren Kosten niederschlagen. Die Verbindung von Rendite und Wettbewerbsvorteil ergibt sich durch die Investition, die zur Schaffung dieser Vorteile getätigt werden muss, um schließlich durch Wertschaffung hohe Rückflüsse für das Unternehmen zu erzielen. Der Wert für die Kunden muss die dafür angefallenen Kosten übersteigen. Die Differenz stellt die Ertragskraft des Unternehmens dar [Benkenstein 2002, S. 95]. Um den Kunden zum Kauf zu animieren, muss das Produkt oder die Dienstleistung einen Nutzen für diesen aufweisen.

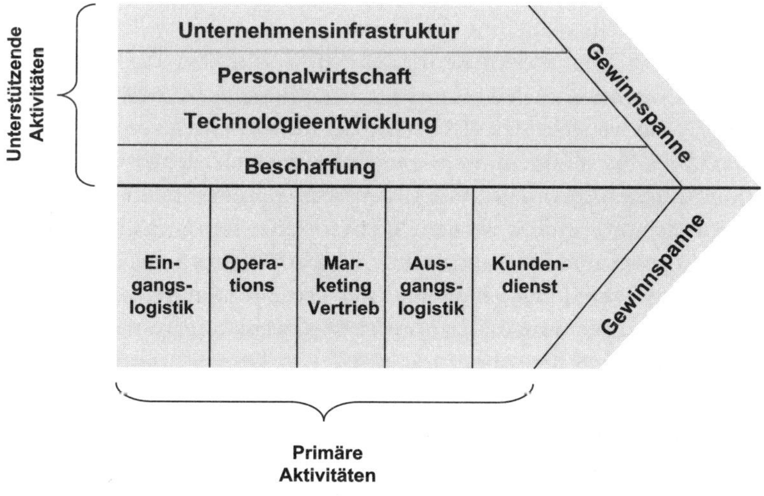


**Darstellung 19** Wertkette nach Porter

| Primäre Aktivitäten | | Unterstützende Aktivitäten | |
|---|---|---|---|
| **Eingangslogistik** | • Lagereingang<br>• Lagerung<br>• Bereitstellung von Materialien | **Unternehmensinfrastruktur** | • Geschäftsführung und Planung<br>• Rechnungswesen<br>• Rechtsabteilung |
| **Operations** | • Leistungserstellung<br>• Produktion, Montage und Qualitätskontrolle<br>• Verpackung | **Personalwirtschaft** | • Personalauswahl<br>• Aus- und Weiterbildung<br>• Personalplanung und -transfer |
| **Marketing & Vertrieb** | • Verkaufsförderung<br>• Werbung<br>• Außendienst | **Technologieentwicklung** | • Verfahrensverbesserung<br>• EDV- und Kommunikationstechnologien<br>• Produktentwicklung<br>• Marktforschung |
| **Ausgangslogistik** | • Lagerhaltung<br>• Auftragsabwicklung<br>• Auslieferung und Transport | **Beschaffung** | • Einkauf, die gesamte Wertkette betreffend<br>• Ausstattung der verschiedenen Bereiche (RHB-Stoffe, Maschinen, Gebäude)<br>• Materialfluss und Logistik |
| **Kundendienst** | • Installation<br>• Anwenderschulung<br>• Reparatur und Wartung<br>• Ersatzteildienst | | |

**Darstellung 20** Inhalte der Wertkette

Jede einzelne Aktivität kann einen Beitrag zur Kostenhöhe liefern und eine Differenzierungsbasis schaffen. Inhaltlich können die Aktivitäten entsprechend Darstellung 20 beschrieben werden [vgl. Kuß/Tomczak 2002, S. 47f]. Die in der Tabelle aufgeführten Aktivitäten stellen Ansätze zur Analyse der Wertschöpfungsstrukturen dar. Diese sind von Branche zu Branche und von Unternehmen zu Unternehmen unterschiedlich.

Moderne Marketing- und Vertriebsansätze bieten den Unternehmen großes Potenzial zur Wertegenerierung und können eine Vielzahl von Werttreibern hervorbringen. Aufgabe des Controllings ist die Unterstützung der Funktionsbereiche bei der Identifizierung und Nutzbarmachung von Werttreibern. Marketing wird bei der folgenden Betrachtung nicht nur als Primäraktivität gesehen; es beeinflusst auch stark die Unternehmensführung. Marketing versteht sich als Werttreiber für den Erfolg von Unternehmen [Goehrmann 2000, S. 9]. „Kundenorientierung vorausgesetzt" lautet das Motto. Die *Kundenorientierung* durchdringt das gesamte Unternehmen, indem alle Prozesse auf den Markt und die Kunden abgestimmt werden. Sie beschränkt sich nicht nur auf die reine Funktion des Marketings und Vertriebs, sondern beherrscht auch alle anderen in der Wertkette aufgezeigten Funktionen. Produkte und Dienstleistungen müssen von Anfang an nach den Bedürfnissen der Kunden entwickelt werden, um an späterer Stelle in der Wertschöpfungskette auch den Absatz garantieren zu können. Durch gezieltes *Innovationsmanagement* und die Kontrolle des Produktentwicklungsprozesses können den aktuellen und potenziellen Kunden maßgeschneiderte Nutzenpakete angeboten werden. Im Rahmen des *Beschaffungsmarketings* werden Vorprodukte beschafft, die in ihrer Qualität vom Absatzmarkt her akzeptiert werden müssen und die auch zu marktfähigen Preisen und akzeptablen Terminen verfügbar sind [Hofbauer/Bauer 2004, S. 2]. Auch für die Produktionsabteilung ist dieser Marketingansatz hilfreich. Das *Total Quality*

*Management* (TQM) soll gleichbleibende Produktqualität für den Kunden gewährleisten. Durch Marktforschung, Segmentierung und zielgruppenspezifisches Marketing kann zum Beispiel die Differenzierung und die Kommunikationsstrategie für den Kunden optimiert werden und durch Kundenbindungsmanagement baut der Vertrieb langfristige Kundenbeziehungen auf, welche mit ansteigender Zeitdauer profitabler werden.

**Die Wertkettenanalyse**

- **identifiziert werttreibende Aktivitäten,**
- **richtet Unternehmensprozesse auf Kunden aus und**
- **fördert die Kosteneffizienz.**

### 7.2.2 Die Wertgrößen: Rentabilität – Wirtschaftlichkeit – Liquidität und Cashflow

Die Wertgrößen zeigen die Wertbeiträge einzelner Tätigkeitsfelder auf und unterstützen die Unternehmensplanung, indem diese gezielt – im Sinne einer strikten Zielsteuerung – Werterzeuger stärkt und Wertvernichter reduziert. Die hier zugrunde liegende Definition stellt die Wertgrößen als eine Art Leistungsvariablen dar, die Einfluss auf die Ergebnisse des Unternehmens haben, wie zum Beispiel Produktionseffizienz oder Kundenzufriedenheit [Copeland/Koller/Murrin 2002, S. 132]. Die Wertgrößen verknüpfen die Unternehmensstrategie mit der Finanzplanung des Unternehmens, indem qualitative Strategieaspekte finanziell, also quantitativ, bewertet werden. Wichtig ist, dass das Controlling und somit die Geschäftsführung weiß, welche Wertgrößen im Unternehmen den Erfolg beeinflussen. Natürlich kann eine Vielzahl von Wertgeneratoren ermittelt werden, dabei ist aber zu beachten, dass diese unterschiedlich hohe Wertbeiträge liefern. Sinnvoll erscheint eine Priorisierung dieser Treiber, indem die einzelnen Geschäftsprozesse detailliert betrachtet werden. Eine alleinige Identifizierung von Werttreibern ist nicht ausreichend. Damit weiß die Organisation zwar, wo Wert generiert wird, jedoch kann die Höhe nicht quantifiziert werden. Durch die detailgenaue Betrachtung erhält das Management Einblick in den zu erbringenden Aufwand jeder einzelnen Tätigkeit und kann eine Analyse der Kosten vornehmen. Um diese Quantifizierung des Wertbeitrages zu erhalten, werden Kennzahlen genutzt. Nicht für jede Geschäftseinheit ist es sinnvoll, dieselben Kennzahlen zur Analyse des Wertbeitrages zu nutzen. Eine Unterscheidung zwischen kostenorientierten und wachstumsorientierten Kennzahlen ist sinnvoll. Die Anzahl der verwendeten Kennzahlen sollte nicht allzu groß sein.

Um schließlich den erwirtschafteten Wertbeitrag messen zu können, ist es notwendig, die geplante Wertsteigerung in Ziele zu fassen. An dieser Stelle wird nun die Werteorientierung als weiterer Baustein in die Unternehmensführung eingefügt. Im Rahmen der operativen und strategischen Planung werden Unternehmens-, Bereichsziele und schließlich Ziele für den einzelnen Mitarbeiter definiert. In diesem Sinne besteht also die Notwendigkeit, die werttreibenden Tätigkeiten zu analysieren, um diese einzelnen Aktivitäten zuzuordnen und im Rahmen von Zielvereinbarungen in die werteorientierte Unternehmensführung umzusetzen.

**Die Rentabilität**

Das Problem der begrenzten Ressourcen ist allen Unternehmen bekannt. Daraus resultiert die Frage nach dem effektivsten Kapitaleinsatz. Gerade im Zusammenspiel mit der Werteorientierung muss der Unternehmer das Kapital in diejenigen Aktivitäten lenken, die den größtmöglichen Ertrag versprechen. Ziel der *Rentabilitätsanalyse* ist es, herauszufinden, ob das Unternehmen oder die Geschäftseinheit eine genügend hohe Rendite im Vergleich zu anderen Optionen erwirtschaftet. Die Überlegung ist folgende: Eine Investition in ein Unternehmen, sei es durch Eigen- oder Fremdfinanzierung, lohnt sich nur, wenn dieses Unternehmen im Vergleich zu einer Geldanlage bei einer Bank eine höhere Rendite erwirtschaftet. Die Gesamtkapitalrentabilität – auch Return on Investment (ROI) genannt – ergibt sich aus der Relation von Erfolg (erwirtschafteter Überschuss des eingesetzten Kapitals) zu eingesetztem Kapital [Reichmann 2011, S. 91].

Anhand der zentralen Kenngröße Rentabilität kann die wirtschaftliche Situation eines Unternehmens beurteilt werden (Darstellung 21).

$$\text{Rentabilität} = \frac{\text{Jahresgewinn oder Periodengewinn}}{\text{Kapitaleinsatz}}$$

**Darstellung 21** Berechnung der Rentabilität

Ein wichtiger Aspekt innerhalb des ROI ist, dass dieser auch das Fremdkapital mit einbezieht, also das Kapital, welches beispielsweise durch Kredite in das Unternehmen mit einfließt. Der ROI setzt sich aus der Umsatzrentabilität und dem Kapitalumschlag zusammen. Die Umsatzrentabilität beleuchtet die Inhalte der Gewinn- und Verlustrechnung eines Unternehmens, wohingegen die Kennzahl des Kapitalumschlags bilanzielle Aspekte einbezieht. Die Umsatzrentabilität gibt Auskunft über die durchschnittliche, aus dem Umsatz erwirtschaftete Marge und der Kapitalumschlag misst, wie häufig das in der Periode gebundene Kapital bzw. Vermögen durch den Umsatz der Periode umgeschlagen wird [Coenenberg 2005, S. 1093]. Darstellung 22 zeigt den Aufbau des ROI-Kennzahlensystems.

Die Ausläufer der Zweige zeigen Treibergrößen, die auf den ROI Einfluss nehmen. Grundsätzlich kann dieser ROI-Baum für die Planung einer bestimmten Zielrentabilität eingesetzt werden, indem der Baum von der Spitze an bis zu den Treibergrößen im Detail entwickelt wird. Änderungen einzelner Ertrags-, Aufwands- und Vermögensposten, welche in den Ausläufern des Schemas zu finden sind, haben Auswirkungen auf die nächsthöhere Kennzahl und schließlich auf die Rentabilität des Unternehmens. Die Planungs- und Kontrollrechnung versucht, mit einer Analyse der Veränderungen im Bereich Aufwand, Ertrag und Vermögen, den Einfluss auf den ROI zu erklären und vorherzusagen.

Um die *Kapitalrendite* zu erhöhen, können folgende Wege eingeschlagen werden: Zum einen besteht die Option über die Kennzahl der Umsatzrentabilität, indem der Umsatz

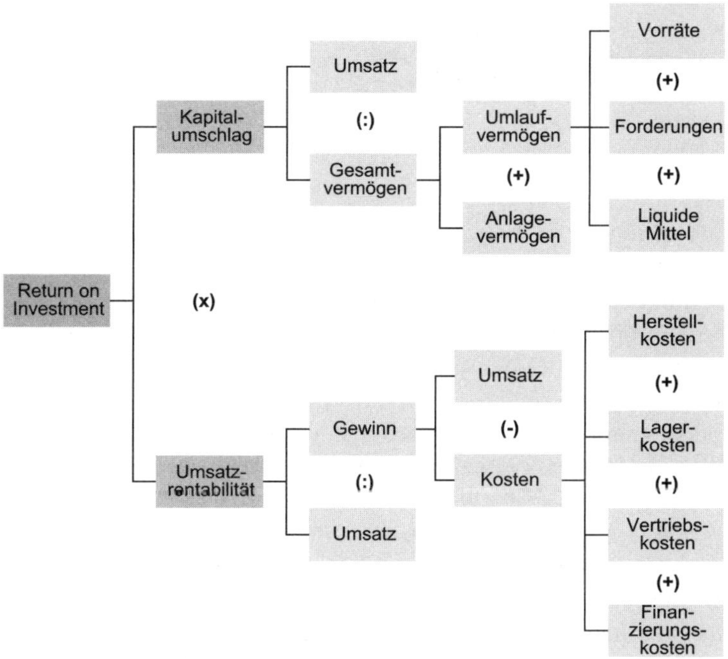


**Darstellung 22** ROI-Kennzahlensystem

gesteigert oder Kosten gesenkt werden, zum anderen wird der Kapitalumschlag durch eine Reduzierung des Umlaufvermögens bzw. Senkung des Anlagevermögens erhöht.

Eine Steuerung der Rentabilität durch das Controlling ist unerlässlich für die Absicherung der Unternehmenszielerreichung. Alle Größen des ROI lassen sich im Rahmen der operativen Planung monatsgenau planen und somit auch kontrollieren. Beispielsweise kann durch effizientes Forderungsmanagement das Gesamtvermögen soweit beeinflusst werden, dass sich der Kapitalumschlagswert erhöht.

**Die Rentabilitätsanalyse**
- **verbessert die Kosten-Gewinn-Relation,**
- **zeigt Risiken für das eingesetzte Kapital auf und**
- **lenkt das Kapital in vorteilhafte Investitionen.**

## Die Wirtschaftlichkeit

Die Wirtschaftlichkeit ist ein Maß für den effizienten Ressourceneinsatz und stellt eine weitere Wertgröße dar. Eine wirtschaftliche Gestaltung von Prozessen erlaubt ein hohes Maß an Wertgenerierung. Die Effizienz wird durch das Verhältnis zwischen erreichtem Ergebnis (Output) und dem dafür benötigten Mitteleinsatz (Input) beschrieben. Die Formel in Darstellung 23 beschreibt die Kennzahl, welche das Verhältnis von Ertrag und Aufwand widerspiegelt.

$$\text{Wirtschaftlichkeit} = \frac{\text{Ertrag}}{\text{Aufwand}}$$

**Darstellung 23** Berechnung der Wirtschaftlichkeit

Das zugrunde liegende ökonomische Prinzip beschreibt die Relation zwischen Input und Output. Es können zwei mögliche Ausprägungen des Wirtschaftens beschrieben werden. Zum einen soll mit einem möglichst geringen Aufwand ein bestimmter Erfolg erzielt werden *(Minimalprinzip)*. Zum anderen wird das Ziel verfolgt, mit einem vorgegebenen Input einen möglichst hohen Output zu generieren *(Maximalprinzip)*. Möchte man die Wirtschaftlichkeit steigern, so müssen entweder die Mittel optimal und Nutzen bringend eingesetzt oder der Output erhöht werden. Jedes Unternehmen kann also auf zwei Seiten erfolgreich seinen Wirkungsgrad und seinen Unternehmenswert steigern: Ein Hebel besteht in der Optimierung des Ressourceneinsatzes und wird durch Kosteneinsparungen genutzt. Ein weiterer Hebel setzt an der Einnahmenerhöhung an, indem eine Steigerung des Umsatzes und des Gewinns erfolgt. Es ist auch Aufgabe des Controllings, durch Analysen Optimierungspotenziale für die Unternehmensführung aufzuzeigen und somit die Wirtschaftlichkeit durch die Abstimmung von Unternehmensprozessen optimal zu steuern. Wertschwankungen (z.B. saisonal bedingte Rohstoffpreise oder Verkaufspreise) sollten in der Betrachtung berücksichtigt werden, um eine richtige Interpretation dieser Größe zu gewährleisten. Sind die Erträge größer als die Aufwendungen, so arbeitet das Unternehmen wirtschaftlich. Nur durch nachhaltige Effizienzsteigerung kann das Unternehmen möglichst lange bestehen.

**Die Wirtschaftlichkeitsanalyse**
- **optimiert den Einsatz der Ressourcen,**
- **hilft die Aufwandspositionen zu reduzieren und**
- **unterstützt die Steigerung der Ertragspositionen.**

### Die Liquidität und der Cashflow

Ein Unternehmen muss zu jedem Zeitpunkt und uneingeschränkt seinen Zahlungsverpflichtungen nachkommen können. Andernfalls ist das Risiko einer Insolvenz sehr hoch. Diese Zahlungsfähigkeit wird als Liquidität bezeichnet. Zahlungsverpflichtungen stellen Ausgaben dar, welchen Einnahmen und flüssige Mittel gegenüberstehen. Die Kennzahl der Liquidität informiert somit über die aktuelle und zukünftige Zahlungsfähigkeit einer Organisation und stellt eine wichtige Bewertungsgröße der Planung, Steuerung und Kontrolle dar. Liquiditätsengpässe müssen vermieden werden. Die Liquiditätsplanung muss sorgfältig vorgenommen werden, da Abweichungen stets mit Effizienzeinbußen verbunden sind. Ist der Bedarf an Liquidität höher als geplant, so müssen kurzfristig teure Kredite aufgenommen werden. Für den Fall, dass die Liquidität höher ist als der Bedarf, ist mehr Kapital gebunden als benötigt wird, was zu einer geringeren Rentabilität führt.

Liquide Mittel werden als Aktiva bilanziert, zu ihnen zählen Kassenbestände und Bankguthaben. Weitere Positionen im Umlaufvermögen sind Lieferantenforderungen, Warenbestände, halbfertige Bestände, usw. Für die Liquiditätsbetrachtung werden drei Kennzahlen unterschieden, welche verschiedene Fristigkeiten einbeziehen. Die Barliquidität, welche auch Liquidität 1. Grades genannt wird, wird entsprechend Darstellung 24 berechnet.

$$\text{Liquidität 1. Grades} = \frac{\text{Zahlungsmittel}}{\text{Kurzfristige Verbindlichkeiten}} \times 100$$

**Darstellung 24** Berechnung der Liquidität

Kurzfristige Verbindlichkeiten setzen sich aus Verbindlichkeiten aus Lieferungen und Leistungen, kurzfristigen Bankverbindlichkeiten und kurzfristigen Rückstellungen (z.B. Steuerrückstellungen) zusammen, welche eine Restlaufzeit von höchstens einem Jahr besitzen. Kurzfristige Verbindlichkeiten bergen stets das Risiko eines zeitnahen Abflusses von Finanzmitteln. Erweitert man diese Kennzahl im Zähler um den Bestand der kurzfristigen Forderungen, so erhält man die Liquidität 2. Grades (vgl. Tabelle in Kapitel 9.2.2). Sie zeigt, inwieweit liquide Mittel und kurzfristige Forderungen zur Deckung der kurzfristigen Verbindlichkeiten herangezogen werden können. Zur Interpretation dieser Kennzahl ist zu bemerken, dass mindestens ein Wert von 100 Prozent anzustreben ist und eine Absenkung von unter 90 Prozent das Risiko einer Liquiditätskrise erheblich erhöht. Eine nochmalige Erweiterung dieser Kennzahl um den Bestand der Vorräte im Zähler zeigt die Liquidität 3. Grades. Auch hier wird wiederum eine erweiterte Darstellung der Tilgungsfähigkeit von kurzfristigen Verbindlichkeiten vorgenommen. Da jedoch das Vorratsvermögen mit einbezogen wird, sollte ein Wert angestrebt werden, welcher deutlich über 100 Prozent liegt.

Es ist durchaus von besonderer Wichtigkeit, dass das Controlling eine Planung der Liquidität vornimmt, das davon ausgehende Risiko bewertet und reduziert und somit finanzielle Handlungsspielräume offen hält.

| | |
|---|---|
| | Jahresüberschuss (Erträge minus Aufwendungen) |
| + | alle nicht auszahlungswirksamen Aufwendungen (z.B. Abschreibungen) |
| - | alle nicht einzahlungswirksamen Erträge (z.B. Rückstellungen) |
| = | Cashflow |

**Darstellung 25** Berechnung des Cashflows

Der Cashflow ist eine zentrale Steuerungsgröße der liquiden Mittel (Reichmann 2011, S. 39), indem aktuelle und zukünftige Zahlungsüberschüsse ermittelt werden. Er stellt den Mittelzufluss aus dem Vermarktungsprozess dar und gibt somit Einblicke in die Liquiditätslage und die finanzielle Entwicklung. Auch ist er ein Indiz für die Fähigkeit zur Selbstfinanzierung. Darstellung 25 zeigt die Berechnung des Cashflows.

Das Grundprinzip der Cashflow-Rechnung bildet einen Saldo von allen Erträgen und Aufwendungen, welche erfolgs- bzw. zahlungswirksam sind und zu Geldzuflüssen (Einzahlungen) oder Geldabflüssen (Auszahlungen) führen. Wird ein positiver Cashflow ermittelt, so findet er im Unternehmen Verwendung für Investitionen, die Erhöhung von Liquiditätsbeständen, Entnahmen oder Tilgung. Ein negativer Cashflow vernichtet Unternehmenswert und führt in die Insolvenz.

**Die Liquidität und der Cashflow**

- **sichern die Zahlungsfähigkeit des Unternehmens,**
- **gewährleisten die Fähigkeit, Kredite zu bedienen, und**
- **sind wichtige Indikatoren für die Zukunftsfähigkeit.**

### Werteorientierung und Controlling

Der Zusammenhang zwischen der Werteorientierung und dem Controlling kann durch die Fähigkeit des Unternehmens zur Erwirtschaftung von freien Cashflows und somit durch die Sicherung der Zukunftsfähigkeit dargestellt werden. Weist ein Unternehmen genügend hohe freie Cashflows auf, so kann davon ausgegangen werden, dass das Unternehmen weiterhin erfolgreich am Markt partizipiert. Die Werteorientierung hat einen positiven Einfluss auf die Rentabilität und die Effizienz des Unternehmens. Zur Profitsteigerung kann man auch den *Momentum Effect* nutzen, allerdings funktioniert dieser Effekt nicht immer auch auf Emerging Markets, wie Pathirawasam und Král' (2012) zeigten. Dabei spielen Wettbewerbsvorteile eine große Rolle. Die Betrachtung der Markt- und Branchenverhältnisse hilft, Risiken zu minimieren. Diese Kombination aus Werteorientierung, Marktorientierung, Rentabilität und Wettbewerbsvorteilen führt zu einer Erhöhung des Unternehmenswertes.

**Die Werteorientierung**

- **schafft Nutzen für die Kunden,**
- **generiert Erfolg für das Unternehmen und**
- **steuert den Ressourceneinsatz.**

## 7.3 Prozessorientierung

Die Prozessorientierung steht in engem Zusammenhang mit der Wirtschaftlichkeit, welche bereits als eine der elementaren Wertgrößen für ein Unternehmen identifiziert wurde. Herausforderungen durch die ansteigende Dynamik, Diskontinuität und Komplexität, welche dem Unternehmen gegenüberstehen, erfordern schnelle Reaktionsfähigkeit und somit ein Umdenken in der Aufbau- und Ablauforganisation. Somit sollte jedes Unternehmen die Behinderungen, die durch starre Hierarchien, zentrale Entscheidungsgewalt sowie zähe Informations- und Kommunikationswege entstehen, eliminieren und durch effektive und effiziente Abläufe ersetzen [vgl. Hofbauer/Bauer 2004, S. 9]. Die Prozessorientierung ermöglicht eine marktorientierte Steuerung des Unternehmens, indem Kompetenzen, Verantwortung und Aufgaben neu geordnet werden, so dass Selbstbestimmung und Selbstkontrolle zum erfolgreichen Managementinstrument werden [Gaitanides 1994, S. 3].

Maßgebliche Ziele der *Prozessgestaltung* sind die Erhöhung der Flexibilität und Reaktionsgeschwindigkeit, um veränderten Kundenanforderungen gerecht zu werden. Ebenso erlaubt die Prozessorientierung eine Konzentration auf das Wesentliche, d.h. es werden gezielt wertschöpfende Aktivitäten im Rahmen der Kundenorientierung identifiziert [Vahs 2005, S. 207].

Der Ansatz der Prozessbetrachtung kam durch die Revision der Qualitätsmanagementnorm DIN ISO 9001 zu neuem Stellenwert in der Unternehmensführung. So entstanden in vielen Unternehmen Prozesslandschaften, welche detaillierte Einblicke in die Arbeitsabläufe ermöglichen und versuchen, diese effizient zu steuern. Die Qualitätsmanagementnorm soll an dieser Stelle nur den Einstieg in die Prozessorientierung erlauben, denn Prozessmanagement dient nicht nur dem Einhalten von Qualitätsstandards, sondern auch der Erhöhung der Transparenz im Unternehmen und einer Erhöhung des Verständnisses für Gesamtzusammenhänge im Unternehmen.

Im Rahmen des Prozessmanagements werden Arbeitsabläufe grundlegend optimiert und verbessert. Da Organisationen sehr komplexe Netzwerke darstellen, besteht die Gefahr, dass mit steigender Komplexität die Transparenz abnimmt und die Steuerung der Prozesse erschwert wird. Werden jedoch Wertschöpfungsprozesse zusammengefasst und diesen einzelne Geschäftsprozesse zugeordnet, so können Verantwortungsbereiche gezielt identifiziert und zugeordnet werden.

Im Rahmen der *Prozessoptimierung* sollte ein besonderes Augenmerk auf die verschiedenen beteiligten Personen und Organisationseinheiten gerichtet werden, um verschiedene Blickwinkel und Zielrichtungen zu erkennen und diese schließlich aufeinander abzustimmen [Hofbauer/Sangl 2011, S. 315ff.]. Die Prozessoptimierung erfordert somit die Koordination über Organisationseinheiten und Funktionsbereiche. Erst nach einer solchen Abstimmung ist es möglich, die Ziele übergreifend zu verfolgen, die das strategische Management vorgibt. Auch sollte eine Betrachtung der Prozesse über das eigene Unternehmen hinaus vorgenommen werden. Aufgrund der Entwicklung, dass immer mehr Organisationen wertschöpfende Tätigkeiten auf Zulieferunternehmen auslagern, gewinnt das unternehmensübergreifende Prozessmanagement immer mehr an Bedeutung [Hofbauer/Sangl 2011, S. 315]. Der Erfolg des eigenen Produkts wird mehr und mehr von der Qualität der zugekauften Produkte beeinflusst. Eng verzahnte Lieferanten-Abnehmer-Beziehungen bergen ein besonderes Risiko, welches durch ein Prozess- und Schnittstellencontrolling und durch die grundlegende Prozessorientierung gesteuert werden kann.

Unter Prozessmanagement sind alle planerischen, organisatorischen und kontrollierenden Maßnahmen zur zielgerichteten Steuerung der Wertschöpfungskette eines Unternehmens im Hinblick auf die Zielsetzungen Kosten, Zeit, Qualität, Innovationsfähigkeit und Kundenzufriedenheit zu verstehen [Vahs 2005, S. 206]. Es befasst sich mit folgenden Teilgebieten [Rehbehn/Yurdakul 2003, S. 27]:

- Definition der Leistungs- und Supportprozesse (Process Design)
- Führen von Prozessen (Process Benchmarking)
- Verbesserung bestehender Prozesse (Process Improvement)
- Erneuerung von Prozessen (Process Redesign)

Um eine *Prozessdefinition* vorzunehmen, muss der (Soll-)Prozess festgelegt werden, indem eine Prozessbeschreibung, der Prozessablauf, die Prozessziele und zugehörige Verantwortlichkeiten schriftlich festgehalten werden [Jankulik et al. 2005, S. 118f]. Das Führen von Prozessen besteht aus Vergleichen. Dabei werden (interne/externe) Prozesse gegenübergestellt und Optimierungspotenzial aufgedeckt. Eine kontinuierliche Verbesserung nutzt die Fähigkeiten aller Mitarbeiter zur ständigen Verbesserung der Abläufe im Sinne der Unternehmensziele [Jankulik et al. 2005, S. 79]. Durch die Marktorientierung kann ein Unternehmen Trends frühzeitig erkennen und sich auf diese einstellen. Dies kann jedoch eine Umstrukturierung von bereits bestehenden Prozessen bedeuten, welche im Rahmen eines Process Redesigns vorgenommen wird.

Ein Prozess ist allgemein eine Folge von wiederholt ablaufenden Aktivitäten, mit messbarer Eingabe (Input), messbarer Wertschöpfung und messbarer Ausgabe (Output), durch systematisches Zusammenwirken von Menschen, Maschinen und Methoden entlang einer Wertschöpfungskette zur Erreichung eines Zieles [Pepels 2005, S. 172]. Es besteht immer eine Input-Output-Beziehung zu einem vorgelagerten bzw. nachgelagerten Prozess. Die Wertschöpfung kann durch einen Vergleich des Inputs mit dem Output gemessen werden. Darstellung 26 [Vahs 2005, S. 214] zeigt die Prozesselemente einer Prozessphase mit Input und Output.

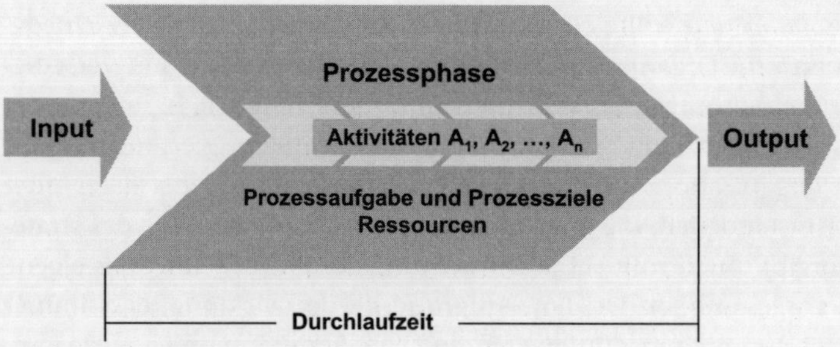


**Darstellung 26** Prozesselemente

Die Wertkette nach Porter (vgl. Darstellung 19) zeigt einen solchen Gesamtprozess zur Gewinnerzielung. Sie ist zwar eine Abbildung der Unternehmensprozesse mit geringem Detaillierungsgrad, trotzdem soll nicht vergessen werden, dass innerhalb der einzelnen Primäraktivitäten eine Vielzahl von eigenständigen Prozessen die Erreichung des Unternehmenszieles unterstützt. Um diesen generellen Prozess der Wertschöpfung steuern zu können, müssen die einzelnen Tätigkeiten einer genauen Analyse unterzogen werden. Denn nur was man genau kennt, kann optimiert werden. Dadurch können *Kernprozesse* identifiziert werden, welche sich wiederum in Teil- bzw. Unterprozesse untergliedern lassen. Durch die Ausgestaltung eines ganzheitlichen Prozessmodells, welches neben den betrieblichen Abläufen auch monetäre betriebswirtschaftliche Aspekte (bspw. Finanzprozesse, wie Liquiditätsplanung und Kostenverläufe) betrachtet, wird die Planungsbasis für Unternehmen geschaffen werden. Zum Erfolgsfaktor wird die Prozessorientierung jedoch erst, wenn die Prozesse messbar sind. Das heißt, die Prozesse werden mit Erfolgskennzahlen (EKZ) hinterlegt. Nur durch Kennzahlen ist es möglich, den Grad der Zielerreichung zu evaluieren. Sie erklären die Transformation des Inputs in den Output und geben somit Aufschluss über die Qualität des (Teil-)Prozesses. Um eine optimale Abstimmung von Input und Output vornehmen zu können, sind folgende Bedingungen zu erfüllen [Rehbehn/Yurdakul 2003, S. 21]:

- Die Anforderungen des Kunden müssen erkannt werden.
- Der Kunde muss seine Anforderungen formulieren und spezifizieren können.
- Die eigenen Prozesse sind so auszulegen, dass vorgelagerte Prozessleistungen zuverlässig aufgenommen und beurteilt werden können.
- Die Input-Faktoren für die eigenen Prozesse müssen den Prozessstandards entsprechen, um die gesamte Prozessqualität abzusichern.
- Die erzeugten Prozessergebnisse müssen auf Zielübereinstimmung geprüft werden.
- Die Prozesse sind kontinuierlich zu verbessern.

Die kontinuierliche Verbesserung der Prozesse erhöht die Leistungsfähigkeit der Organisation. Eine konsequente Prozessorientierung wirkt sich positiv auf den Unternehmenserfolg aus. Indikatoren und Messgrößen über Produkte und Leistungserstellungsprozesse, Management-, Marketing- und Vertriebsprozesse fließen in das prozessorientierte Controlling mit ein.

Zur besseren Darstellung dieses Konzeptes ist in Darstellung 27 ein Teilprozess aus dem Vertriebsprozess aus Anbietersicht nach Hofbauer/Hellwig [2012, S. 67ff. und S. 136] dargestellt.

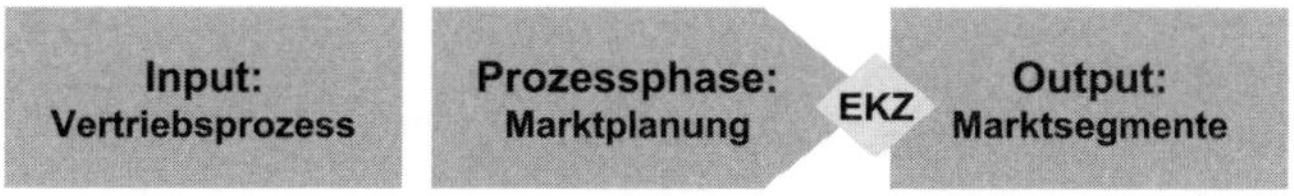


**Darstellung 27** Prozessorientierung im Unternehmen anhand eines Beispiels

Die Prozessphase der Marktplanung hat die Vertriebsstrategie zum Input. Grundlage (Input) der Marktplanung sind Elemente der bereits definierten Vertriebsstrategie, welche zum Beispiel eine kundenorientierte Vertriebsorganisation, Prozessorientierung, Customer Integration und eine Organisation des Vertriebsbereiches nach Key-Account-Aspekten beinhalten könnte. Diese Elemente beeinflussen den Prozessschritt der Marktplanung, in der es gilt, zum Beispiel ein Marktprofil zu erstellen, eine Segmentierung vorzunehmen und die zur Verfügung stehenden Ressourcen effizient einzusetzen. Elementar wichtig ist die Abstimmung der aus der Segmentierung resultierenden Zielmärkte mit der Vertriebsstrategie, sowie der Einsatz der im Unternehmen bestehenden Kompetenzen und Vermögenswerte in den Marktsegmenten. Eine Messung des Umsetzungserfolges kann anhand der Kennzahl der Potenzialausschöpfung vorgenommen werden. Das Ergebnis (Output) dieses Prozesses stellt sich als die für das Unternehmen relevanten Marktsegmente dar, welche wiederum als Basis (Input) der nächsten Prozessphase, der Kundenplanung, herangezogen werden.

Das Prozessmanagement erlaubt dem Unternehmer, die Abläufe und Ergebnisse in seiner Organisation proaktiv zu steuern. Dies wirkt sich wiederum positiv auf den Unternehmenserfolg aus, da über diese Methode Risiken und Zufälligkeiten stark eingeschränkt werden können.

**Die Prozessorientierung**

- **erhöht die Transparenz im Unternehmen,**
- **optimiert die Abläufe und Schnittstellen,**
- **steigert die Wirtschaftlichkeit und reduziert das Risiko.**

# 8 Inhalte des Marketing- und Vertriebscontrollings

Mit zunehmender Komplexität des Unternehmens muss die effiziente Organisation der Marketing- und Vertriebsaufgaben vorangetrieben werden. Die organisatorische Anbindung von Marketing und Vertrieb und deren Schnittstellen zueinander weist im Unternehmensvergleich erhebliche Unterschiede auf – vielerlei Organisationsformen sind denkbar. Es stellt sich die Frage, wie der Vertrieb in das Marketing integriert werden soll. Oder wird das Marketing in den Vertrieb eingebettet? Eine strikte Trennung von Marketing und Vertrieb ist nicht einfach und auch nicht sinnvoll. Diese beiden Unternehmensfunktionen ermöglichen durch geschickte Vernetzung große Synergien, da sie sich gegenseitig ergänzen.

Um die Inhalte des Controllings im Marketing- und Vertriebsbereich zu bestimmen, ist es erforderlich, die beiden Aufgabenbereiche erst einmal vorzustellen. Der Zusammenhang von Marketing und Vertrieb ist in Darstellung 28 zu sehen [Winkelmann 2003, S. 19].

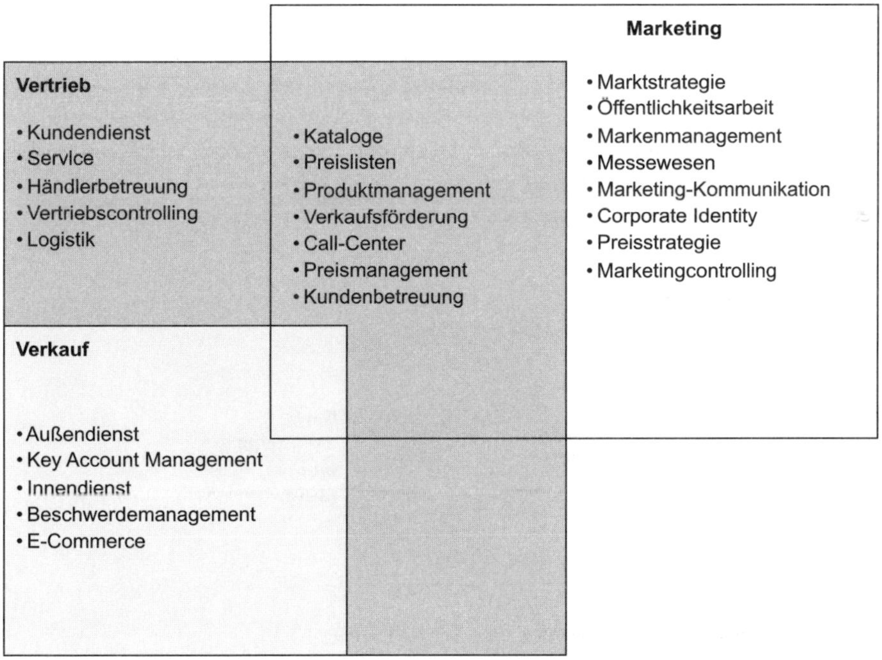


**Darstellung 28** Zusammenspiel von Marketing und Vertrieb

Dem Marketing kommt in der markt- und werteorientierten Unternehmensführung eine Leitfunktion zu. Man spricht in diesem Zusammenhang auch vom „Primat des Marketings". Nach den Anforderungen der Marktorientierung gibt das Marketing die strategische Richtung für das Unternehmen und somit auch für den Vertrieb vor. Das Marketing bewegt sich also auf Gesamtstrategieebene.

**Funktionen von Marketing und Vertrieb im Unternehmen**

Einleitend zum Thema Marketing soll ein Statement von Winkelmann [2006, S. 31] vorgestellt werden:

*„Fragt man Führungskräfte nach ihrer Marktorientierung, so werden sich alle zum Marketing bekennen. Doch leider ist es in Deutschland noch immer nicht gelungen, das Marketing institutionell auf Topmanagement-Ebene zu verankern und dadurch zum Thema der Gesamtunternehmung zu machen. Nicht nur mittelständische Unternehmen drängen das Marketing oft einseitig in die Ecke von Werbung, PR und Verkaufsförderung. ..."*

Der Anspruch des Marketings im Unternehmen soll sich nicht nur auf Werbung, PR und Verkaufsförderung beschränken. Vielmehr ist das moderne Marketing eng mit der strategischen Dimension der Unternehmensführung verknüpft. Durch den schon lange zurückliegenden Wandel vom Verkäufermarkt zum Käufermarkt müssen die Unternehmen im Marktgeschehen erhebliches Augenmerk auf ihre Kunden richten und die Veränderungen im Absatzmarkt stets im Auge behalten. Ein marktorientiertes Unternehmen ist konsequent auf die Belange des Kunden ausgerichtet, denn nur dann ist die Werteorientierung auch möglich. Das Marketing hat die Aufgabe, alle relevanten Unternehmensaktivitäten auf die Bedürfnisse und Wünsche von Anspruchsgruppen auszurichten [Winkelmann 2006, S. 31]. Marketing wird wie folgt definiert: Marketing ist „Planung, Koordination und Kontrolle aller auf aktuelle und potenzielle Märkte ausgerichteten Unternehmensaktivitäten zur Verwirklichung der Unternehmensziele im gesamtwirtschaftlichen Versorgungsprozess durch eine dauerhafte Befriedigung der Kundenbedürfnisse" [Winkelmann 2003, S. 11]. Schon die originäre Funktion des Marketings verfügt über Planungs-, Koordinations- und Kontrollaufgaben, welche durch ein Marketing- und Vertriebscontrolling ergänzt wird.

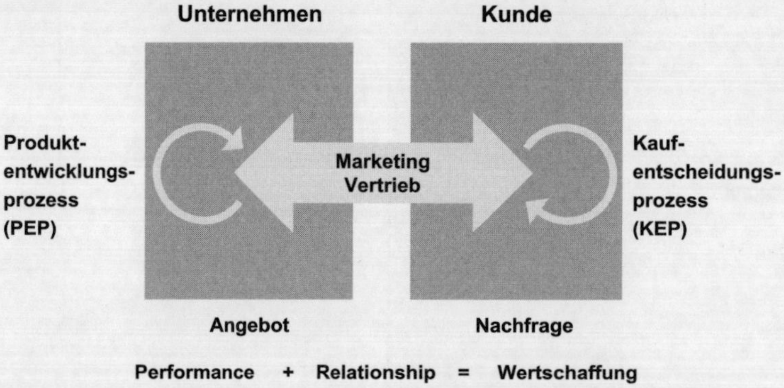


**Darstellung 29** Beziehungsgefüge zwischen anbietendem Unternehmen und Kunde

Die Wertschaffung durch das Marketing stellt sich als ein umfangreiches Konstrukt dar. Das Unternehmen steht in einem Beziehungsgefüge zu seinen Kunden, welches es effizient und wertschaffend zu gestalten gilt. *Werteorientierung, Marktorientierung* und *Prozessorientierung* sind wichtige Bestandteile dieses Konstruktes. Darstellung 29 [Hofbauer/Sangl 2011, S. 33] zeigt das Beziehungsgefüge zwischen Unternehmen und Kunden.

Auf der einen Seite des Beziehungsgefüges steht das Unternehmen, welches das Angebot bereitstellt. Auf der anderen Seite stehen die Kunden, welche die Nachfrage bestimmen. Für das Unternehmen gilt es nun, Produkte nach den Bedürfnissen der Kunden anzubieten und den gegenseitigen Austausch zu managen. Das geschieht mittels der Funktionen Marketing und Vertrieb. Der Unternehmenserfolg resultiert aus der Abstimmung von Performance Management und Relationship Management im Marketing [Hofbauer/Hellwig 2012, S. 28ff.].

## 8.1 Marketing Performance Management

Das Performance Management befasst sich mit der Wertentstehung im Rahmen des Produktmanagements. Ziel ist die Wertschaffung für den Kunden, welcher wiederum Wert für das Unternehmen generiert. Damit besteht die Notwendigkeit, dass das Unternehmen Produkte nach den Bedürfnissen des Kunden entwickelt und diese einen Nutzen bieten. Das Denken in der Dimension des Kundennutzens ist eine wichtige Voraussetzung für den Erfolg. Der „Nutzen“ steht für die Notwendigkeit, ein überlegenes Preis-Leistungs-Verhältnis zu erbringen, also einen optimalen Wertgewinn für den Kunden zu schaffen [Meyer/Davidson 2001, S. 28].

Aufgabe des Performance Managements ist es, die Anforderungen der Kunden aus dem *Kaufentscheidungsprozess* (KEP) in den *Produktentstehungsprozess* (PEP) zu integrieren, die

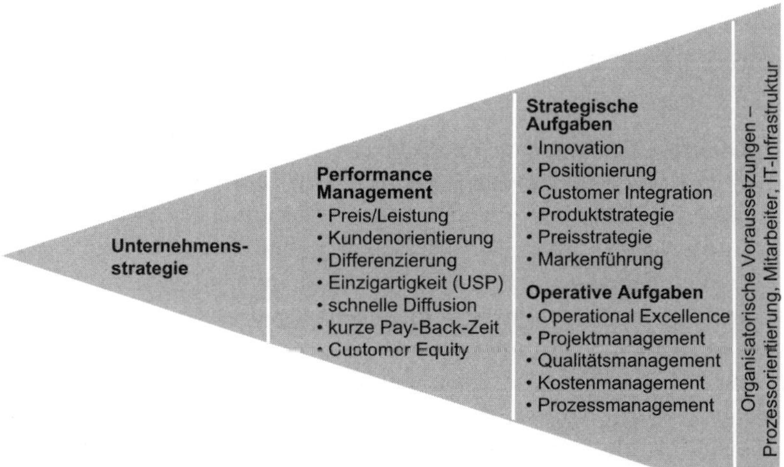


**Darstellung 30** Der Performance-Kegel

physische Entstehung des Produktes zu begleiten und das Produkt über den Produktions- und Vermarktungsprozess hinweg erfolgsorientiert zu steuern. Darstellung 30 [Hofbauer/Sangl 2011, S. 32] zeigt das Performance Management als Bindeglied zwischen der Unternehmensstrategie und den daraus abzuleitenden Aufgaben.

Der dargestellte Kegel bildet das Marketing Performance Management in seiner Gesamtheit ab. Ausgangspunkt ist die strategische Planung des Unternehmens. Im Mittelteil des Kegels stehen die Erfolgsfaktoren des Performance Managements. Zur Realisierung dieser Anforderungen müssen strategische und operative Maßnahmen ergriffen werden. Basis dafür sind die organisatorischen Voraussetzungen, wie die effiziente Gestaltung der Prozesse sowie qualifizierte und engagierte Mitarbeiter.

Dem Controlling kommt die Aufgabe zu, diese Themenbereiche zu überwinden und zielorientiert zum Erfolg zu steuern.

### 8.1.1 Innovationsmanagement

Um die Zukunftsfähigkeit von Unternehmen zu sichern, ist es notwendig, dass diese auf die sich wandelnden Veränderungen der Kundenbedürfnisse eingehen. Dies geschieht durch Innovationen, welche Wachstumsquellen darstellen, Chancen für Wettbewerbsvorteile und zusätzliche Gewinnpotenziale schaffen [Kairies 1999, S. 65]. Durch Innovationsmanagement ergeben sich für Unternehmen folgende Potenziale [Kairies 1999, S. 65]:

- Generierung eines technologischen Vorsprungs gegenüber der Konkurrenz
- Möglichkeit zur Umsatzsteigerung
- Möglichkeit zur Kostensenkung
- Möglichkeit zur Gewinnsteigerung
- Möglichkeit zur Verbesserung der Qualität
- Zugang zu neuen Märkten
- Wachstumsmotoren
- Programmerneuerung und -abrundung
- Mittel- und langfristige Sicherung des Unternehmenserfolgs

Innovationen beschränken sich nicht nur auf die Neuproduktentwicklung. Eine Verbesserung bestehender Produkte, eine Erweiterung von Produktlinien, die Neupositionierung von bestehenden Produkten oder die innovative Veränderung von Prozessen stellen ebenfalls Innovationsdimensionen dar [vgl. Weiber/Kollmann/Pohl 2006, S. 96f]. Durch die Kundenorientierung werden die Kundenanforderungen bereits in die Produktentwicklung mit einbezogen, um dadurch die notwendige Differenzierung zu Konkurrenzprodukten zu erhalten. Somit soll es den Kunden leicht gemacht werden, eine größtmögliche Vorziehenswürdigkeit für diese Produkte zu entwickeln. Mit der Markteinführung von Innovationen beginnt das Diffusionsmanagement. Diffusionserscheinungen bilden die Ausbreitung, Durchsetzung und Akzeptanz bzw. Übernahme von ideellen oder materiellen Innovationen in einem sozialen System über bestehende Kommunikationswege ab [Hofbauer 2004b, S. 3]. Die schnelle Übernahme des Produktes ist anzustreben und wird durch verschiedene marketingpolitische Instrumente gesteuert.

### 8.1.2 Preis, Leistung und Qualität

Preis, Leistung und Qualität sind ein Trio, welches großen Einfluss auf den Markterfolg von Produkten hat. Produkte stellen Problemlösungen für den Kunden dar und bieten diesem einen konkreten Nutzen. Erwähnenswert ist, dass jeder Nachfrager nicht nur eine Beurteilung anhand objektiver Merkmale vornimmt, sondern eine subjektive Nutzenbeurteilung der beurteilungsrelevanten Produktmerkmale durchführt. Die Aufgabe des Produktmanagements liegt nun in der Ausgestaltung eines Produktes mit verschiedenen Merkmalen bzw. Merkmalsausprägungen und einer Kombination dieser Eigenschaften zu einem sinnvollen Ganzen [Hofbauer/Sangl 2011, S. 47]. Das Produkt ist also ein Bündel von Merkmalen, welches nicht nur einen Grundnutzen, sondern auch einen Zusatznutzen für die Abnehmer bieten muss, um als vorziehenswürdig gegenüber den Konkurrenzprodukten zu gelten. Die Produktgestaltung ist ein wichtiges Mittel zur Differenzierung von Leistungen. Kunden beurteilen Produkte aber nicht allein aufgrund des Nutzens, sondern betrachten immer auch den dazugehörenden Preis. Dieser Preis stellt für das Unternehmen einen wichtigen Erfolgsfaktor dar, da dieser für die Höhe des Gewinns verantwortlich ist. Die Qualität eines Produktes ist ausschlaggebend, da durch diese das beim Kauf empfundene Risiko vermindert wird. Eine hohe Qualität führt beispielsweise zu positiven Leistungsbeurteilungen durch Meinungsführer und positiver sozialer Kommunikation, was wiederum die Diffusion beschleunigt und die Pay-Back-Zeiten verkürzt. Letztendlich wirkt sich eine hohe Qualität positiv auf den Geschäftserfolg aus und schützt das Unternehmen vor einem Sturz in die Preisspirale.

### 8.1.3 Produktpositionierung

Die Positionierung von Produkten hat erheblichen Einfluss auf den Kauf. Aufgabe der Positionierung ist es, die Stellung des Leistungsangebots im Markt und im Wettbewerb festzulegen, um dadurch einen effizienten und effektiven Einsatz der Instrumente des Marketing-Mix zu ermöglichen [Hofbauer/Sangl 2011, S. 51ff.]. Voraussetzung für eine gelungene Positionierung von Leistungen ist der Abgleich mit der Marktsegmentierung. Bei der Segmentierung werden Märkte bzw. Kunden in einzelne Gruppen mit unterschiedlichen Bedarfen unterteilt [Meyer/Davidson 2001, S. 357]. Der Trend geht zur individuellen Massenproduktion (Mass Customization), was bedeutet, dass durch verschiedene Produktvarianten der stetigen Individualisierung der Nachfrage Tribut gezollt wird. Schließlich gilt es, eine Positionierungsstrategie auszuarbeiten. Grundsätzlich können die Präferenzstrategie, die Preis-Mengen-Strategie und die Nischenstrategie unterschieden werden. Die Präferenzstrategie setzt ein Einzigartigkeitsmerkmal des Produktes voraus. Diese Unique Selling Proposition (USP) bietet dem Kunden einen einzigartigen Nutzen, mit welchem man sich eindeutig von den Wettbewerbern differenziert und somit einen höheren Preis rechtfertigt. Ein höherer Nutzen kann auch durch einen niedrigen Preis für den Kunden geschaffen werden. Durch das Erzielen eines niedrigeren Preises muss das Unternehmen jedoch den Absatz erhöhen. Gerade kleine und mittelständische Unternehmen bewegen sich oft in Nischenmärkten und bieten ein spezialisiertes Angebot.

### 8.1.4 Produktlebenszyklus

Die Anforderungen an das Produkt verändern sich mit dem Durchlaufen des Produktlebenszyklus (vgl. Kapitel 13.1.2). Das Lifecycle Management stellt ebenfalls einen Bereich des Performance Managements dar und soll die Marktdurchdringung vorantreiben. Durch das Lifecycle Management wird das Produkt während der Marktpräsenzzeit gepflegt, um eine möglichst lange Lebensdauer und Wettbewerbsfähigkeit zu gewährleisten [Hofbauer/Sangl 2011, S. 525ff.]. Der erweiterte Produktlebenszyklus betrachtet auch die Phasen der Produktentwicklung im Vorfeld der Markteinführung und umfasst während der Marktpräsenz der Leistung die Einführungs-, Wachstums-, Reife-, Sättigungs- und Rückgangsphase. Beendet wird er mit der Entsorgungsphase. Jede einzelne Teilphase der Marktpräsenzzeit erfordert eine spezielle Gestaltung des Marketing-Mix. Betrachtet man die Produktneukonzeption, so kommt gerade in Märkten, die durch kurze oder kürzer werdende Produktlebenszyklen gekennzeichnet sind, der rechtzeitigen Markteinführung eine zentrale Bedeutung für den Unternehmenserfolg zu. Die Notwendigkeit zur Produktvariation und Produktdifferenzierung wird durch das Eintreten neuer Wettbewerber bestärkt. Die Produktelimination würde erfolgen, wenn der Anbieter eine uneinholbare Konkurrenznachteilsposition erkennen würde [Backhaus 2003, S. 345].

Das Performance Management betrachtet die *Wertentstehung*. Dieser Wertentstehungsprozess mit all seinen Stellgrößen ist Gegenstand des korrespondierenden Performance Controllings. Mit der Einführung des Produktes in den Markt kommt der *Wertvermittlung* ein hoher Stellenwert zu, welche im Rahmen des Relationship Managements behandelt wird.

**Das Performance Management**

- **steuert den Prozess der Wertentstehung,**
- **setzt die Kundenorientierung in Produkte um und**
- **determiniert Kosten- und Erlöspositionen.**

## 8.2 Marketing Relationship Management

*„Die Basis jeder erfolgreichen Unternehmung sind die Kunden. Eine Unternehmung ohne Kunden geht zugrunde. Je mehr treue und zufriedene Kunden eine Unternehmung hat, desto größer die Chance, dass sie erfolgreich überlebt und ihren Wert nachhaltig und langfristig steigert."*
*[Hinterhuber/Matzler 2000, Vorwort]*

Ausgangspunkt ist das Beziehungsgefüge zwischen anbietendem Unternehmen und Kunde (Darstellung 29). Im *Relationship Marketing* geht es vorrangig um die Gestaltung der Kundenbeziehung. Die Schnittstellen zwischen Anbieter und Kunde liegen in den Bereichen Marketing und Vertrieb. Durch das Relationship Marketing entsteht eine Neuorientierung – weg vom klassischen Transaktionsmarketing, hin zum Kunden. Das Transaktionsmarketing fokussierte die Gewinnung neuer Kunden und hatte bei geringer Kontaktintensität zwischen Anbieter und Nachfrager nur eine sehr kurze Beziehung mit dem Kunden zur Folge. Wohingegen das Relationship Marketing durch die Pflege des Kundenstammes eine enge und lange Beziehung zu diesem anstrebt [Hofbauer/Hellwig 2012, S. 28]. Die Notwendigkeit für Relationship Marketing bringen gesättigte Märkte und eine verschärfte Konkurrenzsituation mit sich. Das Management der Kundenbeziehung steht deutlich im Mittelpunkt der Unternehmensführung und die Unternehmensprozesse werden klar am Kunden ausgerichtet.

Zielsetzung und Inhalt des *Customer Relationship Managements* können wie folgt beschrieben werden [Kühn et al. 2006]:

Unter Customer Relationship Management (CRM) wird die Gesamtheit aller Entscheidungen und Aktivitäten (Pläne, Konzepte, Maßnahmen) eines Unternehmens verstanden, die dazu dienen, die Beziehungen zu den Kunden des Unternehmens unter ökonomischen Gesichtspunkten langfristig zu optimieren. Dazu erfolgt über die gesamte Dauer der Kundenbeziehung eine systematische, möglichst individualisierte, dem Dialog mit dem Kunden verpflichtete, bedürfniskonforme Bearbeitung mit adäquaten Instrumenten des Marketingmix, um profitable Kunden an das Unternehmen zu binden und das gesamte Potenzial der Geschäftsbeziehung auszuschöpfen.

Mit Hilfe moderner Informationstechnologie wird versucht, auf lange Sicht profitable Kundenbeziehungen durch ganzheitliche und individuelle Marketing-, Vertriebs- und Servicekonzepte aufzubauen und zu festigen. Möchte ein Unternehmen Relationship Management betreiben, so wird im Rahmen eines Reengineerings die Neuausrichtung sämtlicher Geschäftsprozesse und Verantwortlichkeiten auf den Kunden hin erfolgen. Durch den Einsatz von integrierten Informationssystemen erfolgt eine Zusammenführung aller kundenbezogenen Informationen, sowie die Synchronisation aller Kommunikationskanäle. Letztendlich stellt sich die Frage, ob solch eine kundenorientierte Reorganisation diesen Aufwand rechtfertigt. Folgend einige Argumente für CRM [Raab/Lorbacher 2002, S. 14]:

- Jeder zufriedene Kunde bringt mindestens drei weitere Kunden.
- Ein unzufriedener Kunde erzählt sein Negativerlebnis zehn weiteren potenziellen Kunden.
- Die Wiederkaufrate steigt, je vertrauter und zufriedener Kunden mit den Leistungen sind.
- Stammkunden weisen eine geringere Preisempfindlichkeit als Neukunden auf.
- Kundenorientierte Unternehmen können höhere Preise als der Wettbewerb durchsetzen.
- Marketing- und Vertriebskosten zur Erhaltung der Kundenbeziehung sinken.

Aus diesen Argumenten lässt sich ableiten, dass sich durch eine kundenorientierte Ausrichtung des Unternehmens der Erfolg gezielt steigern lässt.

Der *Relationship-Kegel* in Darstellung 31 zeigt die Elemente des Relationship Managements [Hofbauer/Hellwig 2009, S. 29].

Im Mittelpunkt des Relationship Managements steht die werteorientierte Betrachtung der Kundenbeziehung. Somit sind Aufbau und Erhalt einer profitablen Kundenbeziehung die primären Ziele. Der Verlauf der Geschäftsbeziehung kann anhand eines

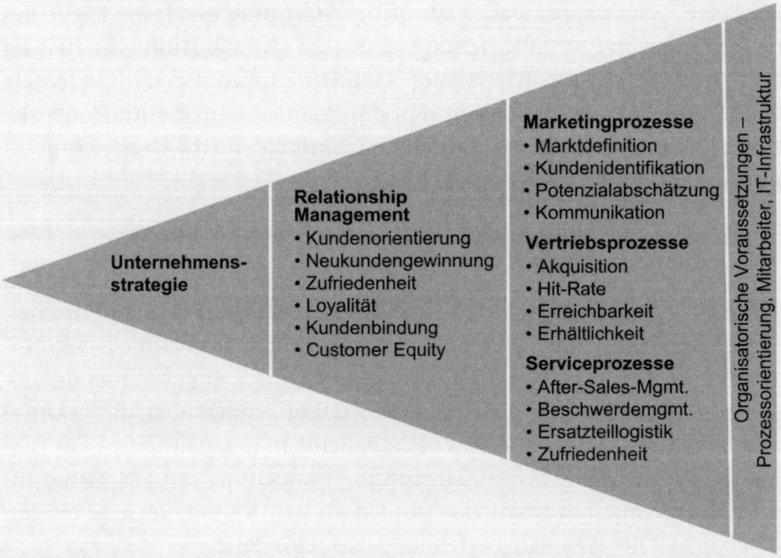


**Darstellung 31** Der Relationship-Kegel

Lebenszyklus dargestellt werden. Die Zyklusbetrachtung ist zukunftsgerichtet. Somit lassen sich spätere Erfolgspotenziale evaluieren. Der *Kundenbeziehungslebenszyklus* (vgl. Kapitel 12.1.1) zeigt die zeitliche Entwicklung der Beziehungsintensität und bildet die Höhe des Kundenwertes ab. Der Beziehungslebenszyklus besteht aus drei Kernphasen: Kundenakquisition, Kundenbindung und Kundenrückgewinnung [Hofbauer/Schöpfel 2010, S. 32]. Nimmt man eine grobe Einteilung des Verkaufsprozesses vor, so lässt sich dieser in die Pre-Sales-Phase, Sales-Phase und After-Sales-Phase aufteilen. In der Pre-Sales-Phase erfolgt die Kundenakquisition, die Kundenbindung wird in der Sales-Phase hergestellt und in der After-Sales-Phase versucht man primär, die Kundenzufriedenheit zu sichern bzw. im Falle von Unzufriedenheit die Kunden zurückzugewinnen.

Aus den dargestellten Themenfeldern ergeben sich die Aufgabenbereiche des Controllings, die im Folgenden näher erläutert werden.

### 8.2.1 Kundenidentifikation und Kundenakquisition

Auch die Erschließung von Kundenpotenzialen ist Inhalt der werteorientierten Unternehmensführung. Das heißt wiederum, dass sich Marketing und Vertrieb auf die Bearbeitung profitabler Kunden konzentrieren und die vorhandenen Ressourcen effizient zugeteilt werden. Schließlich soll sichergestellt werden, dass es eine genügend große Anzahl an Käufern für das eigene Produkt gibt. Dies wird durch die *Kundensegmentierung* ermöglicht, welche erlaubt, ein Kundensegment gezielt durch abgestimmte Strategien und Maßnahmen des Marketing-Mix zu bearbeiten. Die Segmentierung zerlegt einen Markt in homogene Teilmärkte. Jedes Segment soll im Vergleich zu anderen Segmenten möglichst verschieden sein und in sich eine möglichst homogene Käufergruppe aufweisen [Hofbauer 2003]. Die Segmentierung geschieht immer im Hinblick darauf, die profitablen Segmente so effizient und persönlich wie möglich zu bearbeiten, um eine langfristige Beziehung zu gewährleisten [Rapp 2005, S. 66]. Da die Segmentierung die Vorstufe zur Schaffung eines wertoptimalen Kundenportfolios ist, bedeutet das auch, dass keine Gleichbehandlung von potenziellen Kunden mehr erfolgt [Schank 2000, S. 43]. Ziel der Kundensegmentierung ist, besonders hohe Käuferpräferenzen aufzudecken und die Kundenbindung zu gewährleisten.

Für eine langfristig gesicherte Marktposition ist es wichtig, bereits bei der *Kundenakquisition* profitable Kundenpotenziale zu identifizieren und zu erschließen. In der ersten Phase des Kundenbeziehungslebenszyklus entscheidet sich, ob das Unternehmen die Kosten für den Aufbau der Kundenbeziehung amortisieren kann oder ob durch einen Abbruch der frühen Beziehung eine spätere Kostendeckung nicht mehr erfolgt [Gouthier 2006, S. 476]. Im ungünstigsten Fall werden solche Kunden akquiriert, die unattraktiv und betreuungsintensiv sind. Aus diesem Grund ist es essenziell, dass Kundengruppen systematisch bewertet werden, das Angebot für die Zielgruppen richtig positioniert ist und die Vertriebsstrategie darauf abgestimmt wird. Eine Bewertung der Profitabilität von Kunden geschieht mittels des Kundenwertes, auf welchen an späterer Stelle noch einmal genau eingegangen wird.

### 8.2.2 Kundenorientierung und Kundenzufriedenheit

Nachdem die richtigen und profitablen Kunden akquiriert wurden, erfolgt der Übertritt von der Pre-Sales-Phase in die Sales-Phase. In dieser Phase versucht man, den Kunden möglichst lange an das Unternehmen zu binden und seine Potenziale auszuschöpfen. Nachfolgend werden die Ursachen erläutert, welche zu einer erfolgreichen Kundenbindung führen.

#### Kundenorientierung

Im Zentrum der Marktorientierung steht die Kundenorientierung. Sie ist das Herzstück der Marktorientierung. Kundenorientierung bedeutet, dass die Gesamtheit des Unternehmens auf den Kunden, d.h. auf seine aktuellen und potenziellen Bedürfnisse, Wünsche und Probleme ausgerichtet ist. Eine Integration der Kundenorientierung im Unternehmen setzt eine Implementierung dieser Sichtweise in die strategische Ausrichtung, in die Unternehmensstruktur und die Unternehmensorganisation voraus [Bruhn 2002, S. 31f]. Den Zusammenhang des Instrumentariums zum Management der Kundenzufriedenheit und die Auswirkungen von Kundenzufriedenheit zeigt Darstellung 32 [Hofbauer/Hellwig 2012, S. 42]. Die externe Kundenorientierung wird durch die Faktoren des Marktes, des Umfeldes und der Konkurrenz beeinflusst.

Natürlich ist Kundenorientierung kein Selbstzweck, sondern Mittel zum Zweck, da sie Grundbedingung für die Erzielung von Erlösen und damit eine Vorbedingung für die Erzielung von Gewinnen ist [Backhaus 2003, S. 40].

Die drei Determinanten der Kundenorientierung sind Kundennähe, Kundenzufriedenheit und die Kundenbindung, sie alle haben Einfluss auf die Profitabilität des Unternehmens. Diese drei Determinanten lassen sich als Wirkungskette darstellen. Kundennähe

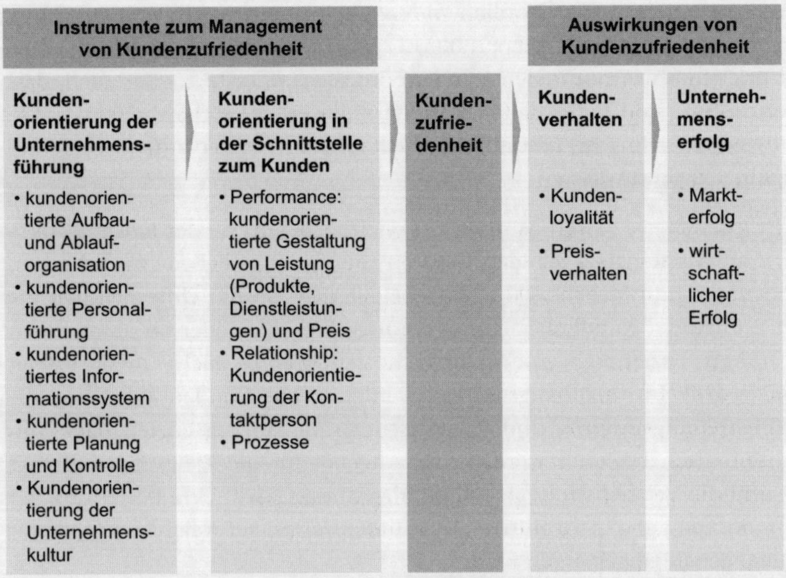


**Darstellung 32** Kundenzufriedenheit als Managementherausforderung

(z.B. über persönlichen Kontakt, Newsletter oder gemeinsame Entwicklungstätigkeiten der Unternehmen) gibt dem Kunden das Gefühl, dass sich der Lieferant um ihn kümmert [Winkelmann 2003, S. 109]. Sie ist Voraussetzung, um Kundenzufriedenheit zu erzeugen und die Kundenbindung zu realisieren.

### Kundenzufriedenheit

Kundenzufriedenheit entsteht durch einen Vergleichsprozess, nämlich dem Vergleich der tatsächlichen Erfahrung bei der Inanspruchnahme einer Leistung (Ist-Leistung) mit einem bestimmten Vergleichsstandard des Kunden (Soll-Leistung) [Hofbauer/Schöpfel 2010, S. 62]. Entspricht die Ist-Leistung der Soll-Leistung, so spricht man von Zufriedenheit.

Die Erwartungen [vgl. Meyer/Davidson 2001, S. 243] setzen sich zusammen aus:

- dem individuellen Anspruchsniveau,
- dem Image des Anbieters,
- dem Leistungsversprechen des Anbieters,
- dem Wissen des Kunden um Alternativen und
- den Bestleistungen.

Die wahrgenommene Leistung hingegen wird beeinflusst von:

- den aktuellen Erfahrungen,
- der subjektiven Wahrnehmung der Leistung und
- der individuellen Problemlösung für den Kunden

Es stellt sich die Frage, auf welchem Niveau ein Kunde zufriedengestellt werden soll. Ist es ausreichend, wenn er sich zufrieden fühlt, oder soll er sehr zufrieden sein oder gar vollkommen zufrieden sein? Anzustreben ist eine Kundenzufriedenheit, die sich rechnet [Winkelmann 2003, S. 113]; demzufolge ist ein Management der Kundenzufriedenheit bzw. ein *Kundenmanagement* notwendig. Dieses kann über verschiedene Instrumente geschehen. Im Vorfeld wird eine Kundenanalyse durchgeführt, beispielsweise mittels Kundensegmentierung oder Kundenportfolios. Auch das Beschwerdemanagement bringt nützliche Informationen zu Tage oder es wird eine *Kundenbefragung* durchgeführt, um direkt Präferenzen, Zufriedenheit und Einstellung zu erfahren. Als Aktionsinstrumente gelten Maßnahmen zur Kundenbindung oder besondere Serviceleistungen im Rahmen des Beziehungsmanagements. Faktoren wie

- Produkt- und Leistungsqualität,
- Qualität der kundenbezogenen Prozesse,
- Flexibilität im Umgang mit dem Kunden,
- Offenheit im Informationsverhalten gegenüber dem Kunden,
- Offenheit für Kundenanregungen und für die Zusammenarbeit mit dem Kunden,
- Qualität der Verkaufsarbeit und
- Kundenkontakte durch Nicht-Vertriebsleute

bedingen die Zufriedenheit nachhaltig [Winkelmann 2000, S. 303].

Hat es ein Unternehmen einmal geschafft, seine Kunden zufriedenzustellen, gilt es, einen Schritt weiter zu denken. Die Zufriedenheit der Kunden zahlt sich nur dann aus, wenn sie in einem nächsten Schritt zur *Loyalität* dieser Kunden führt. Loyale Kunden verhelfen dem Unternehmen durch Wiederholungs-, Mehr- und Zusatzkäufe, positive soziale Kommunikation, geringere Preiselastizitäten und höhere Toleranz gegenüber Qualitätsschwankungen zu den erwünschten wirtschaftlichen Vorteilen [Homburg/Giering 2000, S. 82]. Jedoch kann nicht grundsätzlich davon ausgegangen werden, dass ein zufriedener Kunde zu einem treuen Kunden wird. Es gibt eine Reihe von Einflussfaktoren, welche diesen Zusammenhang verstärken oder abschwächen. So beeinflussen das Marktumfeld, das Image des Anbieters selbst, die Merkmale des Produktes, die Erwartungen des Kunden und die Geschäftsbeziehung dieses Gefüge [Homburg/Bucerius 2001, S. 58]. Auch spielt das Vertrauen des Kunden eine große Rolle. Eine Beziehung wird nur dann langfristig aufrecht erhalten und somit zu einer echten Kundenbindung führen, wenn diese auf einer Vertrauensbasis steht und nicht durch Misstrauen behindert wird; der Kunde also eine gewisse Akzeptanz und eine positive Einstellung gegenüber dem Produkt beweist. Gefährdet werden Geschäftsbeziehungen dann, wenn Kunden unzufrieden sind. Sie erwägen, die Loyalität aufzukündigen, und sind für Wettbewerbsangebote empfänglich. Somit ergibt sich die Notwendigkeit, die Unzufriedenheit zu analysieren. Ein geeignetes Mittel zur Analyse stellt das Beschwerdemanagement dar, welches stabilisierend auf die durch Unzufriedenheit gefährdete Geschäftsbeziehung wirkt [Stauss 2006, S. 437].

### 8.2.3 Kundenbindung und Kundenrückgewinnung

Kundenbindung drückt sich in einem wiederholten Kauf aus. Sie umfasst alle Maßnahmen, die die Wahlmöglichkeiten eines Kunden einengen, (Folge-)Käufe bei Wettbewerbern zu tätigen [Hofbauer/Schöpfel 2010, S. 81ff.]. Ziel ist unter anderem, die Stabilität der Geschäftsbeziehung zu fördern. Eine stabile Geschäftsbeziehung wirkt sich vorteilhaft auf den Unternehmenserfolg aus. Nachteilige Effekte sind jedoch auch nicht ganz auszuschließen, wie Darstellung 33 im Überblick zeigt [Diller 2006, S. 101].

| | mehr Sicherheit | mehr Wachstum | mehr Gewinn/Rentabilität |
|---|---|---|---|
| Vorteile | • stabilere Geschäftsbeziehung<br>- Habitualisierung des Kaufverhaltens<br>- Wettbewerbs-immunisierung<br>- Toleranz<br><br>• mehr Feedback<br>- Beschwerde-bereitschaft<br>- Auskunfts-bereitschaft<br>- Bereitschaft zur Mitarbeit<br><br>• mehr Aktionsspielraum<br>• mehr Vertrauen | • bessere Kundenpenetration<br>- Beschaffungs-konzentration<br>- Kaufhäufigkeit<br>- Cross-Buying<br><br>• mehr Kundenempfehlungen<br>- Adressen-vermittlung<br>- Referenz-bereitschaft<br>- Mund-zu-Mund-Werbung<br>- Kunden-vermittlung | • Kosteneinsparungen<br>- bessere Amortisation von Akquisitionskosten<br>- Opportunitätskosten der Kundengewinnung<br>- geringere Kundenbearbeitungskosten<br>- effizientere Orderverfahren<br><br>• Erlössteigerungen<br>- geringere Preiselastizität<br>- Cross-Selling-Erlöse |
| Nachteile | • Commitment<br>- Flexibilitäts-einbußen<br>• Veralterungseffekt<br>• Widerstand aufgrund von Bindung | • einseitige Kundenstruktur<br>• negative Mund-zu-Mund-Werbung | • Bindungskosten<br>- zurechenbare Kosten<br>- zurechenbare Erlösminderungen |

**Darstellung 33** Vor- und nachteilige Effekte der Kundenbindung

#### Arten der Kundenbindung

Grundsätzlich werden zwei Arten der Kundenbindung unterschieden. Zum einen die freiwillige Bindung, auch psychologische Bindung genannt. Daraus resultiert, dass sich der Kunde dem Unternehmen verbunden fühlt. Loyales Wiederkaufverhalten entspricht einer freiwilligen Kundenbindung. Sie spiegelt die innere Bereitschaft eines Nachfragers zu Folgekäufen bei einem bestimmten Anbieter [Hofbauer/Schöpfel 2010, S. 82]. Diese Art der Bindung wird durch Kundennähe, Kundenzufriedenheit, Vertrauen und Kundenloyalität erwirkt.

Zum anderen kann ein Unternehmen seine Kunden unfreiwillig binden, indem es Wechselbarrieren zu Konkurrenzprodukten aufbaut. Die Kundenbindung erhält also einen Zwangscharakter. *Faktische Bindungen* lassen sich nach

- institutionellen Bindungen (z.B. Kapitalbeteiligungen, gemeinsame Joint Ventures usw.),

- technologischen Bindungen (z.B. Systembindung, gemeinsame Technologien usw.),
- vertraglichen Bindungen (z.B. langfristige Lieferverträge, F&E-Kooperationen usw.) und
- Marketing-Bindungen (z.B. Rabatt-/Bonusregelungen, Kundenclubs usw.) klassifizieren [Winkelmann 2000, S. 306].

Kunden begeben sich nur dann freiwillig in eine Abhängigkeitssituation, wenn es dem Anbieter gelingt, neben dem Vorteilsversprechen eine Vertrauensbasis bezüglich seiner zukünftigen Leistungsfähigkeit zu schaffen und somit die Bindungsunsicherheit zu reduzieren [Hofbauer/Schöpfel 2010, S. 85].

**Kundenrückgewinnung**

Selbst durch ausgefeilte Kundenbindungsmaßnahmen kann nicht jede Kundenbeziehung aufrechterhalten werden. Ein weiterer Ansatzpunkt des Beziehungsmarketings ist somit das Rückgewinnungsmanagement. Das *Rückgewinnungsmanagement* stellt im Kern den Versuch dar, profitable Kunden zurückzugewinnen. Kundenabwanderungen führen aber nicht nur zum Verlust von zukünftigen Einnahmen, sondern können für das Unternehmen sogar Abschreibungsbedarf bedeuten, wenn bisher erzielte Deckungsbeiträge die bereits getätigten Akquisitions- und Bindungsinvestitionen nicht decken [Schöler 2006, S. 607]. Somit erscheint eine wertorientierte Analyse der Rückgewinnungskandidaten sinnvoll. Die Gründe für die Abwanderung (bspw. mangelnde Qualität, Negativimage des Anbieters, Abwerbung durch Wettbewerber usw.) müssen ermittelt werden, um schließlich die passenden Rückgewinnungsmaßnahmen anzuwenden. Notwendig ist allerdings auch ein Vergleich des Nutzens der Rückgewinnungsaktivitäten mit den Kosten für die Rückgewinnung, denn nur, wenn dieses Instrument profitabel eingesetzt wird, überwiegen die Vorteile der Kundenrückgewinnung (Wiederkauf des Kunden, Akquisitionsvermeidungskosten, Kommunikations- und Informationsnutzen) [Hofbauer/Schöpfel 2010, S. 47ff.].

Beim Einsatz von Instrumenten des Relationship Managements wird immer wieder der Kundenwert als Dreh- und Angelpunkt der Bewertung herangezogen. Dieser wird nun näher erläutert.

### 8.2.4 Kundenwert

Forschungsergebnisse zeigen: Wenn es einem Unternehmen gelingt, die Kundenabwanderung um fünf Prozent zu senken, so können die Gewinne um 25 bis 85 Prozent steigen (z.B. durch Cross-Selling, geringeren Aufwand für Neukundengewinnung oder Weiterempfehlung) [Becker 2002, S. 631]. Aus der Kundenbeziehung wird eine Erhöhung des wirtschaftlichen Erfolges und des Unternehmenswertes resultieren. Der Kundenwert kann aus zwei verschiedenen Perspektiven betrachtet werden. Zum einen stellt er aus der Sicht des Kunden den „Value to the Customer" dar, also den Nettonutzen für den Kunden. Zum anderen gibt es den Kundenwert aus Unternehmenssicht. Dieser „Value from the Customer" stellt den Beitrag der Kunden zur Erreichung der unternehmerischen Ziele in Form von Umsatzerlösen über den gesamten Kundenbeziehungslebenszyklus dar. Beide Werte stehen in einer engen Beziehung zueinander, denn je höher der Wert für den Kunden ist, desto mehr ist er bereit, dafür zu bezahlen. Je zufriedener der Kunde dabei gestellt wird, umso größer ist die Wahrscheinlichkeit, dass eine langfristige Kundenbeziehung etabliert wird [Hippner 2006, S. 23].

Es lohnt sich jedoch nicht, in alle Kundenbeziehungen zu investieren, weshalb die Notwendigkeit besteht, Kundenbeziehungen zu bewerten. Der Wert der Kundenbeziehung stellt die zentrale Größe im Beziehungsmanagement dar [Meyer/Schaffer 2001, S. 66]. Folglich darf sich die Ausgestaltung der Geschäftsbeziehung nicht nur an der kurzfristigen Profitabilität eines Kunden orientieren, da es sich durchaus rechnen kann, sich auch um solche Kunden zu bemühen, welche dem Unternehmen zunächst nur Kosten bescheren. Aber es ist auch nicht immer sinnvoll, jeden Kunden zu halten. Vielmehr liegt die Leitlinie darin, die richtigen Kunden zu finden und die Neukundenakquisition sowie die nachfolgende Pflege von Geschäftsbeziehungen unter erfolgs- bzw. werteorientierten Gesichtspunkten vorzunehmen [Helm/Günter 2001, S. 14]. Das Unternehmen leistet zum Anfang der Geschäftsbeziehung Investitionen in einen Kunden (Akquisitionskosten), welche sich mit zunehmender Dauer der Beziehung amortisieren. Der Wert des Kunden wird nicht nur rein an quantitativen Größen gemessen, wie dem getätigten Umsatz, sondern auch an qualitativen Größen (z.B. dem Weiterempfehlungsverhalten). Der Kundenwert kann in Transaktionspotenzial und Relationspotenzial unterteilt werden [Hippner 2006, S. 27]. Das Transaktionspotenzial repräsentiert den gegenwärtigen und zukünftigen Verkaufserfolg des Unternehmens bezogen auf einen Kunden. Es erwächst aus dem eigentlichen Verkaufsvorgang. Das Verhalten des Kunden fungiert ebenfalls als Werttreiber, welches sich im Relationspotenzial niederschlägt. Das Relationspotenzial umfasst die Komponenten Referenzpotenzial, Informationspotenzial und Kooperationspotenzial. Darstellung 34 zeigt die entsprechenden Determinanten des Kundenwertes.

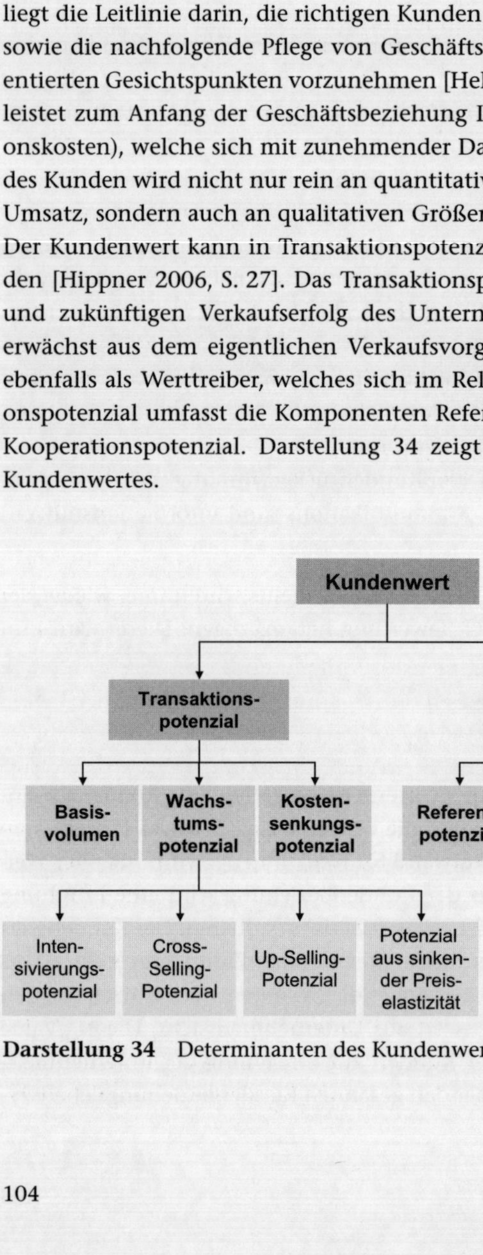


**Darstellung 34** Determinanten des Kundenwertes

Nachfolgend eine kurze Beschreibung der einzelnen Elemente [Hippner 2006, S. 27f]:

- *Basisvolumen*
  Gegenwärtiger monetärer Beitrag dieses Kunden zum Unternehmenserfolg.
- *Wachstumspotenzial*
  Repräsentiert die zu erwartenden Veränderungen im Kaufverhalten des Kunden.
- *Intensivierungspotenzial*
  Steht für die zukünftig zu erwartende Ausweitung/Reduzierung des Basisvolumens.
- *Cross-Selling-Potenzial*
  Sämtliche zusätzliche und unabhängige Geschäfte, die der Kunde in anderen als den bisherigen Geschäftsbereichen tätigen wird.
- *Up-Selling-Potenzial*
  Aufgrund der Vermögenssteigerung des Kunden wird er höherwertige Produkte aus der Produktpalette kaufen.
- *Potenzial aus sinkender Preiselastizität*
  Durch die Bindung ist der Kunde bereit, auf vorteilhafte Konkurrenzangebote zu verzichten.
- *Kostensenkungspotenzial*
  Langfristige Geschäftsbeziehungen ermöglichen eine genaue Kenntnis der Kundenbedürfnisse, welche eine differenzierte Kundenansprache erlauben und höhere Response versprechen, wohingegen die Neukundengewinnung weitaus aufwendiger ist.
- *Referenzpotenzial*
  Anzahl potenzieller Kunden, die ein Kunde innerhalb eines bestimmten Zeitraums aufgrund seines Weiterempfehlungsverhaltens erreichen kann.
- *Informationspotenzial*
  Dies sind sämtliche Informationen, die der Kunde dem Anbieter liefert und die von diesem genutzt werden.
- *Kooperationspotenzial*
  Umfasst alle Werttreiber, die aus der Bereitschaft des Kunden zur Zusammenarbeit mit dem Unternehmen entstehen.

Im Rahmen der werteorientierten Unternehmensführung und des damit verbundenen Marketing- und Vertriebscontrollings werden auch Kundenbeziehungen daraufhin überprüft, ob diese einen positiven Beitrag zum Unternehmenswert leisten. Die Beziehung stellt einen immateriellen Vermögensgegenstand dar. Dadurch ergibt sich aus Finanzierungs- und Bewertungssicht die Erfordernis, solche intangiblen Werte verlässlich zu quantifizieren [Krafft/Götz 2006, S. 328]. Die Beziehung zu einem Kunden durchläuft verschiedene Phasen im Kundenbeziehungslebenszyklus, die einer Prüfung unterzogen werden müssen.

Es besteht eine Vielzahl von Möglichkeiten, den Kundenwert zu messen. So zum Beispiel per Kundendeckungsbeitragsrechnung, welche die Erlöse und Kosten aus der Kundenbeziehung gegenüberstellt. Auch können die kundenbezogene Prozesskostenrechnung oder ein Kundenportfolio zur Beurteilung herangezogen werden. Da all diese Ansätze vergangenheitsbezogen sind und keine Zukunftsbetrachtung erlauben, soll hier auch kurz noch der Customer Lifetime Value (CLV) vorgestellt werden, der diesen Nachteil nicht aufweist [Hofbauer/Schöpfel 2010, S. 40].

Der Customer Lifetime Value bildet den zukünftigen Verlauf einer Kundenbeziehung ab. Der tatsächliche Kundenwert wird mit Hilfe der Kapitalwertmethode ermittelt. Hierbei werden zu Beginn der Kundenbeziehung alle zukünftigen Ein- und Auszahlungen eines Kunden geschätzt und addiert [Raab/Lorbacher 2002, S. 108]. Die wahrscheinliche Kundenlebensdauer kann durch geschätzte Mittelwerte prognostiziert werden. Mit Hilfe eines unternehmenseigenen Zinssatzes werden alle Ertragsströme auf den aktuellen Zeitpunkt abgezinst.

Grundgedanken des Relationship Managements sind die Fokussierung auf die profitabelsten Kunden und die effektive Zuweisung der Ressourcen je nach Kundenwert. Die Kundenidentifikation und Kundenakquisition sichern den zukünftigen Erfolg des Unternehmens, indem eine gezielte Abstimmung der Strategie und der Marketingmaßnahmen auf die einzelnen Segmente erfolgt und somit neue Kunden gewonnen und bereits bestehende Kunden gehalten werden können. Wesentliche Schlüsselelemente des Relationship Managements sind die Kundenzufriedenheit, Kundenloyalität und Kundenbindung. Das Rückgewinnungsmanagement unterliegt der Annahme, dass es günstiger ist, profitable Kunden zurückzugewinnen, anstatt in Neukunden zu investieren. Als Beurteilungsgröße dient der Kundenwert, welcher maßgeblichen Einfluss auf das Erreichen der unternehmerischen Ziele hat. In Darstellung 35 ist die Wirkungskette der Kundenbindung dargestellt, welche die wesentlichen Elemente noch einmal zusammenfasst [Hofbauer/Hellwig 2012, S. 41; Hippner 2006, S. 31].

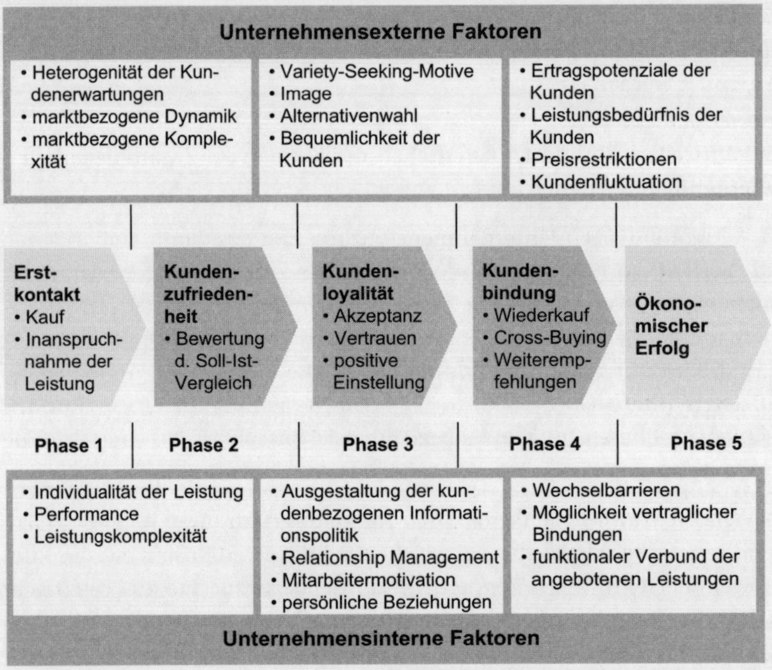


**Darstellung 35** Wirkungskette der Kundenbindung

Jedes markt- und wertorientierte Unternehmen kann das Konzept des Performance Managements und Relationship Managements anwenden. Durch eine Steuerung der Unternehmensprozesse nach diesen Maßgaben ist es ihm möglich, den Unternehmenswert nachhaltig zu erhöhen, das Risiko zu mindern und somit Einfluss auf das Unternehmensergebnis auszuüben. Das Controlling leistet dabei Unterstützung. Dieser Relationship-Management-Prozess mit all den vorgestellten Stellgrößen und Erfolgsdeterminanten ist Gegenstand des korrespondierenden Relationship Controllings.

**Das Relationship Management**

- **steuert den Prozess der Wertvermittlung,**
- **bewirkt Aufbau und Erhalt profitabler Kundenbeziehungen und**
- **bestimmt den nachhaltigen Kundenwert.**

## 8.3 Implikationen für das Controlling in Marketing und Vertrieb

Das Performance- und Relationship Management beanspruchen für sich die unternehmensweite Verankerung der Markt-, Werte- und Prozessorientierung. Hierbei wird eine konsequente Ausrichtung des Unternehmens auf den Markt, den Kunden, den Wettbewerb und weiterer externer Umweltfaktoren als auch auf die gezielte Wertschaffung erreicht. Gleichfalls bleibt der Effizienzgedanke für alle anfallenden Aufgaben im Performance- und Relationship Management im Vordergrund. Die Effizienz stellt eine wichtige Managementgröße dar. Sehr ähnliche Anforderungen an die effektive und effiziente Unternehmensführung stellt auch das Controlling mit seinen originären Funktionen zur Verbesserung der Koordination, der strategischen und operativen Planung und Kontrolle und Informationsversorgung sowie mit dem Ziel, die Erreichung der Unternehmensziele zu gewährleisten. Somit können Marketing, Vertrieb und Controlling als ein Prozess der wechselseitigen Durchdringung gesehen werden [Link/Weiser 2011, S. 29].

### 8.3.1 Anforderungen und Rahmenbedingungen an das Controlling in Marketing und Vertrieb

Aufgrund der exponierten Stellung von Marketing und Vertrieb mit ihrem Einfluss auf die Gesamtunternehmenssteuerung ergeben sich Besonderheiten bzw. spezifische Rahmenbedingungen für das Marketing- und Vertriebscontrolling [vgl. Link/Weiser 2011, S. 30]:

- Der Marketingplan gilt im Rahmen der Unternehmensplanung als Primärplan aufgrund seines Engpassfaktors. Das Absatzpotenzial stellt den größten Engpass für das Unternehmen dar. Stückzahlen, Kapazitäten, Gewinne usw. hängen direkt von diesem Potenzial ab. Fehlplanungen im Marketingplan wirken sich mit einer hohen Durchschlagskraft auf die weiteren Teilpläne anderer Funktionsbereiche aus.
- Die starke Marktorientierung des gesamten Unternehmens verdichtet sich vornehmlich im Absatzbereich. Die Generierung von Innovationen und Produkt- und Markt-

planungen kann nur unter Berücksichtigung der externen Umwelt- und Branchenbedingungen sowie der Belange weiterer Funktionsbereiche des Unternehmens erfolgen. Somit weist die Marketingplanung starke Interdependenzen zu anderen Funktionsbereichen auf, wodurch dem Marketing- und Vertriebscontrolling die Aufgabe einer umfassenden Koordinierung und Informationsbeschaffung und -verarbeitung zukommt.

- Das Marketing-Controlling verfügt im Vergleich zu anderen Funktionsbereichen über eine Vielzahl nicht-monetärer Erfolgsgrößen. Beispielhaft sind der Marktanteil, die Kundenzufriedenheit, die Kundenbindung, das Markenimage und Reichweiten zu nennen.
- Aufgrund der hohen Dynamik lassen sich insbesondere absatzmarktseitige Chancen und Risiken für das Unternehmen nur schwer im Vorhinein steuern und sie werden nur durch stetige Analyse der Märkte und Umweltfaktoren erkannt. Erfolgspotenziale für das Unternehmen ergeben sich somit in nicht periodischen Abständen.
- Innovationen stellen einen wichtigen Wettbewerbsfaktor für Unternehmen dar und erfordern Entscheidungen des Marketings über Produkteigenschaften und Nutzenausprägungen. Die Vielzahl von Handlungsalternativen, welche in der Ideenfindung und Konzeption der Innovation hervorgebracht werden, erfordern vom Marketing- und Vertriebscontrolling eine Risiko- und Erfolgsbewertung, welche jedoch stets unter Unsicherheit getroffen wird.
- Das Marketing hat die Aufgabe, Erfolgspotenziale (z.B. Märkte, Produkte, Kunden) für das Unternehmen zu identifizieren und nutzbar zu machen. Dem Controlling obliegt die Validierung der Planungen im Marketing unter Berücksichtigung der Auswirkungen auf die Rentabilität und Liquidität des Unternehmens. Eine enge Zusammenarbeit zwischen Controlling und Marketing auf Augenhöhe ist notwendig, um Planungsfehler, welche zum Beispiel durch übertriebenes Sicherheitsdenken und Risikovermeidung oder durch ausgeprägte Kreativität zum Ausdruck gebracht werden, zu vermeiden und so eine solide Planung zu erstellen.

Es wurde bereits herausgestellt, dass das Marketing- und Vertriebscontrolling einen wichtigen Teilbereich des Controllingsystems darstellt. Es unterstützt das Marketing- und Vertriebsmanagement, indem es unter anderem die Informationsversorgung sicherstellt, als auch koordinierend auf die Interaktion verschiedener Funktionsbereiche einwirkt. Des Weiteren zählen zu den Hauptaufgaben des Marketing- und Vertriebscontrollings die Informationsversorgung, welche aufgrund der Marktorientierung sehr umfassend ausfällt sowie die Validierung und Unterstützung der Marketingplanung und die Durchführung der Marketingkontrolle zur Überwachung der Zielerreichung. Darstellung 36 stellt die Aufgaben des Marketing- und Vertriebscontrollings zusammenfassend dar [in Anlehnung an Köhler 2003, S. 474].

Zusammenfassend können wir festhalten, dass das Marketing- und Vertriebscontrolling ein Teil des gesamtbetrieblichen Controllingsystems ist und das Marketing- und Vertriebsmanagement durch Koordination der absatzwirtschaftlichen Informationsversorgung, Planung und Kontrolle unterstützt [Piontek 2005, S. 249].

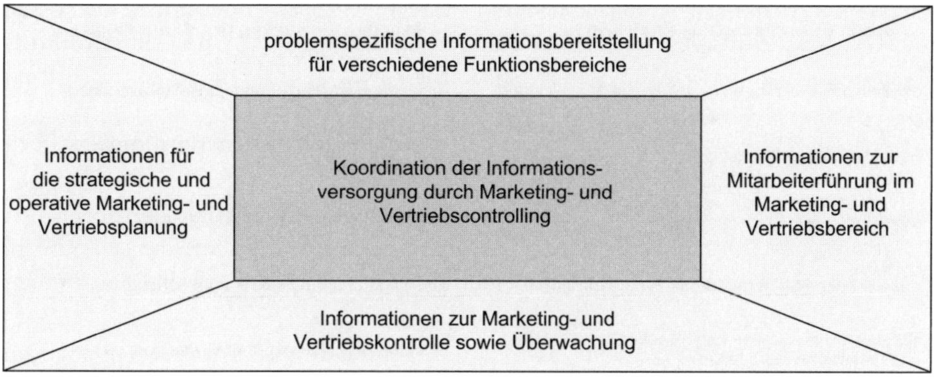


**Darstellung 36** Aufgaben des Marketing- und Vertriebscontrollings zur Unterstützung des Managements

Das Marketing- und Vertriebscontrolling hat die Aufgabe, die Zukunftsfähigkeit des Unternehmens durch die Unterstützung bei der Planung, Steuerung und Kontrolle sicherzustellen. Es gilt, in Zukunft Einnahmenüberschüsse zu erzielen und die Fähigkeit des Unternehmens, durch den Einsatz von Planungs-, Steuerungs- und Kontrollinstrumenten schnell auf Veränderungen reagieren zu können, zu stärken. Um dies bewerkstelligen zu können, ist die Analyse der Stellung des Unternehmens am Markt erforderlich. Um herauszufinden, welche Marktstellung das Unternehmen einnimmt, gilt es, externe Einflussfaktoren aus der Makroumwelt, die Branchenentwicklung, den Wettbewerb sowie das Kundenverhalten und andere Einflüsse genau zu analysieren.

Ein wesentlicher Erfolgsfaktor für das Unternehmen ist die *Wettbewerbsposition*, welche durch Indikatoren, wie zum Beispiel die Ergebnissituation, Marktanteil, Marktpotenzial, Standort, Produktionsprozesse und Produktqualität, Investitionen und Produktionskosten sowie vertragliche Absicherungen beschrieben werden. Das Marketing- und Vertriebscontrolling hat die Aufgabe, die Wettbewerbsposition und somit den Unternehmenserfolg positiv zu beeinflussen. Ein erfolgreicher Controllingeinfluss auf die Wettbewerbsposition wirkt sich auf den Unternehmenserfolg positiv aus. Darstellung 37 stellt die Auswirkungen bei einem positiven bzw. negativen Einwirken des Controllings auf die Wettbewerbssituation gegenüber.

Ein weiterer wesentlicher Erfolgsfaktor für die Sicherung der Zukunftsfähigkeit eines Unternehmens ist die Bewertung der *Zukunftsaussichten*. Indikatoren hierfür können im Branchenumfeld und in der individuellen Situation des Unternehmens begründet sein. Hier ist mit Unterstützung des Marketing- und Vertriebscontrollings abzuschätzen, wie sich kurzfristige Aussichten und langfristige Trends auf die Marktstellung des Unternehmens auswirken werden. Ein positives Einwirken des Controllings lässt das Unternehmen in zukunftsträchtigen Märkten mit hohen Wachstumsraten und attraktiven Produkten aktiv werden. Werden notwendige Anpassungen vom Controlling nicht erkannt, so findet sich die Organisation schwierigen Marktbedingungen gegenüber. Darstellung 38 stellt die Auswirkungen auf das Unternehmen bei positiver bzw. negativer Einwirkung durch das Controlling gegenüber.

| … positive Einwirkung des Controllings | … negative Einwirkung des Controllings |
|---|---|
| deutlich positive Ergebnis- und Umsatzentwicklung | rückläufige Ergebnis- und Umsatzentwicklung |
| bedeutende Marktstellung | deutlich geringere Marktstellung im Vergleich zum Wettbewerb |
| ausgezeichnete Produktqualität | unterdurchschnittliche Produktqualität |
| ausgewogenes und modernes Produktprogramm | einseitige und veraltete Produktstruktur |
| Standorte mit Vorteilen bzgl. Kosten, Infrastruktur und Qualifikation der Mitarbeiter | Standortnachteile gegenüber der Konkurrenz |
| umfassender Patentschutz | kein Patentschutz |

**Darstellung 37** Einwirkung des Controllings auf die Wettbewerbsposition

| … positive Einwirkung des Controllings | … negative Einwirkung des Controllings |
|---|---|
| steigende Nachfrage | struktureller Umbruch |
| hohe Zuwachsraten | länger andauernde Stagnation |
| hohe Kapazitätsauslastung | Überkapazitäten |
| keine Abhängigkeit von Nachfrageschwankungen und Zyklen | Abhängigkeit von Nachfrageschwankungen und Zyklen |
| hohe Preisstabilität und geringe Preisintensität | Preisverfall und aggressiver Preiswettbewerb |

**Darstellung 38** Einwirkung des Controllings auf die Zukunftsaussichten des Unternehmens

Die Qualität des Managements zeigt sich darin, dass das Unternehmen in einer guten Position ist und die Zukunftsaussichten positiv sind. Im Wesentlichen ist dies auf die Fähigkeiten des Managements zurückzuführen, Veränderungen rechtzeitig zu erkennen und schnell und wirksam darauf zu reagieren. Das Controlling übernimmt die Aufgabe der Führungsunterstützung. Es stellt entscheidungsrelevante Informationen über bisherige und zukünftige Unternehmensentwicklung zusammen und berät die Führung. Das Controlling wirkt positiv auf die Qualität der Führung, indem es eine umfassende Systemunterstützung und Beratung bei der Entscheidungsfindung hinsichtlich Qualifikationen und Fähigkeiten, Führungsstrukturen, Anwendung von Steuerungs- und Kontrollinstrumenten sowie dem Risikomanagement usw. leistet. Darstellung 39 stellt die Auswirkungen bei einem positiven bzw. negativen Einwirken des Controllings auf die Führungsqualität gegenüber.

| ... positive Einwirkung des Controllings | ... negative Einwirkung des Controllings |
|---|---|
| hohe Qualifikation durch Ausbildung, Schulungen, Berufserfahrung u. einschläg. Branchenkenntnisse | unterdurchschnittliche Kenntnisse, Erfahrungen und Managementfähigkeiten |
| prozessorientierte Führungsstruktur | herkömmliches Abteilungsdenken |
| ausgezeichnetes Informationsmanagement | funktionierende Datenverwaltung |
| Beherrschen der Steuerungs- u. Kontrollinstrumente | Nutzung der Steuerungs- und Kontrollinstrumente |
| hohe Prognosequalität und Plausibilität | geringe Soll-Ist-Übereinstimmung und unplausible Annahmen |
| Installation und Nutzung eines Risikomanagementsystems | Risikomanagement findet nicht statt |
| treffsichere Liquiditätsplanung u. Umsatzprognosen | hohe Abweichungen in der Liquiditätsplanung und unrealistische Prognosen |

**Darstellung 39** Einwirkung des Controllings auf die Führungsqualität

| Gliederungspunkt | Zielsetzung |
|---|---|
| **Executive Summary** | Gesamtüberblick über die Planung und zur schnellen Übersicht für die Geschäftsleitung |
| **Marketingsituation** | Analyse und Überblick über aktuelle und wichtige Hintergrunddaten bzgl. Markt, Produkt, Wettbewerb, Vertriebssystem und Makroumfeld |
| **SWOT-Analyse** | zusammenfassende Darstellung der wichtigsten Chancen u. Gefahren, Stärken und Schwächen und der spezifischen Problemstellung für die jeweilige Planung |
| **Planziele** | Definition der Planziele für Umsatz, Marktanteil, Bekanntheitsgrad, Gewinn, Cashflow, Rentabilität und Wirtschaftlichkeit |
| **Marketingstrategie** | Festlegung der strategischen Option zur Erreichung der Planziele |
| **Aktionsprogramme** | Festlegung der taktischen Maßnahmen für das Performance und Relationship Management |
| **Ergebnisprognose** | zusammenfassende Darstellung der resultierenden Ergebnisse sowie deren Einflussgrößen |
| **Finanzplan** | Ableitung der Höhe des Investitionsbedarfs, Erklärung des Hintergründe und Darstellung von Finanzierungsmöglichkeiten |
| **Planfortschrittskontrollen** | Darstellung der einzelnen Planüberwachungsmaßnahmen, Controllingaktivitäten und Erfolgskennziffern |

**Darstellung 40** Struktur und Inhalte eines Marketingplans

Ein gut aufgestelltes Controlling besitzt nicht nur Planungs-, Steuerungs- und Kontrollsysteme, es setzt diese auch nutzenbringend ein. Durch qualifizierten Einsatz der Systeme erhält die Führung stets einen fundierten Überblick über das Unternehmensgeschehen und kann Chancen und Risiken erkennen. Die Anwendung eines Risikomanagementsystems untermauert den gewissenhaften Umgang mit Chancen und Risiken.

Die Basis für das Einwirken des Controllings stellt der Marketingplan dar. Der Marketingplan bildet in komprimierter Form alle zur Entwicklung und Ausrichtung des Unternehmens erforderlichen Informationen ab. Darstellung 40 [Hofbauer/Sangl 2011, S. 400] gibt einen Überblick über die Struktur und die Inhalte eines Marketingplans.

### 8.3.2 Dimensionen des Controllings in Marketing und Vertrieb

Das Controlling in Marketing und Vertrieb verfügt über einen weitgehenden Einfluss auf die Entwicklung des Unternehmens. Selbst wenn es in dezentraler Form einem Funktionsbereich unterstellt ist, erfordert es die Anbindung an das Controllingsystem des Unternehmens und das Zentralcontrolling. Erst hierdurch kann die unternehmensweite Aufgabe der Führungsunterstützung adäquat wahrgenommen werden und die Planungs- und Kontrollsysteme erfüllen ihren Zweck. Die Führungsunterstützung des Controllings erfolgt in vier Perspektiven, welche das Unternehmen umfassend beurteilen und somit die Zukunftsfähigkeit und Erfolgsträchtigkeit des Unternehmens absichern:

- Die erste Dimension stellt die Unterstützung durch das Controlling hinsichtlich der Fähigkeiten des Managements und der Führungsinstrumente heraus. Auf Basis der Führungsphilosophie des Managements wird ein stimmiges System aus Kompetenzen und Instrumenten geschaffen. Diese Dimension ist dem Marketing- und Vertriebscontrolling als Teilsystem übergeordnet. Es muss jedoch die Vorgaben aus Philosophie und Unternehmenskultur in seinem System verankern, um eine zielführende Koordination zu ermöglichen.
- Die Absicherung der finanziellen Verhältnisse ist grundlegende Aufgabe des Controllings und Gegenstand der zweiten Dimension. Eine genaue und plausible Planung sowie die Sicherung der Liquidität sind ihr Gegenstand. Das Marketing- und Vertriebscontrolling besitzt mannigfaltige Ansatzpunkte, um die Liquidität des Unternehmens sicherzustellen. Beispielhaft zu nennen sind die Preissetzung, die Ausgestaltung der Zahlungsbedingungen, das Forderungsmanagement und die Absatzplanung.
- Gleichfalls unterstützt das Controlling durch den Einsatz von Informationssystemen das Erkennen von Geschäftschancen und -risiken. Durch die dritte Dimension wird die Ausnutzung von Chancen für das Unternehmen und die Abwendung von Risiken gewährleistet. Insbesondere das Marketing- und Vertriebscontrolling leistet hierzu einen wesentlichen Beitrag. Durch ein Controlling des Kunden-, Produkt- und Lieferantenmanagements usw. kann ein umfassender Überblick über die aktuelle absatzseitige Entwicklung sowie über Erträge und Kosten gewährleistet werden.
- Die vierte Dimension befasst sich mit den wirtschaftlichen Rahmenbedingungen. Der Unternehmenserfolg wird durch die Entwicklungen des Wettbewerbs und der Beschaffungsmärkte, von Risiken in den globalen Absatzmärkten sowie durch Ände-

rungen der politischen Rahmenbedingungen beeinflusst. Das Marketing- und Vertriebscontrolling übernimmt bei der Bewertung der wirtschaftlichen Rahmenbedingungen, aufgrund seiner großen Nähe zu den Märkten, wichtige erfolgssichernde Aufgaben, indem es die marktseitige Informationsbeschaffung und -bereitstellung sowie die Analyse der Umweltentwicklungen unterstützt.

Darstellung 41 [Gleißner/Füser 2003, S. 93] fasst die vier Dimensionen, die dem Controlling unterzogen werden müssen, noch einmal zusammen.

Das Controllingsystem eines Unternehmens muss die Planung, Steuerung und Kontrolle sowohl der Güter- als auch der Geldströme umfassen. Ein Unternehmen stellt ein komplexes Konstrukt aus Funktionen und Prozessen dar, welches der Koordination zur

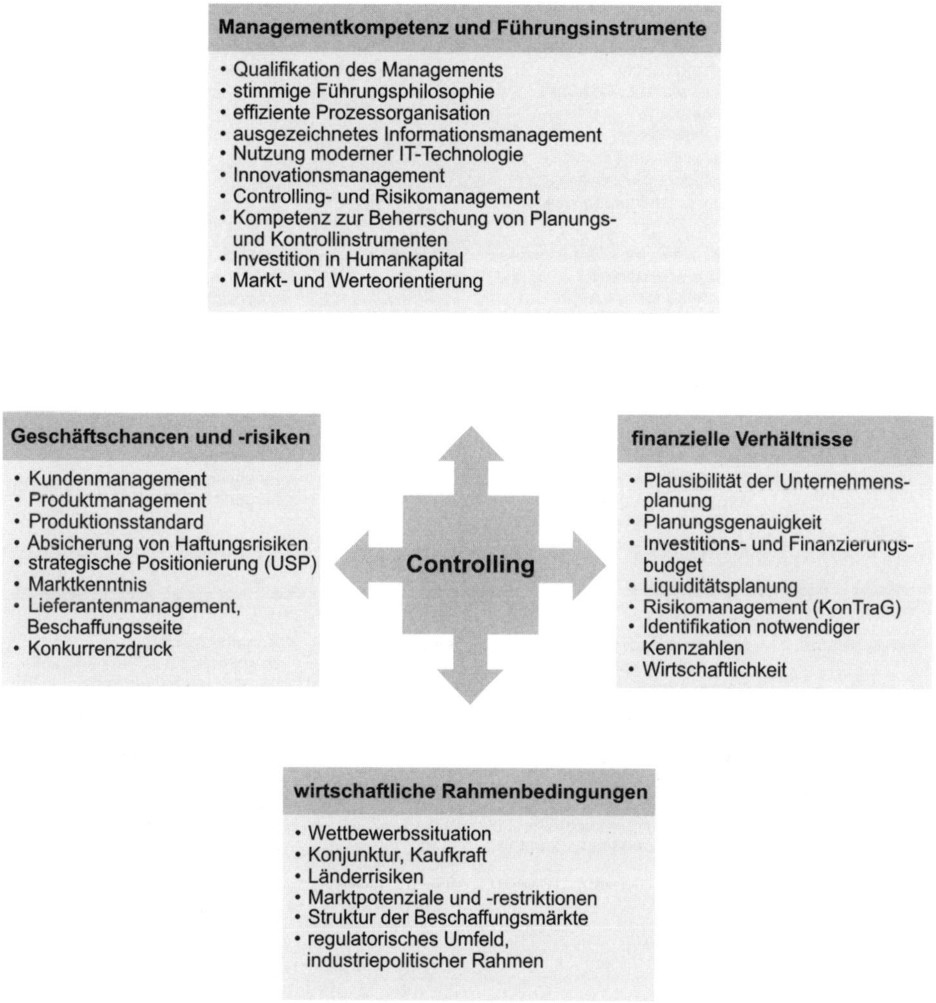


**Darstellung 41** Controllingdimensionen im Überblick

Erreichung der Unternehmensziele bedarf. Des Weiteren ist es in eine dynamische und komplexe Umwelt eingebettet. Um einen erweiterten Einblick in das breitgefächerte Spektrum von Planung, Steuerung, Kontrolle und Beratung des Controllings zu geben, sind in Darstellung 42 [Gleißner/Füser 2003, S. 95f] ausgewählte Ansatzpunkte zusammengestellt.

| | | | |
|---|---|---|---|
| **Schlüssel-kriterien** | • Branchenumfeld, Konjunktur und Ausblick<br>• Wettbewerbslage des Unternehmens und wettbewerbsspezifische Stärken und Schwächen<br>• Fähigkeiten und Ziele des Managements<br>• Innovationsmanagement<br>• vergangene und erwartete Finanzerfolge<br>• Ertragslage und Ertragskrafterhaltung<br>• Cashflow und Ertragskrafterhaltung<br>• Betriebseffizienz<br>• andere relevante Punkte, wie Eigentumsverhältnisse, nationale Bedeutung, usw. | **Branchen-risiko** | • Bedeutung der Branche für die Wirtschaft des Landes<br>• Beschäftigungseffekt<br>• rechtliche Rahmenbedingungen<br>• Reife des Wirtschaftszweiges<br>• internationale Wettbewerbslage<br>• Zugangsbeschränkungen<br>• Wettbewerbsposition im Inland (Monopol, Oligopol, Fragmentierung)<br>• Beschaffenheit der Branche (Kapitalintensität, Produktlebensdauer, Vermarktung) |
| **Wettbewerbs-lage** | • Position innerhalb der Branche (Größe, Marktanteil, Preissetzungsfähigkeit)<br>• Position der Produkte<br>• Produktlebenszyklus und Wettbewerb<br>• Bedeutung von F&E sowie von Innovationen<br>• Diversifizierungsgrad der Produktpalette<br>• geografische Verteilung von Verkauf und Produktion<br>• Bedeutung von Großkunden<br>• Vertriebsnetz | **Erträge** | • Qualität und Entwicklung des Gewinns aus der ordentlichen Geschäftstätigkeit<br>• geografische und sektorale Verteilung des Betriebserfolgs<br>• nicht ordentliche und außerordentliche Ergebnisse<br>• finanzwirksamer Ertrag<br>• Rentabilität<br>• Gewinnspannen<br>• Zinsdeckungsverhältnis<br>• steuerliche Situation |
| **Management** | • finanzielle Entwicklung bis zur Gegenwart<br>• Unternehmensziele<br>• Erfahrung, Hintergrund, Glaubwürdigkeit<br>• Marketingmanagement<br>• Vertriebsmanagement<br>• Produktmanagement<br>• Beschaffungsmanagement<br>• Kommunikationsmanagement | **Cashflow** | • Angemessenheit des Cashflows zur Aufrechterhaltung der Geschäftskapazität<br>• Cashflow, der zur Expansion zur Verfügung steht<br>• Schwankungen des Cashflows<br>• Liquidität (Höhe der Schwankungen)<br>• einzelne Posten im Cashflow (Werbung, Forschung und Entwicklung)<br>• Beschränkungen des Cashflows (Kapitalausfuhrbeschränkungen, mögliche Steuerwirkungen) |

**Darstellung 42** Ansatzpunkte des Controllings

### 8.3.3 Das Konzept für Controlling in Marketing und Vertrieb

In Abschnitt B haben wir umfassend die Grundlagen des Controllings dargelegt und festgestellt, dass eine Notwendigkeit des Managements von Diskontinuität und Komplexität besteht. Des Weiteren wurden als Ziele des Controllings die Entlastung der Unternehmensführung, die Verbesserung der Entscheidungskoordination sowie die Sicherung rationaler Entscheidungen festgelegt, um somit einen Beitrag zur Sicherung des Fortbestandes des Unternehmens zu leisten.

Die grundlegenden Funktionen des Controllings sind die Koordination, Planung und Kontrolle sowie die Informationsbeschaffung und -aufbereitung. Das Controlling nimmt Aufgaben auf strategischer und operativer Ebene wahr. Dabei wird die Budgetierung als koordinierendes Element von Planung und Kontrolle eingesetzt. Sollte die Notwendigkeit einer Controllingstelle in der Organisation erkannt worden sein, so ist diese mit den notwendigen Kompetenzen auszustatten und die organisatorische Anbindung (zentral/dezentral) zu entscheiden. Zum Handwerkszeug des Controllings gehören eine Vielzahl an Instrumenten und Methoden, ein aussagefähiges und aktuelles Berichtswesen sowie Kennzahlen und Kennzahlensysteme. Erst hierdurch werden die Koordinations-, Planungs- und Kontroll- sowie Informationsfunktion erfüllt.

In Teil C haben wir eine Einordnung des Controllings in die Unternehmensführung und in Marketing und Vertrieb vorgenommen. Die strategische und operative Unternehmensführung bilden die Erfolgsgrundlage für Unternehmen. In der Organisation sind die Denkweisen der Markt-, Werte- und Prozessorientierung zu verankern, um die Effektivität und Effizienz in der Unternehmung sicherzustellen. Die Ausgestaltung des Marketing Performance Managements ist notwendiges Mittel, um Innovationen, Preis, Leistung, Qualität und Produkte mit ihrer Positionierung und ihrem Stand im Lebenszyklus zu planen und kontrollieren. Das Marketing Relationship Management befasst sich mit dem Kunden. Es dient der Kundenidentifizierung und -akquisition, der Verankerung der Kundenorientierung und Generierung von Kundenzufriedenheit und Kundenwert.

Des Weiteren wurde die exponierte Stellung des Controllings in Marketing und Vertrieb herausgestellt und auf das Aufgabenspektrum bzw. seine Einflussmöglichkeiten auf die Unternehmung hingewiesen.

Die Etablierung eines umfassenden Controllingkonzeptes stellt eine optimale Einbindung des Controllings in Marketing und Vertrieb sicher. Das Controllingkonzept stellt die Zusammenhänge des Controllings in Marketing und Vertrieb im System der Unternehmung dar. Es bettet die Controllingfunktionen, die Controllinginstrumente und -methoden sowie die organisatorische Gestaltung in den Kontext der internen und externen Unternehmensumwelt ein. Das Controllingkonzept für Marketing und Vertrieb erhält seine Akzeptanz in der Unternehmung erst, sofern es zur Bewältigung praktischer Probleme des Managements dient und eine gezielte Problemsicht sowie Unterstützung der Problemlösung bereithält [vgl. Müller 2002, S. 19]. Grundlegende Elemente des Controllingkonzeptes sind das Planungs- und Kontrollsystem sowie das Informationssystem, wodurch eine zielorientierte Koordination der Unternehmensaktivitäten gewährleistet wird. Mittels dieser drei Systemkomponenten wird auch die Erhaltung der Koordinations-, Reaktions- und Adaptionsfähigkeit der Führung sichergestellt [vgl. Horváth 2011, S. 128].

Für eine anwendungsorientierte Implementierung und Umsetzung des Controllings in Marketing und Vertrieb haben wir sechs Kernbereiche identifiziert:

- Management, Organisation und Prozesse
- Markt und Branche
- Marketing und Vertrieb
- Kunden und Lieferanten
- Produkte und Leistungserstellungsprozesse
- Performance Measurement und Auditing

Mittels der controllingseitigen Ausgestaltung dieser Kernbereiche wird das Unternehmen in die Lage versetzt, seine Unternehmensziele zu erfüllen. Die Risiken, welche aus zunehmender Dynamik und Komplexität entstehen, können identifiziert und gemanagt werden, um letztendlich den Unternehmenswert zu steigern.

Unternehmerischer Erfolg in einer dynamischen Umwelt entsteht erst, wenn das Unternehmen durch das Controlling in der Lage ist, seine Denkhaltung in Bezug auf die Steuerung des Unternehmens zu ändern und von einer vergangenheitsorientierten Sichtweise auf eine zukunftsgerichtete Vorgehensweise umschwenkt. Darstellung 43 stellt die vergangenheitsorientierten Handlungsweisen den zukunftsgerichteten Handlungsweisen in Bezug auf die sechs Kernbereiche gegenüber.

**Handlungsweisen für den Unternehmenserfolg**

| Kernbereiche | vergangenheitsorientiert | | zukünftige Vorgehensweise |
|---|---|---|---|
| Management, Organisation, Prozesse | strukturorientiert bewahren | → | prozessorientiert anpassen |
| Markt & Branche | wettbewerbsorientiert beobachten | → | zielorientiert agieren |
| Marketing & Vertrieb | problemorientiert reagieren | → | wertorientiert antizipieren |
| Kunden & Lieferanten | transaktionsorientiert abwickeln | → | beziehungsorientiert gestalten |
| Produkte & Leistungserstellungsprozesse | mengenorientiert standardisieren | → | lösungsorientiert spezifizieren |
| Performance Measurement & Auditing | vergangenheitsorientiert kontrollieren | → | zukunftsorientiert steuern |

**Darstellung 43** Zukunftsgerichtete Handlungsweisen

Um das Controllingkonzept für Marketing und Vertrieb zu komplettieren, werden im Folgenden zu jedem Kernbereich ausführlich die Inhalte beschrieben. Es wird zu jedem Kernbereich eine Vielzahl adäquater Controllinginstrumente erläutert sowie eine Auswahl der wichtigsten Kennzahlen vorgestellt und der jeweilige Themenkomplex in einer Checkliste zusammengefasst.

Die Anforderungen an die markt- und werteorientierte Unternehmensführung werden immer höher. Wichtig für ein erfolgsorientiertes Controlling ist eine fundierte Vorbereitung. Die Checkliste in Darstellung 44 ist eine Hilfestellung zur gezielten Controllingvorbereitung im Marketing und Vertrieb. Die Fragen sollen zur Konzentration auf Schwachstellen dienen. Die Verweise auf die entsprechenden Kapitel dienen dem gezielten Auffinden der jeweiligen Themenbereiche. Sobald Sie alle Fragen mit „Ja“ beantworten können, sind Sie perfekt für die Managementherausforderungen in Marketing und Vertrieb gerüstet.

| | Vorbereitung auf das Controlling | | |
|---|---|---|---|
| allgemeine Vorbereitung | Sind die Grundlagen des Controllings an alle Beteiligten klar und verständlich kommuniziert? (Abschnitt B) | Ja | Nein |
| | Sind die Funktionen und Handlungsfelder des Controllings praktikabel umrissen und festgelegt? (vgl. B 2, B 3) | Ja | Nein |
| | Ist die Controllingfunktion adäquat in die Organisation eingebunden? (vgl. B 4) | Ja | Nein |
| | Ist die Toolbox des Controlling allen Beteiligten bekannt und zugänglich? (vgl. B 5) | Ja | Nein |
| | Wird dem Controlling der richtige Stellenwert in der Unternehmensführung eingeräumt? (Abschnitt C 6) | Ja | Nein |
| | Sind die Orientierungsrichtungen im Unternehmen kommuniziert und akzeptiert? (vgl. C 7) | Ja | Nein |
| | Sind die Inhalte des Performance und Relationship Managements controllinggerecht aufbereitet? (vgl. C 8) | Ja | Nein |
| | Werden die Implikationen für das Controlling im Unternehmen beachtet? (vgl. C 8.3) | Ja | Nein |
| | Sind die erforderlichen Daten verfügbar bzw. sind diese für das Controlling zugänglich? | Ja | Nein |
| spezielle Vorbereitung | Können Sie die strategische und operative Planung für Ihr Unternehmen umfassend erläutern? (vgl. D 9.1.2) | Ja | Nein |
| | Können Sie die Aufbau- und Ablauforganisation für Ihr Unternehmen umfassend erläutern? (vgl. D 9.1.3) | Ja | Nein |
| | Kennen Sie die Risiken und haben Sie ein adäquates Risikomangementsystem installiert? (vgl. D 9.1.4) | Ja | Nein |
| | Können Sie die Wachstumspotenziale Ihrer Märkte erläutern? (vgl. D 10.1.1) | Ja | Nein |
| | Kennen Sie Ihr Unternehmensumfeld und haben Sie daraus Chancen und Risiken abgeleitet? (vgl. D 10.1.2) | Ja | Nein |
| | Wurde eine Einschätzung der Wettbewerbskräfte vorgenommen und die Branche analysiert? (vgl. D 10.1.3) | Ja | Nein |
| | Kennen Sie die Stärken und Schwächen Ihres Unternehmens sowie Ihrer Konkurrenten? (vgl. D 10.1.4) | Ja | Nein |
| | Wissen Sie über Bedürfnisse Ihrer Kunden Bescheid, wurde eine Kundenanalyse durchgeführt? (vgl. D 10.1.5) | Ja | Nein |
| | Haben Sie eine Marketingkonzeption erstellt, welche der Markt- und Werteorientierung gerecht wird? (D. 11.1.1) | Ja | Nein |
| | Haben Sie den Markt in Segmente eingeteilt und gewinnbringende Zielgruppen aufgespürt? (vgl. D 11.1.2) | Ja | Nein |

**Darstellung 44** Checkliste zur Vorbereitung auf das Controlling

| | Vorbereitung auf das Controlling | | |
|---|---|---|---|
| spezielle Vorbereitung | Erfolgte eine Abstimmung des Leistungsangebotes auf die lukrativen Marktsegmente? (vgl. D 11.1.3) | Ja | Nein |
| | Verfügt Ihr Unternehmen über ein professionelles Preis- und Konditionenmanagementsystem? (vgl. D 11.1.4) | Ja | Nein |
| | Setzt Ihr Unternehmen die Mittel der Kommunikation effizient und zielgruppengerecht ein? (vgl. D 11.1.5) | Ja | Nein |
| | Betreiben Sie ein professionelles Vertriebs- und Kundendienstmanagement? (vgl. D 11.1.6, 11.1.7 und 11.1.9) | Ja | Nein |
| | Haben Sie ein konsequentes Forderungsmanagement installiert? (vgl. D 11.1.8) | Ja | Nein |
| | Kennen Sie den Kundenbeziehungslebenszyklus und investieren Sie in profitable Beziehungen? (vgl. D 12.1.1) | Ja | Nein |
| | Verfügen Sie über Kundenwissen und können Sie somit den Ressourceneinsatz optimal steuern? (vgl. D 12.1.2) | Ja | Nein |
| | Verfügen Sie über Kundenzufriedenheitsanalysen und können Sie Ihre Kunden begeistern? (vgl. D 12.1.3) | Ja | Nein |
| | Betreiben Sie professionelles Beschaffungsmarketing und können Sie somit Risiken reduzieren? (vgl. D 12.1.4) | Ja | Nein |
| | Betreiben Sie Lieferantenmanagement, um Potenziale der Lieferanten zu nutzen? (vgl. D 12.1.5) | Ja | Nein |
| | Verfolgen Sie optimale Sourcing-Strategien, um Beschaffungsrisiken zu mindern? (vgl. D 12.1.6) | Ja | Nein |
| | Sind Ihre Produkte mit einem konkreten Nutzen versehen? (vgl. D 13.1.1) | Ja | Nein |
| | Betreiben Sie professionelles Produktmanagement? (vgl. D 13.1.2) | Ja | Nein |
| | Haben Sie ein Produktionsplanungs- und -steuerungssystem installiert? (vgl. D 13.1.3) | Ja | Nein |
| | Besitzt Ihr Unternehmen ein effizientes Qualitätsmanagementsystem? (vgl. D 13.1.4 und D 13.1.5) | Ja | Nein |
| | Verfügen Sie über ein leistungsfähiges Performance Measurement System? (vgl. D 14.1.1) | Ja | Nein |
| | Nutzen Sie Ihr Performance Measurement und Auditing zur Aufdeckung von Potenzialen? (vgl. D 14.1.2) | Ja | Nein |
| | Steuern Sie die Erfolgsgrößen durch operative Controlling-Maßnahmen? (vgl. D 14.1.3) | Ja | Nein |
| | Ist die Planung mit quantifizierbaren Zielgrößen hinterlegt? (vgl. D 14.1.4) | Ja | Nein |

**Darstellung 44** Checkliste zur Vorbereitung auf das Controlling *(Fortsetzung)*

# D Dimensionen des Controllings in Marketing und Vertrieb

Das Controlling soll eine Unterstützungsfunktion für das Management leisten. Insbesondere im Marketing- und Vertriebsbereich ist das Management auf diese Unterstützung angewiesen, um das Unternehmen erfolgreich zu führen. Dabei muss nicht immer eine separate Controllingabteilung installiert werden. Viel wichtiger ist es, dass die Mitarbeiter und Führungskräfte im Marketing und Vertrieb den Controllingansatz verstehen und die Controllingaufgaben auch selbst ausführen können. Dies erfordert, dass auch in Marketing und Vertrieb methodische und analytische Kompetenzen vorhanden sein müssen, quantitative Analysen methodisch richtig durchzuführen sowie operativ und strategisch richtig zu interpretieren.

Die gesamten Aktivitäten zielen darauf ab, das Unternehmen strategisch optimal auszurichten und die operativen Werttreiber zur Optimierung zu identifizieren. Es geht um die Stärkung der Erfolgsträchtigkeit des Unternehmens durch Erhöhung der Wettbewerbsfähigkeit. Das ROI-Schema (vgl. Darstellung 22) zeigt die Vielfalt der Ansatzpunkte zur Steigerung des Unternehmenserfolges. Zur Steuerung und Durchführung ist ein profundes Verständnis über die Zusammenhänge im Allgemeinen und die Ausgestaltung der Aktivitäten im Besonderen erforderlich.

In den folgenden sechs Kapiteln geben wir den Überblick über die Controllingbereiche, die im Rahmen der markt- und werteorientierten Unternehmensführung einen Hebel zur Steigerung des Unternehmenswertes bieten. Dabei werden die Inhalte, Tools zur Umsetzung, wichtige Kennzahlen zur Messung des Erfolgsbeitrages und Checklisten zur Vorbereitung auf ein zielführendes Controlling dargestellt.

# 9 Management, Organisation und Prozesse

Der erste Bereich des Controllings befasst sich mit dem Management, der Organisation und den Unternehmensprozessen. Das Management trägt die Verantwortung für das Unternehmen. Der Unternehmenserfolg ist somit stark von der Qualifikation der Unternehmensleitung abhängig. Die Erfolgsmessung erfolgt über die Wertgrößen und den geschaffenen Unternehmenswert. Die strategische Ausrichtung, die Kernkompetenzen, die vorhandenen Fähigkeiten und Ressourcen sowie die Ableitung einer geeigneten Wettbewerbsstrategie sind wesentliche Determinanten des Wertbeitrages. Effiziente Prozesse, die auf den Kunden ausgerichtet sind, liefern ebenso einen Beitrag wie die Koordination der Unternehmensaktivitäten im Rahmen der Aufbau- und Ablauforganisation.

Ziel des Managements sollte es sein, alle Entscheidungen im Sinne der Werteorientierung zu treffen und einzelne Strategien konsequent an diesem Konzept auszurichten. Dadurch können dem Unternehmen immer wieder neue Chancen eröffnet werden und Risiken werden minimiert, was wiederum den Unternehmenswert ansteigen lässt. Im folgenden Abschnitt werden die Möglichkeiten zur Verbesserung im Bereich Management, Organisation und Prozesse dargestellt.

## 9.1 Management, Organisation und Prozesse: Voraussetzungen

### 9.1.1 Erfolgsfaktoren eines Unternehmens

Ein Unternehmen, das auf dem Markt bestehen möchte, benötigt Erfolgsfaktoren, um seine Marktstellung zu festigen und weiter auszubauen. Wie aus dem Wortlaut schon zu erschließen ist, beeinflussen diese Faktoren den Erfolg des Unternehmens maßgeblich. Erfolgspotenziale bilden die Voraussetzungen für unternehmerisches Handeln. Das Controlling ist auf die Ermittlung von Erfolgspotenzialen, Erfolgsfaktoren und Risiken eines Unternehmens ausgerichtet. Der Erfolg wird maßgeblich durch unternehmensinterne Ressourcen, Stärken und Schwächen bestimmt, welche die Wettbewerbsfähigkeit gewährleisten. Durch eine Analyse der Erfolgsfaktoren kann das Management auch Maßnahmen ableiten, die zur Verbesserung der Wettbewerbsstellung dienen. Besondere Stärken gegenüber dem Wettbewerb sind nicht alleinige Erfolgsgaranten. Viele andere Faktoren leisten einen Beitrag zum Erfolg und Misserfolg, darunter Qualität, Image, Service und die richtige Auswahl der Geschäftsfelder. Fünf wichtige Erfolgsfaktoren für Unternehmen werden hier geprüft (siehe Darstellung 45) [Gleißner/Füser 2003, S. 164].

| | |
|---|---|
| **Markt-orientierung und Strategie** | • Aufbau langfristiger Wettbewerbsvorteile und Kernkompetenzen<br>• Ausrichtung/Umsetzung der Strategie auf Kundenwünsche und Umfeld<br>➔ Markt- und Kundenorientierung, um Probleme der Kunden besser zu lösen als der Wettbewerb. |
| **Organisation, Information und Planung** | • Struktur und Aufbau des Unternehmens<br>• Gestaltung der Geschäftprozesse und des Informationsaustauschs<br>➔ Qualität von unternehmerischen Entscheidungen hängt maßgeblich von der Verfügbarkeit von Informationen und der Planung/ Steuerung ab. |
| **Mitarbeiter und Führung** | • qualifizierte und motivierte Mitarbeiter, die wollen, können und dürfen<br>• Führungsstil des Managements und Motivation der Mitarbeiter<br>➔ Mitarbeiter füllen die Organisation mit Leben. Von ihnen ist die Zielerreichung des Unternehmens abhängig. |
| **Produktion und Technologie** | • effiziente Produkt- und Leistungserstellung<br>• Vorhandensein von genügend hohen materiellen Ressourcen<br>• Kooperationen und Partnerschaften zur besseren Wertschöpfung<br>➔ Eine überlegene Produktionstechnik steigert Produktivität und senkt Kosten. |
| **Finanzielle Stärke und Stabilität** | • erlaubt die Restrukturierung des Unternehmens in Verlustphasen<br>• bietet Spielraum für Unternehmenswachstum<br>➔ Positive Beurteilung der Rentabilität des Unternehmens und der Leistungsfähigkeit z. B. im Rahmen des Finanzratings. |

**Darstellung 45** Erfolgsfaktoren für Unternehmen

Werden diese Erfolgsfaktoren aus einem anderen Blickwinkel betrachtet, so lassen sich daraus auch spezielle Risikofelder ableiten, welche unter Kapitel 9.1.4 im Rahmen des Risikomanagements noch genauer erläutert werden. Zusammen mit der Markt- und Branchenanalyse bilden diese Faktoren die zukünftigen Erfolgspotenziale eines Unternehmens ab. Die ermittelten Risiken aus der Markt- und Branchenanalyse (Marktrisiko) und das ermittelte Geschäftsrisiko zeigen das gesamte Unternehmensrisiko auf.

Erfolgsfaktoren beeinflussen selbstverständlich auch die Rentabilität eines Unternehmens. Sie dienen dazu, den Unternehmenswert zu steigern. Strategische Entscheidungen, welche z.B. die Programmbreite, die Produktqualität und den Preis betreffen, sowie unternehmensspezifische Ressourcen beeinflussen die Wettbewerbssituation. Die Wettbewerbssituation einzelner Unternehmen wird durch den Marktanteil bestimmt und ein hoher Anteil am Markt kann die Rentabilität eines Unternehmens steigern.

**Erfolgspotenziale und Erfolgsfaktoren**

- **sind grundlegende Voraussetzungen für den Unternehmenserfolg,**
- **verbessern die Wettbewerbsstellung, erhöhen den Marktanteil und**
- **steigern somit den Unternehmenswert.**

## 9.1.2 Strategisches Management und seine Planungsebenen

Das Management eines Unternehmens ist für die strategische Planung verantwortlich, welche sich mit der Analyse der gegenwärtigen Situation und den zukünftigen Möglichkeiten und Gefahren beschäftigt. Aus den daraus resultierenden Erkenntnissen werden

Strategien, Ziele und Maßnahmen zur Zielerreichung abgeleitet. Im Rahmen der strategischen Planung werden Aussagen zu folgenden Bereichen gemacht [Brezski/Claussen/Korth 2004, S. 200]:

- strategische Ziele zur Steigerung des Unternehmenswertes (Wachstum, Rentabilität, Risikoreduzierung),
- Geschäftsfelder und Wettbewerbsvorteile und
- vorhandene und anzustrebende Kernkompetenzen.

Zunächst wird eine Planung für die Unternehmensstrategie vorgenommen, für die folgende Ebene werden die Geschäftsfeldstrategien geplant und schließlich werden für diese Aufgabenfeldstrategien entwickelt. Die Strategieentwicklung erfolgt auf Basis der Mission, Vision, Unternehmenspolitik und Unternehmensidentität. Die Planung für einzelne Geschäftsfelder stützt sich immer auf Informationen aus dem Unternehmensumfeld und der Unternehmensanalyse. Grundsätzlich gilt es, Wettbewerbsvorteile und Wettbewerbsnachteile ausfindig zu machen. Dies geschieht, indem das Unternehmen eine Stärken- und Schwächenanalyse im Vergleich zur Konkurrenz vornimmt. Durch die Einbeziehung von Umwelteinflüssen ist es der Organisation möglich, Geschäftsfeldstrategien abzuleiten und diese durch konkrete Handlungsziele näher zu definieren. Die Fixierung der Strategie anhand von konkreten Zielen ist notwendig, um schließlich den Erfolg der Zielerreichung messen zu können.

Für das Controlling werden zur Prüfung der Planungssicherheit Kriterien wie die Plausibilität der Unternehmensziele, die finanzielle Entwicklung bis zur Gegenwart und die Erfahrung, das Hintergrundwissen und die Glaubwürdigkeit des Managements herangezogen. Da der Erfolg von Unternehmen stark von den fachlichen Qualitäten des Managements abhängig ist, ist es nur plausibel, dass die Zukunftsfähigkeit über diese Determinanten geprüft wird.

### Planung der Unternehmensstrategie

Mit der Unternehmensstrategie wird die strategische Stoßrichtung des Unternehmens festgelegt. Sie ist ein langfristiger Plan des Vorgehens innerhalb der nächsten fünf bis zehn Jahre, mit dem die Unternehmensziele erreicht werden sollen. Auf der Ebene des Gesamtunternehmens werden Entscheidungen getroffen, welche die Zuteilung von Ressourcen an einzelne Geschäftsfelder betreffen. Die Zuteilung erfolgt gezielt nach wertegenerierenden Aspekten und immer in Zusammenhang mit den unternehmerischen Zielen. Die Zuteilung wird nach der Attraktivität des Geschäftsfeldes und der Wettbewerbsstärke der eigenen strategischen Geschäftseinheit erfolgen.

*Ziele* sind wichtige Elemente der Planung. Strategische Ziele motivieren alle Beteiligten im Unternehmen zur Leistungserbringung und führen bei Erfüllung zu Erfolgen [Hofbauer/Sangl 2011, S. 210]. Ziele sollten folgende Eigenschaften haben:

- visionär (motivierend, aber zugleich realistisch formuliert),
- messbar (objektiv überprüfbar),
- zeitlich befristet (ein wesentlicher Faktor für die strategische Planung).
- spezifisch (in Teilziele untergliedert),

- integrativ (Zustimmung aller Verantwortlichen führt zu Engagement) und
- nachvollziehbar (jeder ist sich seines eigenen Beitrags zur Zielerreichung bewusst)

Ein Unternehmen kann viele verschiedene Ziele verfolgen, wie Darstellung 46 [Becker 2002, S. 16f] zeigt, jedoch sollten sie aufeinander abgestimmt werden, um die Erreichung nicht zu gefährden.

| | | | |
|---|---|---|---|
| **Marktleistungsziele** | • Produktqualität<br>• Produktinnovation<br>• Kundenservice<br>• Sortiment | **Finanzielle Ziele** | • Kreditwürdigkeit<br>• Liquidität<br>• Selbstfinanzierung<br>• Kapitalstruktur |
| **Marktstellungsziele** | • Umsatz<br>• Marktanteil<br>• Marktgeltung<br>• neue Märkte | **Macht- und Prestigeziele** | • Unabhängigkeit<br>• Image und Prestige<br>• politischer Einfluss<br>• gesellschaftlicher Einfluss |
| **Rentabilitätsziele** | • Gewinn<br>• Umsatzrentabilität<br>• Rentabilität des Gesamtkapitals<br>• Rentabilität des Eigenkapitals | **Soziale Ziele** | • Einkommen und soziale Sicherheit<br>• Arbeitszufriedenheit<br>• soziale Integration<br>• persönliche Entwicklung |

**Darstellung 46** Unternehmerische Ziele

Die Rentabilitäts- und Marktstellungsziele haben eine dominierende Bedeutung in der Unternehmensplanung [Becker 2002, S. 16]. Über diese wird der Unternehmenswert nachhaltig generiert, somit haben sie eine hohe Bedeutung für das Controlling. Diese Ziele lassen sich verschiedenen Zielebenen zuordnen. Das Erreichen der Marktleistungs- und Marktstellungsziele ist notwendige Voraussetzung, dass die Rentabilitätsziele nachhaltig verfolgt werden können [Hofbauer/Sangl 2011, S. 210]. Bezüglich des wertorientierten Controllings rücken auch die finanziellen Ziele stärker in den Blickwinkel der Planung, um die Wettbewerbsfähigkeit des Unternehmens nicht durch teure Finanzierungskosten zu gefährden.

Die marktorientierte Unternehmensplanung basiert jedoch nicht nur auf Zielen, auch die unternehmerischen Grundsätze beeinflussen die strategischen Richtungsvorgaben. Geprägt werden die Ziele und Grundsätze durch die Unternehmenseigner und deren Beschäftigte sowie durch die Kultur und die Möglichkeiten (Fähigkeiten und Ressourcen) der Organisation [Kuß/Tomczak 2002, S. 55]. Auch externe Umwelteinflüsse bedingen die Entwicklungsrichtung eines Unternehmens.

Nutzbare Vermögenswerte bestimmen den Erfolg eines Unternehmens. Sie stehen jedoch in enger Beziehung mit Kompetenzen, die das Unternehmen besitzt. So stellt z.B. ein Produkt durchaus einen Vermögenswert für eine Organisation dar. Eine erfolgreiche Erweiterung der Produktpalette bedarf jedoch gewisser Kompetenzen. Um diese Aufgabe vollziehen zu können, benötigt das Unternehmen kreative Mitarbeiter und Durchsetzungsvermögen am Markt. Wie effizient Vermögenswerte genutzt werden, ist somit von den vorhandenen Kompetenzen eines Unternehmens abhängig. Darstellung 47 listet mögliche *Vermögenswerte* eines Unternehmens auf [Meyer/Davidson 2001, S. 112].

| | |
|---|---|
| **Betriebskapital** | • Höhe<br>• Verfügbarkeit<br>• Kreditrahmen |
| **Produktion (Anlagen, Prozesse, IT-Systeme)** | • relative Modernität<br>• unternehmensspezifische Besonderheiten<br>• Flexibilität und Prozessorganisation<br>• Größenvorteile<br>• Kapazitätsauslastung |
| **Grundstücke und Gebäude** | • Art<br>• Standort<br>• Ausbaumöglichkeit<br>• Qualität/Bausubstanz |
| **Attraktivität für den Kunden** | • Markennamen und Image<br>• Database<br>• Kundenbeziehungen<br>• besondere Produkte/Dienstleistungen<br>• Patente |
| **Vertrieb, Netz, Distribution, Service** | • Größe<br>• Funktionsfähigkeit<br>• Abdeckung<br>• Beziehung zu externen Distributoren |
| **Größenvorteile** | • Marktanteil<br>• relative und absolute Mediengewichtung<br>• geografische/internationale Abdeckung<br>• Vertrieb/Distribution/Service<br>• spezielle Fähigkeiten aufgrund der Größe (z.B. Marktforschungskapazitäten) |
| **Beziehungen zu Dritten** | • Lieferanten<br>• Finanzinstitute<br>• Joint Ventures<br>• Vereinbarungen mit Dritten (z.B. Nutzung von Technologie oder Marke) |

**Darstellung 47** Potenzielle Vermögenswerte eines Unternehmens

Nutzbare Kompetenzen und Kernkompetenzen müssen identifiziert werden, denn nur dann ist auch möglich, diese effektiv einzusetzen und weiter zu entwickeln. Kompetenzen stellen die Schlüsselfähigkeiten des Unternehmens dar und müssen die folgenden Anforderungen erfüllen [Winkelmann 2000, S. 53]:

- Sie sollten geschäftsfeldübergreifend nutzbar sein,
- sie sollten den Zugang zu unterschiedlichen Märkten ermöglichen,
- sie sollten von der Konkurrenz nur schwer imitierbar sein,
- sie sollten Merkmale von Gütern und Dienstleistungen hervorbringen, die von Kunden als sehr wichtig bewertet werden und
- sie sollten dauerhaft für das Unternehmen einen Wertbeitrag leisten.

Durch eine Auflistung aller *Kompetenzen* bekommt der Unternehmer einen Überblick über den Ist-Zustand. Um Vorteile gegenüber den Konkurrenten erzielen zu können, ist es von entscheidender Wichtigkeit, die identifizierten Kompetenzen effektiv im Unternehmen einzusetzen und stets weiter zu entwickeln. Beispielhaft zeigt Darstellung 48 Kompetenzen, die ein Unternehmen besitzen kann [vgl. Meyer/Davidson 2001, S. 114].

Die Mission und Vision bilden weitere wichtige Komponenten des strategischen Rahmens eines Unternehmens und der Unternehmensidentität. Mit der *Vision* werden ehr-

| | | |
|---|---|---|
| **Marketing** | • Entwicklung neuer Produkte<br>• Geschäftsanalyse<br>• besondere Verfahren der Marktforschung<br>• Planungskenntnisse | • Marketing-Kommunikation<br>• Kundenservice<br>• Kundenbeziehungen<br>• Tests/Design<br>• Database-Management<br>• Markenwertmanagement |
| **Vertrieb** | • Account-Management<br>• Entwicklung von Kundenbeziehungen<br>• Supply-Chain-Management<br>• Kundenservice<br>• Aufbau von Partnerschaften | • Merchandising<br>• Präsentationsfähigkeiten<br>• Verhandlungsfähigkeiten<br>• Preisbildung<br>• Absatzförderung<br>• Handelsmarketing/Beziehungen |
| **Produktion** | • Arbeitgeber-Arbeitnehmer-Beziehungen<br>• Verfahrenstechniken<br>• Lagerbestandskontrolle<br>• Produktivitätsverbesserung<br>• Kostenmanagement<br>• Entwicklung neuer Anlagen<br>• Gesundheit und Sicherheit<br>• Schulung und Weiterbildung | • Flexibilität<br>• Reaktionsgeschwindigkeit<br>• Total Quality Management<br>• Beschaffung<br>• Kapazitätsauslastung<br>• Zahlungssysteme<br>• Verwalten von Grundstücken und Gebäuden<br>• Lieferantenmanagement |

**Darstellung 48** Mögliche Kompetenzen eines Unternehmens

geizige Wunschvorstellungen und die zukünftige Rolle des Unternehmens durch das Management artikuliert. Sie bestimmt damit den Grundcharakter der Organisation, prägt die Leistungsziele und gibt die grundsätzliche Richtung für die zukünftige Unternehmensentwicklung vor. Eine Vision ist nicht planbar wie eine Strategie, sie ist jedoch eng mit ihr verbunden und versucht, das Unternehmen zu mobilisieren [Steinmann/Schreyögg 2005, S. 171]. Die Vision dient der Orientierung und der Motivation für alle Beteiligten im Unternehmen. Daher muss sie folgende Bedingungen erfüllen [Winkelmann 2006, S. 55]:

- Sie muss realisierbar sein und darf keine Utopie darstellen.
- Unternehmensleiter, Führungskräfte und Mitarbeiter müssen von der Vision überzeugt sein, damit sie glaubwürdig wirkt.
- Eine Vision muss einen bestehenden Zustand nachhaltig verändern wollen.
- Sie muss für andere in einprägsame Leitbilder umsetzbar sein.
- Die Vision sollte dem Wettbewerbsumfeld angemessen sein.
- Sie muss einen Kundennutzen formulieren und sich nach außen orientieren.

Die *Mission* stellt den Unternehmenszweck dar. Sie gibt also die strategischen Absichten und den Handlungsrahmen des Unternehmens wieder und kann durch folgende Fragen genauer bestimmt werden [Becker 2002, S. 43]:

- Was soll unser Geschäft sein?
- Wie müssen wir uns weiterentwickeln?
- Wie können wir Existenz und Wachstum sichern?
- Wovon träumen wir?

Die Beantwortung dieser Fragen beschreibt die mittel- und langfristige Soll-Situation des Unternehmens. Der Unternehmenszweck wird mit der Gründung des Unternehmens festgelegt. Durch die sich ständig verändernden Umweltbedingungen ist es jedoch nicht ausgeschlossen, dass sich das Unternehmen im Laufe der Zeit neu orientiert und der Unternehmenszweck sich somit verändert.

Die *Unternehmensidentität* (Corporate Identity) drückt sich im Verhalten, in der Kommunikation und im Erscheinungsbild des Unternehmens aus [Hofbauer/Hohenleitner 2005, S. 114]. Sie stellt also das Selbstverständnis des Unternehmens dar. Das Verhalten eines Unternehmens richtet sich nach Werten und Normen, welche in der Unternehmenskultur bestimmt sind bzw. vorherrschen. Das Verhalten wird bspw. durch den Umgang der Mitarbeiter untereinander und das Verhalten gegenüber Kunden und Geldgebern erkennbar. Die Kommunikation vermittelt ebenso die Firmenidentität. Da das Unternehmen mit all seinen Stakeholdern in ständigem Kontakt steht, ist es notwendig, die Kommunikation konsequent nach innen und außen zu planen, um ein widerspruchfreies Verhalten zu gewährleisten. Das Erscheinungsbild des Unternehmens wird durch das wahrgenommene visuelle Bild (z.B. Unternehmensfarben oder Logo) komplettiert. Die Unternehmensidentität beschreibt das Selbstbild des Unternehmens. Eine konsequente Steuerung der Unternehmensidentität zahlt sich für das Unternehmen in einem Imagegewinn aus, die Markentreue steigt, die Mitarbeitermotivation nimmt zu und die Beschaffung von Führungskräften wird erleichtert. Auch schlägt sich diese Steuerung monetär, im Rahmen von Umsatz-, Marktanteils- und Ertragszuwächsen nieder. Das Management hat die Aufgabe, diese grundsätzlichen Rahmenbedingungen im gesamten Unternehmen zu verankern, um eine in sich schlüssige Unternehmensstrategie entwickeln zu können.

**Die Formulierung der Unternehmensstrategie**

- **ermöglicht die Erschließung der Erfolgspotenziale,**
- **gibt die Entwicklung des Unternehmens durch klare Ziele vor**
- **und bildet somit die Basis für die Werteorientierung und Zukunftsfähigkeit.**

Die Realisierung der Unternehmensziele wird durch die Planung der Geschäftsfelder ermöglicht.

### Planung der Geschäftsfeldstrategie

Ein weiterer Kernbereich des strategischen Managements ist die Entwicklung der Geschäftsfeldstrategie. Die Bildung von strategischen Geschäftsfeldern (SGF) erfolgt durch eine Zerlegung des Gesamtmarktes in homogene Teilmärkte, die sich in ihren abnehmerbezogenen Anforderungen und anderen erfolgsrelevanten Charakteristika deutlich voneinander unterscheiden [Hofbauer 2003]. Sie stellen somit Produkt-Markt-Kombinationen dar. Eine Definition der *Geschäftsfelder* kann anhand der Dimensionen Kundengruppen, Kundenbedürfnisse und Technologien vorgenommen werden [Hofbauer/Sangl 2011, S. 210]:

- *Kundengruppen*
  An welche Kunden richtet sich das Geschäftsfeld? Um Kundengruppen zu identifizieren, kann ähnlich wie bei der Marktsegmentierung vorgegangen werden (vgl. Kapitel 11.1.2, zielgruppenspezifische Marktbearbeitung).

- *Kundenbedürfnisse*
  Welche Bedürfnisse sind zu befriedigen? Ansatzpunkte sind hier die verschiedenen Funktionen der angebotenen Leistung zur Bedürfnisbefriedigung.
- *Technologien*
  Welche alternativen Technologien werden zur Befriedigung der Bedürfnisse eingesetzt? Die Technologie trägt dabei zur Lösung von Kundenproblemen bei.

Für die SGF können separate Strategien entwickelt werden, sie leisten einen eigenständigen Beitrag zum Unternehmenserfolg und stehen einem genau definierten Wettbewerb gegenüber. Der wichtigste Erfolgsfaktor von SGF ist der Wettbewerbsvorteil, welcher durch eine Kernkompetenz und/oder bestimmte Kernprodukte geschaffen wird. Eine explizite Ressourcenzuteilung an die Geschäftsfelder wird durch die Gesamtunternehmensplanung vorgenommen. Die Kombination aus den zur Verfügung stehenden Ressourcen, einer eigenen Geschäftsfeldstrategie, eigenen Zielen und dem Wettbewerbsvorteil erwirkt einen Beitrag zur Steigerung des Unternehmenswertes.

Nachdem das Unternehmen seine Geschäftsfelder identifiziert hat, müssen Strategien unter den Gesichtspunkten der Markt- und Kundenorientierung geplant werden. Die Strategieentwicklung je Geschäftsfeld sollte auch die Betrachtung der Lebenszykluskurve mit einbeziehen. Ein idealtypischer Verlauf des Produktlebenszyklus ist nicht immer gewährleistet, er bietet jedoch Anhaltspunkte für die Planung. Darstellung 49 beschreibt den Zyklus zu Beginn und Ende jeder einzelnen Phase und gibt die strategische Stoßrichtung an [Winkelmann 2006, S. 189].

| | Einführung | Wachstum | Reife | Sättigung | Degeneration | Marktausstieg |
|---|---|---|---|---|---|---|
| Beginn | erster Umsatz | Gewinnschwelle | sinkende Mengenzuwächse | max. Durchschnittswachstum | Absatzmaximum | Verlustzone in Aussicht |
| Ende | Gewinnschwelle | sinkende Mengenzuwächse | max. Durchschnittswachstum | Absatzmaximum | Folgetechnologie etabliert | Produktelimination |
| Strat. Stoßrichtung | Vertriebs-/Werbestrategie | Markenprofilierung | Produktvariation | Produktdifferenzierung | Abverkaufsmaßnahmen | opportunistisches Verhalten |

**Darstellung 49** Phasenabgrenzung des Produktlebenszyklus

Ein mehrdimensionales Strategiekonzept gliedert sich in die Marktfeldstrategie, die Marktstimulierungsstrategie, die Marktparzellierungsstrategie und die Marktarealstrategie [Becker 2002, S. 147f].

Die Marktfeldstrategie gibt die strategische Stoßrichtung für Geschäftseinheiten vor. Das Unternehmen kann im Rahmen der Marktfeldstrategie vier unterschiedliche *Wachstumsstrategien* verfolgen:

- *Marktdurchdringung*
  Mit bereits am Markt bestehenden Produkten versucht man, auf dem bereits bearbei-

teten Markt die Absatzmengen zu steigern bzw. den Marktanteil zu erhöhen, um somit Erlös- und Ertragsverbesserungen zu erzielen.

- *Marktentwicklung*
  Diese Strategie verfolgt den Zweck, für bereits existierende Produkte neue Märkte zu finden, um zusätzliche Potenziale in anderen Märkten zu erschließen.
- *Produktentwicklung*
  Das Unternehmen bearbeitet durch Produktinnovation oder Produktvariation bereits bestehende Märkte, um den Marktanteil auszubauen.
- *Diversifikation*
  Das unternehmerische Handeln wird durch Neuprodukte auf neuen Märkten ausgebaut. Die Diversifikationsstrategie wird als Mittel der Risikostreuung angesehen.

Darstellung 50 zeigt die Marktfeldstrategien im Überblick [Becker 2002, S. 148].

| Märkte / Produkte | gegenwärtig | neu |
|---|---|---|
| gegenwärtig | Marktdurchdringung | Marktentwicklung |
| neu | Produktentwicklung | Diversifikation |

**Darstellung 50** Marktfeldstrategien

Eine Prüfung der Marktfeldstrategie erfolgt bspw. durch Controllingkriterien, welche nach der Bedeutung von Innovationen für das Unternehmen oder dem Diversifizierungsgrad der Produktpalette fragen.

Die *Marktstimulierungsstrategie* befasst sich mit der Art und Weise, wie der Markt beeinflusst und gesteuert wird [Becker 2002, S. 179f]. Unterschieden werden die Präferenzstrategie und die Preis-Mengen-Strategie. Erstere zielt auf einen Wettbewerb über die Qualität ab, welcher durch die Schaffung von Produktzusatznutzen bestritten wird. Über die Preis-Mengen-Strategie wird der Wettbewerb über den Preis verfolgt. Hier werden Produkte mit Basisleistungen zu Niedrigpreisen angeboten. Entscheidet sich ein Unternehmen konsequent für eine der beiden Strategien, so ist es möglich, die Rentabilität zu erhöhen. Werden die beiden Strategien vermischt, so kommt es zu einer vergleichbaren Situation, wie wenn man sich zwischen zwei Stühle setzen würde. Dadurch wird die Rentabilitätserwartung drastisch reduziert. Darstellung 51 zeigt die Rentabilitätserwartungen bei verschiedenen Strategieoptionen [Becker 2002, S. 358].

Im Rahmen der *Marktparzellierungsstrategie* entscheidet das Unternehmen über die Art der Marktbearbeitung [Becker 2002, S. 237f]. Zur Wahl stehen die Strategien der Massenmarktbearbeitung oder der Marktsegmentierung. Werden Standardprodukte zur allgemeinen Bedürfnisbefriedigung vertrieben, so steht der undifferenzierten Marktbearbeitung nichts entgegen. Eine segmentweise Bearbeitung des Marktes empfiehlt sich jedoch bei differenzierten Produktprogrammen, die auf spezielle Kundengruppen zuge-

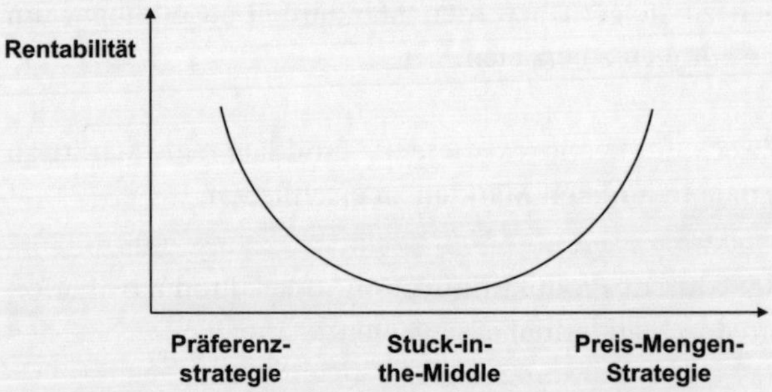


**Darstellung 51** Strategieoption und Rentabilität

schnitten sind. Voraussetzung für segmentspezifisches Marketing ist eine vorhergehende Segmentierung des Marktes nach demografischen, psychografischen und kaufverhaltensbezogenen Kriterien, um Zielgruppen zu identifizieren und eine stimmige Produktpositionierung auf dem bearbeiteten Markt zu ermöglichen.

Im Rahmen der *Marktarealstrategie* werden Entscheidungen bezüglich des Markt- und Absatzraumes getroffen [Becker 2002, S. 299]. Die Standortwahl und die geografische Verteilung von Verkauf und Produktion müssen im Controlling besondere Beachtung finden, wenn dadurch Wettbewerbsvorteile erzielt werden können. Beeinflusst wird diese Entscheidung bzgl. des Marktareals bspw. von Markteintrittsbarrieren, der Intensität des Wettbewerbs, der vorherrschenden Art und Zahl von Konsumenten sowie von infrastrukturellen Kriterien. Das Unternehmen kann eine nationale Strategie verfolgen, indem es den Markt auf lokaler, regionaler, überregionaler oder nationaler Ebene erschließt. Folgt das Unternehmen einer internationalen Arealstrategie, so erschließt es neue Märkte im Ausland. Dies geschieht z.B. durch Export, Franchising, Auslandsniederlassungen oder den Aufbau einer Tochtergesellschaft. Eine entsprechende Entscheidung sollte immer erst nach einer genauen Betrachtung des Länderrisikos erfolgen. Zum Beispiel können wirtschaftliche und politische Instabilitäten das Risiko für ein Unternehmen signifikant erhöhen.

Da das Controlling eine Aussage über die zukünftige Entwicklung des Unternehmens machen möchte, werden auch die zukünftigen Ertragsaussichten des Geschäftsfeldes beurteilt. Somit muss die Prognose der Geschäftsfeldentwicklung versuchen, die relevanten Trends aus der Markt- und Branchenanalyse mit einzubeziehen [Steinmann/Schreyögg 2005, S. 203]. Aus der Sicht des Gesamtunternehmens muss die Wahl der Geschäftsfelder so aufeinander abgestimmt werden, dass ein Risiko- und Ressourcenausgleich innerhalb des Unternehmens gewährleistet ist [Meffert 2000, S. 248]. Die eingesetzten Ressourcen müssen in Folge so verteilt werden, dass die Rentabilität auch in Zukunft gesichert ist. Somit ist der richtige Mix aus Gewinn erwirtschaftenden und sich noch im Aufbau befindenden, investitionsbedürftigen SGF von Bedeutung. Mit dieser Kombination stellt das Unternehmen sicher, dass auch zukünftig profitable Geschäftseinheiten entwickelt werden.

### Wettbewerbsvorteile

Um den Erfolg für strategische Geschäftsfelder zu gewährleisten, ist nicht nur die richtige Strategiewahl ausschlaggebend, sondern auch der Aufbau von Wettbewerbsvorteilen. Ein Wettbewerbsvorteil entsteht, wenn ein Unternehmen in der Lage ist, vorhandene Bedürfnisse besser (oder billiger bzw. schneller) zu befriedigen als seine Konkurrenz, und daraus einen eigenen ökonomischen Vorteil erzielt [Backhaus 2003, S. 36f]. Somit können Konkurrenzprodukte vom Markt verdrängt werden. Um einen Wettbewerbsvorteil erzielen zu können, ist in erster Linie die Schaffung eines Vorteils für den Kunden notwendig. Das heißt, dass eine größtmögliche Vorziehenswürdigkeit des Produktes gegenüber dem Konkurrenzprodukt bestehen muss. Durch diesen relativ höheren Nettonutzen für den Kunden kann sich das Unternehmen von seinen Wettbewerbern differenzieren.

Ein Wettbewerbsvorteil entsteht auch durch eine effiziente Gestaltung der Wertschöpfung. Für die Position im Wettbewerb ist entscheidend, ob Anbieter besser als ihre Konkurrenten in der Lage sind, Leistungen zu erbringen. Wesentliche Determinanten des Wettbewerbsvorteils sind die im Unternehmen vorhandenen Ressourcen, der Wertschöpfungsprozess und die Existenz von übergreifenden Fähigkeiten und Kompetenzen [Steinmann/Schreyögg 2005, S. 207]. Unternehmenspotenziale, welche sich aus den zur Verfügung stehenden Ressourcen ergeben, bilden einen Eckpfeiler des Wettbewerbsvorteils. So können genügend Finanzmittel langfristige Finanzierungsmöglichkeiten eröffnen. Materielle Ressourcen wie moderne Produktionsanlagen oder Informationssysteme erlauben die effiziente Gestaltung von Prozessen. Besondere Fähigkeiten des Personals leisten ebenfalls einen Beitrag.

*Kernkompetenzen* haben einen eminenten Einfluss auf die Wertschöpfung eines Unternehmens. Eine Kernkompetenz ist eine Kombination mehrerer materieller und immaterieller Ressourcen, durch die sich ein Unternehmen langfristig vom Wettbewerb absetzt und durch deren Transfer auf eine Vielzahl von Anwendungen, Produkten und Märkten den heutigen und zukünftigen Kunden ein erheblicher Nutzen angeboten werden kann [Pepels 2005, S. 7].

Auf Grund der Schnelllebigkeit der Märkte haben Wettbewerbsvorteile keinen dauerhaften Bestand. Jedoch lassen sich durch den Aufbau von Kernkompetenzen auch Wettbewerbsvorteile in anderen, noch nicht bedienten Märkten generieren. Somit stellen Kernkompetenzen die Determinanten für den zukünftigen Erfolg eines Unternehmens dar [Gleißner/Füser 2003, S. 324]. Durch das Controlling kann ein Kompetenzentwicklungsprogramm initiiert werden. Dieses Programm befasst sich im Speziellen mit den bereits vorhandenen Kompetenzen und verknüpft es mit Zukunftstrends. Die Identifikation der Wettbewerbsvorteile erfolgt über eine Stärken-/Schwächenanalyse, wie sie an späterer Stelle als Instrument vorgestellt wird.

**Die Formulierung der Geschäftsfeldstrategie**

- **setzt Kernkompetenzen in Wettbewerbsvorteile um,**
- **führt zur Erreichung der Unternehmensziele und**
- **trägt zur Steigerung des Unternehmenswertes bei.**

Nachdem die Formulierung der Gesamtunternehmensstrategie erfolgte und strategische Entscheidungen für einzelne Geschäftsfelder getroffen wurden, werden in einem weiteren Schritt die Aufgabenfeldstrategien festgelegt.

**Planung der Aufgabenfeldstrategie**

Die Aufgabenfeldstrategie befasst sich mit der Planung und Koordination einzelner Aufgaben im Unternehmen und deren prozessorientierter Verbindung miteinander. Hier werden Strategien für einzelne Unternehmensbereiche definiert. Beispielsweise sind an dieser Stelle die Planung der Marketingstrategie, Personalstrategie, Beschaffungsstrategie oder Fertigungsstrategie zu nennen. Die betrieblichen Aufgabenbereiche müssen Programme entwickeln, die eine prozessorientierte Umsetzung der Strategie in konkretes Handeln ermöglichen. Für die Geschäftsbereiche wird eine operative Planung vorgenommen, um durch konkrete Maßnahmen die Erreichung der gesetzten Ziele zu gewährleisten.

Auf die Marketingstrategie bezogen, würde das die Planung der Marketinginstrumente auf Produktebene bedeuten [Hofbauer/Sangl 2011, S. 213]. Daraus resultiert dann die

| | |
|---|---|
| **Produktpolitik** | • Detailspezifikation der Produkttypen bzw. Varianten und des Zubehörs<br>• Benennung eines geeigneten Produktnamens<br>• Planung und Vorbereitung zugehöriger Dienstleistungen<br>• Segmentspezifische Zusammenstellung der Angebotspakete |
| **Absatzmärkte und Absatzkanäle** | • Festlegung der Marktsegmente (Zielgruppen, Anwendungen, Regionen)<br>• Festlegung der Markteinführungsstrategie (Konzentration auf wenige Referenzkunden, Einführung auf begrenzten Testmärkten, breite Markteinführung)<br>• Prioritäten und Einführungstermine in den einzelnen Marktsegmenten (Fachausstellungen, Zeitpunkte erhöhter Kundenaufmerksamkeit)<br>• Einleitung der Zulassungsverfahren in den einzelnen Absatzländern<br>• Festlegung der Absatzkanäle<br>• Internationalisierungsstrategie |
| **Preispolitik** | • Abschöpfungs- oder Penetrationspreis<br>• segmentspezifische Festlegung von Preisen und Konditionen<br>• Sonderkonditionen in der Einführungsphase<br>• Vorbereitung der Finanzierungsangebote (Absatzkredite, Mietkauf, Leasing, Kompensationsgeschäfte) |
| **Werbung und Verkaufsförderung** | • Vorbereitung der Verkaufsförderung (Präsentation auf Messen, Pressemitteilungen und -vorführungen, Demonstrationsanlagen, Referenzanlagen)<br>• Vorbereitung der Werbung (Werbezielgruppen, Werbeaussagen, Konkurrenzargumentation, Werbemittel, Direct Mails) |
| **Verkauf, Lieferung und Service** | • Anpassung von Absatz-, Montage- und Serviceorganisation<br>• Vorbereitung von Verkaufsunterlagen, Gebrauchs- und Betriebsanleitungen<br>• Vorbereitung von Anwenderschulungen<br>• Planung von Angebots- und Auftragsablauf<br>• Planung von Ersatzteileversorgung und Transport<br>• Planung von Montage und Inbetriebnahme |

**Darstellung 52** Checkliste zur Umsetzung der Marketingstrategie

Vermarktungsstrategie. Für die Zielerreichung soll der Ressourceneinsatz möglichst effizient erfolgen, um eine optimale Relation zwischen Mitteleinsatz (Input) und dem gewünschten Output zu erlangen [Pepels 1999, S. 97]. Die Checkliste zur Umsetzung der Marketingstrategie in Darstellung 52 verdeutlicht die Umsetzung von strategischen Entscheidungen im Bereich des operativen Marketings [Hofbauer/Sangl 2011, S. 527ff].

**Die Planung der Aufgabenfeldstrategie**

- **setzt Strategien in erfolgversprechende Maßnahmen um,**
- **steuert den Ressourceneinsatz, optimiert Prozesse und**
- **steigert den Markterfolg und die Wertschaffung.**

### 9.1.3 Organisations- und Prozessmanagement

Aus der strategischen Planung resultieren Zielsetzungen für die einzelnen Bereiche, die operative Planung stellt den Fahrplan zur Erreichung dieser Ziele dar und setzt Ressourcen zur Zielerreichung ein. Diese drei Elemente gilt es unter den Kriterien der Effizienz und Effektivität zusammenzuführen, um die Werteorientierung im Unternehmen zu gewährleisten. Voraussetzung dafür ist eine funktionale Organisation. Diese stellt die betriebliche Ordnung her und gestaltet den Ordnungsrahmen für die Beziehungen der einzelnen Einheiten und Elemente zueinander, wie auch zur Koordination der Handlungsabläufe [Birker 1998, S. 69]. Grundlegend lässt sich die Organisation eines Unternehmens mit der Aufbauorganisation und der Ablauf- bzw. Prozessorganisation beschreiben.

#### Aufbauorganisation

Die Aufbauorganisation strukturiert das Stellensystem. Zu ihren Kernelementen gehören die Stellenbildung, die Aufgabengestaltung, Organisationsformen und die Dokumentation [Börnecke 2005, S. 364]. Um die nötige Transparenz im Unternehmen zu erhalten, ist es notwendig, dass im Rahmen der Organisation diese vier Bereiche sorgfältig geplant werden. Eine Stelle stellt die kleinste Organisationseinheit im Unternehmen dar und ist durch die Aufgabenbündelung und einen konkreten Personenbezug definiert [Vahs 2005, S. 60]. Ausgehend von den übergeordneten Zielen wird eine genaue Definition der notwendigen Tätigkeiten vorgenommen und diese werden zu zweckmäßigen Einheiten gebündelt. Der Stelleninhaber benötigt die notwendigen Kompetenzen, um die ihm übertragenen Aufgaben erfüllen zu können. Somit übernimmt er Verantwortung für die Zielerreichung in seinem Aufgabenbereich. Die Aufgabengestaltung beschäftigt sich mit den Stellenarten und deren Strukturen. Stellenarten lassen sich durch den Umfang der Befugnisse und durch Aufgaben charakterisieren [Börnecke 2005, S. 365]. Sie unterscheiden sich in Linienstellen, welche mit der unmittelbaren Abwicklung betrieblicher Kernaufgaben betraut sind, und in Stabstellen, welche unterstützend für das Unternehmen tätig sind und nur mittelbar der Erfüllung von Kernaufgaben dienen. Die Struktur des Unternehmens lässt sich in Unternehmensbereiche, Hauptabteilungen, Abteilungen und Stellen gliedern. Sie zeigt auch hierarchische Abhängigkeiten auf. Moderne Organisationsansätze, wie Lean Management oder Entre-

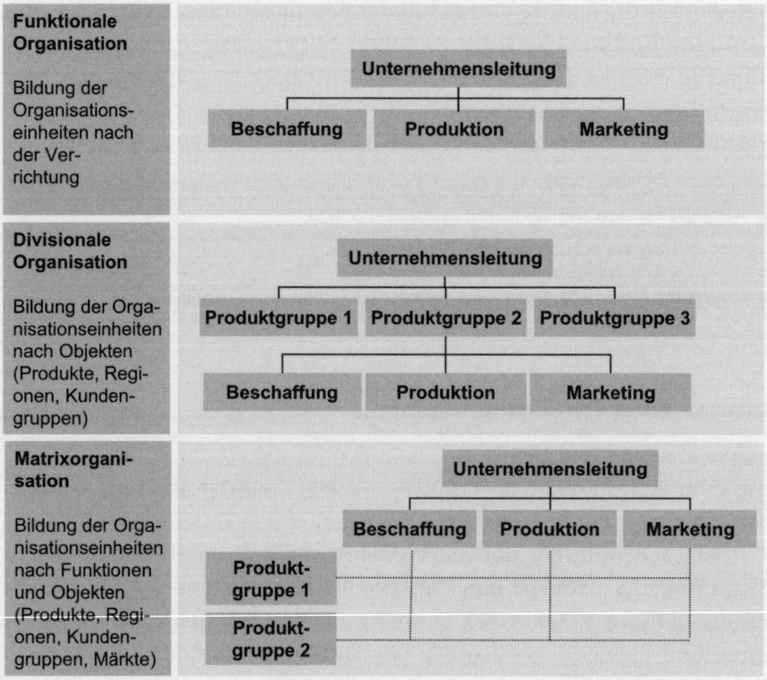


**Darstellung 53** Formen der Primärorganisation

preneurship, reduzieren die Ebenen in einem Unternehmen und somit die Komplexität. Die Organisationsstruktur beeinflusst die Organisationsform eines Unternehmens. Wie Darstellung 53 zeigt, lassen sich drei typische Formen der *Primärorganisation* unterscheiden [Vahs 2005, S. 139].

Die Organisation des Unternehmens muss auf die Markt- und Werteorientierung ausgerichtet werden, denn nur so können z.B. Kundennähe, Flexibilität und die Innovationsfähigkeit des Unternehmens ihren Beitrag zum Wertgewinn leisten. Die Organisationsform soll auch dafür sorgen, dass das Kerngeschäft effektiv bewältigt wird und die Kernkompetenzen des Unternehmens erhalten bleiben [Vahs 2005, S. 138]. Welche Art der Organisationsform ein Unternehmen nun einsetzt, ist nach dem Kriterium der Effizienz zu entscheiden. Da Organisationsformen in einem Unternehmen auch Veränderungen unterliegen, welche sich z.B. durch die Anpassung an die Umweltbedingungen ergeben, sind die in Darstellung 53 aufgezeigten idealtypischen Formen nicht zwingend in Unternehmen vorzufinden.

Im Grunde muss jedes Unternehmen selbst eine adäquate Auswahl der geeigneten Organisationsform treffen. Diese Auswahl soll jedoch unter den Aspekten der Kundenorientierung und Effizienz getroffen werden und ist somit auch Gegenstand des Controllings. Durch die Organisation können jedoch auch Risiken für das Unternehmen entstehen. Beispielsweise muss das Management sicherstellen, dass häufige organisatorische Veränderungen eine Seltenheit bleiben und dass eine Konsistenz zwischen der Organisationsform und der Strategie besteht [Gleißner/Füser 2003, S. 103].

Die *Dokumentation* dient der Sicherheit der Mitarbeiter und ihrer Organisation und zur Abgrenzung der Aufgabenzuordnung [Börnecke 2005, S. 366]. Festgehalten wird die Aufbauorganisation durch Organigramme und Stellenbeschreibungen, welche die Befugnisse der einzelnen Einheiten klar darstellen. Die Dokumentation der Aufbauorganisation ist auch Inhalt des Businessplans, welcher ebenfalls Gegenstand des Controllings ist.

Neben der Primärorganisation besteht meist noch eine *Sekundärorganisation*. Die Sekundärorganisation ergänzt die Primärorganisation durch oftmals hierarchieübergreifende, flexible Strukturen [Vahs 2005, S. 138]. Darstellung 54 zeigt mögliche Formen der Sekundärorganisation.

**Darstellung 54** Formen der Sekundärorganisation

Die Sekundärorganisation nimmt eine besondere Rolle im Rahmen der werteorientierten Unternehmensführung ein. Sie erlaubt zum Beispiel, Prozesse effizient zu gestalten und auf den Kunden auszurichten.

**Die Ausgestaltung der Aufbauorganisation**

- **richtet das Unternehmen auf Kunden aus,**
- **optimiert Schnittstellen, erhöht die Transparenz und**
- **ermöglicht Prozesseffizienz.**

Die Aufbauorganisation stellt das Ordnungssystem der Organisation zur Verfügung und regelt die Beziehungen zwischen einzelnen Stellen, Abteilungen und ganzen Instanzen. Eine andere Betrachtungsweise des betrieblichen Gebildes stellt die Prozessorganisation dar, welche die Aufbauorganisation ergänzt und diese auch beeinflusst.

## Prozessorganisation

Im Rahmen der Prozessorganisation wird eine effiziente Folge und Koordination einzelner *Arbeitsabläufe* festgelegt, um die Unternehmensziele zu erreichen. Sie regelt primär die inhaltliche, räumliche und zeitliche Folge der Arbeitsprozesse [Vahs 2005, S. 30]. Oftmals wird die Prozessorganisation nach der Planung der Aufbauorganisation vorgenommen. Hierbei besteht jedoch die Gefahr, dass Prozesse in die bestehende Aufbaustruktur „hineinorganisiert" und stellenübergreifende Abläufe nicht ausreichend berücksichtigt werden [Hofbauer/Sangl 2011, S. 306]. Dies führt zu Schnittstellenproblemen, Koordinationsaufwand und einer fehlenden Prozessverantwortung. Diese Probleme führen dazu, dass Zeit- und Kostenvorteile nicht realisiert werden können und die Kundenorientierung leidet. Um diese Probleme zu vermeiden, sollte die Prozessorganisation alle Schritte der Leistungserstellung und Leistungsvermittlung miteinander verbinden und konsequent der Kundenorientierung unterworfen sein. Wird die Organisation jedoch nach prozessorientierten Gesichtspunkten gestaltet, so lassen sich die genannten Probleme einfach lösen und folgende Vorteile herausstellen [Vahs/Burmester 2002, S. 301f]:

- Schnittstellenprobleme, welche durch gegenseitige Abhängigkeiten hervorgerufen werden, lassen sich durch eine prozessorientierte Ausrichtung der Organisation verringern und die Gefahr von Doppelarbeiten und schnittstellenbedingten Fehlern nimmt ab.
- Der Koordinationsaufwand nimmt ab und den beteiligten Organisationseinheiten steht mehr Zeit für die eigentliche Problemlösung zur Verfügung.
- Da die Prozesse bereichsübergreifend organisiert werden, wird eine Delegation von Verantwortung und Kompetenz für den Prozessablauf als Ganzes auf eine oder mehrere Personen möglich.
- Eine ganzheitliche Prozessverantwortung ermöglicht Freiräume für die Selbstorganisation und Selbstkontrolle. Die Prozessbeteiligten stimmen sich selbst untereinander ab und übernehmen Eigenverantwortung.
- Durch externe und interne Kundenorientierung wird eine Konzentration auf wertschöpfende Aktivitäten gefördert.
- Im Sinne des kontinuierlichen Verbesserungsprozesses wird eine fortlaufende Optimierung der Abläufe in einem Unternehmen gefördert.

Um die Prozesse optimal zu steuern, ist eine wirkungsvolle Organisation notwendig. Die Prozessorganisation übernimmt somit folgende Aufgaben [Rehbehn/Yurdakul 2003, S. 29]:

- Darstellung und Controlling des Prozessnetzwerkes
- Abstimmung der Prozessaktivitäten
- Kommunikation der Zielvorgabe und der Zielerreichung
- Koordination der Prozess- und Schnittstellenentwicklung

Durch eine Standardisierung von Abläufen ist es möglich, die *Produktivität* zu erhöhen. Standardisierte Abläufe ermöglichen auch eine bessere technische Unterstützung, sei es durch IT-Unterstützung oder in der Produktion, auch der Abstimmungsaufwand wird durch klare Regelungen reduziert und somit die Effizienz erhöht [Picot/Dietl/Franck 2002, S. 256]. Bei der Gestaltung der Arbeitsprozesse sind Aspekte wie Wirtschaftlichkeit, Kapazitätsauslastung und Produktqualität essenzielle Bedingungen, um die Rentabilität eines Unternehmens zu erhöhen. Wichtige Meilensteine in der Planung der Ablauforganisation sind die Systemuntersuchung, die Systemgestaltung und die Systemeinführung [Börnecke 2005, S. 366f].

Die *Systemuntersuchung* wird im Controlling mittels einer Ist-Aufnahme durchgeführt. Damit versucht man, Schwachstellen in den bestehenden Arbeitsprozessen zu ermitteln. Gründe für eine Neuorganisation können z.B. vermutete Mängel sein, etwa wenn festgestellt wird, dass die Bearbeitung eines Kundenauftrages mehr Zeit in Anspruch nimmt als bei der Konkurrenz. Die Untersuchung kann mittels bestimmter Erhebungstechniken wie Interviews, Fragebogen oder einer Beobachtung durchgeführt werden. Dokumentiert werden die Erkenntnisse in Listen, Ablaufdiagrammen oder Datenflussplänen. Der Ist-Analyse steht eine Anforderungsanalyse gegenüber.

In einem nächsten Schritt wird die *Systemgestaltung* vorgenommen. Hier versucht man, die ermittelten Schwachstellen durch eine Entwicklung verbesserter Arbeitsabläufe und/ oder durch eine neue Konzeption der einzelnen Arbeitsaufgaben organisatorisch einzugliedern. Eine vorläufige Grobplanung führt bereits zu einer verbindlichen Lösung und zeigt vor allem Verbindungen zwischen einzelnen Bereichen auf. In der detaillierten Planung spielen Fragen wie die Prozessoptimierung, Fehlerminimierung sowie Kunden- und Benutzerfreundlichkeit eine Rolle.

Die *Systemeinführung* stellt den letzten Schritt in der Planung dar. Bei der Systemeinführung ist mit Widerständen vonseiten der von der Veränderung betroffenen Mitarbeiter zu rechnen. Deshalb kommt der Vorbereitung eine wichtige Rolle zu. Die Einführungsmethode (direkt, parallel, probeweise, modular) muss festgelegt und eine Ressourcen- und Terminplanung vorgenommen werden. Die Anwender müssen frühzeitig in diesen Prozess mit eingebunden und informiert bzw. geschult werden. Der eigentliche Systemeinsatz sowie die Kontrolle und Dokumentation der Einführung schließen die Einführung ab.

Indem die Ablaufprozesse unter den Aspekten Kosten, Qualität und Geschwindigkeit geplant werden, werden die Voraussetzungen zur Steigerung des Unternehmenswertes und zur Reduzierung des Risikos geschaffen. Auch muss eine Konsistenz der Prozessorganisation mit der Aufbauorganisation und der strategischen Ausrichtung des Unternehmens bestehen. Nur ein stimmiges Bild gibt dem Unternehmen die Möglichkeit, die definierten Ziele zu erreichen.

**Die Prozessorganisation**

- **optimiert und standardisiert die Abläufe,**
- **realisiert Zeit- und Kostenvorteile und**
- **erhöht die Produktivität und Effizienz.**

### Prozessmanagement

Das zielgerichtete Zusammenspiel der Aufbau- und Ablauforganisation wird durch Prozesse bestimmt. Eine wichtige Aussage zur Prozessorganisation ist, dass durch Standardisierung die Wirtschaftlichkeit erhöht werden kann. Unter der Standardisierung leidet jedoch die Flexibilität eines Unternehmens. Ein flexibles Reagieren auf Umfeldbedingungen ist jedoch neben dem Erfolgskriterium der Effizienz ebenso Bedingung für die Gewährleistung der Zukunftsfähigkeit eines Unternehmens. Das Controlling befasst sich mit der Fähigkeit des Managements, auf veränderte Bedingungen effektiv reagieren zu können. Es ist also Flexibilität gefragt, um die Überlebensfähigkeit und das Bestehen eines Unternehmens im Wettbewerb zu sichern. Dies geschieht in der Regel durch eine schnelle und kostengünstige Abwicklung der auf den externen Kunden gerichteten Geschäftsprozesse. Das Prozessmanagement stellt somit einen zentralen Ansatzpunkt der Unternehmensorganisation dar.

Für die interne Prozessorganisation erfolgt eine Orientierung am Wertschöpfungsprozess. Die prozessorientierte Organisationsgestaltung verfolgt folgende Ziele [Vahs 2005, S. 218f]:

- Verkürzung der Durchlaufzeiten
- Verbesserung der Qualität
- Senkung der Kosten
- Zunahme der Innovationsfähigkeit

Besonders der *Faktor Zeit* ist ein wesentliches Differenzierungsmerkmal im Hinblick auf den Kundennutzen und den Wettbewerb. Nicht nur, dass z.B. durch Lieferterminüberschreitungen erhöhte Kosten für die Kapitalbindung entstehen, auch die Kundenzufriedenheit bleibt auf der Strecke, es kommt zu einem Imageverlust und somit zu Wettbewerbsnachteilen.

Die *Qualität einer Leistung* ist ein weiteres wichtiges Differenzierungsmerkmal. Durch eine hohe Prozessqualität werden weniger Fehlleistungen verursacht, was wiederum die Durchlaufzeit reduziert. Um permanente Qualitätsverbesserungen herbeizuführen, können Instrumente wie Total Quality Management (TQM) und kontinuierlicher Verbesserungsprozess (KVP) genutzt werden.

Die Innovationsfähigkeit eines Unternehmens wird dahingehend gestärkt, wenn Neuerungen schneller, flexibler und effizienter durchgesetzt werden können. Da Innovationen Wachstumsquellen und Gewinnpotenziale für ein Unternehmen darstellen, wäre eine Verhinderung der Durchsetzung von Innovationen im Unternehmen konträr zur Werteorientierung.

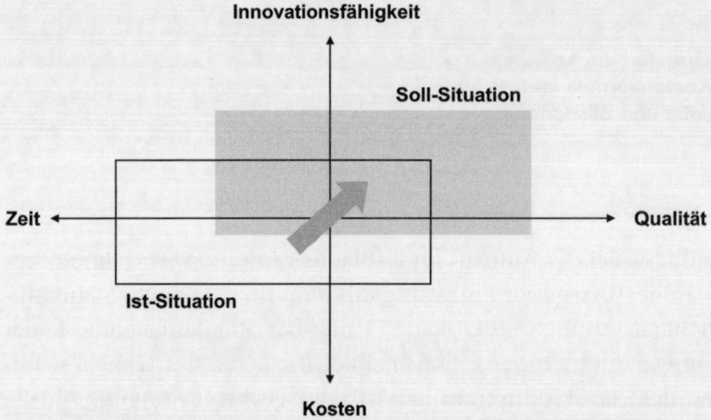


**Darstellung 55** Wertegenerierende Potenziale der Prozessgestaltung

*Kosten* sind oftmals das entscheidende Kriterium für die Renditeerzielung. Das Prozessmanagement macht Prozesskosten transparent und damit beeinflussbar. Durch kurze Durchlaufzeiten und durch die Eliminierung von nicht wertschöpfenden Tätigkeiten kann die Prozessqualität erhöht und die Prozesskosten können gesenkt werden. Darstellung 55 [Vahs 2005, S. 219] zeigt die wertegenerierenden Potenziale der Prozessgestaltung auf, welche für die Steigerung des Unternehmenswertes Einfluss ausüben.

Das Prozessmanagement erstreckt sich über das gesamte Unternehmen und noch darüber hinaus. Betrachtet man die Primäraktivitäten der Wertschöpfungskette, so sind folgende Bereiche auch für das Controlling relevant:

- Beschaffungsmanagement
- Produktmanagement
- Kommunikationsmanagement
- Vertriebsmanagement
- Kundendienst/Servicemanagement

Diese Vielzahl von Prozessen gilt es zu kategorisieren und dem Controlling zu unterziehen. Eine Einteilung von Abläufen kann anhand des Beitrags zum Unternehmenserfolg und zum Kundennutzen erfolgen, wie Darstellung 56 zeigt [Martin 2006, S. 66].

**Darstellung 56** Kategorisierung von Prozessen

Aus diesen Überlegungen ergibt sich, dass ein Prozessmanagement notwendig ist, um ein effizient wirtschaftendes Unternehmen zu gestalten. Prozessmanagement bedeutet die Steuerung aller Unternehmensprozesse und deren Wechselwirkungen [Gietl/Lobinger/Knon 2004, S. 68f]. Es soll

- alle Prozesse des Unternehmens (Ablauforganisation) und
- die hierarchische Unternehmensstruktur (Aufbauorganisation)
- mit geeigneten Mitteln (finanzielle, personelle, usw.)

- unter Berücksichtigung der an den Prozessen beteiligten Mitarbeiter bzw. Führungskräfte

optimieren und ständig verbessern.

Das Prozessmanagement ist also ein Instrument der Unternehmensführung, um durch Effektivität und Effizienz den Unternehmenswert zu erhöhen. Eine Visualisierung der Unternehmensprozesse ist hilfreich für die Gestaltung.

Besonders wichtig ist die Hinterlegung der Prozesse mit Kennzahlen, um ein Controlling zu ermöglichen.

Kennzahlen dienen zur Beurteilung der Leistungsfähigkeit von Prozessen [Gietl/Lobinger/Knon 2004, S. 82f]. Für das Prozessmanagement lassen sich je nach Prozess Effizienzkennzahlen und Effektivitätskennzahlen generieren. Da *Schlüsselprozesse* eine besondere strategische Bedeutung für das Unternehmen haben und für den zukünftigen Erfolg verantwortlich sind, sollten diese mit Kennzahlen für die Effizienz und Effektivität hinterlegt werden. Prozesskennzahlen können auch direkt mit Ergebniskennzahlen (z.B. Elementen aus dem ROI-Baum) verbunden werden. Durch die Messung der Prozesse lassen sich bestimmte Entwicklungen frühzeitig erkennen und es kann rechtzeitig auf Abweichungen von der Planung Einfluss genommen werden, was wiederum einen Beitrag zur Verminderung des Risikos bringt.

**Das Prozessmanagement**

- **setzt Qualitätsstandards um,**
- **erlaubt dem Unternehmen, Innovationen zügig durchzusetzen, und**
- **erhöht somit die Effizienz.**

### Business Process Reengineering

Durch die Beurteilung der Leistungsfähigkeit der Prozesse können Schwachstellen und Defizite aufgedeckt werden. Auch durch Veränderungen im Unternehmensumfeld können Organisationsformen im Zeitablauf ihre Effizienz verlieren [Picot/Dietl/Franck 2005, S. 383]. Ergibt die Analyse der Aufbau-, Ablauforganisation und der Geschäftsprozesse nach Aspekten des Wertbeitrags, der Prozesseffizienz und Risikos einen nicht optimalen Zustand der Organisation, so sind Überlegungen zur Neuausrichtung anzustellen. Business Process Reengineering verfolgt das Ziel, dass durch eindeutige Markt- und Werteorientierung von allen Unternehmensaktivitäten, unter Nutzung der vorhandenen Kernkompetenzen, die Ausrichtung der Unternehmensorganisation an der Wertschöpfungskette der Kernprozesse erfolgt [Vahs 2005, S. 256f]. Diese Reorganisation verfolgt keine langfristige Weiterentwicklung und kontinuierliche Verbesserung der bestehenden Strukturen, sondern eine schnelle, grundlegende und kompromisslose Neugestaltung der Organisation. Somit verfügt Business Process Reengineering über vier wesentliche Charakteristika, die in Darstellung 57 näher erläutert sind [Fritz/von der Oelsnitz 1998, S. 207f].

Praxiserfahrungen mit Reengineering-Projekten zeigen, dass diese oftmals scheiterten und nicht die erhofften Ergebnisse brachten. Kritikpunkte sind z.B. die geringe Flexibilität der Vorgehensweise, die unzureichende Einbindung der betroffenen Mitarbeiter und

| Charakteristika des Business Process Reengineering | |
|---|---|
| Fundamentales Überdenken | Nichts wird als selbstverständlich erachtet und bereits Bestehendes wird ignoriert, denn Business Process Reengineering verbietet Annahmen und Vorgaben. |
| Radikales Redesign | Wichtige Prozesse des Unternehmens werden von Grund auf neu gestaltet und nicht lediglich geringfügig verändert oder verbessert. |
| Dramatische Verbesserung | Ziel sind nicht geringfügige Leistungsverbesserungen, sondern solche von völlig neuer Größenordnung. |
| Orientierung an Unternehmensprozessen | Im Mittelpunkt steht die Prozessorientierung. Gefordert wird die Schaffung durchgängiger Prozesse vom Lieferanten bis zum Kunden und damit die Ausrichtung der Unternehmensprozesse auf eine konsequente Kundenorientierung. |

**Darstellung 57** Charakteristika des Business Process Reengineering

die fehlende evolutionäre Ausrichtung der Veränderungsprozesse [Vahs 2005, S. 256]. Der Erfolg des Business Process Reengineerings ist von der Auswahl und der Organisation der Projektmitarbeiter abhängig, welche das Reengineering durchführen. Folgende Rollen wurden als Voraussetzung für eine erfolgreiche Reorganisation identifiziert [Hammer/Champy 1995, S. 134f]:

- *Leader*
  Ein Manager aus dem oberen Führungskreis, welcher genügend Einfluss besitzt, um die Organisation neu zu gestalten und die Mitarbeiter zu überzeugen.
- *Prozessverantwortlicher*
  Ein Manager, welcher die Verantwortung für einen speziellen Unternehmensprozess und die betreffenden Reengineering-Vorhaben trägt. Glaubwürdigkeit und Durchsetzungsvermögen sind Charaktereigenschaften eines Prozessverantwortlichen.
- *Reengineering-Team*
  Ein Team, welches die fundamentale Neugestaltung des Prozesses aktiv vorantreibt, Analysen betreibt, sich um das Redesign kümmert und die Umsetzung betreut.
- *Lenkungsausschuss*
  Ein aus dem Topmanagement bestehendes Gremium, das Richtlinienentscheidungen trifft und die Reengineeringstrategie für das gesamte Unternehmen entwickelt, sowie die Fortschritte überwacht.
- *Reengineering-Professional*
  Ein Mitarbeiter oder externer Mitarbeiter, welcher für die Entwicklung von Techniken und Werkzeugen sowie die Realisierung von Synergien zuständig ist. Er unterstützt und fördert die Prozessverantwortlichen und ihre Teams und koordiniert die Aktivitäten.

Wissen und Können sowie konsequentes Handeln sind Erfolgsfaktoren für das Business Process Reengineering. Unternehmen müssen konsequent die Neugestaltung verfolgen. Alte Strukturen müssen aufgebrochen werden. Ein vermeintliches Reengineering, welches nur die Änderung eines bereits bestehenden Prozesses verfolgt, wird nicht die erhofften Erfolge bringen. Eine unbeirrte Orientierung an den Unternehmensprozessen sowie die Überzeugung der betroffenen Mitarbeiter sind essenziell. Besonders die Mitarbeiter müssen die Gründe und Vorteile der Veränderung verstehen und vom Erfolg überzeugt sein. In den Köpfen der Mitarbeiter muss ein Umdenken stattfinden. Auch muss klar sein, dass Radikalkuren für Unternehmensprozesse Gewinner und Opfer hervorbringen. Einige Mitarbeiter können ein starkes Interesse an den gegenwärtigen Abläufen haben, es können Stellen wegfallen und Tätigkeiten umstrukturiert werden, so dass sich Mitarbeiter an ihrem Arbeitsplatz vorerst unwohl fühlen. Das Topmanagement übernimmt die wichtigste Rolle in Reengineering-Projekten. Die Unternehmensleitung muss von dem Vorhaben überzeugt sein und es mit dem Fokus auf die Kundenorientierung, mit Verständnis und starker Führung vorantreiben.

**Das Business Process Reengineering**

- **gestaltet Unternehmensprozesse von Grund auf neu,**
- **realisiert große Potenziale in kurzer Zeit und**
- **erhöht die Zukunftsfähigkeit.**

### 9.1.4 Risikomanagement

Unternehmerische Tätigkeit ist immer mit Risiken verbunden. Um am Markt überleben zu können, müssen Unternehmen mögliche Chancen und Risiken in der Unternehmenssteuerung berücksichtigen. Da Risiken schwer fassbar sind, muss sich das Management überlegen, welche Risiken eingegangen werden und welche von vornherein ausgeschlossen werden können. Eine bewusste Auseinandersetzung mit Risiken erlaubt die Steuerung durch das Risikomanagement, denn Risiken können Unternehmen in schwere Krisen stürzen, welche im unglücklichsten Falle in der Insolvenz enden.

Bereits heute fordern insbesondere die Finanzmärkte ein effizientes Risikomanagement und eine Transparenz der Wert- und Risikotreiber. Aufgabe des Risikomanagements im Controlling ist es, die Chancen und Risiken zu identifizieren und sie hinsichtlich der Eintrittswahrscheinlichkeit und der quantitativen Auswirkungen auf den Unternehmenswert zu bewerten. Da durch die eingegangenen Risiken Schwankungen der zukünftigen Cashflows zu erwarten sind, ist es Aufgabe des Risikomanagements, die Schwankungen der Cashflows zu reduzieren und so einen Beitrag zur Stabilisierung des Unternehmenswertes zu leisten.

Ziele des Risikomanagements sind [Romeike 2002, S. 14]:

- Nachhaltige Erhöhung des Unternehmenswertes
- Sicherung der Unternehmensziele
- Sicherung des künftigen Erfolgs des Unternehmens
- Reduzierung der Risikokosten
- Übernahme von gesellschaftlicher Verantwortung

Die Installation eines Risikomanagementsystems wird durch die neue Eigenkapitalvereinbarung und das Gesetz zur Kontrolle und Transparenz im Unternehmensbereich

(KonTraG) vorangetrieben. Gerade Unternehmen, welche ein effizientes Risikomanagement etabliert haben, generieren in der Regel Kostenvorteile und somit auch Wettbewerbsvorteile. Nicht nur, dass Unternehmen durch die gezielte Kontrolle finanzielle Verschwendung vermeiden, ein besseres Risikomanagement reduziert auch die Kosten der Fremdfinanzierung und wirkt sich damit positiv auf die Rendite aus.

Auch der Gesetzgeber hat ein steigendes Interesse daran, Unternehmenskrisen zu vermeiden. Das Gesetz zur Kontrolle und Transparenz im Unternehmensbereich (KonTraG) verpflichtet nach Paragraph 91 Abs. 2 AktG die Vorstände von Aktiengesellschaften, geeignete Maßnahmen zu treffen, insbesondere ein Überwachungssystem einzurichten, damit den Fortbestand der Gesellschaft gefährdende Entwicklungen früh erkannt werden. Aufgrund der so genannten Ausstrahlungswirkung dieses Paragraphen müssen sich auch Geschäftsführer anderer Unternehmensformen mit der Einführung eines angemessenen Risikomanagements befassen [Hückmann 2003, S. 49]. Allerdings sollte eine Etablierung des Risikomanagements nicht nur aufgrund gesetzlicher Vorgaben geschehen. Es hilft der Unternehmensführung, indem es Transparenz schafft und ein Controllinginstrument zur Vermeidung von Unternehmenskrisen darstellt.

In Anbetracht dieser verpflichtenden Beweggründe ist es für eine Organisation in erster Linie wichtig zu wissen, wo sich die Risikopotenziale verbergen. Eine genaue Analyse der Herkunft von Risiken ist somit Voraussetzung für ein Risikomanagementsystem. Die Risikoquellen lassen sich entsprechend Darstellung 58 systematisieren [Olfert/Ehrmann 2005, S. 31f].

Um den Risikobegriff noch weiter zu spezifizieren, wird eine Aufteilung der Risiken in *leistungswirtschaftliche Risiken* (z.B. Personen-, Rechts-, Marktrisiken) und in *finanzwirt-*

| Externe Quellen | Interne Quellen | Komplexität |
|---|---|---|
| **Äußere Einflussfaktoren wirken auf das Betriebsgeschehen ein.**<br><br>• Gesetzgebung und Rechtssprechung (z.B. rechtliche Neuerungen, Umweltschutz)<br>• gesellschaftliche Entwicklung (z.B. verändertes Konsumverhalten)<br>• gesamtwirtschaftliche Entwicklung (z.B. Preis-/Einkommensentwicklung)<br>• Marktgeschehen (z.B. zunehmender Konkurrenzdruck, Preisverfall) | **Managemententscheidungen sind mit Verlustgefahren verbunden und treten meist in folgenden Bereichen auf:**<br><br>• Technisierung und Modernisierung<br>• Gestaltung der Produktpolitik<br>• Produktqualität, Produktgestaltung<br>• Vertriebsorganisation<br>• Kundendienst<br>• Informationsmanagement<br><br>**Risiken können auch durch folgende Faktoren entstehen:**<br><br>• Eigenkapitalbasis<br>• Kapitalstruktur<br>• Qualifikation und Motivation der Mitarbeiter | **Risikopotenziale entstehen durch die Entwicklung und Anwendung komplexer Technologien und das Angebot komplizierter und hochwertiger Produkte.**<br><br>• Entstehung von Haftpflichtforderungen<br>• Eigenschaften der Technologien oder Anwendungen haben negative Auswirkungen auf die Umwelt |

**Darstellung 58** Risikoquellen

*schaftliche Risiken* (z.B. Zinsänderungs-, Ausfall-, Währungs-, Liquiditätsrisiken) vorgenommen.

Das Risikomanagement ist ein internes Instrument, welches zur Risikoanalyse, Risikobewältigung und Risikoüberwachung dient. Dies ist dem Controlling dienlich, da durch eine Risikoanalyse die gezielte Risikobewältigung und -überwachung durch die Organisation möglich ist und Ursachen systematisch handhabbar gemacht werden, die den Unternehmenserfolg empfindlich beeinträchtigen können. Diese systematische Risikosteuerung hat wiederum Einfluss auf den Unternehmenserfolg.

Der Prozess des Risikomanagements ist in Darstellung 59 dargestellt [Olfert/ Ehrmann 2005, S. 43f].

**Darstellung 59** Der Risikomanagementprozess

Im Rahmen der *Risikoanalyse* werden in einem ersten Schritt mögliche Faktoren identifiziert, welche zu einer ungünstigen bis bestandsgefährdenden Unternehmensentwicklung führen können (Risikoidentifikation). Voraussetzung dafür ist eine umfangreiche Informationsbasis, aus welcher die Risiken erkannt werden können. Nutzbare Informationen können aus internen Quellen (z.B. Rechnungswesen, Marktforschungsabteilung, Kundendateien, Lagerbestandsübersichten) und aus externen Quellen (Veröffentlichungen von Kammern und Verbänden, Branchenreports, usw.) stammen. Das systematische Aufdecken der Risiken erfolgt über Risikofelder. Beispielsweise kann eine Unterteilung in die Felder

- strategische Risiken (Unternehmensstruktur, Geschäftsfeldstruktur),
- Markt- und Wettbewerbsrisiken (Trends, Marktattraktivität, Wettbewerbskräfte),
- Finanzrisiken (Liquidität, Zinsen, Währungen, Forderungsausfälle),
- politische, rechtliche und gesellschaftliche Risiken,
- Risiken aus Corporate Governance (Organisation, Prozesse, Führung, Betriebsklima, Motivation, Entlohnung) und
- Leistungsrisiken (Ausfall von Maschinen, Fehler im Einkauf und Vertrieb)

erfolgen [Gleißner/Füser 2003, S. 180f].

Damit Risiken analysiert werden können, müssen sie zunächst identifiziert werden. Zur Identifikation der Risiken aus den einzelnen Feldern dient eine Vielzahl von Instrumenten. Im Abschnitt der Tools (Kapitel 9.2.1) sind universell und bereichweise einsetzbare Instrumente dargestellt. Nach der Identifikation erfolgt die Risikobewertung. Wesentliche Komponenten davon sind die Eintrittswahrscheinlichkeit, die Schadenshöhe und die Eintrittshäufigkeit. Durch die anschließende Risikoaggregation wird die Gesamtrisikoposition des Unternehmens bestimmt.

Der zweite Prozessschritt befasst sich mit der Festlegung von *Risikostrategien* und strategischen Maßnahmen, um das Risiko einzugrenzen. Die angewendeten Risikostrategien müssen mit der Unternehmensstrategie konsistent sein, da die Unternehmensstrategie die Ausrichtung der Organisation vorgibt. Die Strategie der Risikovermeidung wird in der Regel dann angewendet, wenn sich existenzbedrohende Situationen ergeben. Mit der Risikovermeidung gehen ebenfalls Chancen für das Unternehmen verloren. Risikovermeidende Maßnahmen sind unter anderem der Verzicht auf Investitionen, die keine Mindestrendite versprechen, oder der Verzicht auf die Bearbeitung unsicherer Kundensegmente [Olfert/Ehrmann 2005, S. 87]. Die Eintrittswahrscheinlichkeit wird also auf Null gesetzt. Durch die Risikominderung wird die Risikotragweite so gestaltet, dass die Bedrohung für das Unternehmen akzeptabel ist [Hölscher 2002, S. 15]. Die Schadenverhütung und die Herabsetzung des Schadenausmaßes durch den Einsatz von Schutzvorkehrungen sind Mittel zur Risikominderung. Die Risikoüberwälzung stellt einen Transfer des Risikos auf Dritte dar. So wird beispielsweise das Risiko von Versicherungen übernommen und im Schadensfalle werden finanzielle Mittel vom Versicherungsgeber bereitgestellt, oder das Unternehmen überträgt Risiken innerhalb der Vertragsgestaltung auf Lieferanten und Kunden. Die Risikodiversifikation spaltet das Risiko in mehrere Einzelrisiken auf. So kann bspw. im Rahmen der Produktpolitik ein Produkt im eigenen Haus entwickelt werden und ein weiteres wird durch Lizenzen erworben. Schließlich bleibt dem Unternehmen noch die Option der Risikoübernahme. Dies bedeutet, dass die Risiken selbst getragen werden. Es erfolgt eine Deckung des Risikos mittels der Bildung von Rückstellungen. Bevor Risiken jedoch übernommen werden, gilt es, diese auf die Tragfähigkeit hin zu überprüfen. Die Risikotragfähigkeit ist die Fähigkeit eines Unternehmens, Verluste aus evident werdenden Risiken zu tragen, d.h. dass das Eigenkapital höher als das Risikovolumen sein soll und das Unternehmen über ausreichend liquide Mittel verfügt, um die mit Risikoeintritten verbundenen Auszahlungen bestreiten zu können. Die Bewertung der Einzelrisiken sollte in erfolgsrechnerischer und finanzwirtschaftlicher Hinsicht erfolgen [Hölscher 2002, S. 21]. Dies bedeutet wiederum, dass die Abweichung des Unternehmensgewinns vom Gewinnziel und die Abweichung des Cashflows bewertet werden. Somit hat das Risikomanagement direkten Einfluss auf den Erfolg des Unternehmens. Entscheidet sich das Unternehmen, die Risiken selbst zu tragen, so ist es natürlich bestrebt, diese so gering wie möglich zu halten. Folgende Maßnahmen können zur Risikoreduzierung im Bereich Marketing und Vertrieb ergriffen werden [Olfert/Ehrmann 2005, S. 106]:

- genaue Marktsegmentierung und Konzentration auf Erfolg versprechende Segmente,
- Überprüfung der Produktpalette und Eliminierung von Produkten mit negativen Deckungsbeiträgen,

- permanente Make-or-Buy-Überlegungen mit exakten Berechnungen für unterschiedliche Kapazitätsauslastungen,
- ständige Beobachtung des Marktes im Hinblick auf Kundenwünsche und das Verhalten der Konkurrenz,
- Beseitigung von Abhängigkeiten von nur wenigen Kunden,
- Entwickeln von Kooperationsbereitschaft,
- Überprüfen der Verhaltensstrategien gegenüber Konkurrenten,
- Ausbau von Marktnischen,
- Bestimmung der kostengünstigsten Vertriebskanäle, Lagerstandorte und Transportmittel,
- optimale Tourenplanung und
- Festlegung von deckungsbeitragsbringenden Auftragsgrößen.

Viele dieser Maßnahmen sind bereits in der strategischen Planung verankert, was wiederum zeigt, dass sich das Risikomanagement in diese einfügen muss.

Der folgende Prozessschritt beschäftigt sich mit der *Risikobewältigung*. Hier wird das geeignete Instrumentarium durch spezielle Einrichtungen, Mittel, Techniken, Richtlinien und Grundsätze bereitgestellt [Olfert/Ehrmann 2005, S. 111]. Die Auswahl der Instrumente erfolgt unter der Prämisse, dass die gewählte Unternehmensstrategie nicht beeinträchtigt wird, um mögliche Chancen für das Unternehmen nicht zu verbauen. Beispielhaft sind zu nennen: Frühwarnsysteme, das Berichtswesen, Kennzahlensysteme, Limits, usw. Eine Einbettung des Risikomanagements in die Organisation ist Voraussetzung für einen erfolgreichen Umgang mit Risiken und Chancen. Insbesondere muss das Risikomanagement sinnvoll in die Aufbau- und Prozessorganisation integriert werden. Es erstreckt sich über die ganze Wertschöpfungskette des Unternehmens, somit müssen klare Verantwortlichkeiten für die Risikofelder definiert werden.

Der Risikomanagementprozess schließt auch die *Risikoüberwachung* mit ein, die parallel zum gesamten Prozess verläuft. Die wichtigsten Aufgaben der Risikoüberwachung bestehen in der Überprüfung der Erreichung der Risikoreduktionsziele, in der Eignung und Wirksamkeit der im Rahmen des Risikomanagementprozesses getätigten Planungen und Handlungen und in der Berücksichtigung der zur Verfügung stehenden Möglichkeiten [Olfert/Ehrmann 2005, S. 157]. Zum einen erfolgt das Risikocontrolling über die Messung des Risikoeintritts, indem einfache Soll-Ist-Vergleiche mit einer Abweichungsanalyse erfolgen. Zum anderen kann die Effizienz der Maßnahmen gemessen werden, indem die zuständigen Mitarbeiter diese beurteilen, Workshops abgehalten werden oder externe Fachleute das System beurteilen.

**Das Risikomanagement**

- **sichert die Zielerreichung ab,**
- **reduziert Schwankungen der Erfolgsgrößen und**
- **stabilisiert somit den Unternehmenswert.**

# 9.2 Management, Organisation und Prozesse: Hilfsmittel zur Umsetzung

## 9.2.1 Management, Organisation und Prozesse: Tools

### Balanced Scorecard

Als Controllinginstrument der strategischen Unternehmensführung und des Risikomanagements kann die Balanced Scorecard (BSC) genutzt werden. Die Grundvoraussetzungen für die BSC wurden bereits in der Planung geschaffen. Ausgehend von der Mission und Vision eines Unternehmens werden Strategien entwickelt und Ziele bestimmt. Um Strategien durchzusetzen, müssen Maßnahmen ergriffen werden. Die Balanced Scorecard umfasst die Finanzperspektive, die Kundenperspektive, die Prozessperspektive und die Potenzialperspektive. Durch die Koppelung der Ziele mit Kennzahlen wird der ver-

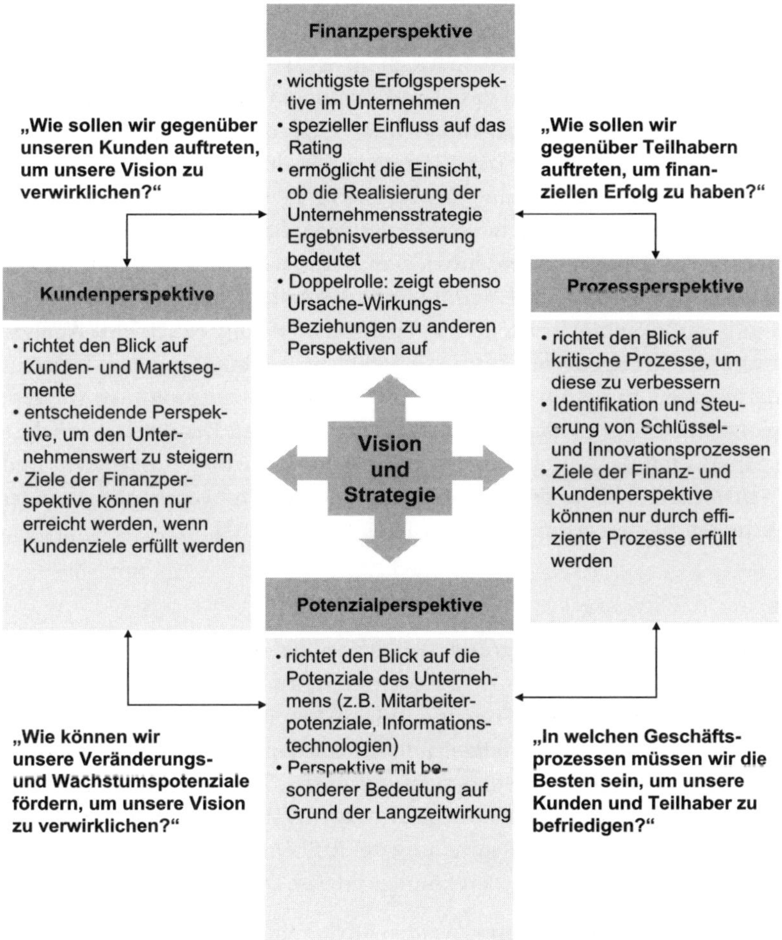


**Darstellung 60** Balanced Scorecard

antwortliche Mitarbeiter über die Erfolgsfaktoren für den gegenwärtigen und zukünftigen Erfolg informiert. Ebenso werden Maßnahmen und Vorgaben formuliert, um die Zielerreichung zu unterstützen. Darstellung 60 zeigt eine Balanced Scorecard mit den vier Perspektiven [vgl. Olfert/Ehrmann 2003, S. 33f].

Die Scorecard berücksichtigt in ihrem Aufbau auch Einflussgrößen, die zukünftige finanzielle Kennzahlen beeinflussen, also die Leistungstreiber eines Unternehmens [Gleißner/Füser 2003, S. 254]. Sie dient auch dem Risikomanagement, da sie auch Erfolgsfaktoren überwacht.

Die BSC stellt ein ideales Controllingtool dar, da sie neben den quantitativen Faktoren auch die qualitativen Faktoren integriert und das Berichtswesen verbessert. Weiterführend wird die Balanced Scorecard in Kapitel 14.2.1 beschrieben.

**Potenzialanalyse für das Unternehmen**

Die Unternehmenspotenzialanalyse beschreibt möglichst umfassend und objektiv den Status quo eines Unternehmens, um dessen Zukunftsperspektiven beurteilen zu können. Ziel des Controllings ist es, eine Bewertung der Erfolgspotenziale und eine Einschätzung der Risiken vorzunehmen. Sie richtet sich im Speziellen auf unternehmensinterne Vorgänge. Mit dieser Analyse wird das Fähigkeitenpotenzial eines Unternehmens analysiert; die Fähigkeiten werden hinsichtlich ihrer Eignung und Verfügbarkeit für strategische Entscheidungen beurteilt. Die Ergebnisse aus der Jahresabschlussanalyse fließen in die Gesamtbewertung mit ein, jedoch ist die Bewertung der Risiken und Potenziale auf diese Weise nicht ausreichend. Mit der Potenzialanalyse kann eine langfristige Einschätzung der Unternehmensentwicklung erfolgen. Eine Betrachtung der qualitativen Faktoren, welche das unternehmerische Verhalten und Handeln (Unternehmenskultur und -philosophie) beurteilen, ist ebenso notwendig. Durch eine Analyse der Ressourcen und der Kompetenzen kann die Fähigkeit des Managements beurteilt werden. Die Analyse muss immer im Vergleich zur Konkurrenz vorgenommen werden, damit eine objektive Einschätzung der Potenziale gewährleistet ist. Die Potenzialanalyse zeigt somit die Fähigkeiten des Unternehmens auf, zukünftige Erfolge zu erzielen, und beleuchtet die Schwächen, welche die Rentabilität grundsätzlich beeinträchtigen oder zumindest unsicher erscheinen lassen [Gleißner/Füser 2003, S. 162].

**SWOT-Analyse**

Die Wahl der Geschäftsfeldstrategie ist grundsätzlich von den unternehmerischen Stärken und Schwächen abhängig. Die SWOT-Analyse (Strengths = Stärken, Weaknesses = Schwächen, Opportunities = Chancen, Threats = Risiken) kombiniert im Sinne der Beurteilung der Zukunftsfähigkeit interne Stärken und Schwächen sowie externe Chancen und Risiken. Sie führt somit die Umfeldbetrachtung in die Strategiegenerierung bzw. -beurteilung mit ein. Damit stellt sie das Bindeglied zwischen Potenzialanalyse und Strategieentwicklung dar und erlaubt eine Beurteilung der Risiken, für welche daraus resultierend Gegenmaßnahmen ergriffen werden können [Meyer/Davidson 2001, S. 270].

Im Rahmen der Stärken-Schwächen-Analyse werden die Resultate aus der Potenzial- und Konkurrenzanalyse zusammengeführt. Sie bewertet die wesentlichen Vorteile (Stärken) und Nachteile (Schwächen) eines Unternehmens im Vergleich zu seinen wichtigsten Wettbewerbern und hilft, Ressourcen und Fähigkeiten zu beurteilen. Eine Stärke ist gegeben, wenn das Unternehmen mit den zur Verfügung stehenden Ressourcen und Fähigkeiten eine stärkere Position gegenüber der Konkurrenz erreicht. Schwächen zeigen sich durch Einschränkungen, das sind Mängel oder Fehler in der Organisation, die der Zielerreichung im Wege stehen. Die Resultate aus der Gegenüberstellung der eigenen Potenziale mit denen der Konkurrenz lassen sich in einem Stärken-Schwächen-Profil darstellen. Einen Auszug aus einem solchen Profil zeigt Darstellung 61 [Nieschlag/Dichtl/Hörschgen 2002, S. 114].

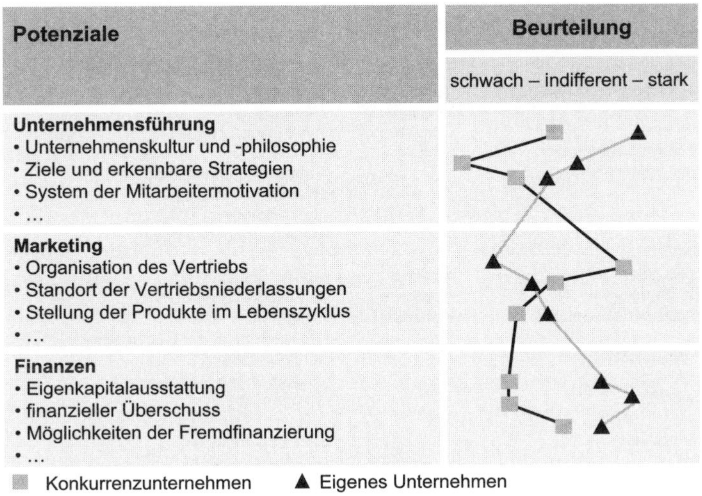


**Darstellung 61** Stärken-Schwächen-Profil

Eine Beurteilung der Chancen und Risiken erfolgt durch die Koppelung der Stärken und Schwächen eines Unternehmens mit den Erkenntnissen aus der Markt- und Umfeldanalyse, welche im Bereich Markt und Branche näher erläutert werden. Bei der Chancen-/Risikenanalyse wird davon ausgegangen, dass ein Unternehmen die Veränderungen im Umfeld besser umsetzen kann als seine Konkurrenten, sollten diese Veränderungen auf eine Stärke treffen. Eine Chance beschreibt somit jede günstige zukünftige Veränderung in der Unternehmensumwelt, welche die Nachfrage positiv beeinflusst und der Organisation erlaubt, ihren Wettbewerbsvorteil weiter auszubauen. Risiken befassen sich mit ungünstigen Entwicklungen in der Unternehmensumwelt, die die Wettbewerbsfähigkeit des Unternehmens einschränken. Dem Management fällt die Aufgabe zu, Risiken rechtzeitig zu erkennen, um zum frühestmöglichen Zeitpunkt Gegenmaßnahmen ergreifen zu können.

Darstellung 62 [Edditrex 2006] stellt eine Auswahl an Positionen dar, in welchen ein Unternehmen Stärken und Schwächen besitzen kann.

| | | | |
|---|---|---|---|
| **Allgemeine Unterneh-menscha-rakteristika** | • Umsatz<br>• Erfolg (Rentabilität, Umsatzrendite, Gewinn, etc.)<br>• Marktanteile<br>• Personalbestand<br>• Standorte<br>• Rechtsform | **Angebots-potenzial (Produkte u. Dienstleis-tungen)** | • Produktqualität (Lebensdauer, Haltbarkeit, etc.)<br>• Produktleistungsfähigkeit (Performance)<br>• Produktdesign<br>• Produktprogramm (Angebotsbreite und -tiefe)<br>• Alter des Produktprogramms (Lebenszyklusphase der Produkte)<br>• Anteil Handelsware/Eigenfertigung |
| **Distribution** | • Vertriebsorganisation<br>• Vertriebskapazität<br>• Vertriebskanäle/-wege<br>• Lieferbereitschaft/Lieferfähigkeit<br>• Logistik<br>• Standorte<br>• Lagerwesen<br>• Transportwesen | **Markt-kommuni-kation** | • Marketing-Kommunikation<br>• Präsentation auf Messen<br>• Öffentlichkeitsarbeit<br>• Verkaufsförderung/Werbung<br>• Online-Kommunikation<br>• Corporate Identity und Corporate Design Standards<br>• Image/Marke |
| **Preise und Konditionen** | • Preisdurchsetzungspotenzial<br>• Preispolitik (Skimming/Penetration)<br>• Rabattsystem<br>• Sonderkonditionen<br>• Liefer- und Zahlungsbedingungen<br>• Umfang von Nebenleistungen | **Funktions-politisches Potenzial/ Dienstleis-tungen** | • technischer Service<br>• Garantien<br>• Wartung<br>• Installation<br>• Schulung<br>• Finanzierungsangebote<br>• technische Unterlagen/ Dokumentation<br>• Bedienungsanleitungen |
| **Beschaf-fung** | • Zugang zu Rohstoffen, Halb- und Fertigfabrikaten<br>• Leistungsfähigkeit der Lieferanten<br>• Bezugspreise<br>• Lieferzeit, Lieferqualität<br>• Dispositions-/Bestell-/ Lagerhaltungssystem<br>• Zuverlässigkeit<br>• Anzahl der Lieferanten/ Ersatzlieferanten<br>• Versorgungssicherheit<br>• Integration der Lieferantenten<br>• Grad der Abhängigkeit | **Kosten-position/ -struktur** | • Löhne und Gehälter<br>• Rohstoffe/Vorprodukte<br>• Energie<br>• Abschreibung von Gebäuden und Ausrüstung<br>• Kapitalkosten<br>• Steuern/Abgaben<br>• System der Kosten- und Leistungsrechnung<br>• Controllingsystem<br>• Erfahrungskurve |
| **Personal** | • Qualifikation<br>• Erfahrung<br>• Motivation (Betriebsklima, Einsatzfreude, etc.)<br>• Entlohnungssystem<br>• Sozialleistungen<br>• Altersstruktur<br>• Fluktuation<br>• Führungskräfte | **Finanzen** | • Eigenkapital<br>• Fremdkapital<br>• Kosten des Fremdkapitals<br>• Zugang zu weiterem Kapital<br>• Liquidität<br>• finanzielle Reserven<br>• Cashflow<br>• Investitionen |
| **Manage-ment und Organi-sation** | • Organisationsstruktur<br>• Führungsstil<br>• Instrumente der Planung<br>• Kontroll- und Steuerungs-instrumente | **Infor-mations-manage-ment** | • Stand der Bürokommunikation<br>• Stand der Fertigungssteuerung<br>• Grad der Verknüpfung innerbetrieblicher Information<br>• Marktforschung<br>• Leistungsfähigkeit von Rechnungs-wesen und Controlling |
| **Produktion, Fertigung, Produkti-onslogistik** | • Fertigungsart (Einzel-, Serien, Massenfertigung)<br>• Fertigungstechnologie/-technik<br>• Flexibilität<br>• Fertigungskapazitäten<br>• Auslastungsgrad<br>• Produktivität<br>• Fertigungstiefe<br>• Grad der vertikalen Integration<br>• Standorte | **F&E-Potenzial** | • Höhe der Investitionen in Forschung und Entwicklung (F&E)<br>• F&E-Know-how<br>• technische Ausstattung<br>• Patente und Lizenzen<br>• Zugang zu externen F&E-Quellen/ Kooperationen<br>• Anzahl der Neuprodukt-einführungen |

**Darstellung 62** Checkliste für die Stärken-/Schwächenanalyse

| | S<br>Auflistung der Stärken/Strengths | W<br>Auflistung der Schwächen/Weaknesses |
|---|---|---|
| O<br>Auflistung der Chancen/Opportunities | **SO-Situation**<br>Einsatz von Stärken zur Nutzung von Chancen | **WO-Situation**<br>Überwinden der eigenen Schwächen durch die Nutzung von Chancen |
| T<br>Auflistung der Risiken/Threats | **ST-Situation**<br>Nutzung der eigenen Stärken zur Abwehr von Risiken | **WT-Situation**<br>Einschränkung der eigenen Schwächen und Vermeidung von Risiken |

**Darstellung 63** SWOT-Matrix zur Ableitung von Normstrategien

Stellt man die Stärken, Schwächen, Chancen und Risiken gegenüber, so lassen sich Normstrategien ableiten (Darstellung 63) [Nieschlag/Dichtl/Hörschgen 2002, S. 117]. Durch diese Analyse erhält das Management einen Einblick in die tatsächlichen Potenziale eines Unternehmens, welche die Basis für Wettbewerbsvorteile darstellen. Ein ständiges Monitoring der Erfolgspotenziale ist aufgrund der sich ständig verändernden Umwelt notwendig, um die Zukunftsfähigkeit zu sichern.

### Implementierung des Prozessmanagements

Indem das Unternehmen seine Prozesse auf die Kundenbedürfnisse ausrichtet und effizient steuert, kann es die Rendite erhöhen. Darstellung 64 zeigt die vier Phasen zur Implementierung des Prozessmanagements [Vahs 2005, S. 227]. Diese Phasen sind Gegenstand des Controllings.

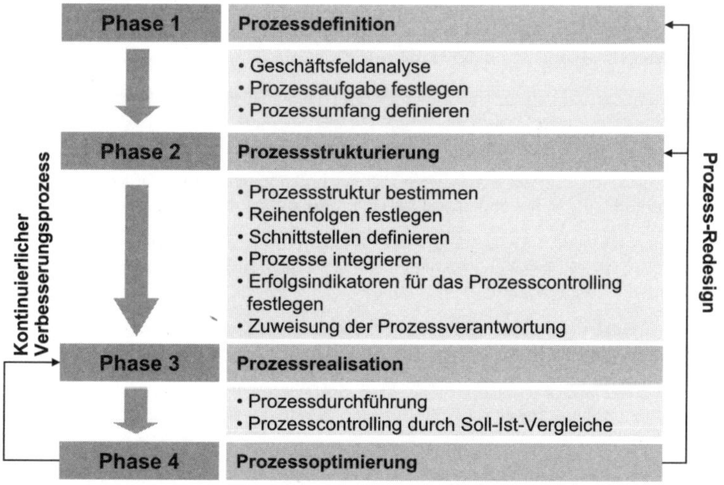


**Darstellung 64** Phasen des Prozessmanagements

| Universell einsetzbare Instrumente des Risikomanagements | |
|---|---|
| **Frühwarnsysteme** | Dienen dem frühzeitigen Erkennen von Bedrohungen und Chancen sowie der Initiierung von Gegenmaßnahmen. |
| **Berichtswesen** | Das Berichtswesen hat die Aufgabe, Informationen zu erstellen und zum Zweck der Planung und Kontrolle an das Management weiterzuleiten. Es dient somit der Risikohandhabung. |
| **Richtlinien** | Richtlinien haben die Aufgabe, das Bedrohungspotenzial einzugrenzen und Hinweise für den Umgang mit Chancen und Risiken zu geben. Sie sollten sich auf sämtliche Unternehmensbereiche erstrecken. |
| **Kennzahlensysteme** | Durch Kennzahlensysteme werden vor allem strategische Ziele verständlich und präzise zum Ausdruck gebracht. Sie dienen als Messgröße für die Zielerreichung und stellen die Entwicklung der Zielerreichung dar. |
| **Limits** | Limits dienen der Risikoeingrenzung und quantifizieren Verlustgefahren bei ihrer Überschreitung. Limits sollen stets zukunftsbezogen sein und sich nicht allein an Erfahrungen der Vergangenheit orientieren. |
| **Grundsätze für den Umgang mit Partnern** | Die Bewertung und Auswahl der Geschäftspartner, vorrangig der Kunden und Lieferanten, wie auch die Handhabung der laufenden Kontakte haben Auswirkungen auf die Risikogefahr. |
| **Entscheidungsinstrumente** | Entscheidungsinstrumente (z.B. Kostenrechnung, Planungsrechnung, Investitionsrechnung) und Entscheidungstechniken dienen der Umsetzung von Risikostrategien. |

**Darstellung 65** Universell einsetzbare Instrumente des Risikomanagements

| Bereichsweise einsetzbare Instrumente des Risikomanagements | |
|---|---|
| **Vertragsgestaltung** | Vorgaben von Grundsätzen zur Vertragsgestaltung. Hier werden Festlegungen getroffen, welchen Vertragsarten beim Eintritt bestimmter Situationen Vorrang einzuräumen ist. |
| **Moderne Kostenrechnungssysteme** | Moderne Kostenrechnungssysteme erleichtern Make-or-Buy-Entscheidungen, Preisentscheidungen und die Angebotskalkulation. |
| **Lieferantenauswahl und -bewertung** | Instrumente, die im Beschaffungsmarketing bei der Auswahl und Bewertung von Lieferanten eingesetzt werden, tragen zur Handhabung des Beschaffungsrisikos bei (Bsp.: Kriterienkataloge). |
| **Kundenbeurteilung** | Informationen über die Bonität vorhandener und potenzieller Käufer tragen wesentlich zur Risikovermeidung bei (Bsp.: Kundeninformationssysteme). |
| **Bestandsfestlegung** | Festlegung bestimmter Mindestbestände (eiserner Bestand, Meldebestand) reduziert Bestandsrisiken. Höchstbestände beeinflussen das Kostenrisiko und das Risiko von Verderb und Veralten. |
| **Lagerbuchführung** | Das Erfassen von Lagerbewegungen dient als wichtiges Instrument im Rahmen des Frühwarnsystems. |
| **Lagerorganisation PPS-Systeme** | Eine gute Lagerorganisation hilft Kosten einzusparen und ist Basis für die Planung anderer Bereiche. PPS-Systeme dienen der Mengenplanung und der Ermittlung von optimalen Losgrößen. |
| **Sicherheitskonzepte in der Produktion** | Ersatzanlagen, Brandschutz, etc. Diese Konzepte dienen der Risikoverminderung und Risikovermeidung. |

**Darstellung 66** Bereichsweise einsetzbare Instrumente des Risikomanagements

### Instrumente des Risikomanagements

Das Controlling von Risiken kann anhand vieler Instrumente geschehen, welche sich je nach Unternehmensfunktion stark unterscheiden. Darstellung 65 und Darstellung 66 zeigen beispielhaft Instrumente des Risikomanagements [Olfert/Ehrmann 2005, S. 112], aufgeteilt nach Instrumenten, die universell im Unternehmen eingesetzt werden können, und Instrumenten, die dem Risikomanagement einzelner Bereiche dienen.

### Businessplan

Ein Businessplan ist ein schriftliches Dokument, das die Realisierungsstrategie der Unternehmensziele mit allen wesentlichen Voraussetzungen, Planungen und Maßnahmen in einem Zeithorizont von meist drei bis fünf Jahren darstellt. Durch diesen Plan wird ein realistisches Bild über ein Unternehmen erzeugt. In diesem Dokument wird die gesamte Unternehmensplanung zusammengefasst und veranschaulicht. Er stellt das Unternehmen in seiner Struktur, Organisation und den Auswirkungen der verfolgten Strategie vor und beinhaltet Informationen über den Markt, die Konkurrenz, die Kunden-, Vertriebs- und Lieferantenstruktur. Eine Vorstellung des Produktes bzw. der Leistung mit ihren Merkmalen und einer Nutzenargumentation, der Preisstrategie und Vertriebsstrategie, der Beschaffungs-, Produktions-, Personal- und Investitionspläne vervollständigt das Bild über das Unternehmen. Bestandteil des Businessplanes ist auch die *Finanzplanung*, mit einem Finanzierungsplan, einer (Plan-)Gewinn- und Verlustrechnung, mit der wichtige Ertrags- und Aufwandsposten dargestellt werden, und mit einer (Plan-) Cashflowrechnung. Auch sollte gezielt auf Chancen und Risiken eingegangen werden. Darstellung 67 zeigt die Inhalte eines Businessplans, abgestimmt auf die Inhalte des Controllings.

Ein Businessplan sollte aus reinem Eigeninteresse erstellt werden. Er ist ein wichtiges Hilfsmittel zur Unternehmensführung und das wichtigste Instrument zur systematischen und detaillierten Kommunikation der Zukunftsplanung. Er leistet Dienste zur Planung, Steuerung und Kontrolle des Unternehmensgeschehens und muss praktische Anwendung finden. Aus der Checkliste in Darstellung 115 können die Schritte zur Erstellung eines Businessplans sowie die wesentlichen Controllinginhalte entnommen werden [Meyer/Davidson 2001, S. 508].

**Darstellung 67** Controllinggeeigneter Businessplan

## 9.2.2 Management, Organisation und Prozesse: Erfolgskennzahlen

| Kennzahl | Berechnung | Interpretation für Rating |
|---|---|---|
| **Unternehmenswert** | $\sum_{t=0}^{\infty} \frac{\text{freier Cashflow}_t}{(1 + \text{WACC}_t)^t} - FK_M$<br>WACC = gewichtete Kapitalkosten<br>$FK_M$ = Marktwert des FK | Hoher Unternehmenswert:<br>• reduziert die Ausfallwahrscheinlichkeit des Unternehmens und<br>• unterstützt somit das Ratingergebnis positiv. |
| **Cashflow** | Jahresüberschuss<br>+ nicht auszahlungswirksame Aufwendungen (Abschreibung)<br>- nicht einzahlungswirksame Erträge (Rückstellung)<br>= Cashflow | Hoher Cashflow:<br>• weist auf eine gute Ertragslage des Unternehmens hin<br>• beschreibt die Schuldentilgungsfähigkeit |
| **Return on Investment (ROI)** | Umsatzrentabilität * Kapitalumschlag | Zeigt, ob zwischen Umsatz/ Umsatzrentabilität und bereitgestelltem Kapital (Bilanzsumme) ein gesundes Verhältnis besteht. |
| **Umsatzrentabilität** | $\frac{\text{Ord. Betriebsergebnis} * 100}{\text{Umsatz}}$ | Gibt Auskunft über den Erfolg pro Umsatzeinheit. Ziel: hohe U-Rentabilität |
| **Kapitalumschlag** | $\frac{\text{Umsatz}}{\text{Gesamtvermögen}}$ | Zeigt, wie intensiv die Vermögensgegenstände genutzt werden (Umschlagshäufigkeit). |
| **Rentabilität** | $\frac{\text{Kapitalertrag (Gewinn)}}{\text{Kapitaleinsatz}}$ | Misst die Effektivität des zur Wertschöpfung eingesetzten Kapitals. Ziel: hohe Kapitalrentabilität |
| **Wirtschaftlichkeit** | $\frac{\text{Ertrag}}{\text{Aufwand}}$ | Wirtschaftlichkeit wird durch Ertragssteigerungen u./od. Aufwandssenkungen erhöht. |
| **Liquidität 1. Grades** | $\frac{\text{Zahlungsmittel} * 100}{\text{kurzfristige Verbindlichkeiten}}$ | Fähigkeit des Unternehmens, kurzfristige Verbindlichkeiten mit vorhandenen Mitteln zurückzuzahlen. Richtwert: 10 - 20% |
| **Liquidität 2. Grades** | $\frac{\text{(Liquide Mittel + kurzfristige Forderungen)} * 100}{\text{kurzfristige Verbindlichkeiten}}$ | Rückzahlungsfähigkeit kurzfristiger Verbindlichkeiten durch liquide Mittel zzgl. kurzfristige Forderungen. Richtwert: 100 - 120% |
| **Liquidität 3. Grades** | $\frac{\text{(Liquide Mittel + kurzfristige Forderungen + Vorräte)} * 100}{\text{kurzfristige Verbindlichkeiten}}$ | Zeigt, inwieweit kurzfristige Verbindlichkeiten durch das gesamte Umlaufvermögen gedeckt werden können. Richtwert: 120 - 150% |

**Darstellung 68** Erfolgskennzahlen Management, Organisation und Prozesse

### 9.2.3 Management, Organisation und Prozesse: Checkliste

| Bereich | Frage | Ja | Nein |
|---|---|---|---|
| Erfolgsfaktoren | Haben Sie die Erfolgsfaktoren identifiziert? | Ja | Nein |
| | Sichern Sie Ihre Wettbewerbsstellung durch geeignete Maßnahmen ab? | Ja | Nein |
| | Haben Sie die Erfolgsfaktoren systematisch entwickelt? | Ja | Nein |
| Strategische Planung | Gibt es eine verbindliche strategische Planung? | Ja | Nein |
| | Haben Sie die Unternehmensziele anforderungsgerecht formuliert? | Ja | Nein |
| | Verfolgen Sie eine gezielte Entwicklung der Vermögenswerte in Ihrem Unternehmen? | Ja | Nein |
| | Erfüllen die Kompetenzen des Unternehmens die Anforderungen? | Ja | Nein |
| | Wurden der Unternehmenszweck und die Unternehmensidentität genau definiert? | Ja | Nein |
| | Haben Sie die strategischen Geschäftsfelder genau festgelegt? | Ja | Nein |
| | Haben Sie für die strategischen Geschäftsfelder eine passende Strategie bestimmt? | Ja | Nein |
| | Haben Sie Aufgaben zur Umsetzung der Strategien erfolgsorientiert formuliert? | Ja | Nein |
| Organisation und Prozesse | Ist die Organisation marktorientiert aufgebaut? | Ja | Nein |
| | Haben Sie die Sekundärorganisation bereichsübergreifend in die Organisation implementiert? | Ja | Nein |
| | Haben Sie die Prozesse kategorisiert, um die Wertschöpfung zu erhöhen? | Ja | Nein |
| | Sind alle Prozesse effizient ausgerichtet? | Ja | Nein |
| | Kann das Management bei Störungen schnell reagieren (z.B. durch Business Process Reengineering)? | Ja | Nein |
| Risikomanagement | Haben Sie ein Risikomanagement implementiert? | Ja | Nein |
| | Haben Sie die einzelnen Risikoquellen analysiert? | Ja | Nein |
| | Haben Sie die Risikostrategie adäquat festgelegt und bewertet? | Ja | Nein |
| | Gibt es einen belastbaren Businessplan? | Ja | Nein |

**Darstellung 69** Checkliste Management, Organisation und Prozesse

## 9.3 Management, Organisation und Prozesse: Zusammenfassung

| Inhalte | Tools | Erfolgskennzahlen |
|---|---|---|
| • Strategisches Management<br>- Erfolgsfaktoren<br>- Planung der Unternehmensstrategie<br>- Planung der Geschäftsfeldstrategie<br>- Planung der Aufgabenfeldstrategie<br>• Organisation und Prozesse<br>- Aufbauorganisation<br>- Prozessorganisation<br>- Prozessmanagement<br>- Business Process Reengineering<br>• Risikomanagement | • Balanced Scorecard<br>• Potenzialanalyse für Unternehmen<br>• SWOT-Analyse<br>• Implementierung des Prozessmanagements<br>• diverse Instrumente des Risikomanagements<br>• Businessplan | • Unternehmenswert<br>• Cashflow<br>• Return on Investment<br>• Umsatzrentabilität<br>• Kapitalumschlag<br>• Rentabilität<br>• Wirtschaftlichkeit<br>• Liquidität 1. Grades<br>• Liquidität 2. Grades<br>• Liquidität 3. Grades |

**Darstellung 70** Zusammenfassung zu Management, Organisation und Prozesse

# 10 Markt und Branche

Das Risiko, welches durch die Struktur des Marktes und der Branche entsteht, ist Bestandteil der Risikoeinschätzung im Controlling und hat Einfluss auf das Geschäftsrisiko eines einzelnen Unternehmens. Das Risiko einer Branche wird durch eine Branchenanalyse beurteilt. Dabei wird die Stellung des Unternehmens in der entsprechenden Branche untersucht und bewertet, um Warnsignale für eine negative Geschäftsentwicklung identifizieren zu können. Als grundlegende Inhalte dieser Analyse gelten die Struktur und die volkswirtschaftliche Situation der Branche. Das Controlling muss sich mit den langfristigen Zukunftsperspektiven der Unternehmen befassen. Indikatoren dafür lassen sich am besten durch die Veränderung der Erfolgsaussichten einer Volkswirtschaft und speziell der Branche erkennen [Gleißner/Füser 2003, S. 123]. Dazu gibt es ausführliche Branchenreports über die wirtschaftliche und konjunkturelle Entwicklung sowie die Zukunftsperspektiven der wichtigsten Branchen. Diese Bracheninformationen werden sowohl intern zur Evaluierung des Branchenrisikos genutzt. Das Unternehmen selbst hat keinen Einfluss auf die Branchenbewertung, da sich diese Bewertung auf wirtschaftliche und konjunkturelle Größen, wie branchenbezogene Auftragsbestände und Kapazitätsauslastung bezieht. Wird eine Marktanalyse vorgenommen, so wird gezielt nach Struktur- und Entwicklungstendenzen eines bestimmten Marktes geforscht.

Um Risiken kalkulierbar zu machen, werden Marktinformationen benötigt, und das Controlling muss in der Lage sein, die eigene Marktposition und seine Marktchancen richtig einzuschätzen. Diese Informationen bilden die Basis für den gezielten Ressourceneinsatz und die Planung zukünftiger Unternehmensziele.

## 10.1 Markt- und Branchenanalyse: Potenziale

### 10.1.1 Marktanalyse

Märkte stellen Aktionsräume von Unternehmen dar, und nur wenn Unternehmen über diese Räume eine ausreichende Transparenz haben, können sie die für sie richtigen Segmente auswählen und erschließen. Ziel der Marktanalyse ist es, die Attraktivität der einzelnen Märkte, in welchen Unternehmen tätig sind, zu bewerten. Ebenso werden zukünftige Potenziale in verschiedenen Märkten bzw. Marktsegmenten begutachtet. Da Unternehmen ihre Produkte und Dienstleistungen auf dem Markt für bestimmte Kunden bzw. Kundengruppen anbieten, ist es wichtig, die Marktstruktur zu kennen. Voraussetzung für die Marktanalyse ist eine vorherige Definition des Marktes bzw. der Marktsegmente, um die interessierenden Sachverhalte über die aktuellen und potenziellen

Kunden bzw. Kundengruppen gewinnen zu können. Ein Markt definiert sich durch die Gesamtheit der möglichen Käufer eines Produktes. Die Marktgröße variiert demnach entsprechend der Anzahl möglicher Käufer und deren Kaufvolumen.

Nicht jeder Markt ist gleich. Es gibt viele verschiedene Märkte, welche unterschiedliche Strukturen aufweisen. Märkte können sich bzgl. Wettbewerbsintensität, Nachfragevolumina, Branchenspezifika, Werte, Normen, gesetzlichen Regelungen, Zyklen und Kaufkraft unterscheiden. Der Erfolg eines Unternehmens hängt maßgeblich von der Attraktivität des Marktes ab. Nur wenn der Markt genügend Potenzial aufweist, kann das Unternehmen die Chance auf Wachstum nutzen. Hier besteht ein enger Zusammenhang mit der Möglichkeit, eine genügend hohe Rentabilität zu erzielen.

Wichtig ist, dass die Prozesse der Unternehmen auf die sich ständig verändernden Marktbedingungen angepasst werden. Durch die Flexibilität der Prozesse lassen sich zukünftige Chancen besser für die Organisation nutzen, was wiederum eine Entwicklung eines Vorteils gegenüber der Konkurrenz bedeuten kann.

Die Determinanten der Marktanalyse werden im Folgenden genauer vorgestellt.

### Größen der Marktanalyse

Auf der Basis von klar abgegrenzten Märkten können verschiedene *Schlüsselgrößen* für den jeweiligen Markt identifiziert werden. Die wichtigsten *quantitativen Marktgrößen* sind in Darstellung 71 aufgelistet [vgl. Becker 2002, S. 393f].

| | |
|---|---|
| **Marktpotenzial** | Das Marktpotenzial ist die Gesamtheit möglicher Absatzmengen eines Marktes für ein bestimmtes Produkt / eine bestimmte Produktkategorie. Es gibt die höchstmögliche Marktnachfrage an. |
| **Marktvolumen** | Das Marktvolumen repräsentiert die Gesamtheit aller realisierten Absatzmengen bzw. -erlöse eines Marktes für ein bestimmtes Produkt bzw. eine bestimmte Produktkategorie. |
| **Absatzvolumen** | Das Absatzvolumen ist die Gesamtheit der Absatzmenge bzw. Absatzerlöse eines konkreten Unternehmens für ein bestimmtes Produkt bzw. für eine bestimmte Produktkategorie. |
| **Marktsättigungsgrad** | Der Marktsättigungsgrad stellt das Verhältnis von Marktpotenzial und Marktvolumen dar und zeigt Marktreserven auf. |
| **Marktanteil** | Der Marktanteil ist ein wertmäßiger oder mengenmäßiger Maßstab für die Marktstellung gegenüber der Konkurrenz. |

**Darstellung 71** Schlüsselgrößen für die Marktanalyse

Von großer Bedeutung ist der Zusammenhang zwischen Marktanteil und ROI. Die PIMS Studie (Profit Impact of Market Strategies) stellte heraus, dass die Rentabilität am stärksten mit dem Marktanteil einer Geschäftseinheit korreliert. Skaleneffekte und der Erfahrungskurveneffekt tragen zur Kostensenkung bei und durch eine stärkere *Marktmacht* profitiert das Unternehmen von größeren Einkaufsmengen, die zu Preis- bzw. Kostenvorteilen führen [Becker 2002, S. 422].

Zur Bestimmung der *Marktattraktivität* können auch qualitative Marktdaten herangezogen werden. Beispielsweise wären hierfür die Bedürfnisstruktur der Kunden, die Kaufmotive, die Art der Kaufentscheidungsprozesse, das Informationsverhalten der Kunden und die Verteilung der Marktmacht zu nennen. Eine genaue Vorstellung und ein Verständnis über die Verhaltensweisen der Kunden sind Voraussetzung, um eine Einschätzung des Marktes vorzunehmen [vgl. Hofbauer/Sangl 2011, S. 101]. Grundsätzlich bilden menschliche Bedürfnisse und Wünsche die Basis für jedes Produkt. Produkte sollen diese Mängel beseitigen und dadurch die Käufer zufriedenzustellen. Jeder Mensch hat verschiedene Bedürfnisse, die sich von denen seiner Mitmenschen unterschiedlich stark unterscheiden. Das Marketing versucht nun die Bedürfnisstrukturen zusammenzufassen und die Kunden in homogene Segmente zu unterteilen. Ähnlich verhält es sich mit den Kaufmotiven, welche sich grundlegend aus unterschiedlichen Bedürfnissen entwickeln und die Kaufentscheidung erheblich beeinflussen. Eine Bestimmung der Marktattrakti-

| Kriterien und Analysen zur Marktbewertung | |
|---|---|
| **Größe des Marktes** | • Je größer der Markt, desto besser wird er bewertet.<br>• Märkte werden nach ihrem Wert in Euro und nicht nach Einheiten bewertet, da das Marktvolumen wachsen kann, gleichzeitig jedoch der Preis pro Einheit sinken kann. |
| **Wachstum des Marktes** | • Untersuchung des inflationsbereinigten Wachstums eines Marktes<br>• Einflüsse von Konjunkturzyklen auf Märkte müssen berücksichtigt werden. |
| **Rentabilität des Marktes** | • Betrachtung der Rentabilität eines Marktes<br>• Schätzungen können durch die Auswertung von Informationen von Konkurrenzunternehmen, veröffentlichen Abschlüssen und durch Prognosen zur Rentabilität von Konkurrenten erfolgen. |
| **Reale Preisentwicklung** | • Analyse, ob und inwieweit reale Preisänderungen durch echte Preisschwankungen oder durch Änderungen im Produktmix verursacht werden<br>• Schnell wachsende Märkte im Hochpreissegment können den realen Wert eines gesamten Marktes steigern, obwohl kein Preisanstieg zu verzeichnen ist. |
| **Wettbewerbsdruck** | • Analyse der Wettbewerbsstruktur<br>• Analyse der Qualität der Konkurrenten (z.B. Dominanz von konkurrierenden Organisationen)<br>• Analyse des Engagements von Wettbewerbern |
| **Risiken in der Zukunft** | • Untersuchung der zukünftigen gesetzlichen Bestimmungen (z.B. Gesetzgebung auf lokaler und EU Ebene)<br>• Analyse von möglichen staatlichen Eingriffen (z.B. Privatisierungen) |
| **Segmentierung** | • Ausschlaggebende Größe ist die Anzahl der Segmente im Markt.<br>• Je mehr Segmente ein Markt hat, desto attraktiver ist er für innovative Unternehmen. |
| **Möglichkeiten zur Differenzierung** | • Analyse hinsichtlich des Preiswettbewerbs und Differenzierungsmöglichkeiten<br>• Herrscht Preiswettbewerb vor, so ist der Markt weniger attraktiv. |
| **Händler- oder Einzelhandelsstruktur** | • Betrachtung der Verhandlungsstärke von Lieferanten, Händlern und der zukünftigen Entwicklung<br>• Analyse der Händlergewinne und deren Entwicklung<br>• Bewertung der Qualität von Absatzwegen<br>• Bewertung der Leistung von Händlern für Kunden und Lieferanten |

**Darstellung 72** Kriterien zur Marktbewertung

vität anhand der Faktoren Informationsverhalten der Kunden und Art der Kaufentscheidungsprozesse geht Hand in Hand. So kann für innovative Produkte ein extensives Informationsverhalten der Kunden beobachtet werden. Hat beispielsweise der Konsument schon Erfahrung mit der Produktklasse, so nutzt er das bereits vorhandene Wissen und es kommt zu einem limitierten Kaufentscheidungsprozess [Hofbauer/Sangl 2011, S. 127]. Die Verteilung der Marktmacht gibt ebenfalls Einblick in die Attraktivität des Marktes. Je stärker die Abnehmer sind, desto stärker können sie Preise diktieren. Der erzielte Preis wiederum beeinflusst die Branchenrentabilität.

Es besteht auch ein signifikanter Unterschied im Beschaffungsverhalten von Unternehmen zum Kaufverhalten von privaten Kunden.

**Bestimmung der Marktattraktivität**

Damit für die Marktbearbeitung eine Priorisierung vorgenommen werden kann, muss die Attraktivität der verschiedenen Marktsegmente bestimmt werden. Es stellt sich also die Frage, was einen attraktiven bzw. unattraktiven Markt ausmacht. Die Marktbewertung wird anhand der in Darstellung 72 vorgestellten Kriterien vorgenommen [Meyer/Davidson 2001, S. 115f].

Märkte können mittels Portfoliotechnik im Hinblick auf Investitionsbedarf und Ertragsstärke beurteilt werden. Ziel ist es, hier ein Gleichgewicht zwischen Geldverwendung und Geldherkunft herzustellen. Märkte sind als attraktiv einzuschätzen, wenn zukünftig genügend hohe Cashflows bei einem angemessenen Risiko generiert werden können. Zu den bekanntesten Portfoliotechniken gehört das Marktwachstums-Marktanteils-Portfolio der Boston Consulting Group, welches als Tool noch vorgestellt wird (vgl. Kapitel 10.2.1).

Positiv werden im Controlling steigende Nachfrage und anhaltend hohe Zuwachsraten bewertet, wohingegen starke Nachfrageschwankungen und eine langfristige Stagnation das Urteil negativ beeinflussen. Die Höhe des Marktanteils lässt einen Rückschluss auf den Erfolg des Unternehmens zu. Kann ein Unternehmen einen hohen Marktanteil zukünftig halten bzw. seine Marktstellung weiter ausbauen, so wird sich das positiv auf den Unternehmenswert auswirken.

**Durch die Marktanalyse ist das Unternehmen in der Lage,**

- **die momentane wirtschaftliche Situation und**
- **die langfristigen Wachstumspotenziale eines Marktes zu beurteilen sowie**
- **attraktive Märkte für die unternehmerische Entwicklung zu nutzen.**

## 10.1.2 Umfeldanalyse

Neben der Marktanalyse erfolgt im Controlling auch eine Analyse des Marketingumfelds. Aus diesem Umfeld können für das Unternehmen ständig neue Chancen, aber auch Risiken erwachsen. Die Relevanz der Umfeldanalyse für das Controlling ist offensichtlich. Zum einen lässt sich das Branchenrisiko abschätzen, zum anderen kann das Unternehmen beweisen, dass es sich der ständig ändernden Umfeldbedingungen bewusst ist und darauf angemessen reagieren kann.

Nun gilt es für das Controlling, Informationen über das Marketingumfeld zu sammeln. Die Umfeldanalyse beschäftigt sich mit Faktoren, auf die ein Unternehmen selbst keinen oder nur geringen Einfluss nehmen kann. Diese Faktoren wirken jedoch auf den gesamten Markt bzw. auf die gesamte Branche gleichermaßen stark ein.

**Trends**

Ein Trend ist die Richtung oder Abfolge von Ereignissen, die einiges an Dauerhaftigkeit und Umgestaltungskraft beinhalten. Trends weisen folgende Eigenschaften auf: langlebig, über verschiedene Märkte und Verbraucheraktivitäten beobachtbar, sowie konsistent mit anderen signifikanten Indikatoren über die laufenden Geschehnisse und Entwicklungen. Aus den Trends einer Volkswirtschaft oder einer Branche können sich Chancen für das Unternehmen entwickeln. Voraussetzung dafür ist, dass diese frühzeitig erkannt und in Produkte umgesetzt werden. Durch die marktorientierte Unternehmensführung sondiert das Unternehmen ständig sein Umfeld und die Kunden. Somit können frühe Tendenzen für umfangreichere Veränderungen erkannt werden. Die Problematik, die Trends mit sich bringen, besteht darin, dass sich diese nur schwer zu erkennen geben. Verpasste Trends können die Basis, auf welcher eine Organisation ihren Wettbewerbsvorteil begründet, schnell maßgeblich verändern. Wird hingegen der Trend rechtzeitig erkannt, so bietet er dem Unternehmen ein hohes Erfolgspotenzial.

Die Verbreitung (Diffusion) von Trends ist immer ein Ergebnis aus dem Zusammenspiel von sozialen, ökonomischen, technischen und politisch-gesellschaftlichen Umfeldentwicklungen. Das Unternehmen selbst und alle anderen Marktteilnehmer sowie Interessengruppen bewegen sich im so genannten Makroumfeld, welches durch sie selbst nicht beeinflussbar ist. Diese Umfeldentwicklungen umfassen die im Folgenden dargestellten Komponenten [vgl. Becker 2002].

**Sozio-kulturelle Komponente**

Das Marketing wird stark durch die sozio-kulturelle Komponente beeinflusst. Analysiert man diese, so bewegt man sich im Bereich der Demographie und dem kulturellen Umfeld. Eine genaue Analyse der Bevölkerungsentwicklung ist notwendig, um eine Auswahl über den zu bearbeitenden Markt treffen zu können. Grundwerte einer Gesellschaft prägen das Verhalten und die Präferenzen der Kunden und bilden somit unterschiedliche Zielmärkte aus. Als wichtige demografische und kulturelle Kriterien sind zu nennen:

- Bevölkerungsgröße und Wachstumstrends
- Veränderung der Altersstruktur
- Abkehr vom traditionellen Rollendenken
- Bildungsniveau der Bevölkerung
- Individualität
- kulturelle Wertsysteme
- „Life Styles“
- Informationsverhalten

### Ökonomische Komponente

Das wirtschaftliche Umfeld bildet Faktoren ab, welche die Kaufkraft und die Verbrauchergewohnheiten beeinflussen. Deshalb ist es von entscheidender Wichtigkeit, die wirtschaftlichen Trends in die Analyse aufzunehmen. Als wichtige volkswirtschaftliche Kriterien sind zu nennen:

- Einkommensverteilung
- Kaufkraft und Kaufkraftentwicklung
- Konjunkturprognosen
- Geschäftsklima-Index
- Entwicklungen auf Arbeits- und Kapitalmärkten

### Technologische Komponente

Durch neue Technologien werden neue Märkte und Absatzmöglichkeiten geschaffen. Verpassen Unternehmen den Einsatz von neuen Technologien, so werden ihre Produkte schnell veralten. Aus diesem Grund gilt es, das technologische Umfeld eingehend zu betrachten, um neue Produkt- und Marktmöglichkeiten nicht zu verpassen. Ein marktorientiert geführtes Unternehmen hat durch die Technologieorientierung stets die Hand am Puls der neuesten Entwicklung. Eine Analyse beschäftigt sich mit folgenden Kriterien:

- Ausgaben für Forschung und Entwicklung
- Ergebnisse der Grundlagenforschung
- Änderungen bei Produkt- und Verfahrenstechnologien
- Nachfragesog (Demand-Pull)
- Lösungen durch neue Technologien

### Politisch-rechtliche Komponente

Eine Betrachtung des politischen Umfeldes ist notwendig, da Änderungen direkt auf den Kunden und auf Organisationen einwirken. Das politisch-rechtliche Umfeld kann durch folgende Kriterien beeinflusst werden:

- wirtschaftsrelevante Gesetzgebung
- Kartellgesetz
- Verbraucherschutz
- Gesetzesinitiativen
- politische Stabilitätsindizes
- Aktivitäten von Interessenverbänden und Bürgerinitiativen

Zusammenfassend lässt sich sagen, dass das Controlling nur dann eine umfassende Beurteilung erlaubt, wenn auch das Makroumfeld betrachtet wird. Die oben genannten Kriterien können den ganzen Markt bzw. die ganze Branche des Unternehmens verändern. Es mag sein, dass die Organisation selbst nicht in der Lage ist, auf diese Entwicklungen Einfluss zu nehmen, jedoch kann diesen Kräften durch die Philosophie der marktorientierten Unternehmensführung und durch ein ausgefeiltes Risikomanagement der Überraschungseffekt genommen werden. Somit kann das Unternehmen das Risiko adäquat steuern und mögliche Chancen frühzeitig identifizieren.

**Durch die Umfeldanalyse ist das Unternehmen in der Lage,**

- **Trends frühzeitig zu erkennen,**
- **Chancen und Risiken zu identifizieren und**
- **rechtzeitig gegenzusteuern bzw. aktiv zu werden.**

### 10.1.3 Branchenanalyse

Die Branchenanalyse befasst sich mit den direkten Einflüssen auf das Unternehmen durch seine Kunden, Lieferanten und Konkurrenten und bezieht noch mögliche Ersatzprodukte und potenzielle neue Markteintritte mit ein. Durch diese fünf Komponenten kann die Branchenstruktur analysiert werden, welche für das Unternehmen die *Mikroumwelt* darstellt. Von der Ausgestaltung dieser Kräfte hängt maßgeblich die Erfüllung der unternehmerischen Ziele ab, insbesondere wird die Unternehmensrentabilität dadurch stark beeinflusst. Die Branchenentwicklung und das Gewinnpotenzial sind wesentliche Erkenntnisziele aus dieser Analyse. Inwieweit das *Makroumfeld* Einfluss auf die Branche nimmt, ist situationsabhängig, aber es steht fest, dass die oben genannten Trends die Richtung für das unternehmerische Handeln in einer Branche vorgeben. Das Modell in Darstellung 73 stellt die Triebkräfte des Branchenwettbewerbs dar [Becker 2002, S. 96].

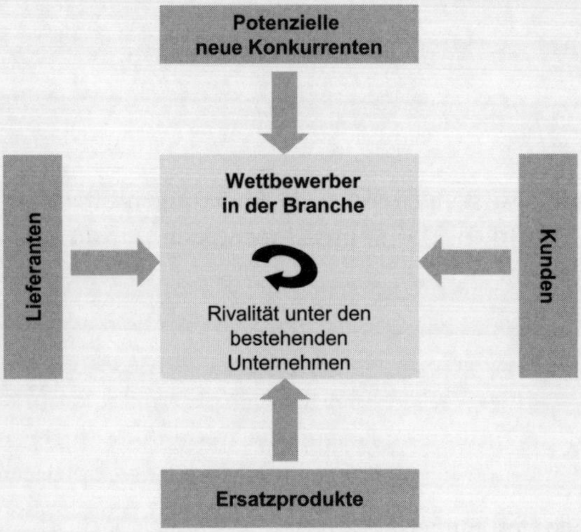


**Darstellung 73** Triebkräfte des Branchenwettbewerbs

Um eine hohe Rendite zu erwirtschaften, ist es für das Unternehmen wichtig, eine starke Wettbewerbsposition zu erlangen. Im Folgenden werden die Triebkräfte mit ihrem Einfluss auf die Branche genauer beschrieben.

### Kunden

Die Rentabilität der Branche und die des Unternehmens werden maßgeblich von der Verhandlungsmacht der Kunden beeinflusst. Starke Abnehmer können Preise und Qualitätsanforderungen diktieren. Dies ist jedoch nur möglich, wenn mit wenigen Kunden ein hoher Umsatzanteil erwirtschaftet wird, die angebotenen Leistungen wenig differenziert sind und somit für den Kunden geringe Kosten entstehen, zu anderen Anbietern zu wechseln, der Kunde selbst aufgrund von geringer Rentabilität auf Kosteneinsparung drängt und die Kostenstruktur der Anbieter bekannt ist [Gleißner/Füser 2003, S. 135]. Dabei ist die Qualität des Produktes für den Kunden unmaßgeblich. Die Möglichkeit der Rückwärtsintegration verstärkt die Verhandlungsmacht der Abnehmer.

### Lieferanten

Nehmen die Lieferanten eine starke preis- und konditionenbestimmende Position ein, werden die hohen Kosten negative Auswirkungen auf die Profitabilität der Branche bzw. des Unternehmens haben [Becker 2002, S. 95]. Umgekehrt bedeutet dies aber für Unternehmen, welche ihren Verhandlungsspielraum bei den Lieferanten stärken können, dass sie zu günstigeren Konditionen beschaffen und somit selbst einen Kostenvorteil generieren können.

Die Machtstellung des Lieferanten wird erhöht, wenn

- in der Branche nur wenige mögliche Lieferanten zur Verfügung stehen,
- wenn die Kundenbranche für den Lieferanten relativ unwichtig ist,
- er glaubhaft mit Vorwärtsintegration, das heißt Weiterverarbeitung durch ihn selbst, und Eintritt in den Absatzmarkt des Kunden drohen kann,
- er stark differenzierte Produkte vertreibt, welche den Lieferantenwechsel erschweren und
- nur eine geringe Anzahl von Substituten besteht [Gleißner/Füser 2003, S. 136].

### Potenzielle neue Markteintritte

Auswirkungen auf die Rendite können auch von neuen Konkurrenten ausgehen. Die Höhe der Eintrittsbarrieren bestimmt die Wahrscheinlichkeit, mit der neue Wettbewerber einen Markt betreten [Copeland/Koller/Murrin 2002, S. 289]. Diese Barrieren werden durch immaterielle und materielle Vermögensgegenstände geschaffen, über die nur eine kleine Anzahl der Wettbewerber verfügt. Das geringe verfügbare Kapital kann zu einer Erhöhung der Eintrittsbarrieren für Unternehmensgründer führen. Wohingegen ein Kapitalmangel für bestehende Unternehmen, welche sich gerne diversifizieren möchten, nicht als unüberwindbares Problem gewertet werden kann. Unternehmen einer Branche können z.B. durch neue Technologien oder durch Patente den Markteintritt anderer erschweren. Ein weiteres Kriterium, das den Markteintritt bedingt, sind zu erwartende Vergeltungsmaßnahmen bereits in der Branche etablierter Unternehmen. Potenzielle Konkurrenten werden vom Markteintritt abgehalten, wenn hohe Größendegressionseffekte (Economies of Scale), eine hohe Käuferloyalität (z.B. bei Markenprodukten), hoher Kapitalbedarf (z.B. für Fertigung, Forschung und Entwicklung) vorherrschen sowie der Zugang zu Vertriebskanälen erschwert ist. Mit der Kombination aus hohen Eintrittsbarrieren und einem relativ hohen Preisniveau in einer Branche können Unternehmen eine hohe Rentabilität erreichen.

**Ersatzprodukte**

Nicht nur Unternehmen stehen in Konkurrenz zueinander, sondern auch Branchen. Ersatzprodukte bedrohen die Rentabilität der Branche, wenn Produkte aus anderen Branchen die Produkte der eigenen Branche substituieren. In diesem Fall würde sich ein Rückgang im Absatz und im Ertrag abzeichnen. So lassen z.B. neue technologische Entwicklungen überlegene Substitutionsprodukte in anderen Branchen erwarten oder eine Änderung des Konsumentenverhaltens verändert den Bedarf an bestimmten Produkten [Gleißner/Füser 2003, S. 133f]. Weitere Faktoren, die eine Gefahr durch Ersatzprodukte erwarten lassen, sind eine hohe Preiselastizität der Nachfrage und ein Wachstum von Branchen, die Substitutionsprodukte anbieten.

**Wettbewerbsintensität**

Marktgröße und Marktwachstum bestimmen das Verhalten der Konkurrenten. Der Kampf um Kunden kann über den Preis oder die Qualität ausgetragen werden. Bei einem *Preiswettbewerb* geraten alle Unternehmen in eine schwierige Situation, welche die Rentabilitätsaussichten negativ beeinflusst. Marktanteile werden durch den Preis hart umkämpft. Dabei spielt auch die Höhe der *Austrittsbarrieren* innerhalb einer Branche eine Rolle. Besonders in kapitalintensiven Branchen mit geringem Marktwachstum werden geringe Renditen erzielt. Liegen die Erlöse jedoch über den Grenzkosten, so kann sich ein Unternehmen sehr wohl für einen Verbleib in der Branche entscheiden. Die Höhe des Fixkostenanteils an der Wertschöpfung zwingt Unternehmen dazu, ihre Kapazitäten möglichst gut auszulasten, was nötigenfalls über den Preis versucht wird. Schließlich bedingt auch der Branchentyp die Wettbewerbsintensität. Darstellung 74 stellt den homogenen und heterogenen *Branchentyp* gegenüber [Becker 2002, S. 720].

Ein wichtiger Wettbewerbsfaktor, den Unternehmen für ihre Kunden innerhalb einer Branche bieten müssen, ist die Möglichkeit der Produktdifferenzierung. In einer homogenen Branche (Märkte für Grundnahrungsmittel, wie Mehl oder Zucker, und Märkte für einfache Produktionsgüter, wie Schrauben und Kabel) herrschen in der Regel erschwerte Marktbedingungen (Stagnation, Wettbewerbsintensivierung) vor. Aufgrund

| Homogener Branchentyp | Heterogener Branchentyp |
|---|---|
| • geringe Möglichkeit zur Differenzierung der Branchenprodukte<br>• tendenzielle Markttransparenz<br>• weitgehend gleichartige Unternehmenstypen | • viele Möglichkeiten zur Differenzierung der Branchenprodukte<br>• tendenzielle Marktintransparenz<br>• unterschiedliche Unternehmenstypen |

**Darstellung 74** Unterscheidung der Branchentypen

des geringen Differenzierungspotenzials und der relativ hohen Markttransparenz kommt es leicht zu einem Preiswettbewerb, welcher jedoch über das Anbieten eines Zusatznutzens umgangen werden kann [Becker 2002, S. 270]. Heterogene Branchen hingegen weisen eine hohe Produktdifferenzierung auf. Findige Unternehmer, welche eine *Differenzierungsstrategie* verfolgen, können als Pioniere hohe Renditen erwirtschaften.

Das Controlling evaluiert die Fähigkeit des Unternehmens, zukünftige Gewinne zu erzielen. Genau aus diesem Grund muss das Potenzial der Branche abgeschätzt und der Blick in die Zukunft gelenkt werden.

**Durch die Branchenanalyse ist das Unternehmen in der Lage,**

- **die Triebkräfte des Wettbewerbs und**
- **die Marktcharakteristika zu beurteilen sowie**
- **Wettbewerbsvorteile zu festigen.**

### 10.1.4 Konkurrenzanalyse

Die Analyse des Marktes und der Branche stellt auch Informationen über die stärksten Player zur Verfügung. Diese Unternehmen stellen die Messlatte für den Vergleich innerhalb der Branche dar und dienen für jedes andere Unternehmen der Branche als Benchmark. Die Konkurrenzanalyse greift tiefer als die Betrachtung der Wettbewerbsintensität im Rahmen der Branchenanalyse. Sie vergleicht das zu bewertende Unternehmen direkt mit den stärksten Wettbewerbern und identifiziert potenzielle Stärken und Schwächen. Eine reine Branchenanalyse ist weitestgehend ausreichend, wenn alle Unternehmen der Branche eine ähnliche Strategie verfolgen. Problematisch wird der Vergleich hingegen, sollten die konkurrierenden Organisationen verschiedene Strategien anwenden. Weitere Unterscheidungsmerkmale von Wettbewerbsgruppen wären neben der strategischen Ausrichtung auch die eingesetzten Ressourcen.

Da sich alle Unternehmen einer Branche in einem System befinden, handelt jedes einzelne aufgrund von Reaktionen der systembeeinflussenden Faktoren. Somit wird das eigene Unternehmen das Verhalten der Konkurrenz beeinflussen und umgekehrt. Einflussfaktoren sind Umwelt, Ziele und Leitbilder, Fähigkeiten und verfolgte Strategie. Voraussetzung, um eine Analyse der Konkurrenten durchzuführen, ist eine zielgerichtete Sammlung und Aufbereitung von Informationen, die innerhalb eines Wettbewerbsinformationssystems verarbeitet werden können. Wichtige Eckpfeiler der Konkurrenzanalyse sind in Darstellung 75 aufgeführt [Homburg/Schäfer/Schneider 2002, S. 213].

Durch die oben aufgezeigten Analysefaktoren lassen sich die Stärken und Schwächen der Konkurrenten, die strategische Stoßrichtung sowie die aktuelle Position und potenzielle Verwundbarkeit ausfindig machen.

Selbstverständlich wird im Rahmen der *Konkurrenzanalyse* die Position des eigenen Unternehmens mit den Daten der Konkurrenten verglichen. Dies geschieht anhand relativer und absoluter Marktanteile, Marktanteilen pro Kundensegment und Produkt bzw. Produktgruppe, dem Bekanntheitsgrad und dem Image. Die Stärken der Konkurrenten werden für das eigene Unternehmen immer als relative Schwächen interpretiert

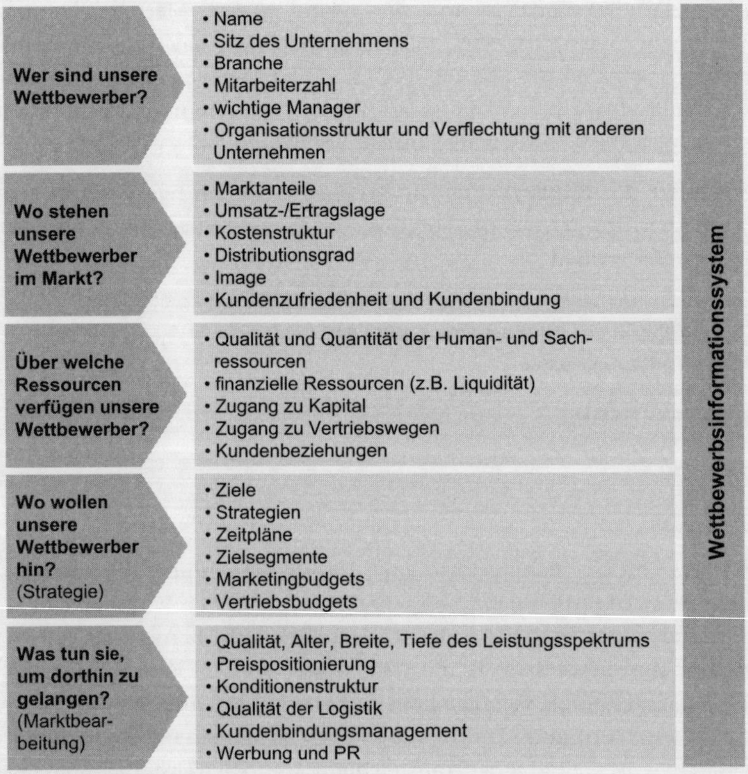


**Darstellung 75** Relevante Informationen der Konkurrenzanalyse

und umgekehrt bedeutet eine Schwäche des Wettbewerbs immer eine relative Stärke für das Unternehmen.

Durch das Controlling können mögliche Risiken und Chancen für die eigene Organisation und die Marktstellung aufgedeckt werden. Durch eine zukunftsfähige Festigung der Marktstellung kann der Erfolg nachhaltig beeinflusst werden und durch ein ständiges Monitoring kann das Risiko, welches durch Aktivitäten der Konkurrenz ausgeht, verringert werden.

**Durch die Konkurrenzanalyse ist das Unternehmen in der Lage,**

- **mögliche Stärken und Schwächen zu identifizieren,**
- **Wettbewerbsvorteile und die Marktstellung zu bekräftigen sowie**
- **langfristig die Profitabilität des Unternehmens zu stärken.**

## 10.1.5 Kundenanalyse

Um eine Einschätzung des Marktes und der Branche vornehmen zu können, fehlt noch ein wichtiger Baustein: die Kunden. Die Bedürfnisse und Belange dieser zeigt eine Kundenanalyse auf. Durch eine konsequente und zielgerichtete Marktbearbeitung wird der

| | |
|---|---|
| **Wer sind unsere Kunden heute und in Zukunft?** (Kunden-/Markt-segmente) | • Vorarbeit zur Segmentierung<br>• Unterscheidung der Kunden nach:<br>- Kundenmerkmale (geo-, demo-, sozio- und psychografische Kriterien)<br>- Kundenverhalten (Informations-, Kauf-, Verwendungsverhalten) |
| **Was wollen, brauchen und erwarten die Kunden von heute und morgen?** | • Bedürfnisse identifizieren<br>• Erwartungen erfassen<br>• Präferenzen erfassen<br>• Bedarfe erfassen |
| **Wie zufrieden sind die Kunden heute mit der Leistung?** | • Zufriedenheit = wahrgenommene Leistung entspricht erwarteter Leistung<br>• Maß an Kundenorientierung erfassen<br>• Vergleich zur Konkurrenz anstellen |
| **Wie sind die Verhaltensweisen der Kunden beim Kauf?** | • Analyse des Kaufentscheidungsprozesses<br>- Informationsverhalten<br>- Länge des Prozesses<br>- beteiligte Personen an der Entscheidung<br>- kaufentscheidende Faktoren |

**Darstellung 76** Kernfragen der Kundenanalyse

Wettbewerbsvorteil generiert und weiter ausgebaut. Das Marketing muss wissen, wie die Kunden *Kaufentscheidungen* für das Produkt treffen. Schließlich lassen sich daraus die für eine Branche nötigen *Kernkompetenzen* ableiten, um langfristig eine *Unique Selling Proposition* (Kaufkriterium) aufzubauen bzw. erhalten zu können [Gleißner/Füser 2003, S. 131]. Die Wettbewerbsstellung wird gestärkt, wenn das eigene Unternehmen mit seinen Produkten und Leistungen dem Kunden einen höheren Nutzen stiftet, als die Konkurrenz dazu in der Lage ist.

Darstellung 76 beinhaltet Fragen, die beantwortet werden müssen, wenn man eine effektive Kundenanalyse durchführen möchte [vgl. Meyer/Davidson 2001, S. 237; Hofbauer/Sangl 2011, S. 219].

Diese Art der Kundenanalyse generiert schon eine Vielzahl von notwendigen Informationen, die für die Arbeiten im Rahmen der Segmentierung (siehe Kapitel 11.1.2) benötigt werden.

**Durch die Kundenanalyse ist das Unternehmen in der Lage,**

- **die Bedürfnisse der Kunden zu identifizieren,**
- **die Marktbearbeitung kundenorientiert zu gestalten sowie**
- **die Zufriedenheit und Loyalität zu erhöhen.**

## 10.2 Markt und Branche: Hilfsmittel zur Umsetzung

### 10.2.1 Markt und Branche: Tools

Im vorangegangenen Abschnitt wurden die Inhalte von Marktanalyse, Umfeldanalyse, Branchenanalyse, Konkurrenzanalyse und Kundenanalyse vorgestellt. Um dem Unternehmen zu ermöglichen, die nötigen Informationen über den Markt und die Branche zu erfassen, werden nun die passenden Controllinginstrumente vorgestellt bzw. zusammengefasst.

#### Checkliste Chancen-/Risikenanalyse

Die Checkliste in Darstellung 77 zur Chancen-/Risikenanalyse ergänzt die in Darstellung 62 dargestellte Checkliste zur Stärken-/Schwächenanalyse. Die Erkenntnisse aus beiden Analysen fließen in der SWOT-Analyse zusammen und erlauben die Ableitung von Normstrategien (vgl. Darstellung 63).

| | | | |
|---|---|---|---|
| **Markt-strukturen** | • Eintrittsbarrieren<br>• Austrittsbarrieren<br>• Struktur und Stärke der Abnehmer<br>• Struktur und Stärke des Wettbewerbs | **Kunden-struktur und Kunden-wünsche** | • Kundenstruktur (Größe, Branche, etc.)<br>• Nachfragemacht<br>• Kundenanforderungen/ Key Buying Facts |
| **Wettbewerb/ Konkurrenz** | • Anzahl der Wettbewerber<br>• Struktur d. Wettbewerber<br>• Marktanteile der Wett-bewerber<br>• Strategien/Aktivitäten der Wettbewerber<br>• Stabilität der Wettbe-werbsstruktur<br>• Branchenregeln | **Markt-potenzial/ -volumen** | • Zahl der potenziellen Abnehmer<br>• Marktwachstum<br>• Marktsättigung<br>• Investitionsverhalten/ Konsumverhalten<br>• verfügbare Investitionsmittel/ verfügbares Einkommen<br>• demografische Entwicklung |
| **Sozio-kulturelle Kompo-nente** | • Einstellungen/Wertvor-stellungen<br>• Mentalität<br>• Freizeitverhalten<br>• Bevölkerungswachstum<br>• Altersstruktur<br>• Bildungsniveau | **Technolo-gische Kom-ponente** | • neue Produkttechno-logien/-techniken<br>• neue Fertigungstechno-logien/-techniken<br>• neue Werkstoffe<br>• Substitutionstechno-logien/-produkte<br>• Komplementärtechno-logien/-produkte |
| **Politisch-rechtliche Kompo-nente** | • Steuerrecht<br>• Umweltrecht<br>• Wettbewerbsrecht<br>• Subventionen/Förderpolitik<br>• Vergabepraxis bei öffent-lichen Aufträgen<br>• Sozialgesetzgebung<br>• Arbeitsrecht<br>• Import-/Export-, Handels-beschränkungen<br>• technische Vorschriften, Normen<br>• Wirtschaftspolitik<br>• politische Stabilität | **Öko-nomische Kompo-nente** | • Kaufkraftentwicklung<br>• Wirtschaftslage<br>• Stabilität von Währungen<br>• Zahlungsbilanz<br>• Beschäftigungslage, Arbeitsmarkt<br>• Verfügbarkeit von Roh-stoffen und Energie<br>• Geschäftsklimaindex |

**Darstellung 77** Checkliste Chancen-/Risikenanalyse

### Checkliste für Wettbewerbsprofile

Darstellung 78 zeigt typische Analyseinhalte bei der Erstellung von Wettbewerbsprofilen [Fleisher/Bensoussan 2003, S. 147f].

| | | | |
|---|---|---|---|
| **Allgemeine Informationen zum Konkurrenzunternehmen** | • Name<br>• Standort<br>• Kurzbeschreibung<br>• Unternehmenshistorie<br>• wichtige Veränderungen/ Vorkommnisse<br>• wichtige Geschäftsabschlüsse<br>• Eigentümerstruktur | **Produkte/ Dienstleistungen** | • Anzahl der Produkte und Dienstleistungen<br>• Breite der Produktlinien<br>• Qualität<br>• transferierter Kundennutzen nutzen<br>• Produktneuentwicklungen lungen<br>• derzeitige Marktanteile von Produkten und Produktlinien<br>• zukünftige Marktanteile |
| **Marketing** | • Segmentierungsstrategien<br>• Markenpolitik und Image<br>• Wachstumsfaktoren<br>• Werbung und Promotion<br>• Marktforschungsaktivitäten<br>• Anstrengungen zur Kundenbetreuung<br>• Produkt-, Preis-, Kommunikations-, Vertriebspolitik<br>• Schlüsselkunden | **Human Resources** | • Fähigkeiten des Personals<br>• Fluktuationsrate<br>• Personalkosten<br>• Maßnahmen zur Personalentwicklung<br>• Flexibilität der Arbeitskräfte<br>• Verbindung mit Gewerkschaften |
| **Produktion** | • Produktionstechnologien<br>• individuelle Massenfertigung<br>• Durchlaufzeiten, Flexibilität der Produktion<br>• Qualitätsmanagement<br>• Höhe der Fixkosten<br>• Methoden von Lean Production | **Finanzen** | • Jahresabschlüsse<br>• Rückstellungen<br>• Kennzahlenanalysen<br>• Cashflowanalysen<br>• nachhaltige Wachstumsrate<br>• Aktienperformance<br>• Kostenstruktur |
| **Gesellschaftspolitische Einflüsse** | • Regierungskontakte<br>• Ruf bei Interessensgruppen<br>• Erfahrungen mit öffentlichen Angelegenheiten<br>• Beschaffenheit von Regierungsaufträgen<br>• Beziehungen der Managementmitglieder | **Technologie** | • Prozesstechnologien<br>• Forschungs-/Entwicklungskompetenzen<br>• geschützte Technologien, Patente, Urheberrechte, Lizenzen<br>• Informations-/Kommunikationstechnologien<br>• Allianzen, Joint Ventures |
| **Aufbauorganisation** | • Hierarchien<br>• Organisationsform<br>• Hauptanteilseigner<br>• Integration der Unternehmenskultur | **Kundenwert** | • Qualitätsmerkmale<br>• Dienstleistungsmerkmale<br>• Kundengruppen<br>• Anzahl der Kunden<br>• Kundenwert |
| **Strategie** | • Positionierung<br>• Zukunftspläne<br>• Mission und Vision<br>• Unternehmensziele<br>• Synergien<br>• Ressourcen und Kompetenzen<br>• Kernkompetenzen<br>• Stärken und Schwächen | **Profil des Managements** | • Persönlichkeit<br>• Berufserfahrung<br>• Motivation und Ziele<br>• Führungsstil<br>• vergangene Erfolge und Fehler<br>• Führungsvermögen |

**Darstellung 78** Checkliste Wettbewerbsprofile

### Marktforschung

Um aussagekräftige Bewertungen eines Marktes oder einer Branche zu erstellen, ist eine Vielzahl von Informationen notwendig. Grundsätzlich können branchenbezogene Daten über die Sekundärrecherche generiert werden. Selbstverständlich können Unternehmen auch Primärforschung betreiben, die notwendigen Daten selbst erheben oder ein Marktforschungsinstitut beauftragen. Gerade für kleine und mittelständische Betriebe ist dies jedoch nicht lohnenswert, da es erhebliche Kosten mit sich bringt. Nutzen sollten diese Unternehmen jedoch folgende Informationsquellen:

- Statistisches Jahrbuch der Bundesrepublik Deutschland
- Veröffentlichungen des Statistischen Bundesamtes (Wiesbaden) und Eurostat
- Bekanntmachungen der Statistischen Ämter der Länder, Kreise und Kommunen
- Industrie- und Handelskammern
- Handwerkskammern, Kreishandwerkschaften und Innungen
- Überregionale und regionale Verbände (z.B. des Großhandels, Außenhandels, Einzelhandels, der freien Berufe und Fachverbände)
- Institut für Wirtschaftsforschung (IfO)
- Branchenreporte der Kreditinstitute und Landesbanken (z.B. Branchendienst der Sparkassenfinanzgruppe, Branchen spezial vom Bundesverband der deutschen Raiffeisenbanken und Volksbanken)

### Marktwachstums-Marktanteils-Portfolio zur Bestimmung der Marktattraktivität

Der Markterfolg eines Unternehmens kann auf zwei Erfolgsfaktoren zurückgeführt werden, Marktanteil und Marktwachstum. Inhalt des Portfolios sind Geschäftsfelder oder Produktgruppen, für welche der relative Marktanteil und das Marktwachstum ermittelt werden. Die Ordinate des Portfolios beschreibt die Höhe des Marktwachstums, auf der Abszisse wird der Marktanteil abgetragen, wodurch die einzelnen Geschäftsfelder/Produktgruppen positioniert werden. Damit lassen sich vier Felder identifizieren: Question Marks, Stars, Cash Cows und Poor Dogs. Für jedes dieser vier Felder lassen sich nun Strategien ableiten, um ein ausgewogenes Portfolio zu gestalten. Durch die Verschiedenartigkeit der Wettbewerbsbedingungen und Wachstumspotenziale muss jedes Geschäft anders behandelt werden [Becker 2002, S. 425]. So erhalten Produktgruppen, welche als Question Marks deklariert worden sind, zu ihrer Stärkung Finanzmittel (Cashflows), die durch Einheiten im Cash-Cow-Bereich erwirtschaftet worden sind. Erwähnenswert ist noch, dass die BCG-Matrix den Verlauf des Produktlebenszyklus bzw. den Reifegrad der Branche abbildet und somit auf die Branchensituation schließen lässt. Darstellung 79 zeigt die verschiedenen Felder des Marktwachstums-Marktanteils-Portfolios [Olfert/Ehrmann 2005, S. 61].

| Marktwachstum | relativer Marktanteil: hoch | relativer Marktanteil: niedrig |
|---|---|---|
| hoch | **Stars**<br>• schnelles Wachstum<br>• hohe Marktanteile<br>• erwirtschaften Gewinne<br>• benötigen zur Erhaltung ihrer Position hohe finanzielle Mittel.<br>• Mit sich verlangsamendem Wachstum werden sie zu Cash Cows und erwirtschaften Mittel zur Finanzierung anderer Geschäftsfelder. | **Question Marks**<br>• Nachwuchsprodukte, die sich noch in der Einführungsphase befinden<br>• hoher Einführungsaufwand<br>• noch niedrige Marktanteile<br>• Mit Offensivstrategien soll der Marktanteil erhöht werden und der Erfahrungskurveneffekt erreicht werden.<br>• keine Rendite, negativer Cashflow, aber ansteigende Tendenz bei Umsatzzunahme<br>• Förderung im Interesse eines ausgeglichenen Portfolios erforderlich. |
| niedrig | **Cash Cows**<br>• Die Produkte haben die Reifephase erreicht.<br>• hoher Marktanteil mit verbundenem Kostensenkungspotenzial<br>• kein Aufwand für Wachstum erforderlich<br>• positive bis durchschnittliche Rendite<br>• hoher Cashflow<br>• Hohe Einnahmenüberschüsse finanzieren das Wachstum anderer Geschäftsfelder.<br>• Ein Anteil um 50 % des Umsatzes wird angestrebt. | **Poor Dogs**<br>• Produkte befinden sich in der Sättigungsphase.<br>• niedriges Wachstum, niedriger Marktanteil<br>• Es werden nur noch geringe Überschüsse erwirtschaftet.<br>• Die Produkte sind eliminierungsverdächtig.<br>• Unter Umständen sind Desinvestitionsstrategien erforderlich. |

**Darstellung 79** Marktwachstums-Marktanteils-Portfolio

## Marketing Alignment Process (MAP)

Hier werden *Vermögenswerte, Kompetenzen* und *Kundenwünsche* untersucht und in Übereinstimmung gebracht. Indem ein Unternehmen mit seinen Produkten und Leistungen dem Kunden einen größeren Nutzen bietet als die Konkurrenz, kann es seine Ertragslage steigern. Voraussetzung für diese Nutzengenerierung ist das Wissen um die Kundenbedürfnisse und die Nutzung der unternehmerischen Fähigkeiten und Stärken (Vermögenswerte und Kompetenzen). Werden die Ressourcen in attraktive Märkte gelenkt, zu deren Bearbeitung das Unternehmen die richtigen Fähigkeiten besitzt, so können attraktive Werte für den Kunden geschaffen werden und die Organisation erzielt überdurchschnittliche Gewinne [Meyer/Davidson 2001, S. 104]. Darstellung 80 zeigt den Marketing Alignment Process mit seinen Strategieoptionen und Darstellung 81 das MAP-Analyse-Portfolio.

| Nutzbare Vermögenswerte identifizieren | Nutzbare Kernkompetenzen identifizieren | Attraktivität d. Geschäftsfelder bewerten | Vermögenswerte u. Kompetenzen abstimmen | Verbesserungsbedarf identifizieren |
|---|---|---|---|---|
| = Bereiche, in denen das Unternehmen besser ist oder besser werden kann als der Wettbewerb.<br><br>Beispiele:<br>• Kapital (Höhe, Verfügbarkeit, Kreditrahmen)<br>• Produktionsanlagen, -prozesse, IT-Systeme (Flexibilität, Größenvorteile)<br>• Kundenattraktivität (Marken, Beziehungen, Patente, bes. Produkte/Leistungen)<br>• Vertrieb, Service (Größe, Abdeckung)<br>• Beziehungen zu Dritten (Lieferanten, Banken) | = Möglichkeit, aus der Kompetenz einen Wettbewerbsvorteil zu entwickeln, oder diesen bereits zu besitzen.<br><br>Beispiele für mögliche Kompetenzen:<br>• Marketing (R&D, Geschäftsanalyse, Kundenbeziehungen, -service, etc.)<br>• Vertrieb (Account-Mgmt, Supply-Chain-Mgmt, Partnerschaften, Verhandlungsfähigkeit)<br>• Produktion (Verfahrenstechniken, Produktivitätsverbesserungen, TQM, Flexibilität) | = Feststellen der Attraktivität von Märkten, Absatzwegen und Kunden.<br><br>Instrument:<br>• Portfolioanalyse<br><br>Bewertungskriterien:<br>• Marktgröße<br>• Marktwachstum<br>• Wettbewerbsdruck<br>• Preisentwicklung<br>• Risiken in der Zukunft<br>• Differenzierungsmöglichkeiten<br>• Segmentierung | = Abstimmung auf Märkte, Absatzwege und Kunden.<br>→ Koordination der vorherigen Schritte<br><br>Instrument:<br>• MAP-Analyse-Portfolio | = Verbesserung der Vermögenswerte und Kompetenzen, welche nicht genutzt werden können.<br><br>Möglichkeiten:<br>• Kompetenz ausbauen<br>• Kompetenz erwerben<br>• Schwächen korrigieren |

**Darstellung 80** Marketing Alignment Process

Vermögenswerte und Kompetenzen (←)

| Marktattraktivität | + + | + | - |
|---|---|---|---|
| + + | viel investieren | investieren, Kompetenzen ausbauen | aussteigen, Kompetenzen entwickeln |
| + | investieren | Strategie neu definieren | aussteigen, Kompetenzen entwickeln |
| - | Gewinn abschöpfen Markt veränd. | Gewinn abschöpfen, aussteigen | aussteigen |

**Darstellung 81** MAP-Analyse-Portfolio

## Marktprofil

Das in Darstellung 82 dargestellte Marktprofil fasst alle Informationen aus den oben vorgestellten Analysen zusammen und erlaubt dem Unternehmen einen ganzheitlichen Überblick.

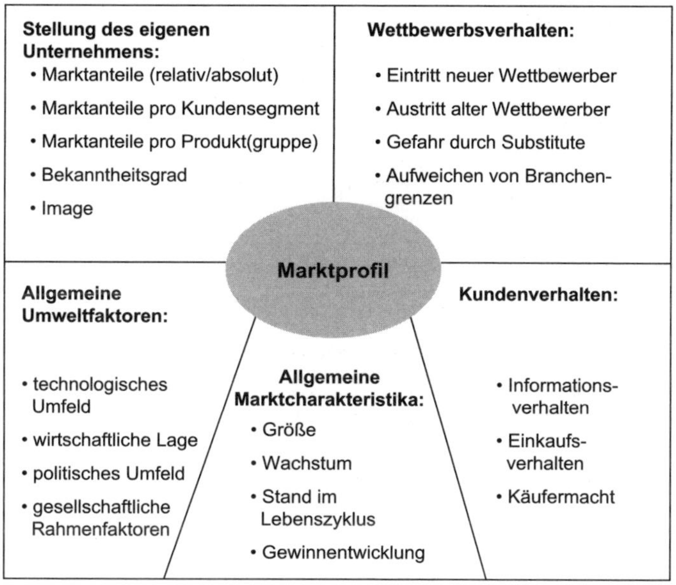


**Darstellung 82** Marktprofil

## 10.2.2 Markt und Branche: Erfolgskennzahlen

| Kennzahl | Berechnung | Interpretation für Rating |
|---|---|---|
| **Marktanteil (absolut)** | $\frac{\text{Umsatz des eigenen Unternehmens * 100}}{\text{Gesamtumsatz des Marktes}}$ | Hoher Marktanteil:<br>• gute wirtschaftliche Stellung im Markt<br>• lässt auf geringe Wettbewerbsintensität schließen |
| **Marktanteil (relativ)** | $\frac{\text{eigener Marktanteil}}{\text{Marktanteil des größten Konkurrenten}}$ | Hoher relativer Marktanteil:<br>• starke Stellung gegenüber der Konkurrenz |
| **Marktanteilsentwicklung** | $\frac{\text{Marktanteil in einer Periode * 100}}{\text{Marktanteil Vergleichsperiode}}$ | Zeigt die Entwicklung der Marktstellung eines Unternehmens. |
| **Marktsättigung** | $\frac{\text{Marktvolumen * 100}}{\text{Marktpotenzial}}$ | Hohe Marktsättigung:<br>• geringe Marktchancen<br>• weit fortgeschrittene Stellung im Lebenszyklus |
| **Ausschöpfung des Marktpotenzials** | $\frac{\text{eigener Umsatz}}{\text{Gesamtumsatzpotenzial am Markt bzw. im Segment}}$ | Hohe Potenzialausschöpfung:<br>• starke Marktstellung gegenüber Konkurrenz |
| **Preiselastizität des Marktes** | $\frac{\Delta \text{ Umsatz}}{\Delta \text{ Preis}}$ | Hohe Preiselastizität:<br>• eingeschränktes Preisdurchsetzungsvermögen von Unternehmen |
| **Wettbewerbsfähigkeit der Branche** | $\frac{\text{Exportpreis eines Gutes}}{\text{Weltmarktpreis eines Gutes}}$ | Bei einer Erhöhung der relativen Preise verschlechtert sich die Wettbewerbsfähigkeit einer Branche. |
| **Lohnquote** | $\frac{\text{Ø Lohnzahlungen der Branche}}{\text{Branchenumsatz}}$ | Die Lohnquote misst die Beschäftigungsintensität der Branche. Eine Veränderung bedeutet eine Veränderung der Kostenbelastung der Unternehmen. |
| **Konkurrenzstruktur** | $\frac{\text{Marktvolumen der Konkurrenz}}{\text{Marktvolumen gesamt}}$ | Gibt Aufschluss über die Marktstellung der Konkurrenz. |
| **Branchenrentabilität** | Ø Unternehmensrentabilität einer bestimmten Branche | Informiert über Rentabilität und Wettbewerbsintensität in einer Branche. |
| **Marktattraktivität** | $\frac{\Delta \text{ Marktvolumen}}{\Delta \text{ Marktvolumen im Vorjahr}}$ | Je stärker die Summe der Umsätze im Markt (Marktvolumen) steigt, umso attraktiver ist der Markt. |

**Darstellung 83** Erfolgskennzahlen Markt und Branche

### 10.2.3 Markt und Branche: Checkliste

| | | |
|---|---|---|
| Marktanalyse | Haben Sie die Marktgröße und das Marktwachstum beurteilt? | Ja ☐ Nein ☐ |
| | Wissen Sie über die Marktcharakteristika Bescheid? | Ja ☐ Nein ☐ |
| | Haben Sie die Marktattraktivität eingeschätzt? | Ja ☐ Nein ☐ |
| | Kennen Sie die Schlüsselgrößen für Ihre Märkte? | Ja ☐ Nein ☐ |
| Umfeldanalyse | Haben Sie Chancen und Risiken spezifiziert? | Ja ☐ Nein ☐ |
| | Sind Ihnen die Komponenten der Umfeldentwicklung bekannt? | Ja ☐ Nein ☐ |
| | Verfügen Sie über einen Maßnahmenplan, um Umfeldentwicklungen gegenzusteuern? | Ja ☐ Nein ☐ |
| Branchenanalyse | Wurden die Triebkräfte des Branchenwettbewerbs analysiert? | Ja ☐ Nein ☐ |
| | Haben Sie eine Beurteilung der Branchenattraktivität vorgenommen? | Ja ☐ Nein ☐ |
| | Erfolgte eine Einschätzung der zukünftigen Branchenentwicklung? | Ja ☐ Nein ☐ |
| Konkurrenzanalyse | Wissen Sie über die Stärken und Schwächen der Konkurrenz Bescheid? | Ja ☐ Nein ☐ |
| | Erfolgte eine Einordnung der eigenen Wettbewerbsposition? | Ja ☐ Nein ☐ |
| | Haben Sie Ihre eigenen Wettbewerbsvorteile abgeleitet? | Ja ☐ Nein ☐ |
| Kundenanalyse | Kennen Sie die Bedarfslage der Kunden? | Ja ☐ Nein ☐ |
| | Kennen Sie die Verhandlungsmacht der Kunden? | Ja ☐ Nein ☐ |
| | Sind Ihnen die Kaufentscheidungsprozesse bekannt? | Ja ☐ Nein ☐ |
| | Führen Sie Zufriedenheits- und Loyalitätsanalysen durch? | Ja ☐ Nein ☐ |
| Tools | Haben Sie die Vermögenswerte, Kompetenzen und Kundenwünsche in Übereinstimmung gebracht (MAP)? | Ja ☐ Nein ☐ |
| | Betreiben Sie Marktforschung, um Trends frühzeitig zu erkennen? | Ja ☐ Nein ☐ |
| | Kennen Sie die Stellung Ihrer Produktgruppen im Markt und haben Sie passende Strategien abgeleitet? | Ja ☐ Nein ☐ |

**Darstellung 84** Checkliste Markt und Branche

## 10.3 Markt und Branche: Zusammenfassung

| Inhalte | Tools | Erfolgskennzahlen |
|---|---|---|
| • Marktanalyse<br>• Umfeldanalyse<br>• Branchenanalyse<br>• Konkurrenzanalyse<br>• Kundenanalyse | • Checkliste für Chancen-/ Risikenanalyse<br>• Checkliste für Wett-bewerbsprofile<br>• Marktforschung (spez. Sekundärrecherche)<br>• Portfoliotechniken<br>• Marketing-Alignment-Process<br>• Marktprofil | • Marktanteil (absolut)<br>• Marktanteil (relativ)<br>• Marktanteilsentwicklung<br>• Marktsättigung<br>• Ausschöpfung des Markt-potenzials<br>• Preiselastizität des Marktes<br>• Wettbewerbsfähigkeit der Branche<br>• Lohnquote<br>• Konkurrenzstruktur<br>• Branchenrentabilität<br>• Marktattraktivität |

**Darstellung 85** Zusammenfassung Markt und Branche

# 11 Marketing und Vertrieb

Das Marketing nimmt eine besondere Stellung im Unternehmen ein, da der Absatz aufgrund der vorherrschenden Käufermarktsituation der Engpassfaktor ist. Im Rahmen der Unternehmensplanung wurden Werttreiber, wie ein überlegener Kundennutzen, besondere Kernkompetenzen oder effiziente Prozesse identifiziert, welche hier nun Anwendung finden, um die Rendite des Unternehmens zu erhöhen und die Zukunftsfähigkeit zu sichern. Marketing und Vertrieb haben also die Verantwortung, über die Steuerung der Kosten und der Erlöse in ihrem Funktionsbereich einen Beitrag zum Unternehmenswert zu liefern. Die zentrale strategische Aufgabe besteht darin, Absatzwachstum und Gewinnzuwächse zu erzielen. Dies erfolgt entweder über Produktivitätszuwächse oder durch eine Erhöhung der Absatzmenge, wie Darstellung 86 [Hofbauer/Sangl 2011, S. 380] zeigt.

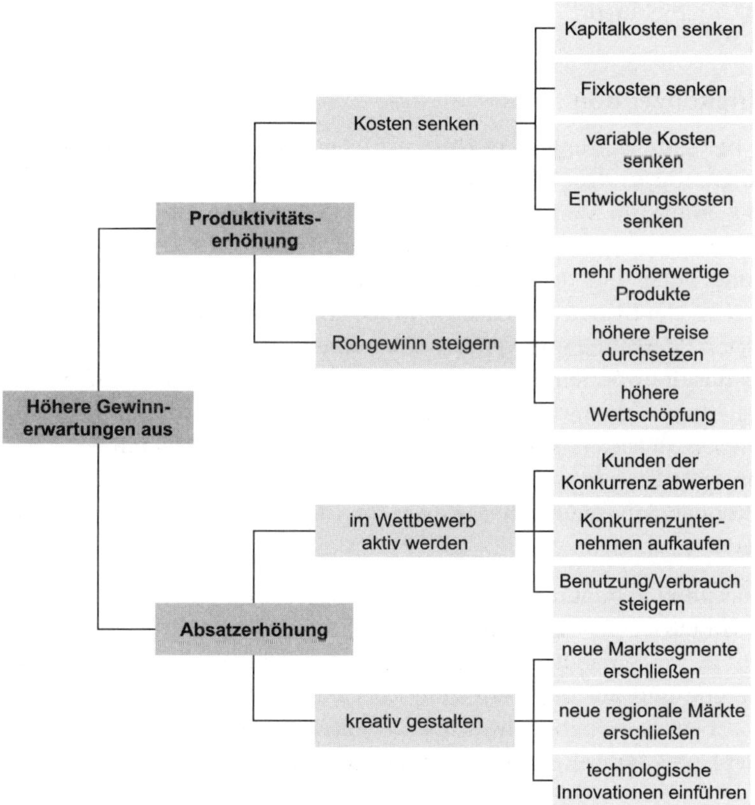


**Darstellung 86** Wachstumsstrategien und strategische Schwerpunkte

Der aufgezeigte Verlauf zur Steigerung der Gewinnerwartungen eines Unternehmens wird bestimmt durch Absatzerhöhung und Produktivitätserhöhung. Dies sind die Determinanten des zu erwartenden Ertragsniveaus, die dem Controlling unterzogen werden.

## 11.1 Marketing und Vertrieb: Maßnahmen

Marketing und Vertrieb unterstützen die Unternehmensziele der Markt- und Werteorientierung. Dies geschieht auf Basis eines strukturierten und systematisch angelegten Planungsprozesses. Auf der Planungsebene des Unternehmens wird die Unternehmensstrategie festgelegt. Auf dieser Ebene werden Ziele und Kernaufgaben für die einzelnen Bereiche festgelegt und entsprechende Ressourcen budgetiert. Auf der nächsten Planungsebene werden für die einzelnen strategischen Geschäftsfelder die konkretisierten Geschäftsfeldstrategien abgeleitet und geplant. Hier geht es speziell darum, nachhaltige Wettbewerbsvorteile zu erzielen und zu verteidigen. Auf Basis dieser strategischen Vorgaben wird der Einsatz der operativen Marketinginstrumente auf Produktebene gesteuert. Die Planung des Marketing-Mix wird auf Grundlage der Positionierung des Geschäftsfeldes vorgenommen, welche wiederum auf verlässliche Daten der Marktsegmentierung aufbaut. Die Marketingkonzeption ist das Bindeglied über die verschiedenen Ebenen eines Unternehmens.

### 11.1.1 Marketingkonzeption

Marketing ist die bewusste Führung eines Unternehmens vom Markt her und berücksichtigt dabei die grundlegenden Veränderungen der Markt- und Wettbewerbsbedingungen. Dadurch kommt dem Marketing eine zentrale Rolle bei der erfolgreichen Führung von Unternehmen zu. Das profitable Umsatzwachstum stellt einen wichtigen Werttreiber dar und bildet mit der Umsatzrentabilität eine wichtige Stellgröße des Return on Investment. Um Umsätze zu erzielen, muss das Unternehmen in Kontakt mit seinen Kunden treten. Marketing und Vertrieb übernehmen diese Funktion und versuchen durch die Akquisition von Kunden, die Gewinnung von Kundenaufträgen und die Aufrechterhaltung erfolgswirksamer Geschäftsbeziehungen einen Beitrag zur Erfüllung der Unternehmensziele zu leisten. Kann das Unternehmen diesbezüglich mit einer speziellen Kompetenz, wie z.B. einem sehr guten Zugang zu Distributionswegen oder durch ein überlegenes Kundenmanagement überzeugen, so ist die Basis zur Steigerung des Unternehmenswertes geschaffen.

Der Marketingkonzeption kommt dabei die Rolle der Kursbestimmung zu. Dabei sollen alle Aufgaben im Hinblick auf Markt- und Werteorientierung koordiniert werden. Um dieser Rolle gerecht zu werden, müssen abgestimmte Entscheidungen auf der Zielebene, auf der Strategieebene und auf der Umsetzungsebene herbeigeführt werden [Becker 2002, S. 4]. Nur so ist ein zielführender Instrumenteneinsatz möglich. Andernfalls resultieren daraus ungeplanter Aktionismus und ineffizientes Marketing.

Die Checkliste zum Marketingplan (siehe Darstellung 115) soll die systematische Vorgehensweise unterstützen.

**Die Marketingkonzeption**

- **verstärkt die Marktorientierung,**
- **koordiniert den Maßnahmeneinsatz und**
- **ermöglicht einen zielführenden Instrumenteneinsatz.**

Die nachfolgenden Abschnitte beschäftigen sich mit ausgewählten Themen für die erfolgreiche Umsetzung und das Controlling der Marketingkonzeption.

### 11.1.2 Zielgruppenspezifische Marktbearbeitung

Durch die *Marktsegmentierung* sollen profitable Zielgruppen identifiziert werden, für welche die Güter und Dienstleistungen hergestellt und angeboten werden sollen. Durch die Segmentierung können Ressourcen effizient zur Bearbeitung der identifizierten Zielgruppen eingesetzt werden. Marktsegmentierung bedeutet die Aufteilung eines heterogenen Gesamtmarktes in relativ homogene Käufergruppen mit dem Ziel der differenzierten Ansprache dieser Gruppen. Ein Vorteil der zielgruppenspezifischen *Marktbearbeitung* liegt darin, dass sie individuell auf die Bedürfnis- und Verhaltensstrukturen der einzelnen Zielgruppen eingeht. Durch diese Vorgehensweise können die Absatz- und Gewinnchancen besser ausgeschöpft werden [Hofbauer/Sangl 2011, S. 55f]. Der Differenzierungsgrad der Marktbearbeitung ist dabei abhängig von der Attraktivität der jeweiligen Segmente und den spezifischen Kosten der Marktbearbeitung. Im Rahmen der Segmentierung müssen intensive Marktanalysen vorgenommen werden. Dadurch ist das Unternehmen besser in der Lage, segmentspezifische Produkt- und Absatzmöglichkeiten aufzudecken und zu vergleichen. Das Unternehmen muss jedoch darauf achten, dass die bearbeiteten Segmente ein genügend großes Potenzial aufweisen, da durch die zunehmende *Marktparzellierung* die Anzahl der potenziellen Kunden in den Segmenten abnimmt. Ein weiteres Risiko besteht in der Abhängigkeit des Unternehmens von den gewählten Segmenten, welche durch die spezifische Bearbeitung höhere Kosten, z.B. für Marktforschung und die Bildung von Produktvarianten, mit sich bringen. Somit gilt die Zielsetzung, dass das Wechselspiel von Kosten und erzielbaren Gewinnen in einer optimalen Relation zueinander stehen müssen.

Die Segmentierung wird nach Kriterien vorgenommen, welche das Verhalten erklären und die Zielgruppen beschreiben. Die Segmente sind so zu bilden, dass die Konsumenten innerhalb eines Segmentes gleiche oder zumindest ähnliche Reaktionen auf den Einsatz der Marketinginstrumente aufweisen [Meffert 2000, S. 186]. Zur Segmentierung von *Konsumgütermärkten* und *Industriegütermärkten* werden unterschiedliche Kriterien herangezogen. Mögliche Zielgruppenmerkmale für den Konsumgüterbereich zeigt Darstellung 87 [Winkelmann 2000, S. 20].

Demografische Variablen lassen sich relativ einfach erheben. Diese dienen aber nur bedingt zur Erklärung des Verhaltens von Zielgruppen. Eine Zusammenfassung von Per-

| Zielgruppenmerkmale im Konsumgüterbereich | | | |
|---|---|---|---|
| **Demografische Merkmale** | **Sozialökonomische Merkmale** | **Psychografische Merkmale** | **Merkmale des Kaufverhaltens** |
| • Geschlecht<br>• Alter<br>• Religion<br>• Familienstand, Kinder<br>• Herkunftsland<br>• Wohnregion<br>• Wohnort<br>• Wohnbedingungen<br>• Freizeitverhalten<br>• Einfluss in Gruppen, Vereinen<br>• politische Ausrichtung | • Haushaltsgröße<br>• Schulbildung<br>• Beruf<br>• Einkommen<br>• Haushaltskaufkraft<br>• Besitzmerkmale<br>• Urlaubsverhalten<br>• Ausbildungsinteressen<br>• Spendenverhalten<br>• Sparneigung | • Persönlichkeit<br>• Wissen, Kenntnisse<br>• Interessen, Hobbys<br>• Neigungen<br>• Ansprüche<br>• Einstellungen<br>• Konsumeinstellungen<br>• Präferenzen, Wünsche<br>• Kaufabsichten<br>• Risikofreude<br>• Umweltbewusstsein<br>• Religiosität | • bevorzugte Einkaufsstätten<br>• Einkaufszeiten<br>• Kaufhäufigkeiten<br>• Kaufmengen<br>• Zahlungsverhalten<br>• Markenbewusstsein<br>• Lieferantentreue<br>• Beeinflussbarkeit am Point of Sale<br>• Mediennutzung |

**Darstellung 87** Marktsegmentierung im Konsumgüterbereich

sonen nach kaufverhaltensrelevanten Merkmalen und ähnlichen Einstellungen und Motiven ist notwendige Voraussetzung für eine erfolgreiche Segmentbearbeitung.

Darstellung 88 zeigt Segmentierungskriterien für das Industriegütergeschäft [Backhaus 2003, S. 229].

| Zielgruppenmerkmale im Industriegütergeschäft | |
|---|---|
| **Allgemeine Merkmale** | **Kaufspezifische Merkmale** |
| • Unternehmensgröße<br>• Organisationsstruktur<br>• Standort<br>• Betriebsform<br>• Finanzrestriktionen<br>• demografische und sozialökonomische Merkmale der Buying-Center-Mitglieder (z.B. Ausbildung, Beruf, Alter, Stellung im Unternehmen)<br>• Unternehmensphilosophie<br>• Zielsystem des Unternehmens<br>• Persönlichkeitsmerkmale der Buying-Center-Mitglieder (z.B. Know-how, Risikoneigung, Entscheidungsfreudigkeit, etc.) | • Abnahmemenge bzw. -häufigkeit<br>• Anwendungsbereich der nachgefragten Leistung<br>• Neu-/Wiederholungskauf<br>• Marken-/Lieferantentreue<br>• Verwenderbranche<br>• Letztverwendersektor<br>• organisatorische Beschaffungsregeln<br>• Größe und Struktur des Buying Centers<br>• Kaufmotive<br>• Entscheidungsregeln der Kaufbeteiligten<br>• Einstellungen/Erwartungen gegenüber Produkten/Lieferanten<br>• Präferenzen |

**Darstellung 88** Marktsegmentierung im Industriegütergeschäft

Das Resultat der Marktsegmentierung bilden einzelne Segmente, welche nun mit speziell abgestimmten Marketinginstrumenten bearbeitet werden können. Der effiziente Ressourceneinsatz wird somit durch das strategische Vorgehen und durch eine zielgerichtete Steuerung der Produkt-, Preis-, Kommunikations- und Vertriebspolitik gewährleistet, welcher sich in der Profitabilität und Ertragskrafterhaltung des Unternehmens niederschlägt.

**Die zielgruppenspezifische Marktbearbeitung**
- **identifiziert gewinnbringende Zielgruppen,**
- **erlaubt einen effizienten und zielgerichteten Einsatz der Marketinginstrumente und**
- **beeinflusst somit das Ertragsniveau des Unternehmens.**

### 11.1.3 Produktpositionierung

Jedes auf dem Markt angebotene Produkt wird subjektiv von Kunden beurteilt. Das heißt, dem Gut wird aufgrund einer Vielzahl von Faktoren eine bestimmte Stellung im Markt zugesprochen. Das Unternehmen kann jedoch die Marktstellung des Produktes auch strategisch steuern. Aufbauend auf dem strategischen Grundkonzept des Unternehmens lässt sich die Marktpositionierung bestimmen, denn eine konsequente Markt- und Kundenorientierung setzt die Bestimmung und Einnahme einer definierten Marktposition voraus [Becker 2002, S. 828]. Somit lässt sich als zentrale Aufgabe der Positionierung das Festlegen der zukünftigen Stellung eines Leistungsangebotes am Markt und im Wettbewerb nennen [Kuß/Tomczak 2002, S. 111]. Sie liefert auch die Leitidee für die quantitative und qualitative Ausgestaltung der Marketingkonzeption.

Durch die Positionierung des Produktes werden folgende Elemente miteinander kombiniert [Kuß/Tomczak 2002, S. 111]:

- Marktsegmente
- Bedürfnisse der Kunden, die befriedigt werden sollen
- Konkurrenzvorteil
- Ausgestaltung des Leistungsangebotes

Es wird also festgelegt, wie ein bestimmter Wettbewerbsvorteil bei einer bestimmten Kundengruppe erzielt werden soll. Ausgehend von den Leistungseigenschaften, welche für eine Kaufentscheidung besonders von Bedeutung sind, kann ein Positionierungsmodell entwickelt werden (vgl. Darstellung 117). In diesem Modell lassen sich nun die individuellen Kundenerwartungen an ein Produkt (Idealpunkt) und die real wahrgenommenen Eigenschaften der eigenen Produkte und Konkurrenzprodukte abtragen.

Für eine erfolgversprechende Positionierung gibt es verschiedene Ansatzmöglichkeiten [Meyer/Davidson 2001, S. 470]:

*Positionierung über nachprüfbare Produkteigenschaften*

Diese Art der Positionierung stellt einen sachlich nachprüfbaren Nutzen oder eine überprüfbare Produkteigenschaft heraus [Meyer/Davidson 2001, S. 470]. Unternehmen bezeichnen ihre Ware als das Produkt mit der leichtesten Bedienung, der größten Sicherheit, der längsten Haltbarkeit, der besten Qualität oder dem besten Design. Nachprüfbare Eigenschaften bieten aber nicht immer einen Kundennutzen. Das Unternehmen stellt lediglich eine bestimmte Eigenschaft oder ein Merkmal heraus. Beispiele sind Bezeichnungen wie „die älteste Brauerei“ oder „das höchste Hotel der Stadt“.

*Kundenorientierte Positionierung*

Bei dieser Art der Positionierung wird das Image des Produktes an das Image und die Bedürfnisse bestimmter Kunden oder Testimonials gebunden [Meyer/ Davidson 2001, S. 472]. Apple bezeichnet seine Produkte als die beste Lösung für Grafiker, Sun Microsystems hingegen beschreibt seine Computer als beste Wahl für Entwicklungsingenieure. Im Mittelpunkt steht hier also eine bestimmte Kundengruppe.

*Kategorie-Positionierung*

Erfolgreiche Marken sind jedem geläufig, selbst Kunden, die eine andere Marke benutzen. Im Idealfall gelingt es einem Unternehmen, mit seiner Marke für eine ganze Kategorie zu stehen. So hat etwa „Tempo“ das Wort Papiertaschentuch überflüssig gemacht. Für diese Art der Positionierung ist es erforderlich, der erste Anbieter zu sein, um damit diese Kategorie im Kopf der Kunden zu besetzen [Meyer/Davidson 2001, S. 473].

*Konkurrenzorientierte Positionierung*

Eine konkurrenzorientierte Positionierung ist dann sinnvoll, wenn ein Folger im Vergleich zum Marktführer in einem der kaufentscheidenden Kriterien besser ist. Dadurch, dass sich der Folger an die erfolgreiche Positionierung des Marktführers anhängt, kann er von dessen bestehender Positionierung profitieren. Mit der Positionierung „we try harder“ hat Avis versucht, diesen Vorteil gegenüber Hertz herauszustellen [Meyer/ Davidson 2001, S. 475].

*Kommunikative Positionierung*

Für eine eindeutige Positionierung ist es wichtig, nicht nur die objektiven Kriterien hervorzuheben, sondern auch die emotionalen Komponenten im Rahmen der Marketing-Kommunikation herauszustellen. Entscheidungen der Konsumenten basieren zunehmend auf emotional gefärbten Präferenzen und immer weniger auf rein rationalen Erwägungen.

*Anwendungsorientierte Positionierung*

Der Kunde soll das Produkt bei dieser Art der Positionierung mit einer bestimmten Situation verbinden [Meyer/Davidson 2001, S. 472]. So kann etwa Nike von einem seiner Sportschuhe behaupten, er sei der Beste für Basketballspieler. Damit wird ein bestimmter Anwendungsanlass hervorgehoben.

*Wert-Positionierung*

Der Wert eines Produkts stellt für die Kunden ein kaufentscheidendes Merkmal dar. Deshalb kann es für viele Anbieter interessant sein, den Wert eines Angebotes als Positionierungskriterium besonders hervorzuheben. Im Folgenden werden die fünf wettbewerbsrelevanten Ausprägungen der Wert-Positionierung näher beschrieben [Meyer/Davidson 2001, S. 471f].

*Mehr für Weniger*: Dem Kunden wird ein vergleichbar besseres Angebot für einen günstigeren Preis gemacht. Durch die besondere Anziehungskraft solcher äußerst erfolgreicher Unternehmen werden diese nicht selten zu Branchenkillern. Den Kunden wird die größte Auswahl zum niedrigsten Preis angeboten. Ein umfassendes Sortiment, Markenprodukte zu Dauerniedrigpreisen und großzügige Rückgaberegelungen vermitteln hier dem Kunden das Gefühl eines unschlagbaren Angebotes.

*Mehr für Mehr:* Diese Produkte zeichnen sich durch bessere Qualität, Verarbeitung, Haltbarkeit und Leistung aus, durch Zusatznutzen in Form von Prestige und Image werden sie zu Luxusartikeln. Diese Produkte sind Statussymbole und Zeichen für einen exklusiven Lebensstil. Beispiele gibt es in allen Branchen vom Automobil bis zu Modemarken. Der Preis des Produktes übersteigt bei solchen Luxusgütern häufig den tatsächlichen Qualitätszuwachs um ein Vielfaches.

*Mehr für das Gleiche:* Durch hohe Preise werden häufig Konkurrenten angezogen, die versuchen, ein gleiches Qualitätsniveau wie bei „Mehr für Mehr" zu einem günstigeren Preis anzubieten. Sie bieten ein Produkt mit angeblich höchster Qualität und Leistung zu einem vergleichbaren Preis zum Konkurrenzprodukt an. Beispielhaft für diese Positionierung ist die Einführung der Marke Lexus des Automobilherstellers Toyota.

*Das Gleiche für Weniger:* Bei dieser Positionierung wird ein bekanntes Produkt oder eine bekannte Marke für einen geringeren Preis angeboten. So nutzen viele Hersteller die Möglichkeit, führende Originalmarken zu imitieren und als unbekannte Marke zu einem Schnäppchenpreis anzubieten, der zwanzig bis dreißig Prozent unter den bekannten Markenartikeln liegt.

*Weniger für viel Weniger:* Manchmal müssen Kunden für Leistungen bezahlen, die sie gar nicht benötigen. Zum Beispiel verzichten viele Fluggäste auf die Bordverpflegung oder nehmen die Buchung ohne Beratung selbst über Internet vor, wenn sie dafür viel günstigere Tickets bekommen. So gibt es seit einiger Zeit Fluggesellschaften, die weniger Leistung für viel weniger Geld anbieten.

### Sonstige Positionierungsmöglichkeiten

Weitere Möglichkeiten sind konzentrierte Positionierung und Universalpositionierung, sowie gebrauchsnutzenorientierte und prestigenutzenorientierte Positionierung [Call 1997, S. 225f].

Bei der *konzentrierten Positionierung* richtet sich ein Unternehmen an solche Kunden, bei denen ein speziell ausgeprägtes Bedürfnis befriedigt werden soll.

Bei der *Universalpositionierung* werden mehrere Nutzendimensionen festgelegt, die angesprochen werden.

Steht die Konzentration auf die technische und funktionale Problemlösung im Vordergrund, empfiehlt sich die *gebrauchsnutzenorientierte* Positionierung.

Von *prestigenutzenorientierter* Positionierung geht man aus, wenn die Vermittlung einer emotionalen Erlebniswelt im Vordergrund steht.

Das Controlling überprüft auch die Position der Produkte im Markt, um die Wettbewerbslage festzustellen. Ziel eines Unternehmens sollte es also sein, profitable Marktsegmente mit Produkten zu bearbeiten, welche den Vorstellungen der Konsumenten möglichst nahe kommen. Nur dann ist die Organisation in der Lage, mit ihren Produkten/Produktgruppen den Umsatz zu steigern.

**Die Produktpositionierung**

- **stimmt das Leistungsangebot auf Marktsegmente ab,**
- **zeigt die Differenzierungsfähigkeit und**
- **zeigt Möglichkeiten zur Steigerung des Umsatzes auf.**

## 11.1.4 Preis- und Konditionenmanagement

Das Preis- und Konditionenmanagement befasst sich mit dem Preis für ein Gut und den zur Transaktion gehörenden Konditionen, wie Zahlungsvereinbarungen, Rabatten, Optionen und Fristen, sowie den Lieferbedingungen. Innerhalb des Marketinginstrumentariums nimmt das Preismanagement eine Sonderstellung ein [Winkelmann 2006, S. 233]:

- Maßnahmen des Preismanagements sind meist sehr rasch und ohne größere Vorlaufinvestitionen und Vorlaufzeiten zu realisieren.
- Die Reaktionen der Kunden auf Preismaßnahmen sind sehr viel intensiver als auf andere Maßnahmen.
- Der Markt reagiert auf Preismaßnahmen viel schneller als auf andere Maßnahmen.
- Preisänderungen führen sehr schnell zu Wettbewerbsreaktionen, deshalb kann durch diese Maßnahmen allein kein dauerhafter Wettbewerbsvorteil erreicht werden.
- Mit dem Preis wird eine bestimmte Qualitätsvermutung gekoppelt.
- Hersteller passen die Qualität den vorgegebenen Marktpreisen an.

Der Kunde kauft das Produkt nur, wenn er einen positiven Nettonutzen – also die positive Differenz zwischen Nutzen und Preis – erkennt. In diesem Sinne ist die Werteorientierung streng mit der Preisbildung verknüpft. Der Preis ist ein wichtiger Erfolgsfaktor im Unternehmen, da er das einzige Element ist, das direkt Einnahmen generiert [Hofbauer/Sangl 2011, S. 255]. Somit lässt sich sagen, dass preispolitische Entscheidungen, sowohl auf die Mengen- als auch auf die Wertkomponente des Umsatzes einwirken und damit zweifachen Einfluss auf die Erfüllung der obersten Unternehmensziele haben [Meffert 2000, S. 484].

Darstellung 89 zeigt, welchen Einfluss die Preisentscheidung auf den Kapitalwert eines Unternehmens hat [Hofbauer/Sangl 2011, S. 256].

Die durchgezogenen Pfeile stellen die Verhaltensbeziehung zwischen Kunde, Wettbewerb, Handel und Kosten dar. Die gestrichelten Pfeile symbolisieren Definitionsgleichungen, z.B. Umsatz minus Kosten ergibt Gewinn. Der Betrachtungszeitpunkt wird mit t angegeben, r (r = 1, ..., n) steht für die Perioden des Betrachtungszeitraumes (n).

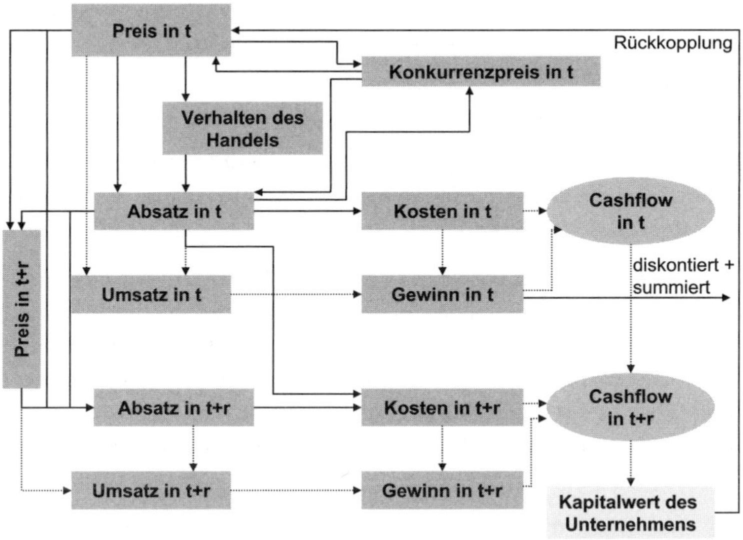


**Darstellung 89** Beziehungsgefüge des Preismanagements

Im Rahmen des werteorientierten Preismanagements können zwei Möglichkeiten verfolgt werden, um den Unternehmensgewinn zu steuern [Hofbauer/Sangl 2011, S. 269f]: Zum einen über die Erhöhung der abgesetzten Menge und zum anderen durch eine Verbesserung des erzielten Preises. Durch Berücksichtigung der Potenziale der Kunden ist es durchaus möglich, eine Absatzsteigerung herbeizuführen. Aber auch die Verbesserung des erzielten Preises ist eine wertsteigernde Alternative. Ausgehend von der Messung des Kundennutzens (z.B. durch Conjoint Measurement) lässt sich eine nutzenorientierte Preisargumentation erstellen. Der Preis, den ein Käufer zu bezahlen bereit ist, hängt direkt von der Summe der Nutzenwerte der einzelnen Merkmale ab. Aufgrund dieser Informationen kann der Verkäufer den Preis mit einzelnen Wertkomponenten belegen und somit rechtfertigen.

Durch das Preismanagement kann das Unternehmen direkten Einfluss auf die Rentabilität nehmen. Die determinierenden Bestandteile eines professionellen Preismanagements sind

- Preisinformation und Preisbildung,
- Preisstrategie und Preisdurchsetzung sowie
- Preissystem und Preiscontrolling.

### Preisinformation und Preisbildung

Zur Bestimmung des optimalen Preises müssen alle verfügbaren Informationen herangezogen werden. Dabei ist es nicht ausreichend, nur die eigene Kostenkalkulation heranzuziehen. Vielmehr ist es erforderlich, Informationen über den Kundennutzen und die korrespondierenden Zahlungsbereitschaften zu beschaffen.

Für die Preisbildung und das Controlling können der kosten-, der wettbewerbs- und der kundenorientierte Ansatz [vgl. Hofbauer 2004e] herangezogen werden.

*Kostenorientierter Ansatz*

Bei dieser Methode sind die Kosten das Hauptkriterium zur Preisbestimmung. Methoden dafür sind z.B. die Voll- und Teilkostenrechnung, das Target-Costing, das Kapitalrenditeverfahren und die Break-Even-Analyse.

Bei der *Vollkosten-Zuschlagskalkulation* handelt es sich um ein Verfahren, das eine Trennung der Kosten in Einzel- und Gemeinkosten voraussetzt. Bei dieser Methode werden die Einzelkosten den Kostenträgern direkt zugeordnet und die Gemeinkosten werden den Produkten auf Basis von Bezugsgrößen prozentual zugerechnet. Das Hauptproblem der Vollkostenrechnung liegt in der nicht verursachungsgerechten Zurechnung der Fixkosten. Es besteht die Gefahr, dass man sich durch zu hohe Kostenzuschläge aus dem Markt kalkuliert.

Als *Teilkostenrechnung* versucht die mehrstufige DB-Rechnung die Nachteile der Vollkostenrechnung zu vermeiden. Hier werden die Kosten in fix und variabel unterschieden. Damit soll eine verursachungsgerechtere Kalkulation erreicht werden. Die Fixkosten werden in Schichten zerlegt und direkt den Verursachern zugerechnet. Bei der Wahl der kurzfristigen Preisuntergrenze als Preis besteht die Gefahr – trotz eines positiven Deckungsbeitrags I – sich aus der Gewinnzone zu kalkulieren und einen Preiskampf mit der Konkurrenz zu eröffnen.

Eine modernere und zielführende Methode ist das *Target-Costing*. Von dem am Markt erzielbaren Preis wird die erwartete Gewinnspanne – im Konsumgüterbereich auch die Mehrwertsteuer – abgezogen. Vom Ergebnis werden die maximal zulässigen Kosten für jede Kostengruppe als Zielvorgabe abgeleitet. Diese Kostengruppen im Unternehmen (Entwicklung, Design, Fertigung, Vertrieb usw.) werden zudem auf Kostensenkungspotenziale untersucht. Diese Maßnahmen erhöhen die Transparenz und ermöglichen die Streichung unnötiger Komponenten und Funktionen, um die Target-Costs nicht zu überschreiten.

Beim *Kapitalrenditeverfahren* versucht das Unternehmen, den Preis zu ermitteln, der die Kapitalrendite der Zielplanung sichern würde. Nehmen wir an, dass die Gesamtkosten für den Hersteller eines Produktes zwei Mio. Euro betragen und er mit seinem Preis eine Kapitalrendite von zwanzig Prozent erzielen möchte. So errechnet sich anhand dieses Verfahrens ein Preis von 48 Euro pro Stück bei einer erwarteten Absatzmenge von 50.000 Stück.

*Wettbewerbsorientierter Ansatz*

Bei dieser Art der Preisbestimmung beobachtet der Unternehmer seine Wettbewerber und deren Preisverhalten in einem abgegrenzten Markt. Zur Abgrenzung können unter anderem die Produkteigenschaft, die Nutzenkomponenten, der Verwendungszweck, die Produktsubstituierbarkeit, der Produktwechsel oder die Kaufintervalle dienen. Eine Strategie innerhalb der wettbewerbsorientierten Preisbestimmung ist die Preisführerschaft.

Hier gibt es verschiedene Arten, z.B. die dominante, barometrische oder die kolludierende Preisführerschaft.

Bei der *dominanten Preisführerschaft* hat der Anbieter eine so starke Marktstellung, dass sich die Wettbewerber hinsichtlich ihrer Angebotspreise seinem Preis anschließen. Bei der *barometrischen Preisführerschaft* geben etwa gleich bedeutende Anbieter den Marktpreis gegenüber unbedeutenderen Wettbewerbern vor. Bei der *kolludierenden Preisführerschaft* wird eine stillschweigende Abstimmung mehrerer Anbieter unterstellt, einer von ihnen nimmt wechselweise die Preisführerschaftsposition wahr und die anderen folgen ihm.

*Kundenwertorientierter Ansatz*

Die kundenwertorientierte Preisbestimmung wird in Zukunft immer bedeutender werden. Hier wird der Preis durch die Zahlungsbereitschaft der Kunden bestimmt. Bei diesem Preisfindungsverfahren muss man die Preis-Absatz-Beziehung seiner Kunden und die Preiselastizitäten kennen. Bei der Kundenwertorientierung werden der Wert bzw. Nutzen von Produkten/Dienstleistungen den Kosten bzw. dem zu zahlenden Preis gegenübergestellt. Der Kunde wird nur dann kaufen, wenn der empfundene Wert/Nutzen größer ist als die Kosten.

Generell besteht die Zielsetzung des Preismanagements darin, den durch Produkte bzw. Dienstleistungen und im Verkauf geschaffenen Wert für den Kunden durch einen wettbewerbsfähigen und fairen Preis abzuschöpfen. Um einen Wertgewinn zu generieren, muss die Wertsumme größer sein als die Kostensumme. Dabei wirken auf die Wertsumme Faktoren ein, wie z.B. Produktwert, Wert durch produktbegleitende Dienstleistungen, Wert durch Mitarbeiter oder auch Wert durch Image.

Die Kostensumme wird durch Faktoren, wie z.B. monetäre Kosten, Kosten für Zeit, Kosten für Energie oder auch Kosten für psychischen Aufwand beeinflusst.

Grundsätzlich kann man sagen: Wenn der empfundene Wert/Nutzen höher ist als die Kosten, entsteht ein Wertgewinn für den Kunden. Dieser Wertgewinn ist Grundvoraussetzung für einen Kauf.

### Preisstrategie und Preisdurchsetzung

Nach der Festlegung des Preises können verschiedene Vorgehensweisen für die Preisstrategie und die Preisdurchsetzung im Zeitablauf festgelegt werden. Dieser Preisabfolge im Zeitablauf kommt eine entscheidende Bedeutung für das Erlös- und Gewinnpotenzial zu. Grundsätzlich kann ein relativ hoher, ein relativ niedriger oder ein sich an der Konkurrenz orientierender Preis verlangt werden. Die Premiumpreisstrategie und die Skimmingstrategie sind Hochpreisstrategien, während bei der Niedrigpreisstrategie und der Penetrationsstrategie ein niedriger Preis zugrunde gelegt wird [vgl. Becker 2002, S. 728f].

*Premiumpreisstrategie*

Bei der Premiumpreisstrategie verlangt der Anbieter dauerhaft einen hohen Preis. Ein derart teueres Produkt können sich nur vergleichsweise wenige Kunden leisten, dafür wird aber ein hoher Stückgewinn realisiert. Der Kunde erhält ein Produkt der Premiumklasse, mit überdurchschnittlich hoher Qualität und hohem Image. Dieses Image spiegelt sich natürlich auch im Preis wider.

*Niedrigpreisstrategie*

Eine ganz andere Preisstrategie wird durch die Niedrigpreisstrategie verfolgt. Hier setzt man auf dauerhaft niedrige Preise, die der Preisempfindlichkeit der Kunden Rechnung tragen. Die einfache Geschäftsausstattung sowie die Selbstbedienung der Kunden aus Kartons halten die Kosten gering. Durch große Absatzmengen sind derart günstige Preise möglich. Die Gewinnspanne pro Stück ist dabei relativ gering, aber eine hohe Absatzmenge gleicht dies aus.

*Penetrationsstrategie*

Ein Produkt wird mit einem geringen Preis in den Markt eingeführt, so dass schnell Marktanteile gewonnen werden können und die Konkurrenz dadurch abgehalten werden kann. Danach versucht man, die Preise schrittweise zu erhöhen.

Nachteile der Penetrationsstrategie sind vor allem darin zu sehen, dass niedrige Preise aus Kundensicht häufig mit einer geringen Qualität gleichgesetzt werden. Infolgedessen kann es schwierig sein, die Preiserhöhungen am Markt durchzusetzen. Ein weiterer Nachteil besteht darin, dass Gewinnpotenziale bei zu niedrigen Preisen verschenkt werden, weil die Zahlungsbereitschaft nicht vollständig abgeschöpft wird.

*Skimmingstrategie*

Bei der Skimmingstrategie wird ein Produkt mit einem hohen Preis am Markt eingeführt. Dabei wird lediglich eine kleine Zielgruppe angesprochen, da nur wenige bereit sind, den hohen Preis zu bezahlen. Ist die Nachfrage dieser kleinen Zielgruppe gedeckt, so wird der Preis schrittweise gesenkt. Dadurch wird in jedem Marktsegment der größtmögliche Umsatz erzielt. Es werden kurzfristig hohe Gewinne realisiert und über den hohen Preis entsteht eine hohe Qualitätsanmutung oder gar Exklusivität.

Durch die hohen Gewinnerwartungen werden die Wettbewerber versuchen, möglichst schnell nachzuziehen und das Produkt ebenfalls anzubieten. Diese Abschöpfungsstrategie bietet sich daher vornehmlich bei der Markteinführung echter Innovationen an, welche die Konkurrenz erst mit Zeitverzögerung ebenfalls anbieten kann, da ansonsten die Gefahr der Preisunterbietung besteht.

*Die Säulen der Preispolitik*

Die Preisstrategie wird durch die Positionierung des Produktes bestimmt und muss mit anderen Marketinginstrumenten konsistent geplant werden. Durch eine adäquate Ausgestaltung des Preismanagements können enorme Ertragssteigerungspotenziale erschlossen werden. Mit den drei Säulen der Preispolitik [Hofbauer/Sangl 2011, S. 266ff] können Preisstrategien durchgesetzt werden:

- Preisdifferenzierung
  Hier wird ein Produkt auf einem Markt systematisch verschiedenen Zielgruppen zu verschiedenen Preisen angeboten. Darstellung 90 zeigt die verschiedenen Arten der Preisdifferenzierung [Pepels 1998, S. 91].

| | | | |
|---|---|---|---|
| **Räumlich** | Auf verschiedenen Märkten werden unterschiedliche Preise für das gleiche Produkt gefordert. | **Mengenbezogen** | Abhängig von der bezogenen Menge werden unterschiedliche Preise geboten (z.B. Energietarife für Großkunden). |
| **Zeitlich** | Abhängig von verschiedenen Zeitpunkten werden verschiedene Preise gefordert (z.B. Saisonpreise). | **Verwendungsbezogen** | Je nach Art der Verwendung werden verschiedene Preise angeboten (z.B. Speise- bzw. Viehsalz). |
| **Personenbezogen** | Je nach Person des Nachfragers werden unterschiedliche Preise gefordert (z.B. Diesel für Lkw/ Diesel für Pkw). | **Nebenleistungsbezogen** | Der Umfang der produktbegleitenden Dienstleistung bestimmt den Preis (z.B. Service/Selbstbedienung). |
| **Anspruchsbezogen** | Entsprechend dem Selbstwertgefühl des Kunden werden Produkte zu unterschiedl. Preisen angeboten (z.B. Business/Economy Class). | **Markenbezogen** | Je nach Wertanmutung werden unterschiedliche Preise gefordert. (z.B. Markenprodukt und No-Name-Produkt aus gleicher Produktion). |

**Darstellung 90** Arten der Preisdifferenzierung

- Preisbündelung
  Eine weitere Säule des Preismanagements ist die Preisbündelung. Hier werden dem Kunden mehrere Produkte als Bündel angeboten, wobei der Preis des Bündels niedriger ist als die Summe der Einzelpreise. Dadurch sollen die Käufer zu Zusatzkäufen und Mehrverbrauch animiert werden. Somit erhöht sich das Cross-Selling-Potenzial und es können Neukunden gewonnen werden, welche das Einzelprodukt aufgrund des Preises nicht erworben hätten. Die Preisbündelung dient auch zum Abheben von Konkurrenzangeboten. Kostenvorteile können dahingehend realisiert werden, dass die Bündelung der Leistungskomponenten eine begrenzte Anzahl von Variationen mit sich bringt. Somit werden Komplexitätskosten reduziert und die Produktqualität erhöht [Pechtl 2005, S. 179].
- Nicht-lineare Preispolitik
  Die nicht-lineare Preispolitik macht den Verkaufspreis von der gekauften Menge abhängig. Durch Mengenrabatte, Bonusprogramme und mehrstufige Preissysteme werden mit der ersten verkauften Einheit höhere Zahlungsbereitschaften abgegriffen als mit weiteren Käufen. Da der Durchschnittspreis pro Einheit mit einer größeren Kaufmenge abnimmt, lässt sich der Kundennutzen voll abschöpfen und die Kunden werden dadurch an das Unternehmen gebunden [Hofbauer/Sangl 2011, S. 268].

### Preissystem und Preiscontrolling

Ein weiterer Bestandteil des professionellen Preismanagements ist die Etablierung eines Preissystems. Um eine willkürliche Preissetzung zu vermeiden, müssen Preisrichtlinien organisatorisch verankert werden. Durch ein differenziertes *Preissystem* kann unterschiedlichem Kundenverhalten Rechnung getragen werden. So können z.B. Preisvorteile an loyale Kunden weitergegeben werden, um sie für ihre Treue zu belohnen [Meyer/Davidson 2001, S. 465f]. Durch ein transparent gestaltetes Preissystem wird das Vertrauen der Kunden in das Unternehmen gestärkt und das subjektive Empfinden, einen überhöhten Preis zu zahlen, wird reduziert. Die Ausgestaltung des Preissystems sollte leistungsorientiert sein, Rabatte und Boni sollten nur gewährt werden, wenn sie an eine Gegenleistung der Kunden geknüpft sind [Hofbauer/Sangl 2011, S. 264]. Es darf nicht allzu komplex sein, um es einfach und effizient handhaben zu können. Eine strikte Anwendung im Tagesgeschäft muss sichergestellt sein, Abweichungen sind auf wenige Ausnahmen zu beschränken.

Durch die konsequente Anwendung des Preissystems wird die Wahrscheinlichkeit erhöht, Win-Win-Situationen zu schaffen. Zudem wird die Gefahr gebannt, dass Preise zu niedrig angesetzt werden, wodurch Umsatz und Ertrag geschmälert würden. Darstellung 91 beinhaltet Regeln für wertorientierte *Preisverhandlungen* [Lauszus/Grimm 2003, S. 23].

Ein systematisches *Preiscontrolling* kann Transparenz im Unternehmen über die Preisqualität schaffen. Ein konsequentes Monitoring der Preisdurchsetzung hilft, die Preis-

| | |
|---|---|
| **Persönlichkeits-regeln** | • Es geht nicht nur um den Preis, es geht auch um die Person!<br>• Ihr Verhandlungspartner möchte ernst genommen werden!<br>• Ihr Verhandlungspartner braucht an einer Stelle ein Zugeständnis!<br>• Setzen Sie sich ein Zeitlimit für die Akquisition eines Auftrages!<br>• Lassen Sie sich nicht unter Druck setzen! |
| **Wissensregeln** | • Sie müssen wissen, was Sie erreichen wollen.<br>• Sie müssen umfassend vorbereitet sein.<br>• Sie müssen Ihr Gegenüber kennen.<br>• Sie müssen die Preise der Wettbewerber kennen.<br>• Sie müssen die branchenspezifischen Geschäftspraktiken kennen.<br>• Sie müssen rational bleiben, keine emotionalen Verstrickungen.<br>• Sie müssen sich vergegenwärtigen, dass die Wahrnehmung zählt. |
| **Wertregeln** | • Setzen Sie auf Merkmale, die dem Kunden wichtig sind!<br>• Der Preis spiegelt den Wert eines Produktes. Vermitteln Sie diesen Wert!<br>• Verringern Sie die Vergleichbarkeit mit Wettbewerbsprodukten durch Differenzierung!<br>• Splitten Sie den Wert in Komponenten und setzen Sie diese nacheinander ein!<br>• Argumentieren Sie mit Lebensdauer und Kosten!<br>• Greifbare und kurzfristige Argumente sind wirkungsvoller! |
| **Preisregeln** | • Sie können nicht vermeiden, über den Preis zu sprechen!<br>• Sprechen Sie zuerst über den Wert!<br>• Lassen Sie den Preis nicht einfach stehen, fügen Sie einen Wert hinzu!<br>• Splitten Sie Preiskonzessionen in einzelne Bestandteile!<br>• Machen Sie Zugeständnisse, die Sie nicht sofort etwas kosten!<br>• Fragen Sie nach Gegenleistungen bei Zugeständnissen! |

**Darstellung 91** Regeln für wertorientierte Preisverhandlungen

maßnahmen zu optimieren. Das Reporting liefert der Geschäftsleitung die Entscheidungsbasis dazu.

Durch die Klassifizierung der Kunden kann die Relation zwischen erzieltem Verkaufspreis und verursachten Kosten für die verschiedenen Kunden ermittelt werden. So kann z.B. vermieden werden, dass einige Kunden zu hohe, andere Kunden zu niedrige Rabatte erhalten. Es ist keine Seltenheit, dass unprofitable Kunden zu überdurchschnittlich günstigen Konditionen kaufen, was sich sofort auf die Profitabilität des Unternehmens niederschlägt.

**Konditionensystem**

Werteorientierte Unternehmen optimieren nicht nur auf der Kostenseite, sondern justieren auch ihr Preis- und Konditionensystem, um die Ertragsseite zu stärken. Die Zielsetzungen dabei sind klar: Reduktion von Rabatten, Umschichtung von Konditionen, Ausbau der Gegenleistungen und Abbau von Konditionenspreizungen.

Preis- und damit auch Konditionenänderungen haben die größte Hebelwirkung auf den Gewinn. Aus diesem Grund muss die Durchsetzung von dauerhaft ertragssichernden Preis- und Konditionensystemen die höchste Priorität im professionellen Preismanagement haben. Durch die Ausgestaltung des Preissystems (Rabatte, Boni, Zahlungsbedingungen, usw.) erfolgt die Feinabstimmung der Preise.

Die Leitlinien für eine systematische Erarbeitung eines Preis- und Konditionensystems lassen sich in folgenden Grundsätzen festhalten [vgl. Beutin/ Schuppar 2003, S. 22].

- *Akzeptanzprinzip*
  Nur einfache und logisch strukturierte Preis- und Konditionensysteme finden Akzeptanz.
- *Transparenzprinzip*
  Den Kunden muss klar sein, welche Voraussetzungen zur Vergabe von Rabatten erfüllt sein müssen.
- *Gegenleistungsprinzip*
  Jede Rabatt- oder Bonusleistung erfordert eine entsprechende Gegenleistung.
- *Ertragsprinzip*
  Positive Umsatz- und Ertragseffekte müssen dadurch realisierbar sein.
- *Flexibilitätsprinzip*
  Für den Vertrieb muss es einen Ermessensspielraum geben, aber nur innerhalb definierter Bandbreiten.
- *Adaptionsprinzip*
  Das Preissystem muss bei Bedarf an die Marktgegebenheiten angepasst werden können.

Durch die Gestaltung der *Lieferbedingungen* können operative Risiken reduziert werden. Sie regeln den Übergang der Leistungen zwischen Lieferant und Abnehmer und damit die Verteilung der Kosten und Risiken zwischen Käufer und Verkäufer [Pepels 1998, S. 188].

Die Festlegung von *Zahlungsfristen* hat Einfluss auf die Rentabilität des Unternehmens. Sie beeinflussen das Cash-Management, welches die Aufgabe hat, eine ausreichend hohe Liquidität im Unternehmen zu sichern. Durch Zahlungsfristen wird der Zahlungsverkehr optimiert und zwingt den Kunden zu einer Vorverlegung der Zahlung. Durch ein effizientes Management der Kapitalströme lässt sich das Umlaufvermögen steuern, welches den Kapitalumschlag und somit den ROI beeinflusst.

Der Wirkeffekt des Preismanagements ergibt sich durch die individuelle Behandlung und preisliche Potenzialausschöpfung einzelner Kunden bzw. Kundensegmente. Durch eine fundierte Datenbasis lässt sich das Verhältnis zwischen Kundenwert und Investitionen in den Kunden ermitteln und unter den Gesichtspunkten Liquidität und Rentabilität beurteilen.

**Das Preis- und Konditionenmanagement**

- **fördert durch ein leistungsorientiertes Preissystem**
- **die Wertegenerierung für Kunden und Unternehmen und**
- **ermöglicht die Steigerung der Rentabilität.**

### 11.1.5 Kommunikationsmanagement

Das Kommunikationsmanagement dient der Produkt- und Unternehmensprofilierung am Markt und ist das „Sprachrohr" des Unternehmens zu allen relevanten Interessengruppen. Im Rahmen der integrierten Unternehmenskommunikation erfolgt die bewusste Abstimmung und Gestaltung von Informationen zur Meinungs- und Verhaltenssteuerung. Sie verfolgt das Ziel, eine effektive und effiziente sowie einheitliche Kommunikation gegenüber den relevanten Zielgruppen zu etablieren. Die Kommunikationspolitik im Rahmen des Marketings wird oft nur als reiner Kostenfaktor gesehen und in wirtschaftlich schlechten Zeiten drohen Budgetkürzungen [Hofbauer/Hohenleitner 2005, S. 1f]. Diese Budgetkürzungen dienen jedoch nicht der Zukunftsfähigkeit des Unternehmens und versperren künftige Chancen. Wird die Marketingkommunikation werteorientiert vorgenommen und erfolgt eine Integration in die betrieblichen Prozesse, so ist es der Kommunikationspolitik sehr wohl möglich, einen Erfolgsbeitrag zu leisten.

Über die Informations- und Beeinflussungsfunktion der Konsumenten hinaus übernimmt die Kommunikation die Funktion, das Unternehmen gegenüber der Konkurrenz zu profilieren und dadurch Wettbewerbsvorteile zu erzielen [Bruhn 2005, S. 23]. Sie unterstützt also die Differenzierung zum Wettbewerb und die Positionierung des Angebots.

Der Einsatz der Kommunikation muss jedoch gezielt erfolgen und alle Erfolgsfaktoren integrieren, um die größte Wirkung zu erreichen. Der Erfolg einer effizienten Marketing-Kommunikation hängt von folgenden drei Faktoren ab [Hofbauer/Hohenleitner 2005, S. 117]:

- die richtigen Zielgruppen
- mit der richtigen Botschaft
- durch eine richtige Vorgehensweise anzusprechen.

### Kommunikative Wirkungsziele

Kommunikative Wirkungsziele beinhalten grundsätzlich alle vorstellbaren Zielrichtungen, die mit Hilfe kommunikativer Maßnahmen erreicht werden sollen. Je nachdem, welche Zielrichtung das Unternehmen konkret verfolgt, können verschiedene Kommunikationsziele abgeleitet werden.

In der Darstellung 92 [vgl. Hartleben 2001, S. 127 und Hofbauer/Hohenleitner 2005, S. 148, Kloss 2011, S. 201ff] sind die wichtigsten Kommunikationsziele in Abhängigkeit ihrer Aufgabe und Kommunikationsfunktion zusammengestellt, die einem Controlling unterzogen werden müssen.

| Kommunikationsfunktion | Zielsetzung |
|---|---|
| Bekanntmachung, Aktualisierung | • Schaffung, Erhöhung, Erhaltung des Bekanntheitsgrades des Produktes/der Marke/des Unternehmens<br>• Erzeugung von Bewusstsein bezüglich des Vorhandenseins des Produktes<br>• Wecken von Interesse |
| Information, Vermittlung von Wissen | • Vermittlung von Wissen über das Produkt/die Marke, deren Funktion, Einsatzmöglichkeiten und Nutzen<br>• Informationen über Anwendungsmöglichkeiten, technische Daten, Preise, Produktvorteile und Bezugsquellen<br>• Förderung der Vertrautheit mit dem Produkt |
| Harmonisierung | • Angleichen unterschiedlicher Informationsstände |
| Imagebildung, Imageverbesserung | • Aufbau eines positiven Produkt- und Markenimages<br>• Schaffen einer USP/UCP<br>• positive Beeinflussung der Einstellung der Kunden durch Verstärkung positiver Eindrücke des Produktes und Abschwächung negativer Eindrücke<br>• Begünstigung der Bildung von Präferenzen |
| Abbau von Hemmnissen, Beseitigung von Barrieren | • Korrektur emotionaler, kognitiver oder aktivierender Einstellungskomponenten |
| Emotionalisierung | • Schaffen von Vertrauen, Sympathie und Sicherheit |
| Vermeidung von Dissonanzen | • Vermeidung bzw. Abbau kognitiver Dissonanzen |
| Initialisierung, Handlungsauslösung | • Initiierung des Kaufentscheidungsprozesses<br>• Herbeiführung finaler Verhaltensreaktion<br>• Initiierung der Handlungsauslösung |

**Darstellung 92** Kommunikative Wirkungsziele

In Anlehnung an die angestrebten Wirkungsstufen der Kommunikation können zudem folgende Wirkungsziele für das Controlling definiert werden [vgl. Rogge 2004, S.68]:

- *Berührung* des Umworbenen mit der Botschaft bzw. dem Botschaftsträger
- Sinnesmäßiger *Kontakt* (Aufnahme der Botschaft)
- Wirkung auf das *Bewusstsein* des Umworbenen
- Weckung und Erzeugung von *Aufmerksamkeit*

- Aufbau von Vorstellungen und *Assoziationen*
- Weckung von *Interesse* am Botschaftsinhalt und der Angebotsleistung
- Wirkung auf das *Gefühl* und Auslösung emotionaler Reaktionen
- Aufbau und Festigung von *Bekanntheit* des Botschaftsinhaltes und des Objektes
- *Reproduktion* (Erinnerung) von Botschaftsinhalt und Objekteigenschaften
- Vermittlung und Erweiterung von *Wissen* (Information) bezüglich des Objektes und damit Erzeugung bestimmter Gedächtniswirkungen (Kenntnis und Erinnerung, Aufbau und Veränderung des Images, Schaffung von Käuferpräferenzen)
- *Beeindruckung* der Zielperson bzgl. Aussageninhalt und Kommunikationsobjekt
- Schaffung von positiven *Einstellungen* zum Kommunikationsobjekt
- *Hinstimmung* zum Kommunikationsobjekt und dem (ökonomischen) Handlungsziel der Kommunikation
- *Überzeugung* der Person von der Gültigkeit des Aussageninhalts und von den Eigenschaften des Kommunikationsobjektes
- Erzeugung von *Wünschen* nach dem Objekt und der Deckung von Bedürfnissen
- *Entscheidung* für das Objekt bzw. Steuerung der Entscheidung in sachlicher, zeitlicher und räumlicher Hinsicht
- *Handlung* als Realisierung der Entscheidung

Als weitere Kommunikationsziele können die Schaffung eines Kundenwertes, die Kundenorientierung, die Erzeugung von Kundennähe und Kundenzufriedenheit sowie die Schaffung von Kundenloyalität und Kundenbindung von Unternehmen festgelegt werden. Je nach Unternehmenssituation kann auch die Abgrenzung zu Wettbewerbsangeboten oder die Stärkung der Markenbindung als Kommunikationsziel von Bedeutung sein.

**Integration der Erfolgsfaktoren**

Durch die Integration der Erfolgsfaktoren, d.h. die systematische Einbeziehung aller Erfolgsfaktoren in die Kommunikationsmaßnahmen, wird die durchgängige Umsetzung eines Kommunikationskonzeptes sowie die Abstimmung der Kommunikation im Zeitverlauf mit den geplanten Kommunikationsaktivitäten sichergestellt [Meyer/Davidson 2001, S. 607]. Dabei können spezielle Formen der Integration unterschieden werden. Die Abstimmung der verschiedenen Kommunikationsmaßnahmen und Instrumente kann sich in inhaltlicher und gestalterischer Hinsicht (einheitliches Design), formaler, zeitlicher und organisatorischer Hinsicht auswirken [Hofsäss 2003, S. 22]. Darstellung 93 gibt eine Übersicht über die Formen der Integration [Hofbauer/ Hohenleitner 2005, S. 119].

Die strategische und operative Abstimmung aller kommunikativen Elemente und Maßnahmen soll durch die integrierte Marketing-Kommunikation nach innen und außen bewerkstelligt werden. Speziell die formale und inhaltliche Abstimmung aller Kommunikationsmaßnahmen soll ein konsistentes Erscheinungsbild bei allen Zielgruppen erreichen. Ziel der Integration ist es, die Kommunikationswirkung insgesamt zu ergänzen und zu verstärken und Synergieeffekte sowie Kostensenkungspotenziale zu erreichen.

| Formen | Gegenstand | Ziele | Hilfsmittel | Zeithorizont |
|---|---|---|---|---|
| **Inhaltliche Integration:**<br>**• funktional**<br>**• instrumental**<br>**• horizontal**<br>**• vertikal** | thematische Abstimmung durch Verbindungslinien | Konsistenz, Eigenständigkeit, Kongruenz | einheitliche Slogans, Botschaften, Argumente, Bilder | langfristig |
| **Formale Integration** | Einhaltung formaler Gestaltungsprinzipien | Präsenz, Prägnanz, Klarheit | einheitliche Zeichen, Logos, Schrift, Größe, Farbe | mittel- bis langfristig |
| **Zeitliche Integration** | Abstimmung innerhalb und zwischen den Planungsperioden | Konsistenz, Kontinuität | Ergebnisplanung („Timing") | kurz- bis mittelfristig |
| **Prozessorientierte Integration** | systematisch und zielgerichtet aufgebaute Prozessstufen (Input, Aktivität, Output) | Erhöhung der Prozessqualität, Sicherung des Erfolges, Wertschaffung und Konzentration auf die wertschöpfenden Aktivitäten | Erfolgsindikatoren der einzelnen Prozessstufen, kontinuierliches Controlling | mittel- bis langfristig |

**Darstellung 93** Formen der Integration

Bei der inhaltlichen Integration werden alle Kommunikationselemente aufeinander abgestimmt und Kommunikationsbotschaften als zentrale Aussagen formuliert. Dazu werden die Kommunikationsmaßnahmen thematisch gebündelt und einheitliche Slogans, Botschaften und Bilder verwendet. Diese Elemente werden funktional entsprechend der Aufgabenstellung, z.B. zur Information, eingesetzt. Die instrumentelle Integration soll dic Abstimmung zwischen den eingesetzten Instrumenten gewährleisten und Synergiepotenziale erschließen. Die horizontale Integration erfolgt im Hinblick auf die verschiedenen Marktstufen (Handel, Kunden). Vertikal soll schließlich die Durchgängigkeit auf den verschiedenen Ebenen des Marktes gesichert werden [Vergossen 2004, 34f].

Die formale Integration soll die Wiedererkennbarkeit des Produktes bzw. der Marke erhöhen und Verstärkungseffekte ermöglichen. Diese Art der Integration fordert die Verwendung gemeinsamer Elemente wie Logos und Markenzeichen, Corporate Design, Schrifttypen, Farben und Tonalität.

Durch die zeitliche Integration werden die einzelnen Kommunikationsmaßnahmen so aufeinander abgestimmt, dass eine zeitliche Kontinuität im kommunikativen Auftritt eines Unternehmens sowie eine Verstärkung der Wirkung der einzelnen Instrumente erreicht werden.

Die prozessorientierte Integration beinhaltet alle Aktivitäten zum zielgerichteten Maßnahmeneinsatz. Auch die Marketing-Kommunikation stellt einen Prozess in der *Wertschöpfung* eines Unternehmens dar. Damit die gewünschten Wirkungen erzielt werden können, sind viele Prozessschritte erforderlich, die aufeinander abgestimmt werden müssen. Die einzelnen Prozessphasen sind dabei zielorientiert aufeinander aufgebaut. Beim Prozessdurchlauf sind auf jeder Prozessstufe Meilensteine und Erfolgskennziffern definiert. Erst nach erfolgreichem Abschluss einer Stufe darf mit der Bearbeitung der nächsten Stufe begonnen werden.

Ein prozessorientiertes Kommunikationsmanagement macht die Kommunikation zum *Werttreiber* und erhöht die Effektivität und die Effizienz bei der Kundenansprache. Die Prozessphasen des Kommunikationsmanagements sind in Darstellung 94 aufgeführt [Hofbauer/Hohenleitner 2005, S. 128f]. Die Grafik gibt einen Einblick, wie die einzelnen Aufgaben der *werttreibenden Marketing-Kommunikation* aufeinander aufgebaut sind. Abgeschlossen wird dieser Prozess mit einer Controllingphase. Eine genaue Darstellung des prozessorientierten Kommunikationsmanagements findet sich in Hofbauer/ Hohenleitner [2005, Erfolgreiche Marketing-Kommunikation].

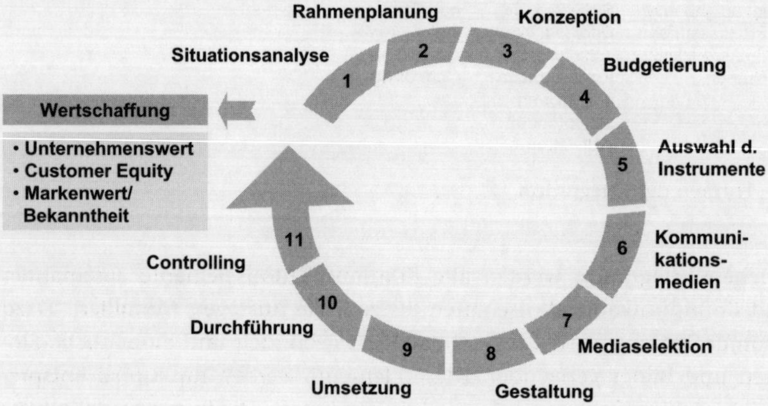


**Darstellung 94** Prozessorientiertes Kommunikationsmanagement

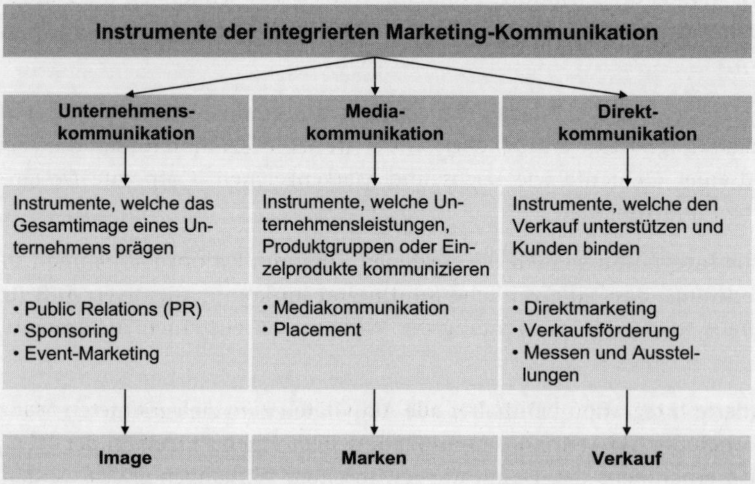


**Darstellung 95** Instrumente der integrierten Marketing-Kommunikation

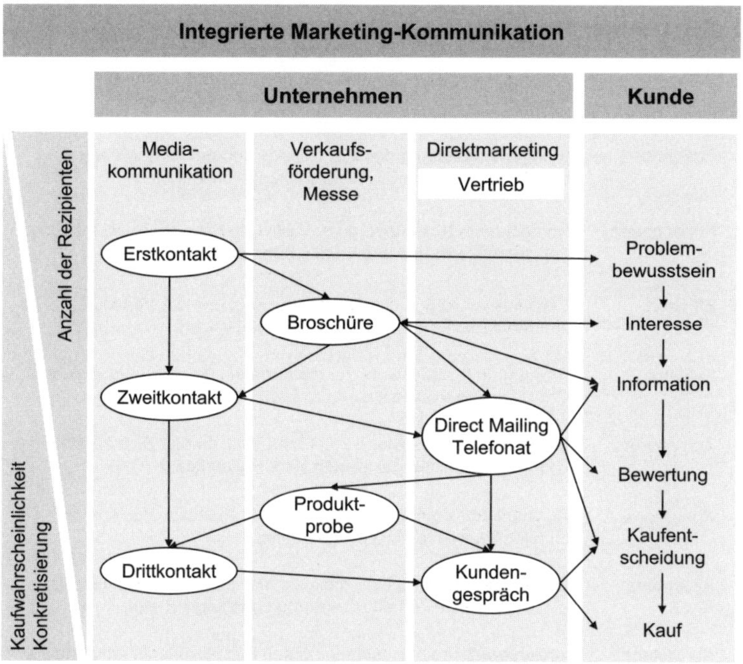


**Darstellung 96** Integration der Kommunikationsinstrumente

Bei der Umsetzung von Kommunikationsmaßnahmen steht einem Unternehmen eine Vielzahl von Kommunikationsinstrumenten zur Verfügung. Der Einsatz der Instrumente muss gezielt im Hinblick auf die beabsichtigte Wirkung und auf die Zielgruppe vorgenommen werden. Durch eine Kundensegmentierung können wertvolle und gewinnbringende Kunden von Kunden mit geringer Attraktivität unterschieden werden. Je nach Potenzial werden spezifische Kommunikationsinstrumente eingesetzt. Darstellung 95 [Hofbauer/Hohenleitner 2005, S. 179] gibt eine Übersicht über die verschiedenen Kommunikationsinstrumente, deren Inhalte und Zielsetzungen.

Bei der Vielzahl an Kommunikationselementen, wie z.B. Medien, Instrumenten, Formen, Trägern und verschiedenen Kommunikationsmaßnahmen, ist der Integrationsbedarf bezüglich Management und Wirkungseffekten besonders hoch und er stellt einen zentralen Erfolgsfaktor für die Marketing-Kommunikation dar. Darstellung 96 [Hofbauer/Hohenleitner 2005, S. 195] zeigt die Integration der *Kommunikationsinstrumente.* Hier ist ersichtlich, dass die Instrumente aufeinander abgestimmt sein müssen, um die gewünschte Wirkung auf den Kaufentscheidungsprozess zu entfalten.

**Erfolgsfaktoren der Marketing-Kommunikation**

Darstellung 97 zeigt zentrale Erfolgsfaktoren für die einzelnen Phasen der Marketing-Kommunikation [Hofbauer/Hohenleitner 2005, S. 311], die zur Orientierung bei der Prozessplanung, -kontrolle und -steuerung dienen.

Kerngedanke der Integration in der Marketing-Kommunikation ist, dass neben der Integration der Erfolgsdeterminanten in jeder Prozessphase auch die Integration der spezifi-

| Prozessphase | Erfolgsfaktor | Bedeutung |
|---|---|---|
| **Situationsanalyse** | Relevanz | Analyse der relevanten externen und internen Einflussgrößen hebeln. |
| **Rahmenplanung** | Stringenz | Stringente Ableitung des Zielsystems und der Maßnahmen aus der übergeordneten Strategie sowie Zielorientierung. |
| **Konzeption** | Konsequenz | Konsequente Abstimmung von Zielsegmenten mit Positionierung und stimmige Ansprache mittels Botschaft. |
| **Budgetierung** | Effizienz | Effiziente Allokation des Gesamtbudgets und der Verteilung innerhalb des Kommunikationsbudgets. |
| **Auswahl Instrumente** | Evidenz | Prüfung und Vorauswahl der Instrumente, die sich aufgrund ihrer Charakteristika überzeugend eignen. |
| **Medienplanung** | Transparenz | Transparente Darstellung von Einsatzmitteln und Zweckerfüllung und Abgleich mit angestrebten Wirkungszielen. |
| **Medienselektion** | Kongruenz | Auswahl und Kombination aufeinander abgestimmter Kommunikationselemente zur Zielerreichung. |
| **Gestaltung** | Akzeptanz | Gestaltung der Botschaft, dass sie akzeptiert wird und dadurch die angestrebte Verhaltenswirkung beschleunigt wird. |
| **Umsetzung** | Konsistenz | Widerspruchsfreie Umsetzung durch Prozessorientierung und Optimierung im Hinblick auf Wirkung und Kosten. |
| **Durchführung** | Konvergenz | Zielorientierte Durchführung durch Bündelung aller Teilprozesse und Realisierung von Synergien. |
| **Erfolgskontrolle** | Konstanz | Konstante Optimierung durch ständiges Monitoring der Erfolgsdeterminanten und Ursache-Wirkung-Beziehungen |

**Darstellung 97** Erfolgsfaktoren der Marketing-Kommunikation

schen Erfolgsmessgrößen stattfindet. Der Prozess der Marketing-Kommunikation wird nicht nur einmal durchlaufen, sondern ist im Regelfall ein permanenter Auftrag, der ständig durchlaufen wird. Damit wird erstens die Zielorientierung in jeder Prozessphase verstärkt und zweitens die kontinuierliche Verbesserung über den gesamten Kommunikationsmanagementprozess wirksam unterstützt.

## Planungsparameter der Marketing-Kommunikation

Zur Planung und zur Beurteilung der Leistungsfähigkeit eines Werbemediums kann die Reichweite herangezogen werden. Allgemein gibt die Reichweite an, wie viele Personen insgesamt, bzw. innerhalb der jeweiligen Zielgruppe, durch das interessierende Medium erreicht werden. In Abhängigkeit der Medien und der jeweiligen Anzahl der Schaltungen lassen sich verschiedene Reichweiten unterscheiden [Kloss 2012, S. 274ff]:

- *Einfache Reichweite:*
  Reichweite entspricht Anzahl der Kontakte bei einer Einschaltung eines Mediums.
- *Kumulierte Reichweite:*
  Reichweite mehrerer Schaltungen in einem Medium.

- *Kombinierte Reichweite:*
  Reichweite von mehreren Schaltungen in verschiedenen Medien.
- *Bruttoreichweite:*
  Summe aller Erreichten, die durch alle Schaltungen erreicht werden, mit mindestens einem Kontakt. Bei einer einzigen Schaltung nur eines Mediums sind Brutto- und Nettoreichweite gleich.
- *Nettoreichweite:*
  Reichweite von je einer Schaltung in mehreren Medien, die um Mehrfachkontakte und Überschneidungen bereinigt ist. Die Nettoreichweite bezeichnet die Anzahl der Zielpersonen, die von einem Medium oder einer Trägerkombination mindestens ein Mal erreicht werden.
- *Prozentuale Nettoreichweite:*
  Dieser Wert beschreibt den Anteil der erreichten Zielpersonen an der Gesamtzahl der Zielpersonen und gibt die Zielgruppenausschöpfung an.
- *Bruttokontakte:*
  Dieser Wert gibt die Summe aller erzielbaren oder erzielten Kontakte in der Zielgruppe an.
- *Gross-Rating-Points (GRP):*
  Dieser Wert rechnet die erzielten oder erzielbaren Bruttokontakte auf 100 Zielpersonen um und gibt die Kontakte pro 100 Zielpersonen an. In der Mediaplanung dienen die GRP als Kenngröße für den Werbedruck.

Ein weiteres Kriterium zur Beurteilung der Leistungsfähigkeit eines Mediums ist die Zielgruppengenauigkeit. Wenn Personen erreicht werden, die nicht zur Zielgruppe gehören, dann spricht man von Streuverlusten. Ein Maß zur Ermittlung der Streugenauigkeit ist die Zielgruppenaffinität [vgl. Kloss 2012, S. 285]:

- *Affinität*:
  Dieser Wert gibt Auskunft über den Anteil der Zielgruppe an der Gesamtnutzerschaft eines Werbeträgers. Je höher die Affinität, d.h. je größer der Anteil der Zielgruppe an der Nutzerschaft ist, desto besser wird die Zielgruppe abgedeckt und desto geringer sind die Streuverluste.

Ein weiteres Kriterium, welches nicht nur die Leistungsdimension, sondern auch den Kostenfaktor betrachtet, ist der Tausenderpreis bzw. Tausend-Kontakt-Preis. Hier wird das Verhältnis von Einschaltkosten zu Medialeistung betrachtet [Kloss 2012, S. 287]:

- *Tausend-Kontakt-Preis (TKP)*:
  Dieser Wert beziffert den Geldbetrag, der aufzuwenden ist, um 1.000 Kontakte bzw. 1.000 Kontaktchancen in der jeweiligen Zielgruppe zu erreichen.

### Werbung in Social Media

Social Media stellen Netzwerkverbindungen zwischen Personen her, die unabhängig von Ort und Zeit gegenseitig Kontakt aufnehmen können. Diese Art der Interaktivität umfasst eine Vielzahl von Medien und Technologien, die es den Nutzern ermöglichen, zu kommunizieren und sich untereinander auszutauschen. Dabei werden mediale Inhalte einzeln oder aber auch in Gemeinschaft gestaltet und kommentiert [vgl. Kloss

2012, S. 385]. Bei dieser Art der Kommunikation ist charakteristisch, dass die Zielgruppen nicht mehr nur Empfänger sind, sondern eine aktive Rolle einnehmen, weil sie auch selbst kommunizieren. Diese Kommunikation erfolgt zum einen mit dem Sender, aber auch mit den anderen Empfängern (soziale oder virale Kommunikation, Hofbauer/Körner/Nikolaus/Poost 2009, S. 214ff].

Die Kommunikationsinhalte in den sozialen Netzen sind aber nicht nur auf den individuellen Informationsaustausch beschränkt, vielmehr können auch Dritte Gegenstand der Informationsinhalte sein. Unternehmen sind mit ihren Marken und Produkten den Erfahrungsberichten mit Lob und Kritik ausgesetzt. Unternehmen sollten im Marketing und Vertrieb die Chancen und Risiken der aktiven Nutzung der Social Media kennen, aber auch beobachten, was hier berichtet wird, um rechtzeitig reagieren zu können.

Es gibt verschiedene Erscheinungsformen, die im Folgenden kurz beschrieben werden [vgl. Kloss 2012, S. 386ff]:

- *Wikis*: Ein Wiki umfasst eine Zusammenstellung von Internetseiten, die der Allgemeinheit oder einem bestimmten Nutzerkreis zur Verfügung stehen und von diesem Personenkreis auch bearbeitet werden können. Das bekannteste Beispiel hierfür ist die Online-Enzyklopädie *Wikipedia*.
- *Soziale Netzwerke*: Bei den sozialen Netzwerken handelt es sich um Internetplattformen, die den Mitgliedern die Möglichkeit bieten, private, berufliche oder geschäftliche Beziehungen anzulegen. Dazu wird ein spezielles Profil angelegt, welches Gemeinsamkeiten erkennen lässt. Beispiele hierfür sind: *facebook, Stay-Friends, VZ-Netzwerke sowie XING und LinkedIn.*
- *Bewertungsseiten*: Auf bestimmten Portalen wie zum Beispiel *Günstiger.de* oder *Holiday-check.de* können Kunden ihre eigenen Erfahrungen und Bewertungen zu Produkten und Dienstleistungen abgeben. Diese Meinungsbilder dienen Interessenten zur Unterstützung der Kaufentscheidung.
- *Podcasts*: Hier sind die Begriffe iPod und Broadcast zu einen Kunstwort zusammengefasst, darunter versteht man die Bereitstellung von Audiodateien im Internet.
- *Weblogs*: Dieser Begriff setzt sich aus Web und Blog zusammen. Hierunter werden Online-Publikationen verstanden, die chronologisch im Internet veröffentlicht werden. Das Publizieren in Weblogs wird bloggen genannt. Eine Form stellen Microblogs dar, die bei *Twitter* zum Beispiel auf 140 Zeichen begrenzt sind.
- *Social Bookmarking*: Internetnutzer können digitale Lesezeichen setzen, um sie wiederzufinden oder mit Freunden teilen zu können. Aus den gesetzten *Tags* kann man erkennen, wer sich für die eigenen Inhalte interessiert.
- *Foto- und Video Sharing*: Auf bestimmten Internetplattformen wie zum Beispiel *YouTube* können Nutzer Multimediadateien veröffentlichen, austauschen und kommentieren.

**Direktmarketing**

Dem Direktmarketing kommt eine besondere Rolle an der Schnittstelle zum Kunden zu. Die klassischen Kommunikationsinstrumente haben die Aufgabe, das Marktpotenzial zu aktivieren. Über das Direktmarketing sollen die potenziellen Interessenten dem Vertrieb

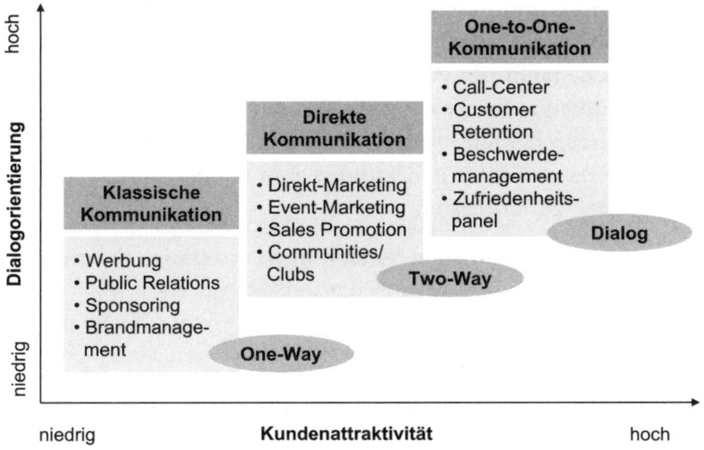


**Darstellung 98** Instrumente der Kommunikation

direkt zugeleitet werden. Darstellung 98 zeigt verschiedene Kommunikationsinstrumente in Abhängigkeit von Kundenattraktivität und Dialogorientierung.

Die Effizienz von Kommunikationsmaßnahmen wird z.B. durch Streuverluste und die Rücklaufquote bestimmt. Es ist keine Seltenheit, dass in KMU bei rückläufigen Umsätzen ad hoc Aktionen durchgeführt werden [Presber/Stengert 2003, S. 132]. Es werden Anzeigen in regionalen Zeitungen geschaltet, die jedoch nur eine geringe Rücklaufquote besitzen.

Ein Mittel zur differenzierten Ansprache von potenziellen Kunden stellt das Direktmarketing dar. Mittels Direktmarketing versucht ein Unternehmen, durch gezielte Einzelansprache eines Konsumenten einen direkten Kontakt herzustellen und einen unmittelbaren Dialog zu initiieren. Zu den wichtigsten Zielen der Direktwerbung gehören die Gewinnung von Neukunden und die intensivere Betreuung der aktuellen Kunden durch das Aufrechterhalten der Kundennähe und Kundenbindung [Meyer/Davidson 2001, S. 597]. Im Rahmen des Customer Relationship Managements kann sich das Unternehmen einer umfassenden Datenbasis zur Identifikation der zu bewerbenden Zielpersonen bedienen. Somit können Entscheidungsträger identifiziert und die Kommunikation kann individuell auf die Person abgestimmt werden, was wiederum die Gestaltung einer persönlichen Beziehung unterstützt.

Vorteile des Direktmarketings sind [Bruns 1999, S. 259]:

- Aufbau eines Dialogs mit tatsächlichen oder möglichen Kunden, als Grundlage für eine bedürfnisspezifische Gestaltung des Angebots,
- Möglichkeit, unterschiedliche Zielpersonen in einem Unternehmen unterschiedlich anzusprechen und unterschiedliche Argumentationen zu führen,
- höhere Aufmerksamkeit,
- geringerer Werbewiderstand,
- geringere Streuverluste,
- Möglichkeit einer wirksamen Erfolgskontrolle.

Der grundlegende Vorteil der direkten Kommunikation für kleine und mittelständische Unternehmen besteht im dosierten und zielgerichteten Einsatz der Mittel. Durch mehrstufige Marketingaktionen, welche nicht nur Werbeinstrument sind, sondern gleichzeitig auch Vertriebsinstrument, durchlaufen potenzielle Kunden einen Qualifizierungsprozess. Je nach Stand im Kaufentscheidungsprozess stellt das Unternehmen notwendige Informationen zur Verfügung und führt den Kunden zum Kaufabschluss. Ein wirkungsvoller Mitteleinsatz ist somit gewährleistet.

Dabei soll das Direktmarketing den persönlichen Verkauf nicht ersetzen, sondern stellt eine verstärkende Vorstufe des persönlichen Verkaufs dar.

**Identitätsorientiertes Markenmanagement**

Vor dem Hintergrund der Inflation an Produkten und den begleitenden kommunikativen Maßnahmen sowie der durch die Konsumenten wahrgenommenen hohen Markengleichheit ist es für ein erfolgsorientiertes Unternehmen essenziell, starke Marken aufzubauen. Damit eine Marke die nötige Differenzierungskraft besitzt, muss sie über eine klare Identität verfügen [Hofbauer/Schmidt 2007].

Viele Unternehmen verschenken Geld, indem sie diese Erfolgspotenziale nicht richtig nutzen. Gerade mittelständisch geprägte Unternehmen investieren hohe Summen in Gebäude und Produktionsanlagen und vernachlässigen regelmäßig eines der wirkungsvollsten Instrumente zur Verkaufs- und Ertragssteigerung: das Markenmanagement!

Kunden können in wettbewerbsintensiven Märkten meist von einer vergleichbaren Produktqualität und einer austauschbaren Leistung der Produkte ausgehen. Erfolgreiche Produkte unterscheiden sich darin, dass sie begehrenswert sind und somit anderen Produkten vorgezogen werden. Marken bestehen aus weit mehr als nur dem Produktnamen. Sympathie und Vertrauen sind die Basis für den kommunikativen Kern einer Marke. Die Verbindung zu den Kunden herzustellen und unverwechselbar zu gestalten ist Aufgabe von Marketing und Vertrieb.

Durch das Markenmanagement bekommen Produkte ein Gesicht, sie sollen wiedererkannt und wieder gekauft werden. Die Identität muss sich durchgängig bis zum Verkaufsgespräch fortsetzen. Durch die schlüssige Abstimmung aller Wirkungsfaktoren können Sympathie, Vertrauen und Sicherheit generiert werden, um die Basis für nachhaltigen Markterfolg herzustellen. Das identitätsorientierte Markenmanagement richtet sich genau auf diese Zielrichtung aus und fördert Identitätsfindung und Werteorientierung.

Diese anzustrebende Markenidentität muss nahtlos über die verschiedenen Schnittstellen bis zum Verkauf geschaffen werden. An der Schnittstelle zum Kunden ist die Markenidentität zur Verkaufsförderung und zur Erhöhung der Wiederkäufe speziell auszugestalten.

Die *Markenidentität* stellt in vielen Unternehmen den mit Abstand wichtigsten Vermögenswert dar. Diese große Bedeutung der Markenidentität für ein Unternehmen lässt sich hauptsächlich darauf zurückführen, dass mit einer starken Marke höhere und konstantere Umsätze erzielt werden können als mit einer schwachen Marke. Zudem kann eine starke Marke als Plattform zur Ausweitung auf neue Produkte und Dienstleistungen dienen. Weiterhin ermöglicht eine starke Marke einem Unternehmen die *Differenzierung* seiner Produkte und Dienstleistungen von den Konkurrenzangeboten. Dies ist deswegen von besonderer Bedeutung, da die Kunden in Deutschland im Durchschnitt rund zwei Drittel der Marken als austauschbar wahrnehmen.

Vor diesem Hintergrund wird durch das identitätsorientierte Markenmanagement die Frage beantwortet, wie eine starke Marke aufgebaut und geführt werden kann. Mit anderen Worten: Was müssen Unternehmer tun, um in den Köpfen der Kunden ein klares *Markenimage* mit einem klaren Profil sowie Präferenzen aufzubauen? Der Schlüssel hierzu liegt in der Identität der Marke als Ganzes, da nur über die positive Markenidentität das Markenimage beeinflusst und gesteuert werden kann.

Mit dem Ansatz des identitätsorientierten Markenmanagements kann eine klare Markenidentität professionell aufgebaut und gepflegt werden [Hofbauer/Schmidt 2007]. Zur wichtigsten Aufgabe des Markenmanagers gehört es, die einzelnen Identitätsbestandteile der Marke aufeinander abzustimmen und durch Gestaltung eines integrierten Marketing-Mix in konkrete Maßnahmen umzusetzen. Im Hinblick auf die vorherrschende Informationsüberlastung der Konsumenten kommt dabei der Umsetzung der Markenidentität in der Kommunikation eine besondere Bedeutung zu. Eine Marke kann die Produkte und Dienstleistungen eines Unternehmens nur dann nachhaltig von den Angeboten der Wettbewerber differenzieren, wenn sie über einen eigenständigen und unverwechselbaren Markenauftritt, also ein wiedererkennbares Gesicht verfügt.

Kernbestandteile zur Schaffung eines professionellen Markenauftritts sind Markenattribute, Markennutzen, Markentonalität und schließlich das Markenbild. Die Kernfragen sind:

- Über welche Eigenschaften verfüge ich?
- Was biete ich an?
- Wie biete ich an?
- Wie trete ich auf?

Die Zusammenhänge sind in Darstellung 99 zu sehen.

Mittelständische Unternehmen verfügen meist nicht über große Marketingbudgets, jedoch sollte jedem Unternehmer bewusst sein, dass „nicht nicht kommuniziert werden kann" [Winkelmann 2000, S. 337]. Jede intern oder extern orientierte Handlung ist mit Kommunikation verbunden. Dabei ist es jedem Unternehmen möglich, sein Bild in der Öffentlichkeit mit relativ einfachen Mitteln zu prägen.

Ein weiteres strategisches Orientierungskonzept für die integrierte Marketing-Kommunikation ist die Unternehmensidentität, welche die Persönlichkeit und spezifische Werthaltung eines Unternehmens widerspiegelt und durch die Corporate Identity umgesetzt wird. Corporate Identity (CI) strebt die Einheit und Übereinstimmung von Erscheinung, Worten und Taten eines Unternehmens mit seinem formulierten Selbstverständnis und einen einheitlichen Auftritt des Unternehmens und seiner Teile gegenüber Dritten [Pepels 2000, S. 723] an.

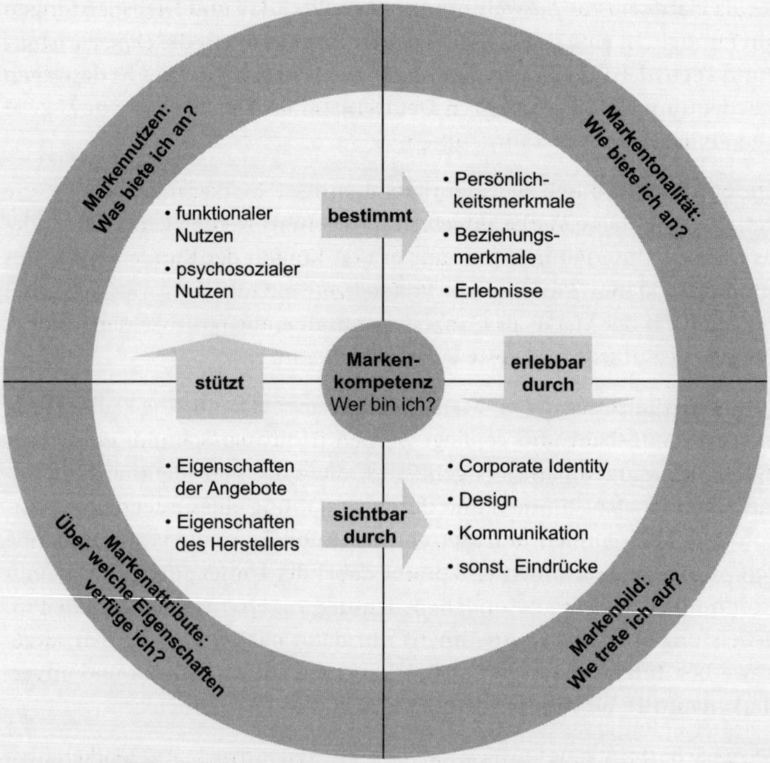


**Darstellung 99** Einflussfaktoren auf die Markenkompetenz

## Imagepolitik und Corporate Identity

Die Corporate Identity (CI) soll das bewusst angestrebte Erscheinungsbild (Selbstbild) eines Unternehmens formen. Das Fremdbild (Corporate Image) ist das tatsächliche Bild über ein Unternehmen und dessen Leistungsprogramm in den Köpfen der Verbraucher [Winkelmann 2000, S. 352f]. Die Unternehmensidentität ist die Grundlage für die Gestaltung und Ausführung der Kommunikationsinstrumente und vereinheitlicht somit das Firmenbild mit dem Marktauftritt. Den Zusammenhang zwischen Unternehmensimage und Unternehmensidentität zeigt Darstellung 100 [Winkelmann 2000, S. 353].

Das Image festigt sich jedoch nur langsam [Hofbauer/Hohenleitner 2005, S. 112f]. Es ist das Ergebnis vielfältiger Informationen und Eindrücke, die aus der Wahrnehmung von Kommunikation und Verhalten entstehen. Das Image ist wichtig, da es das Kaufverhalten der Kunden steuert und somit direkten Einfluss auf Marktanteile und die Wettbewerbsposition hat [Winkelmann 2000, S. 350f]. Daraus resultiert die Notwendigkeit, dass das Unternehmen ein sympathisches Bild in der Öffentlichkeit erzielen muss und dabei in seiner Gesamtheit alle persönlichen und unternehmensbezogenen Aktivitäten in einem einheitlichen Erscheinungsbild darstellt. Ein Unternehmen muss keine großen Imagekampagnen durchführen, um das Bild nach außen zu prägen, vielmehr gilt es,

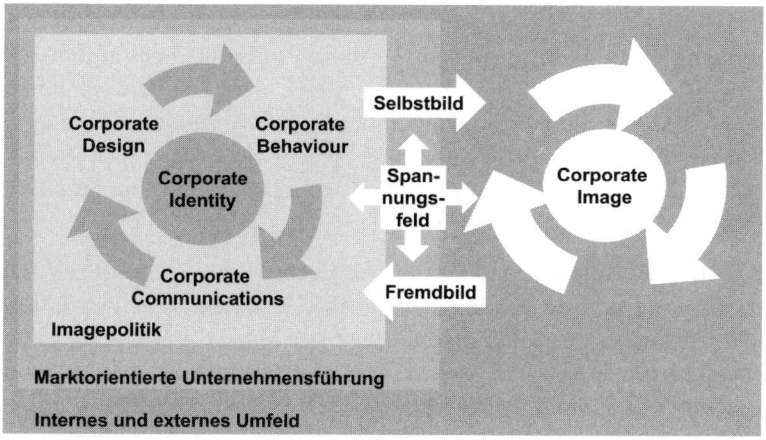


**Darstellung 100**
Zusammenhang zwischen Corporate Image und Corporate Identity

Corporate Design (CD), Corporate Behaviour (CB) und Corporate Communication (CC) zu einem glaubhaften und einheitlichen Ganzen zusammenzuführen.

Das *Corporate Design* standardisiert alle optischen Imagekomponenten. Eine Organisation ist durch visuelle Erkennungsmerkmale, wie z.B. das Logo, einfach zu erfassen. Indem eine Vereinheitlichung des Corporate Designs vorgenommen wird, kann der Wiedererkennungseffekt erhöht werden. Ein klares Identifikationsmerkmal ist ein starkes und wieder erkennbares Logo auf Produkten, dem Briefpapier, Visitenkarten und Verpackungen.

Das *Corporate Behaviour* bildet die in sich schlüssige und widerspruchsfreie Ausrichtung aller Verhaltensweisen der Mitarbeiter im Innen- und Außenverhältnis [Meffert 2000, S. 708]. Sie wird in Unternehmensleitsätzen festgelegt und muss stimmig sein. Verspricht ein Unternehmen z.B. Kundenorientierung, so muss es sich dementsprechend verhalten und darf z.B. Beschwerden nicht ignorieren.

Die *Corporate Communication* umfasst Standardisierungsregeln, welche die Kommunikationsbotschaften z.B. in der Öffentlichkeitsarbeit und in der Werbung oder Verkaufsförderung auf die gewünschte Unternehmens- oder Produktidentität hin abstimmen [Winkelmann 2000, S. 354]. Kommuniziert das Unternehmen regelmäßig und einheitlich, so kann die Wahrnehmung von außen gestärkt werden. Durch eine einmalige Standardisierung können Kosten für die Gestaltung der Kommunikationsmittel gesenkt werden.

**Die Kommunikationspolitik**

- **erhöht die Bekanntheit, stärkt die Wiedererkennung,**
- **aktiviert Marktpotenzial, differenziert vom Wettbewerb und**
- **stärkt die eigene Marktposition.**

### 11.1.6 Vertriebsorganisation und Vertriebssystem

Der Vertrieb nimmt eine Vielzahl von Aufgaben wahr und verfügt über ein umfangreiches vertriebspolitisches Instrumentarium. Als Schnittstelle zwischen Unternehmen und Kunden hat er zwei Aufgabendimensionen: mit der Kundengewinnung eine akquisitorische Dimension und mit der Verfügbarmachung der Güter eine logistische Dimension [Hofbauer/Hellwig 2012, S. 76]. Die Kundenorientierung steht bei allen Entscheidungen über das Vertriebssystem im Vordergrund.

Eine leistungsfähige *Vertriebsorganisation* muss diese Aufgabenstellungen bewältigen. Bei der Organisationsgestaltung müssen einige wichtige Aspekte beachtet werden [Kuhlmann 2001, S. 158]. So gilt es, die Unterschiedlichkeit der Märkte, Kundensegmente und deren Anforderungen in Betracht zu ziehen. Eine Optimierung der Organisation schafft die Voraussetzungen für einen flexiblen und wirtschaftlichen Vertrieb.

Darstellung 101 zeigt die Unterscheidung in Märkte für Konsumgüter und Investitionsgüter. Je nach Art der Märkte müssen verschiedene Formen des Vertriebs gewählt werden.

| Merkmale | Industriegütermärkte | Konsumgütermärkte |
|---|---|---|
| **Struktur der Bedarfsträger** | • geringe Anzahl<br>• großer durchschnittlicher Bedarf<br>• derivativer Bedarf<br>• Bedarfsträger einzeln bekannt | • große Anzahl<br>• geringer durchschnittlicher Bedarf<br>• originärer Bedarf<br>• Bedarfsträger nicht einzeln bekannt |
| **Verhalten der Bedarfsträger** | • großes Informationsbedürfnis<br>• umfangreiche Beschaffungsanstrengungen<br>• Fachleute (meist Gremien)<br>• formalisierte Entscheidungsfindung | • kaum Informationsbedürfnis<br>• eingeschränkte Beschaffungsanstrengungen<br>• normale Verwender, Laien<br>• keine formalisierte Entscheidungsfindung |
| **Art der angebotenen Leistung** | • Systemlösungen<br>• im Auftrag gefertigt<br>• enge Lieferanten-Kunden-Beziehung | • Einzelleistungen<br>• massengefertigte Leistungen<br>• lose Lieferanten-Kunden-Beziehung |

**Darstellung 101**
Unterscheidung zwischen Konsum- und Industriegütermärkten

Die Ausgestaltung der Vertriebsorganisation wird nicht nur vom bearbeiteten Markt beeinflusst, sondern auch vom Geschäftstyp. Als Geschäftstypen können das *Anlagengeschäft*, das *Produktgeschäft*, das *Zuliefergeschäft* und das *Systemgeschäft* unterschieden werden. Jeder dieser Geschäftstypen verfügt über eigene Charakteristika und Erfolgsfaktoren. Darstellung 102 beschreibt das Anlagengeschäft, Darstellung 103 das Produktgeschäft, Darstellung 104 das Zuliefergeschäft und Darstellung 105 das Systemgeschäft.

| Anlagengeschäft | |
|---|---|
| **Charakteristika** | • Einzelkunde und Einzeltransaktion (Beispiel: Kraftwerksprojekte), kein zeitlicher Kaufverbund<br>• aufwendige, attraktive und innovative Großprojekte mit hohen Umsatz- und Ertragschancen, aber auch hohen Risiken (Technik, Finanzierung, Bürgschaften, Politik, Wechselkurse, etc.)<br>• spezifische Kundenanforderungen und Kaufprozesse sowie internationale Organisation des Kunden, Customer Integration<br>• hohe Bedeutung der Vertragsgestaltung, Absicherung der ökonomischen Folgen spezifischer Investitionen<br>• Key Accounts, globaler Markt<br>• Personal Selling<br>• Projekte in neuen Leistungs- und Kundenfeldern, die Lernprozesse des Anbieters und Referenzen zur Markterschließung zum Ziel haben<br>• kleine Zahl von ähnlichen Projekten des Anbieters<br>• geringe Anzahl der Points of Sales<br>• Projektdauer: mehrere Jahre |
| **Kritische Erfolgsfaktoren** | • gezielter und individualisierter Vertriebsprozess nach Leistung und Kundenanforderungen<br>• Risikomanagement für Aufwand und Trefferchance einer Offerte<br>• kooperative, internationale Vertriebs- und Leistungskompetenz<br>• Referenzkunden und -installation<br>• leistungsfähige Serviceorganisation |

**Darstellung 102**
Charakteristika und kritische Erfolgsfaktoren des Anlagengeschäfts

| Produktgeschäft | |
|---|---|
| **Charakteristika** | • anonymer Markt, Marktsegment, Einzeltransaktion (Beispiel: Hochvakuumpumpen), kein zeitlicher Kaufverbund<br>• hoher Standardisierungsgrad der Produkte (Katalogware) bzw. zeitlich begrenzte Projekte<br>• bekannte Kundenanforderungen und Standardspezifikationen<br>• geringe Erklärungsbedürftigkeit der Produkte<br>• geringe oder keine spezifischen Investitionen<br>• Leistungen und Kundenansprüche durch die Niederlassung im entsprechenden Wirtschaftsgebiet abgedeckt<br>• große Anzahl von ähnlichen Leistungen und Projekten<br>• Single-Level Selling<br>• große Anzahl der Points of Sales<br>• Garantieaustausch oder Reparatur in der Niederlassung oder im Lieferwerk |
| **Kritische Erfolgsfaktoren** | • schlanker, optimierter u. standardisierter Vertrieb<br>• Kompetenz im Verkauf, kunden- und produktorientierter Verkauf<br>• hoher Lieferservicegrad<br>• Bereitstellung eines adäquaten internen Kommunikationssystems im Vertrieb<br>• effizienter Service |

**Darstellung 103**
Charakteristika und kritische Erfolgsfaktoren des Produktgeschäfts

| Zuliefergeschäft | |
|---|---|
| **Charakteristika** | • Einzelkunde und Einzeltransaktion, Kaufverbund (Beispiel: Automobilzulieferer)<br>• hohe Markttransparenz<br>• Einzelgeschäfte mit längerer Abwicklungsdauer, Lock-in-Effekt von Kunde und Lieferant<br>• spezifische Kundenanforderungen für Baugruppen (keine Katalogware), technologie- und preisgetrieben<br>• lokale Nähe zum OEM-Kunden im globalen Markt<br>• enges Zeitfenster (Window of Opportunity) für den Verkauf<br>• Personal Selling über alle Hierarchiestufen<br>• kleine Anzahl von ähnlichen Projekten seitens des Anbieters<br>• geringe Anzahl notwendiger Points of Sales<br>• Vertragsabwicklung über mehrere Monate bis Jahre<br>• After-Sales-Service: Garantieaustausch und Reparatur i.d.R. durch OEM-Kunden, direkter Austausch defekter Baugruppen |
| **Kritische Erfolgsfaktoren** | • gezielter und individualisierter Vertriebsprozess nach Leistung und Kundenanforderungen, extremes Eingehen auf Kundenwünsche<br>• Multi-Level Selling<br>• Risikomanagement für Aufwand und Trefferchance einer Offerte<br>• kooperative, internationale Vertriebs- und Leistungskompetenz<br>• Lieferstrategie: JIT<br>• elektronische Vernetzung mit dem OEM-Kunden: EDI u. EDIFACT<br>• Integralqualität und Null-Fehler-Lieferung |

**Darstellung 104**
Charakteristika und kritische Erfolgsfaktoren des Zuliefergeschäfts

| Systemgeschäft | |
|---|---|
| **Charakteristika** | • anonymer Markt, Kaufverbund (Beispiel: Betriebssysteme für Computer)<br>• Standardleistungen (Katalogware) im zeitlichen Kaufverbund<br>• bekannte Kundenanforderungen und Standardspezifikationen<br>• Lock-in-Effekt beim Kunden aufgrund Festlegung auf Systemarchitektur und technischer Nutzenverbundenheit<br>• Leistungen und Kundenansprüche durch die Niederlassung im entsprechenden Wirtschaftsgebiet<br>• Single-Level Selling<br>• große Anzahl von ähnlichen Leistungen und Projekten<br>• große Anzahl der Points of Sales<br>• Garantieaustausch oder Reparatur in der Niederlassung oder im Lieferwerk<br>• Verbundentwicklung für zukünftige Lösungen |
| **Kritische Erfolgsfaktoren** | • Überwinden der Vorbehalte von Kunden gegenüber der langfristigen Fixierung auf Systeme und Architekturen: Aufbau von Vertrauensverhältnissen<br>• schlanker, optimierter und standardisierter Vertrieb<br>• technische Kompetenz im Verkauf<br>• Referenzkunden und -installationen<br>• Erfüllungsgarantien und Konditionenzusicherungen für künftige Geschäfte |

**Darstellung 105**
Charakteristika und kritische Erfolgsfaktoren des Systemgeschäfts

Das *Vertriebssystem* muss sich nach Märkten, Produkten, Regionen, Absatzkanälen oder Kunden ausrichten, um der Effektivitätsbedingung zu genügen. Bei der Ausgestaltung der Vertriebsorganisation muss jedoch die Prozessorientierung immer berücksichtigt werden, um dem Aspekt der Effizienz Rechnung zu tragen.

Bei der Auswahl der *Absatzkanäle* spielen Faktoren wie Vertriebskosten, Distributionsgrad, Image des Absatzkanals, Aufbaudauer und Flexibilität sowie die Beeinflussbarkeit und Kontrollierbarkeit eine Rolle [Meffert 2000, S. 602f]. Abhängig von der gewählten Strategie können z.B. kostengünstige Absatzkanäle die Wertsteigerung fördern. Ein konsequentes Kostenmanagement und ein hohes Absatzvolumen begünstigen dies ebenso. Die Entscheidung wird nach Vorgaben der Produktpositionierung getroffen, um so die Konsistenz der Marketingstrategie zu gewährleisten.

Das Unternehmen kann zwischen *direktem* und *indirektem Vertrieb* entscheiden. Ein indirekter Vertrieb liegt dann vor, wenn Einzel- und/oder Großhändler – also Absatzmittler – in den Absatzweg eingeschaltet werden. Entscheidet sich ein Unternehmen für den direkten Vertrieb, so übernimmt es alle Vertriebsaufgaben selbst. Darstellung 106 zeigt mögliche Optionen der Vertriebsgestaltung [Kuhlmann 2001, S. 49].

| Herstellereigene Vertriebsorgane | Herstellerfremde Vertriebsorgane |
|---|---|
| • Geschäftsleitung<br>• Vertriebsabteilung<br>• Reisende/Außendienstmitarbeiter<br>• Internet/Call Center<br>• Kundendienst<br>• Verkaufsniederlassungen<br>• Verkaufsgesellschaften | • Handelsvertreter<br>• Kommissionäre<br>• Produktionsverbindungshandel<br>• Logistikunternehmen<br>• Intermediäre im Internet<br>• Call Center |

**Darstellung 106** Optionen der Vertriebsgestaltung

Entscheidungen in dieser Richtung sind meist langfristig angelegt und müssen sorgfältig vorbereitet werden. So ist eine Wahl zwischen direkten und indirekten Vertriebskanälen zu treffen. Jeder dieser Kanäle bietet Vorzüge, jedoch auch Einschränkungen, und beeinflusst z.B. die Möglichkeit der Kundenbindung, den Zugang zu Marktinformationen, die Flexibilität der Marktbearbeitung, die Marktpräsenz und den Grad der Kapitalbindung, usw. Es ist auch möglich, verschiedene Gestaltungsformen zu kombinieren, um ein individuelles Vertriebssystem zu formen. Die individuelle Unternehmenssituation bildet die Basis für die Entscheidung über das System [Hofbauer/Hellwig 2012, S. 96ff]. Darstellung 127 (Kapitel 11.2.1) enthält wichtige Prüfpunkte für die Auswahl von Vertriebspartnern.

Eine besondere Ausgestaltungsform des Vertriebes ist das *Key Account Management*. Hier werden besonders wichtige *Schlüsselkunden* individuell betreut, um die Geschäftsbeziehungen langfristig zu stabilisieren. Besonders Großkunden kommen in den Genuss dieser speziellen Betreuung, denen dadurch eine besondere Wertschätzung signalisiert wird. Dadurch wird aber auch Risikovorsorge getroffen, denn wenn ein Schlüsselkunde abwandern würde, hätte das weitreichende Folgen für die Zukunftsfähigkeit des Unternehmens. Entscheidet sich ein Unternehmen, seine Schlüsselkunden individuell zu betreuen, so sind folgende wichtige Entscheidungen zu treffen:

- Für welche Kunden wird ein Key Account Management aufgebaut?
- Welche Leistungen werden für die Key Accounts angeboten?
- Welcher Systematik unterliegt das Key Account Management?
- Welche Vertriebsmitarbeiter werden welchen Key Accounts zugeordnet?
- Wie wird das Key Account Management in die Organisation integriert?

Die Frage, für welche Kunden ein Key Account Management aufgebaut werden soll, wird von zwei Faktoren beeinflusst. Darstellung 107 enthält proaktive und reaktive Selektionskriterien für das Key Account Management und unterstützt das Unternehmen bei der Entscheidungsfindung.

| Proaktive Kriterien | Reaktive Kriterien |
|---|---|
| • wirtschaftliches Potenzial des Kunden<br>• hohe Bedeutung des Kunden<br>• spezielles Know-how des Kunden<br>• positives Image des Kunden | • Forderung des Kunden nach Key-Account-Status<br>• interne Probleme bei der Bearbeitung des Kunden |

**Darstellung 107** Selektionskriterien für das Account Management

Für das Controlling werden Kriterien herangezogen, welche die Eignung und Erfolgsträchtigkeit der Vertriebsorganisation und des Vertriebssystems prüfen. Um einen optimalen Fit zu erzielen, müssen die entsprechenden Planungen auf der Gesamtstrategie aufbauen und konsequent marktorientiert ausgerichtet sein. Erkenntnisse ergeben sich vor allem aus Umfeldanalysen, internen Analysen, Wettbewerbsanalysen und aus der Beurteilung von Chancen und Risiken. Ein starkes Vertriebssystem und eine exzellente Vertriebsorganisation stellen einen starken Wettbewerbsvorteil dar.

**Die Vertriebsorganisation und das Vertriebssystem**

- **richten das Unternehmen auf den Markt und die Kunden aus,**
- **bewerkstelligen die akquisitorische und logistische Aufgabe**
- **und sichern eine starke Wettbewerbsstellung.**

### 11.1.7 Integriertes Vertriebsmanagement

Das Vertriebsmanagement stellt einen wesentlichen Geschäftsprozess zur Wertgenerierung im Unternehmen dar. Eine effiziente Gestaltung der Vertriebsaktivitäten beeinflusst ebenso den Unternehmenswert wie die systematische Gestaltung und Pflege der Kundenbeziehung [Hofbauer/Hellwig 2012, S. 29]. Die Steigerung der Kundenwerte und des Unternehmenswertes durch ein systematisches Vertriebsmanagement stehen im Vordergrund. Im Controlling wird die Frage nach diesen Wertdimensionen gestellt.

Im Rahmen des *Customer Relationship Managements* soll der wirtschaftliche Erfolg durch wertschaffendes Management der Kundenbeziehungen gesteigert werden. Dem Vertriebsmanagement kommt die inhaltliche Gestaltung der CRM-Philosophie zu. Durch gezielte Akquisitions-, Kundenbindungs- und Rückgewinnungsmaßnahmen trägt das Vertriebsmanagement zur Steigerung des Unternehmenswertes bei. Der Ressourceneinsatz hängt dabei vom Wert des Kunden für das Unternehmen ab. Durch die Fokussierung auf die profitablen Kunden erhöht sich der langfristige wirtschaftliche Erfolg. Das professionelle Vertriebsmanagement ist ein wichtiger Hebel zur Differenzierung in gesättigten und konkurrenzintensiven Märkten.

Zu den Zielsetzungen des Vertriebsmanagements gehören [Rapp 2001, S. 47] die

- Identifikation zusätzlicher Geschäftspotenziale bei bestehenden Kunden, dabei erfolgt eine Fokussierung auf die profitablen Kunden, die
- Optimierung bestehender Kundenbeziehungen unter ökonomischen Gesichtspunkten und die
- Akquisition attraktiver Neukunden.

Voraussetzung für die Erreichung dieser Ziele sind zufriedene und loyale Kunden, die langfristig an das Unternehmen gebunden werden können. Auf diese Art und Weise werden die langfristigen Ziele der Gewinnsteigerung und der Zukunftsfähigkeit gesichert.

Damit die Ziele erreicht werden können, muss das Vertriebsmanagement auf die Erfordernisse des Marktes abgestimmt sein, flexibel genug, um auf Marktveränderungen schnell reagieren zu können, und selbstverständlich effizient organisiert. Das *integrierte Vertriebsmanagement* erlaubt eine Gestaltung des Vertriebs nach den oben genannten Kriterien, minimiert in jeder Phase das Risiko von ineffizientem Ressourceneinsatz und erhöht die Effizienz und die Rentabilität des Unternehmens. Die *Prozessorientierung* im Vertrieb leistet einen wesentlichen Beitrag zur Erfüllung der Kundenanforderungen. Die Vertriebsaktivitäten werden konsequent auf die Kunden ausgerichtet. Dabei wird der Fokus auf die wertschöpfenden Aktivitäten gelegt. Der Vertriebsprozess deckt die *Pre-Sales-*, die *Sales-* und die *After-Sales-Phase* in der Beziehung zum Kunden ab. Dieser Gesamtprozess kann in überschaubare und leicht zu steuernde Prozessphasen zerlegt werden. Diese Systematik ermöglicht es, den einzelnen Phasen Instrumente zuzuordnen und Ansatzpunkte und Erfolgsfaktoren herauszuarbeiten.

Darstellung 108 zeigt den Prozess des integrierten Vertriebsmanagements [Hofbauer/Hellwig 2012, S. 69f]. Dieser Prozess wird mit einer Controllingphase abgeschlossen.

Im Folgenden werden die einzelnen Prozessphasen kurz vorgestellt. Speziell wird auf die Elemente eingegangen, die besonderen wertsteigernden Charakter aufweisen. Eine umfangreiche Darstellung des Vertriebsprozesses findet sich bei Hofbauer/Hellwig [Professionelles Vertriebsmanagement, 2012]. Dieser Prozess ist als Vollversion speziell für das Industriegütermarketing entwickelt worden, kann aber mit geringfügigen Modifikationen auch für andere Branchen und Produkte Verwendung finden.

Ausgehend von der *Vertriebsstrategie*, welche von der Marketingstrategie abgeleitet ist, wird die organisatorische Planung vorgenommen. Die *Vertriebsorganisation* wird unter

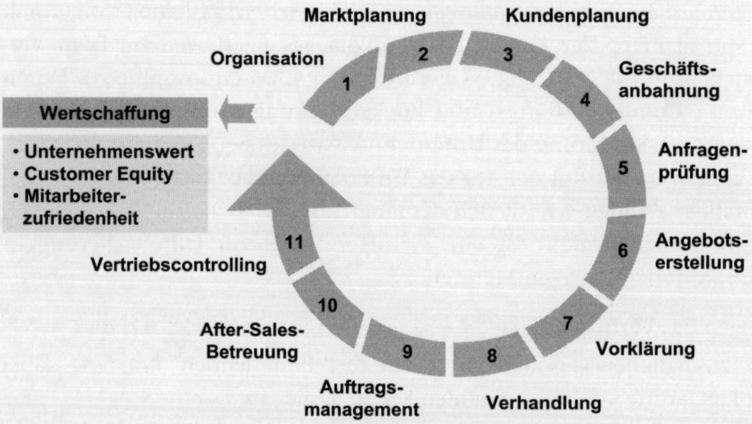


**Darstellung 108** Integriertes Vertriebsmanagement

den Gesichtspunkten der Kundenorientierung, Reaktions- und Innovationsfähigkeit und Prozesseffizienz ausgerichtet [Hofbauer/Hellwig 2012, S. 88]. Im Vertrieb sind die Qualifikation und Motivation der Mitarbeiter wichtige Faktoren, da Vertriebsmitarbeiter Umsatzverantwortung und somit auch Ergebnisverantwortung tragen. Ein kostenoptimaler Einsatz der Ressourcen im Vertrieb liefert einen Beitrag zur Rentabilität.

Im Rahmen der *Marktplanung* wird die Ausrichtung des Unternehmens und der strategischen Geschäftseinheiten verifiziert. Zunächst wird ein Marktprofil erstellt, um die Attraktivität auszuloten. Auf Basis der Grobsegmentierung erfolgt die Zielmarktfestlegung. In Abhängigkeit von Attraktivität und Bedeutung werden die Ressourcen auf die definierten Marktsegmente zugeteilt.

In der *Kundenplanung* werden für die verschiedenen Marktsegmente die passenden Akquisitionsstrategien festgelegt. Dies geschieht auf Basis der Feinsegmentierung und von Kundenbewertungen. Zur Kundenbewertung werden verschiedene Kriterien herangezogen und in Scoring-Modellen, Kundenportfolios oder Customer-Lifetime-Values verdichtet. Besonders hilfreich für die Erstellung von Kundenprofilen ist das Database-Marketing. Kundenprofile geben genaue Hinweise für die Ableitung von Maßnahmen zur Kundenbearbeitung. In der Vertriebsplanung werden diesen Maßnahmen Ressourcen für die Umsetzung zugewiesen.

In der Phase der *Geschäftsanbahnung* werden die Kommunikations- und Akquisitionsmaßnahmen genauer geplant und durchgeführt. Bei der Planung der Kontaktaufnahme werden Kommunikationsinhalte auf die Empfänger abgestimmt und die entsprechenden Kanäle und Instrumente ausgewählt. Als Ergebnis sollte in dieser Phase das Kundeninteresse in Form einer konkreten Anfrage generiert werden.

Die generierten Anfragen müssen einer *Anfragenprüfung* unterzogen werden, bevor weitere Ressourcen investiert werden. Nach Entgegennahme der Anfrage müssen die Kundensituation und speziell im Investitionsgütergeschäft auch die Informationsziele analysiert werden. Hierdurch können die tatsächliche Kaufabsicht und die Zahlungsfähigkeit hinterfragt werden. Auch die interne Prüfung auf Realisierbarkeit findet in dieser

Phase statt. Die genaue Bewertung der Anfragen ermöglicht schließlich die Selektion und Priorisierung der relevanten Anfragen.

Für die relevanten Anfragen werden Zielsetzungen definiert und die Projektierung eingeleitet. Die Lösungsfindung beinhaltet Terminplanung und Kapazitätsabgleich und schließt mit einer Angebotskalkulation. Vor allem im Anlagen- und Zuliefergeschäft bietet sich die Integration des Kunden in den Leistungserstellungsprozess an. Das Angebot umfasst nicht nur die Leistung und den Preis, sondern auch Liefer-, Zahlungs- und Gewährleistungsbedingungen.

An die *Angebotserstellung* schließt sich die Vorklärung an. Hier besteht während der Angebotspräsentation die Möglichkeit zur Klärung offener Punkte. Wichtig ist hier, dass in die Gesprächsvorbereitung alle situativen und kundenbezogenen Aspekte einbezogen werden. Die Art des Verkaufsgespräches muss dem Anlass entsprechen. Eine Vereinbarung über besprochene und abgeklärte Punkte schließt diese Phase ab.

In der Verhandlungsphase werden alle wesentlichen Leistungsbestandteile in einen konkreten Vertrag überführt. Die *Verhandlung* und Vereinbarung der Vertragsinhalte nimmt hier den größten Raum ein. Wichtig ist hier, dass die Verhandlungspartner die entsprechenden Entscheidungsbefugnisse haben und über Vertragstypen und Vertragsbestandteile Bescheid wissen.

Nach dem *Vertragsabschluss* erfolgt z.B. im Falle eines Produktgeschäftes die Lieferung, im Falle eines Anlagengeschäftes erfolgt erst das *Auftragsmanagement.* Bei allen Geschäftsarten geht es darum, die bestellte Leistung in der richtigen Menge, am richtigen Ort, zum richtigen Zeitpunkt, in der richtigen Qualität zu den richtigen Kosten zu liefern. Auftragsabwicklung, Beschaffung, Disposition, Leistungserstellung, Lieferung und Fakturierung müssen aufeinander abgestimmt sein. Eine besondere Aufgabe kommt dem Vertriebsmanagement nach der Lieferung zu, indem darauf geachtet wird, dass Forderungen möglichst zeitnahe in Liquidität umgewandelt werden. Hier empfiehlt sich die Implementierung eines Order-to-Cash-Programmes. Die Komponenten eines solchen Programms werden im nächsten Abschnitt (Darstellung 111) vorgestellt.

In der *After-Sales-Phase* ist es wichtig, den Kontakt zum Kunden weiter aufrecht zu erhalten. So kann man über die Analyse der Kundenzufriedenheit Hinweise auf Verbesserungen erhalten. Außerdem lässt sich das Potenzial für das Folgebedarfsmanagement leichter aufdecken. Verschiedene Möglichkeiten der After-Sales-Betreuung lassen sich über Kundendienst- und Servicemanagement realisieren. Das Beschwerdemanagement nimmt hier einen wichtigen Platz an der Schnittstelle zum Kunden ein.

Mit der nächsten Phase schließt sich der Kreislauf des Vertriebsmanagements. Das *Vertriebscontrolling* unterstützt die Unternehmensleitung bei der Lösung von Koordinations- und Anpassungsproblemen. Das operative Vertriebscontrolling koordiniert die einzelnen Vertriebsaktivitäten und gleicht diese im Hinblick auf übergeordnete Unternehmensziele aufeinander ab. Der Fortschritt und die Erfüllung der Erfolgskennziffern werden überprüft und die Maßnahmen werden im Hinblick auf die Zielerreichung gesteuert. Im strategischen Vertriebscontrolling werden zukünftige Potenziale und Chancen aufgedeckt, die einer Bearbeitung zugeführt werden müssen. Insgesamt betrachtet, werden im Vertriebscontrolling die Einflussgrößen für den Erfolg identifiziert und stabilisiert, um dadurch den langfristigen Erfolg zu sichern.

Durch die Prozessorientierung entsteht ein besseres Verständnis für die Zusammenhänge im Vertrieb, die Transparenz wird erhöht und Effizienz und Performance werden gesteigert. Dies sind wesentliche Voraussetzungen, um den Unternehmenswert zu steigern.

**Verkaufstrichter- und Lead-Management**

Eine spezielle Ausprägungsform des Prozessmanagements im Vertrieb stellen das Verkaufstrichter- und das Lead-Management dar. Dem Verkaufstrichter liegt die Überlegung zugrunde, dass die Masse der potenziellen Interessenten im Laufe der Intensivierung der Beziehung weiter qualifiziert und über die Phasen Geschäftsanbahnung, Anfragenprüfung, Angebotserstellung, Vorklärung und Verhandlung [vgl. Hofbauer/Schöpfel 2010, S. 208ff] wie in einem Trichter konzentriert wird.

Das Verkaufstrichter-Management, auch als Management des *Sales Funnel* oder der *Sales Pipeline* bezeichnet, ist ein systematisches und zielorientiertes Instrument zur Steuerung der Aktivitäten des vertriebsorientierten CRM [vgl. Henn 2007]. Mit dem Begriff *Lead-Management* bezeichnet man die systematische Neukundenbetreuung. Unter Leads versteht man aus Vertriebssicht aussichtsreiche und daher verfolgungswürdige Kontakte mit Interessenten. Die Aufgabe des Vertriebsmanagers besteht zuerst darin, aus der Fülle der möglichen Kontakte diejenigen auszuwählen, die den größten Erfolg versprechen. Die Lead-Qualifizierung unterstützt das Vertriebsmanagement, aus einer Vielzahl möglicher Kontakte die erfolgsversprechenden herauszuarbeiten.

Für das Lead-Management sind mehrere Schritte erforderlich [Winkelmann 2006, S. 311ff]:

Im ersten Schritt wird festgelegt, wie die Vertriebsverantwortlichen zu neuen Kontakten kommen können. Hierzu ist eine Kontaktstrategie für die gesamte Vertriebsorganisation zu erarbeiten, die unabhängig von dem Akquisitionsgeschick der einzelnen Mitarbeiter anwendbar ist. Mögliche Quellen zur Generierung neuer Interessenten durch die Kundenbetreuer können sein [Winkelmann 2006, S.312]:

- Ansprache von bekannten, wechselbereiten Kunden des Wettbewerbs
- Hinweise und Empfehlungen seitens Stammkunden und Lieferanten
- Rückgewinnung von inaktiven oder verlorenen Kunden
- Visitenkarten, Interessenten-Kartei/Datei
- Adressbücher, Verbandsadressen, Existenzgründer-Datei
- Kontaktsuche via Telemarketing (Call-Center-Aktionen)
- Kontaktsuche durch Direct Mails (Werbebriefe mit Antwortcoupon)
- Kontaktsuche über das Internet
- Kontaktsuche auf Fachmessen und Ausstellungen
- Kontaktsuche auf Fachtagungen, Workshops und Konferenzen
- Hinweise auf mögliche Kunden aus Fachzeitschriften oder aus der Werbung

Im zweiten Schritt sind die potenziellen Interessenten herauszufiltern, die einer genaueren Betrachtung und Bearbeitung unterzogen werden sollen, bzw. werden diejenigen ausselektiert, die aus Ressourcen- bzw. Kostengründen nicht mehr weiterverfolgt werden können.

Der dritte Schritt beinhaltet die Kontaktaufnahme mit den Leads. Aufgrund weiterer Informationen kann dann eine Kundenbewertung sowie eine Einschätzung der Erfolgsaussichten vorgenommen werden. Diese Bewertung entscheidet über weitere Investitionen in einen Lead, wie zum Beispiel Messeeinladungen, zukünftige Kundenbesuche, Telefonkontakte usw.

Im vierten Schritt erfolgen die Akquisitionsbemühungen anhand des Verkaufstrichters. Diesen Trichter gilt es so zu managen, dass von den Verkaufschancen, die hineinfließen, möglichst viele Aufträge herauskommen. Er ist Maßstab für die Leistungsfähigkeit einer Vertriebsorganisation und wird daher auch als Kräftespeicher bezeichnet. Darstellung 109 zeigt eine typische Darstellung eines Verkaufstrichters [Henn 2007, S. 35].

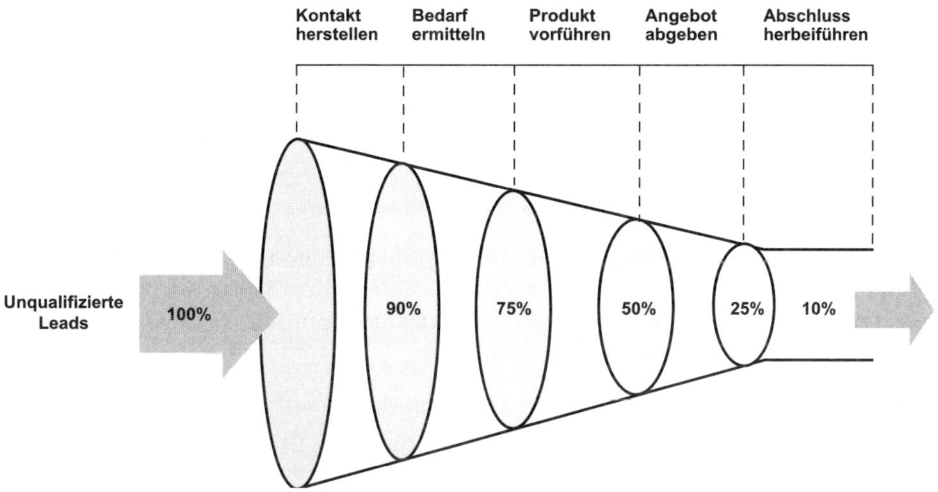


**Darstellung 109** Idealtypischer Verkaufstrichter

Im Verlauf dieser Trichterdarstellung ist zu erkennen, dass von den unqualifizierten Leads, die zu Beginn kontaktiert werden, nur ein kleiner Teil übrig bleibt, der zu Aufträgen führt. Viele Unternehmen geben sich mit einer geringen Kundenumwandlungsrate zufrieden. Bei einer Umwandlungsrate von 10% würde dies dazu führen, dass zum Beispiel aus 500 kontaktierten Leads 50 Aufträge resultieren. Wenn sich dann beispielsweise 50% Auftragsausfälle abzeichnen, dann müssten rasch Neukunden zur Kompensation akquiriert werden. In diesem Fall wären dann 250 neue Leads zu kontaktieren, um 25 Neukunden zu gewinnen. Probleme können dabei entstehen, wenn es gar nicht so viele potenzielle Interessenten gibt. Aber auch die Kosten der Lead-Generierung müssen betrachtet werden. Zudem stellt sich die Frage, was mit den „verlorenen" 225 Interessenten geschieht. Dem Controlling dienen zur Ursachenanalyse folgende Fragen:

- Aus welchen Gründen wurden diese Auftragschancen verloren?
- Welcher Wettbewerber hat diese Aufträge gewonnen?
- Was waren die ausschlaggebenden Faktoren?
- Mit welchem Aufwand hätte man die Aufträge gewinnen können?

Wichtige Hinweise zur Verbesserung des Lead-Managements erhält man, wenn man sich den Verkaufsprozess genauer ansieht. Darstellung 110 [vgl. Meyer/Davidson 2001, S. 656] zeigt verschiedene Stufen im Verkaufsprozess.

**Darstellung 110** Stufen im Verkaufsprozess

Durch die Analyse der Teilschritte kann das Controlling Schwachstellen und Verbesserungspotenziale aufzeigen. Der Vergleich der verschiedenen Erfolgskennziffern (EKZ) im Zeitablauf (Längsschnittanalyse) oder mit anderen Vertriebsbereichen (Querschnittanalyse) lässt sehr schnell Verbesserungsmöglichkeiten aufdecken.

Die früheste und wesentliche Stellgröße für den Erfolg ist die konsequente Vorqualifizierung der Leads und die gezielte Ansprache von Zielkunden. Hier ist wichtig, dass man aus der Marktplanung heraus die Kunden sorgfältig identifiziert und die Kunden entsprechend ihrer Erfolgsaussicht priorisiert.

Neben der Vorqualifizierung stellt die Planung des Verkaufsprozesses einen wesentlichen Bestandteil der Kundenplanung für Neukunden dar. Am Beginn der Neukundensuche sollte eine Betrachtung stehen, die potenzielle Neukunden einer umfassenden Analyse unterzieht. Die Analyse- und Controllingdimensionen dieser Betrachtung sind [vgl. Winkelmann 2008, S. 311f]:

- *Potenzialdimension*
  Die Kundenplanung analysiert den Kunden im Hinblick auf Einkaufspotenziale, Lieferanteile und Gewinnbeiträge.
- *Partnerdimension*
  Hier geht es um die rein geschäftliche Beziehung ohne persönliche Komponente. Der gegenseitige Wertschöpfungsbeitrag sollte im Mittelpunkt stehen, auch wenn Personen wechseln.
- *Branchendimension*
  Der Kunde ist Teil eines Marktes oder Marktsegmentes. Im Rahmen der Marktplanung müssen Wettbewerbsverhältnisse und Marktentwicklungstendenzen (mengen- und preismäßig) erfasst und deren Auswirkungen in der Kundenplanung auf einzelne Kunden ermittelt werden.

- *Zeitdimension*
  Der Kundenstatus ist dynamisch zu betrachten, vom Interessenten bis hin zum Stammkunden müssen statusadäquate Maßnahmen geplant werden.
- *Persönlichkeitsdimension*
  Dabei geht es um die gegenseitige persönliche Wertschätzung der am Transaktionsprozess beteiligten Personen.
- *Netzwerkdimension*
  Für den Vertrieb ist wichtig zu wissen, wer in der Organisation des Kunden an welcher Stelle welche Rolle (Buying Center) für den Kauf spielt.
- *Rechtsdimension*
  Der Kunde als Rechtspersönlichkeit ist wichtig für die Rechtsverbindlichkeit.
- *Abrechnungsdimension*
  Der Kunde muss als Kundennummer erfasst und Geschäftsprozesse müssen installiert sein, damit Transaktionen stattfinden können.

Für die Implementierung und das Controlling einer systematischen und zielorientierten Vorgehensweise sind folgende Punkte zu beachten [Winkelmann 2008, S. 312]:

1. Bei der Kundenplanung muss klar sein, wie die Vertriebsverantwortlichen neue Interessenten identifizieren und nach welchen Kriterien diese bewertet werden. Die Strategie für die anschließende Phase der Geschäftsanbahnung muss einheitlich für die gesamte Vertriebsorganisation gelten.
2. Die darauf folgende Vorqualifizierung wird durch die Lead-Generierung vorgenommen. Für die Allokation der Ressourcen ist es empfehlenswert, vor der Investition in Kunden Kriterien festzulegen, in welche Kunden mit welchen Erfolgsaussichten investiert werden soll. Auf Basis dieser Überlegungen werden für die Phase der Geschäftsanbahnung die einzelnen Maßnahmen des kommunikativen CRM (Mailing, Telefonkontakt, Kundenbesuche) festgelegt [vgl. Hofbauer/Schöpfel 2010, S. 160ff].
3. Die Durchführung, Steuerung und Analyse der Kundenbearbeitung erfolgt mit dem Verkaufstrichter. In diesen Trichter fließen viele Verkaufschancen hinein, von denen möglichst viele als Aufträge herauskommen. An dieser Relation lässt sich die Leistungsfähigkeit des Vertriebes ablesen.

**Das integrierte Vertriebsmanagement**

- **gewährleistet eine effiziente Vertriebssteuerung,**
- **fokussiert profitable Kunden und Zukunftspotenziale,**
- **steigert Gewinne und sichert die Zukunftsfähigkeit.**

### 11.1.8 Forderungsmanagement

Eine besonders wichtige Aufgabe kommt dem Vertrieb mit dem Forderungsmanagement zu, denn die Liquidität bestimmt die Zahlungsfähigkeit und damit die Zukunftsfähigkeit eines Unternehmens. Aus diesem Grund müssen Mittelzuflüsse an das Unternehmen stets gesichert werden. Dies ist nur dann sichergestellt, wenn die Kunden auch ihre Rechnungen bezahlen. Im Vertriebsmanagement müssen Liquiditätsrisiken bereits vor Vertragsabschluss berücksichtigt werden. Nach Lieferung und Leistung gehört es zum Aufgabengebiet des Vertriebes, darauf zu achten, dass die Kunden den vereinbarten Kaufpreis zur rechten Zeit begleichen. Ein funktionierendes Forderungsmanagement ist ein unternehmensinternes Frühwarnsystem.

Das generelle Ziel des Forderungsmanagements liegt darin, die Liquiditätslage zu verbessern. Folgende Aufgaben leiten sich daraus ab:

- Zahlungsausfälle zu vermeiden
- die Zeit bis zum Zahlungseingang zu verkürzen
- hohe Außenstände abzubauen

Um diese Aufgabe erfüllen zu können, muss ein Forderungsmanagementsystem etabliert und in die bestehenden Unternehmensabläufe integriert werden [Huber 2005, S. 11f]. Dabei sollten die Elemente fristgerechte Rechnungsstellung, Fälligkeitskontrolle und organisiertes Mahnwesen effizient in die Betriebsstruktur und deren Kommunikation eingearbeitet sein. Entlang des Vertriebsprozesses bedeutet dies, dass bereits im Vorfeld der Geschäftsanbahnung, in der Vertragsanbahnung, in der Vertragsgestaltung, in der Überwachung der Vertragsdurchführung, bei bestehenden Forderungen sowie im Stadium der Forderungsbeitreibung konsequentes Forderungsmanagement betrieben wird.

| | |
|---|---|
| **differenzieren** | • Werden Zahlungssicherheiten kunden- und länderspezifisch ausgewählt?<br>• Existiert ein enger Kontakt zu wichtigen Kunden?<br>• Wird die Vertragsgestaltung an die Art des Kunden und das Risiko des Geschäftes angepasst? |
| **standardisieren** | • Sind die Zahlungsbedingungen standardisiert?<br>• Sind standardisierte Prozesse installiert? |
| **eliminieren** | • Sind die Mahnzyklen verkürzt?<br>• Werden großzügige Skonti und Zahlungsziele abgebaut?<br>• Wird der Forderungsbestand systematisch bereinigt? |
| **integrieren** | • Gibt es ein integriertes Auftragsabwicklungssystem?<br>• Werden Kriterien aus Geldeingang und Forderungsbestand in den Incentives der Vertriebsmitarbeiter berücksichtigt?<br>• Existiert ein Verfahren zur schnellen Klärung von Problemen, die zur Einbehaltung von Zahlungen führen? |
| **kontrollieren** | • Gibt es regelmäßige Berichte über Forderungsbestände, Days-Sales-Outstandings, Altersstruktur und Reklamationen?<br>• Werden unberechtigt in Anspruch genommene Skonti zurückgefordert?<br>• Werden mahnsperrende Forderungen konsequent analysiert und abgearbeitet? |

**Darstellung 111** Komponenten des Order-to-Cash-Programms

Mit einem *Order-to-Cash-Programm* (OTCP) kann eine generelle Verbesserung der Zahlungsabwicklung und Forderungseintreibung erreicht werden. Darstellung 111 [Hofbauer/Hellwig 2012, S. 315] zeigt die Komponenten dieses Programms, um die Aufträge zeitnah in Liquidität zu transformieren.

### Risikomanagement im Vorfeld der Geschäftsanbahnung

Ein effektives Forderungsmanagement erkennt Risiken einer Geschäftsbeziehung möglichst frühzeitig und schätzt die Wahrscheinlichkeit von Verlusten und Forderungsausfällen richtig ein. Dabei übernimmt das Risikomanagement vor allem die Aufgaben der Risikoanalyse und der Risikokalkulation. Die Risikoanalyse beschäftigt sich mit der Identifikation des Risikos und seiner Ursache sowie der Bewertung des Risikos. In der anschließenden Risikokalkulation werden mögliche Auswirkungen erfasst und eingeschätzt. Das Forderungsmanagement beurteilt somit alle Risiken hinsichtlich der Wahrscheinlichkeit des Schadenseintritts und der Höhe des Schadens. Es sollen alle möglichen Risiken frühzeitig erkannt und minimiert werden. Gegenstand der Entscheidung ist, ob und welche Risiken überhaupt eingegangen werden, bzw. in welcher Form sie abgesichert werden sollten [Huber 2005, S. 25f].

### Forderungsmanagement in der Vertragsanbahnung

Einen wesentlichen Aspekt im Rahmen der Vertragsanbahnung stellt aus der Sicht des Forderungsmanagements die Auswahl der Geschäftspartner dar. Besonders bei großen Wertdimensionen ist dies von Bedeutung. In diesem Zusammenhang spielt auch die *Anfragenprüfung* im Rahmen des integrierten Vertriebsmanagements eine wichtige Rolle. Bei der Prüfung der Anfragen werden nicht nur die Beweggründe des potenziellen Kunden zur Anfrage untersucht, sondern auch die Situation des Kunden und seine Zahlungsfähigkeit analysiert [Hofbauer/Hellwig 2012, S. 212f]. Von erheblicher Bedeutung ist die Rechtsform des jeweiligen Geschäftspartners. Daraus lassen sich Informationen über die Vermögenslage und das Haftungskapital gewinnen, auf welches im Fall einer späteren Forderungsbeitreibung zurückgegriffen werden kann [Huber 2005, S. 61f]. Wichtig sind außerdem Hinweise über *Bonität*, Zahlungsverhalten und Zahlungswilligkeit des potenziellen Kunden. Mögliche Informationsquellen sind in Darstellung 129 bei den Tools am Ende dieses Kapitels aufgezeigt.

Die gewonnenen Informationen müssen anschließend analysiert und bewertet werden. Die Daten sollten nun in das betriebsinterne Risikomanagement integriert werden, damit eine Entscheidung für einen Geschäftsabschluss getroffen werden kann.

### Forderungsmanagement in der Vertragsgestaltung

Der abzuschließende Vertrag ist im Hinblick auf die Bezahlung und Sicherung der Forderungen möglichst präzise abzufassen. Hier dürfen keine Fehler unterlaufen, da diese im Fall einer späteren Auseinandersetzung schwerwiegende Folgen haben könnten. Aus diesem Grund ist die Vertragsgestaltung umfassend vorzubereiten und die Inhalte müssen detailliert abgefasst werden [vgl. Hofbauer/Hellwig 2012, S. 272]. Neben den Mindestbestandteilen über Vertragsparteien, Vertragsgegenstand und Preis usw. sind im Hinblick auf das Forderungsmanagement speziell die Zahlungsbedingungen, Fälligkeiten, Sicherungsabreden und konkrete Regelungen bei Leistungsstörungen zu treffen.

Das Unternehmen selbst muss auf eine korrekte Rechnungsstellung Wert legen. Die erhaltene Rechnung wird in der Regel vom Kunden geprüft, bevor sie zur Zahlung angewiesen wird [May/Fuß/Dürr 2002, S. 400]. Sind die Angaben einer Rechnung nicht korrekt, so verzögert sich die Zahlungsanweisung oder der Kunde kürzt seine Rechnung.

Im Sinne des Forderungsmanagements sollte die Zahlung des vereinbarten Entgelts gesichert werden. Hierzu stehen verschiedene Möglichkeiten zur Verfügung. Instrumente zur vertraglichen Absicherung von Forderungen sind Eigentumsvorbehalt, Sicherungsübereignung, Verpfändung, Forderungsabtretung, Bürgschaft, Garantie und Grundpfandrechte. Neben diesen Möglichkeiten zur Forderungsabsicherung spielen auch die vertraglich vereinbarten Zahlungsversicherungen oder Vorauszahlungen eine große Rolle. Beim Controlling sollten die Bonität des Geschäftspartners, die üblichen Zahlungsgepflogenheiten der jeweiligen Branche, politische Rahmenbedingungen im internationalen Geschäftsverkehr und die Interessenlage bzw. Verhandlungsstärke der Vertragsparteien berücksichtigt werden.

**Überwachung bei bestehenden Forderungen**

Auch bei hinreichender vertraglicher Absicherung besteht die Notwendigkeit, den Zahlungsverkehr einer etablierten Geschäftsbeziehung zu kontrollieren, um mögliche *Forderungsausfälle* frühzeitig zu erkennen und abwenden zu können. Der Forderungsbestand eines Unternehmens verursacht immer Finanzierungs- und Verwaltungskosten und unterliegt möglicherweise sogar der Gefahr des Kapitalverlustes. Hohe Forderungsbestände können zu Liquiditätsproblemen führen und können die Existenz des Unternehmens bedrohen. Gefährdet sind vor allem mittelständische Unternehmen und Existenzgründer. Nach einer Untersuchung der deutschen Bundesbank macht der durchschnittliche Forderungsbestand deutscher Unternehmen etwa dreißig Prozent der Bilanzsumme aus. Das Forderungsmanagement kann bei einer systematischen Kontrolle schnell passende Sicherungsmaßnahmen einleiten. So können z.B. unbegründete Mängeleinreden ein Indiz dafür sein, dass sich beim Schuldner eine Krise anbahnt. Auch ein überhöhter Skontoabzug oder das Einreichen nicht gedeckter Schecks können Anzeichen für Probleme sein.

**Forderungsmanagement im Stadium der Forderungsbeitreibung**

Wenn der Schuldner Forderungen nicht fristgerecht begleichen kann, dann befindet er sich im *Zahlungsverzug* und es droht ein Forderungsausfall. In dieser Situation sollte der Gläubiger versuchen, den Schaden durch geeignete Maßnahmen zu minimieren [Huber 2005, S. 239f]. Aufgabe des betrieblichen Mahnwesens ist es, die ausstehenden Beträge einzutreiben. Durch Mahnschreiben wird versucht, den Schuldner dazu zu bewegen, seiner Zahlungsverpflichtung nachzukommen [May/Fuß/Dürr 2002, S. 155]. Hierbei handelt es sich um eine rechtsgeschäftliche Handlung in Gestalt einer nicht formbedürftigen, einseitigen, empfangsbedürftigen Erklärung, die nach Fälligkeit erfolgen muss [Huber 2005, S. 240]. Eine Zahlungsaufforderung muss enthalten sein. Für das betriebliche Mahnverfahren existiert kein starrer Ablauf, somit können Vorgehen und Ablauf im Mahnrhythmus variiert werden. Reagiert der Schuldner auf die Mahnung(en) nicht, so kann der Gläubiger gerichtliche Hilfe in Anspruch nehmen und einen Antrag auf Erlass eines Mahnbescheides stellen. Durch das gerichtliche Mahnverfahren kann in der Regel auf einfache, schnelle und Kosten sparende Weise eine offene Forderung eingetrieben werden [May/Fuß/Dürr 2002, S. 159].

Die Vorteile des vorsorgenden Forderungsmanagements, welches bereits bei Vertragsanbahnung auf eine wirksame Absicherung der Forderung achtet, liegen auf der Hand. Schon bevor eine vertragliche Bindung mit dem Kunden eingegangen wird, wird das Risiko des Forderungsausfalls analysiert. Durch gutgläubiges Vertrauen auf den späteren Willen und die wirtschaftliche Fähigkeit des Schuldners zum Forderungsausgleich können dem Unternehmen Liquiditätseinbußen entstehen. Ein umfassendes Forderungsmanagement bewertet potenzielle Kunden hinsichtlich ihrer Zahlungsfähigkeit und trifft schon während der Geschäftsanbahnung Vorsorgemaßnamen im Hinblick auf das Forderungsmanagement.

**Das Forderungsmanagement**

- **ist integraler Bestandteil des Risikomanagements,**
- **trägt dazu bei, Zahlungsausfälle zu vermeiden, und**
- **verbessert die Liquidität des Unternehmens.**

### 11.1.9 Kundendienstmanagement

Ein modernes Kundendienstmanagement umfasst viel mehr als Reparatur oder Umtauschservice von Produkten. Ein professionelles Kundendienstmanagement ist wichtig, um sich vom Wettbewerb differenzieren zu können und Vertrauen bei den Kunden zu gewinnen. Das Kundendienstmanagement kann ein enormes Potenzial zur Generierung von Wettbewerbsvorteilen erschließen. Eine optimale Gestaltung des Kundendienstes umfasst speziell abgestimmte Strategien, Komponenten und Prozesse [Hofbauer/Rau 2011], die einem Controlling unterzogen werden müssen, damit die Wettbewerbsvorteile erzielt, gehalten und ausgebaut werden können.

**Darstellung 112** Der Kundendienstmanagement-Cycle

An die Durchführung von Kundendienstleistungen werden hohe Anforderungen gestellt. Damit diese Anforderungen erfüllt werden können, ist es erforderlich, dass die Tätigkeiten in einem optimierten Arbeitsablaufprozess gestaltet, gelenkt und optimiert werden. Zur Durchführung der Aufgaben im Kundendienstmanagement sind verschiedene Aufgabenpakete zu erledigen. Eine systematische Anordnung dieser Aufgaben zeigt Darstellung 112 [Hofbauer/Rau 2011, S. 41].

Für die Optimierung des Kundendienstmanagementprozesses ist eine konsequente Steuerung über Ziele und Erfolgskennzahlen erforderlich. Ohne Zielsetzung ist kein Controlling möglich. Es ist daher unerlässlich, durch Ziele einen Erfolgsmaßstab zu setzen. Eine sinnvolle Zielsetzung im Kundendienst ist beispielsweise die Kundenzufriedenheit, wobei das Oberziel stets die langfristige Erfolgssicherung ist. Zielformulierungen sollten dabei nach Inhalt, Ausmaß und Zeit erfolgen, um eine Überprüfung der Zielerreichung zu ermöglichen. Neben quantitativen sollten auch qualitative Zielgrößen berücksichtigt werden. Darstellung 113 gibt einen Überblick über mögliche Zielgrößen [vgl. Hofbauer/Hellwig 2009, S. 308].

| Qualitative Zielgrößen | Quantitative Zielgrößen |
|---|---|
| • Kompetenz, Mitarbeiterqualifikation<br>• Markteinfluss<br>• Image, Ansehen<br>• Mitarbeiterzufriedenheit<br>• Kundentreue<br>• Kundenbindung | • Auftragseingänge<br>• Umsatzerlöse<br>• Kosten<br>• Ergebnisse, Gewinne<br>• Marktanteile<br>• Reklamationsquote<br>• Service-Grad (Schnelligkeit, …) |

**Darstellung 113** Qualitative und quantitative Zielgrößen im Kundendienst

Eine der Teilaufgaben des Controllings liegt in der Unterstützung der Planung auch für den Bereich des Kundendienstmanagements. Hier erfolgt die schriftliche Fixierung der angestrebten Ziele durch Erfolgskennzahlen. Bei der Planung sollten alle Ziele beleuchtet und deren Umsetzung strategisch und operativ-taktisch geprüft werden.

Im Allgemeinen lassen sich Erfolgskennzahlen durch die Informationsbasis unterscheiden. So gibt es Leistungs-, Ressourcen-, Kosten- und Investitionskennzahlen [vgl. Darstellung 114, Czenskowsky 2007, S. 378f]. Leistungskennzahlen beziehen sich im Wesentlichen auf den erreichten Output in Form von Erlösen oder Kundenaufträgen. Ressourcen sind der Input, zum Beispiel in Form von Mitarbeitern und Material. Kosten und Investitionen stellen wiederum die Bewertung des Ressourceneinsatzes dar. Durch Verknüpfungen werden aussagefähige Kennzahlen möglich.

Nach der Planung der Maßnahmen zur Zielerreichung erfolgt deren Umsetzung. Bei der Planung der Kundendienstmaßnahmen und nach der Umsetzung wird ein Soll-Ist-Vergleich durch eine Gegenüberstellung der Plan- und Ist-Werte der Erfolgskennzahlen durchgeführt. Je nach Dringlichkeit und Wichtigkeit erfolgt dies in bestimmten zeitli-

| Leistungen | Ressourcen | Kosten | Investitionen |
|---|---|---|---|
| Welche Leistungen erbringt der Kundendienst? | Welche Ressourcen sind zum Erbringen der Leistung notwendig? | Wie teuer ist der zur Leistungserbringung nötige Ressourcen-einsatz? | Welche Investitionen müssen getätigt werden, um das Leistungsniveau des Kundendienstes zu halten bzw. aus-zubauen? |

**Darstellung 114** Leistungssäulen von Kennzahlensystemen

chen Abständen (täglich, monatlich, quartalsweise). Abweichungen können auf diese Art zeitnah analysiert werden, damit entsprechende Gegensteuerungsmaßnahmen ergriffen werden können. Somit kann durch rechtzeitige Abweichungsanalyse zeitnah gegengesteuert werden, damit die gesteckten Ziele doch noch erreicht werden können.

**Das Kundendienstmanagement**
- **erschließt Potenziale zur Wertschaffung,**
- **sichert die Kundenzufriedenheit ab und**
- **generiert Wettbewerbsvorteile.**

# 11.2 Marketing und Vertrieb: Hilfsmittel zur Umsetzung

## 11.2.1 Marketing und Vertrieb: Tools

### Checkliste für die Marketingkonzeption

Marketing als markt- bzw. kundenorientierte Unternehmensführung lässt sich nur konsequent umsetzen, wenn dem unternehmerischen Handeln eine schlüssig abgeleitete, unternehmensindividuelle Marketingkonzeption zugrunde gelegt wird. Der Marketingplan konkretisiert die Schritte der unternehmerischen Vorgehensweise mit Inhalten und zeigt auf, welche Instrumente zum Einsatz kommen, um die geforderten Entscheidungsinhalte zu erhalten.

Darstellung 115 [vgl. Hofbauer/Sangl 2011, S. 381] zeigt in prägnanter Form die Inhalte einer Marketingkonzeption anhand des Marketingplanes.

| Schritt | Inhalte | Instrumente |
|---|---|---|
| 1. Geschäftsanalyse | • Umfeld<br>• Märkte<br>• Absatzwege<br>• eigenes Unternehmen<br>• Wettbewerb<br>• Technologie<br>• Kompetenzen | • eigene Untersuchung<br>• Wettbewerbsanalyse<br>• Identifikation von Erfolgs-faktoren<br>• SWOT-Analyse<br>• Segmentierung<br>• Portfolioanalyse |
| 2. Prognose | • Abschätzung der Zukunft<br>• Szenarioanalyse<br>• strat. Richtung festlegen<br>• zukunftsorientiertes Denken | • Wahrscheinlichkeits-analyse<br>• Szenariotechnik |
| 3. Chancenidentifikation | • Identifikation<br>• Erstellung einer Liste<br>• Analyse der Chancen<br>• Priorisierung | • Ergebnis der Schritte 1 und 2<br>• Methoden der Ideenfin-dung<br>• Akzeptanztests |
| 4. Festlegung der Ziele | • Marktentwicklung<br>• Marktanteil<br>• Umsatz und Gewinn<br>• Innovation<br>• Investitionsniveau | • Unternehmensstrategie und -plan<br>• Ergebnis der Schritte 1 bis 3 |
| 5. Strategieableitung | • Leistungsprogramm<br>• Leistungsgestaltung<br>• Zielgruppenprogramm und -bearbeitungsstrategie<br>• Positionierung<br>• Kommunikation<br>• Absatzkanäle/-förderung<br>• internes Marketing<br>• Rentabilität | • Analyse des Leistungs-programms<br>• Marken-Portfolioanalyse<br>• Überwachung der Strategie |
| 6. Planentwicklung | • Pläne zur Strategie-unterstützung<br>• Entwicklungsprojekte<br>• Meilensteine<br>• Bewertung der Pläne | • Zusammenfassen der Aktivitäten |
| 7. Ergebniskontrolle | • Überwachung der Plan-einhaltung<br>• Zeitplan zur Überwachung | • Überprüfung |

**Darstellung 115** Checkliste für den Marketingplan

## Segmentierungsprozess

Voraussetzung für die Marktorientierung ist die Erfassung des Marktes und die Identifikation der verschiedenen Marktsegmente. In Darstellung 116 [Meyer/ Davidson 2001, S. 367] ist der Ablauf des Marktsegmentierungsprozesses aufgezeigt. Dieser wird schrittweise durchlaufen und die herangezogenen Daten werden immer weiter verdichtet. Schließlich erfolgen eine Bewertung der Segmentattraktivität und die Strategiebildung für die gewählten Segmente. Der Segmentierungsprozess bildet die Grundlage für alle Marketingaktivitäten; er dient beispielsweise dem Vertrieb zur Priorisierung bei der Kundenakquisition und dem Marketing bei der Positionierung von Produkten.

| Schritt | Inhalt |
|---|---|
| **Schritt 1** | **Identifikation der zu segmentierenden Bereiche** |
| | • Welche Markt- oder Kundendefinition wird zugrunde gelegt?<br>• Welche Begründung gibt es dafür? |
| **Schritt 2** | **Grobsegmentierung** |
| | • Hauptsegmente auf der Grundlage vorliegender Forschungsergebnisse und Marktkenntnisse herausfinden<br>• Angeben, welche Forschungsprojekte durchgeführt werden müssen, um Wissenslücken zu schließen<br>• Einteilung kontinuierlich verbessern, wenn mehr Informationen vorliegen |
| **Schritt 3** | **Feinsegmentierung:<br>Einsatz verschiedener Segmentierungskriterien** |
| | • Segmenttypen entwickeln und durch die Verwendung verschiedener Segmentierungskriterien beschreiben |
| **Schritt 4** | **Bewertung der Segmentattraktivität** |
| | • Kriterien zur Bewertung von Markt, Absatzwegen und Kunden festlegen<br>• Strategien und endgültige Prioritäten für die Segmente festlegen und einen Maßnahmenplan entwickeln |
| **Schritt 5** | **Differenzierungsgrad der Marktbearbeitung** |
| | • Grad der Differenzierung und Grad der Marktabdeckung festlegen<br>• Marktbearbeitungsstrategien entwickeln |
| **Schritt 6** | **Laufende Überprüfung der bestehenden Segmentierung** |
| | • aktuelle Marktsegmentierung laufend überprüfen<br>• Handlungsoptionen für die Veränderung der Zielgruppenprogrammstruktur erarbeiten |

**Darstellung 116** Marktsegmentierungsprozess

### Positionierungsmodell

Durch die Produktpositionierung wird festgelegt, wie ein bestimmter Wettbewerbsvorteil bei einer bestimmten Kundengruppe erzielt werden soll. Ausgehend von den kaufrelevanten Eigenschaften, welche für eine Kaufentscheidung besonders von Bedeutung sind, kann ein Positionierungsmodell entwickelt werden [Meyer/Davidson 2001, S. 476f]. In diesem Modell lassen sich nun die individuellen Kundenerwartungen an ein Produkt (Idealpunkt) und die real wahrgenommenen Eigenschaften der eigenen Produkte und der Konkurrenzprodukte in einem mehrdimensionalen Merkmalsraum darstellen. Darstellung 117 zeigt ein Positionierungsmodell mit zwei Dimensionen und drei Segmenten [Meyer/Davidson 2001, S. 477].

Ähnliche Erwartungen an Produkte werden zu Segmenten zusammengefasst und die räumliche Entfernung zwischen Produktposition und idealer Position gibt Aufschluss über die Kaufwahrscheinlichkeit. Genauso lässt sich die Differenzierungsfähigkeit der eigenen Leistung zum Wettbewerb ermitteln. In Abhängigkeit von der Marktdynamik kann sich die Positionierungsstrategie ändern. Die Marktposition wird beibehalten, wenn ein Konkurrenzvorteil besteht und die Zielgruppe aktuell und zukünftig als wirt-

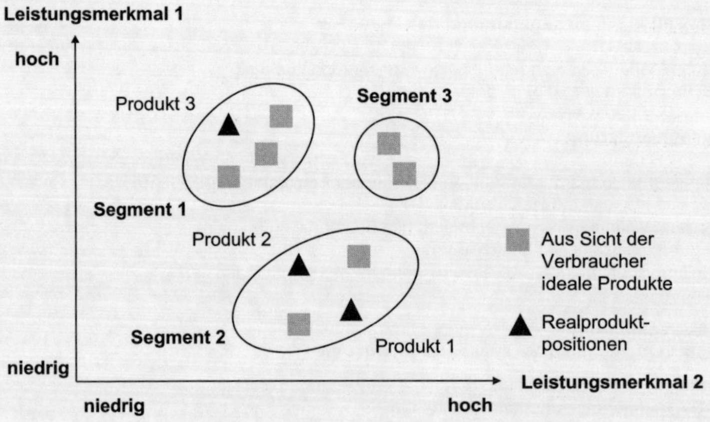


**Darstellung 117** Positionierungsmodell

schaftlich tragfähig eingeschätzt werden kann [Kuß/Tomczak 2002, S. 166f]. Eine Umpositionierung erfolgt, wenn das Marktsegment schrumpft und die unternehmerischen Wachstums- und Ertragsziele nicht mehr realisierbar sind. Ist die bearbeitete Zielgruppe wirtschaftlich nicht mehr interessant und besteht kein Wettbewerbsvorteil mehr, so sollte über eine Neupositionierung nachgedacht werden.

### Vorbereitung auf den Preiswettbewerb

Um Einnahmen generieren zu können und die Erreichung der Unternehmensziele zu gewährleisten, muss sich das Unternehmen auf den Preiswettbewerb vorbereiten. Durch eine gezielte Nutzenargumentation, mit welcher die Vorteile des Produktes herausgestellt werden, und durch das Wissen über die Zahlungsbereitschaften der Kunden wird die Preisbestimmung gestützt. Darstellung 118 zeigt Analysen, welche dem Controlling zur Analyse des Preiswettbewerbs dienen.

| | |
|---|---|
| **Kundenanalyse** | • Analyse der Kunden und deren Preissensitivität, bevor Preisstrategien festgelegt werden.<br>• Wie hoch ist die Zahlungsbereitschaft für die angebotene Leistung? |
| **Stärkenanalyse** | • Analyse der zentralen Stärken als Ursache für den Erfolg: Kostenstruktur, Fähigkeiten, Ressourcen etc.<br>• Wie konsistent ist die geplante Preisstrategie zur strategischen Position? |
| **Wettbewerbs-analyse** | • Untersuchung der Wettbewerber auf Kostenstrukturen, Fähigkeiten, Ressourcen etc.<br>• Wer sind die direkten Wettbewerber, wie werden sie agieren und reagieren? |
| **Umfeldanalyse** | • Beobachtung des Verhaltens anderer wichtiger Spieler im Markt (Zulieferer, Händler, andere Anbieter)<br>• Welchen Einfluss können Sie auf den Preiswettbewerb nehmen? |

**Darstellung 118** Analyse des Preiswettbewerbs

### Target Pricing

Das Target Pricing geht von der Nutzenvorstellung des Käufers, also dem erzielbaren Marktpreis, oder einem vergleichbaren Konkurrenzpreis aus. Der Preis wird schon in der Produktentwicklung als Zielgröße festgelegt und nach Abzug der angestrebten Gewinnmarge erhält man die Zielkosten für das Produkt [Hofbauer/Hellwig 2012, S. 231f]. Darstellung 119 zeigt das Vorgehen bei der Preisbestimmung durch Target Pricing.

| | |
|---|---|
| **Schritt 1** | **Bestimmung des Target Price** |
| **Schritt 2** | **Festlegung des angestrebten Zielgewinns** |
| **Schritt 3** | **Bestimmung der Zielkosten** |
| ↓ | • Ermittlung der Funktionsstruktur des Produktes<br>• Ermittlung der relativen Bedeutung der Produktfunktionen<br>• Bestimmung und Gewichtung der Produktkomponenten<br>• Kostenschätzung der Komponenten<br>• Bestimmung der Zielkosten für jede Komponente |
| **Schritt 4** | **Planung der Maßnahmen zur Zielerreichung** |

**Darstellung 119** Vorgehensweise beim Target Pricing

### Praxisbeispiel Konditionensystem

Das im Folgenden beschriebene Konditionensystem, welches werteorientierten Kriterien entspricht, wurde von einem Hersteller von technischen Gebrauchsgütern entwickelt. Die Produkte des Herstellers werden nahezu ausschließlich über Fachhändler vertrieben.

| | **Händlerkategorie** | | |
|---|---|---|---|
| **Kriterium** | **A** | **B** | **C** |
| **Umsatz mit der relevanten Produktgruppe im Vorjahr** | 10 Mio. Euro | 5 Mio. Euro | 1 Mio. Euro |
| **Lagerhaltung** | Kernsortiment, Randsortiment I und II werden bevorratet | Kernsortiment und Randsortiment I werden bevorratet | Kernsortiment wird bevorratet |
| **Bereitschaft zur Kooperation bei Werbung gefordert** | ja | ja | nein |
| **Mindestauftragswert** | 45.000 Euro | 20.000 Euro | 5.000 Euro |

**Darstellung 120** Händlersegmentierung anhand von werttreibenden Faktoren als Basis für ein Konditionensystem

| | Händlerkategorie | | |
|---|---|---|---|
| **Rabattart** | **A** | **B** | **C** |
| **normaler Händlerrabatt** | 21 – 25 % | 18 – 21 % | 15 – 17 % |
| **Mengenrabatt** | ab 100.000 Euro: 2 % | ab 200.000 Euro: 3 % | kein Rabatt |
| **aktionsbezogener Sonderrabatt** | 3 – 5 % nach Dauer | 3 – 5 % nach Dauer | kein Rabatt |
| **Einzelrabatte, durch Außendienst vergeben** | 4 – 5 % | 3 % | kein Rabatt |
| **Treuebonus** | 4 – 5 % | 3 % | kein Bonus |
| **Werbekostenzuschuss** | bis zu 50 % der nachgewiesenen Kosten | bis zu 30 % der nachgewiesenen Kosten | kein Zuschuss |
| **Exklusivitätsbonus** | 5 % | 4 % | kein Bonus |
| **Bonus für Unterstützung bei Neuprodukteinführung** | 2 – 3 % (Basis: Umsatz mit Neuprodukt) | kein Bonus | kein Zuschuss |
| **Bonus für Erreichung des Steigerungsziels (Basis: Absatz des Vorjahres)** | • mindestens 20 %-ige Absatzsteigerung: 7 %<br>• mindestens 15 %-ige Absatzsteigerung: 6 %<br>• mindestens 10 %-ige Absatzsteigerung: 5 % | | |

**Darstellung 121**
Konditionensystem unter Berücksichtigung der Segmentierung

Diese Händler werden anhand der in Darstellung 120 aufgeführten Kriterien in drei Kategorien aufgeteilt. Auf Basis dieses Systems erfolgt jährlich eine Einstufung der einzelnen Handelsunternehmen. Die Rabatte und Boni (ein Bonus wird nachträglich für das Erreichen eines bestimmten Zielereichungsgrades gewährt), die in den jeweiligen Kategorien gewährt werden, sind in Darstellung 121 aufgelistet [Homburg/Daum 1997, S. 100].

### Erfolgskontrolle der Marketing-Kommunikation

Darstellung 122 [Hofbauer/Hohenleitner 2005, S. 293] zeigt die einzelnen Stufen der Erfolgskontrolle bei der Marketing-Kommunikation. Dadurch ist es möglich, Risiken zu reduzieren und Wirkungen zu verbessern, indem der effiziente Dialog gewährleistet wird und durch den gezielten Einsatz der Instrumente Streuverluste minimiert werden.

| | |
|---|---|
| **Pretest** | **Risikominderung** |
| ↓ | • in der Planung<br>• in der Gestaltung |
| **Monitoring** | **Optimierung** |
| ↓ | • Schadensbegrenzung<br>• Finetuning<br>• Folgekampagne |
| **Posttest** | **Erfolgskontrolle** |
| ↳ | • statisch, momentanes Ausmaß<br>• dynamisch, im Zeitablauf |

**Darstellung 122** Erfolgskontrolle der Marketing-Kommunikation

| Wirkungsstufe | Messkriterium |
|---|---|
| **Sinneswirkung, Berührung** | • Kontakte mit dem Medium<br>• Seitenkontakte<br>• Anzahl der mit der Kommunikation sinnlich in Berührung Gekommenen (Lesen/Hören): Perzeptionszahl<br>• erinnerte Berührungen: Recognition, Recall |
| **Aufmerksamkeits-auswirkung** | • Anzahl der Personen, welche die rationalen und emotionalen Reize aufgenommen haben (Apperzeptionszahl) |
| **Gedächtniswirkung, Erinnerungswirkung** | • Menge und Art des Erinnerten: Wiedererkennung (Recognition) oder Reproduktion (Recall)<br>• Anzahl der Erinnerer (Rekordationszahl) |
| **Vorstellungswirkung** | • Image<br>• Einstellung |
| **Gefühlswirkung** | • „körperliche" Reaktionen (Hautwiderstand, Pulsfrequenz, Blutdruck, usw.) |
| **Informationswirkung** | • Bekanntheitsgrad<br>• Anzahl der Informierten nach Art und Menge der Information |
| **Überzeugungswirkung** | • Image<br>• Einstellung<br>• Anzahl der überzeugten Kunden |
| **Verhaltenswirkung** | • Kaufabsicht (Probierkauf, Erstkauf, Wiederholungskauf)<br>• Kaufintensität und Kauffrequenz<br>• Verwendungsabsicht<br>• Konsumdemonstration<br>• Weitergabe von Informationen und Tipps (Propagationszahl) |
| **Umsatzwirkung** | • Umsatz bzw. Umsatzsteigerung |
| **Gewinnwirkung** | • Gesamtgewinn<br>• Gewinn aus Zusatzerlös und Zusatzgewinn (Grenzgewinn) |

**Darstellung 123** Messkriterien für die Wirkungsstufen der Marketing-Kommunikation

### Messkriterien für die Marketing-Kommunikation

Zur Ermittlung des Erfolges von Investitionen in die Marketing-Kommunikation müssen ebenfalls Erfolgskennziffern zur Messung und Analyse durch das Controlling herangezogen werden. Auch hier ist es wichtig, dass im Controlling profunde Kenntnisse über die Marketing-Kommunikation vorhanden sind, denn bei der Ermittlung und Kontrolle des Kommunikationserfolges und der Kommunikationswirkung kann die meist fehlende exakte Ursache-Wirkungs-Beziehung und die damit verbundene mangelnde Zurechenbarkeit des Erfolges ein Problem darstellen. Da der Kommunikationserfolg in der Regel nicht nur durch eine kommunikative Maßnahme, sondern durch das Zusammenspiel mehrerer Faktoren hervorgerufen wird, ist bei der Messung und Zuordnung von Ursache und Wirkung eine umfassende Analyse erforderlich. So können externe Faktoren wie zum Beispiel die Kommunikation der Konkurrenz oder konjunkturelle Einflüsse den Erfolg der Kampagne beeinflussen und somit zu Verzerrungen führen (Spill-Over-Effekt). Maßnahmen der Wettbewerber können eine exakte Definition und Abgrenzung des Erfolges eigener Kommunikationsmaßnahmen insofern erschweren oder sogar unmöglich machen, da das Scheitern eines Konkurrenzproduktes zum Beispiel dazu beitragen kann, dass der Erfolg des eigenen Produktes unterstützt wird und umgekehrt.

Darstellung 123 enthält erfolgsrelevante Messkriterien [Rogge 1996, S. 326f] auf den einzelnen Wirkungsstufen für die Marketing-Kommunikation.

Die Messkriterien Kontakte, Wiedererkennung (Recognition) und Erinnerung (Recall) stellen Erfolgskriterien der kognitiven Ebene (bewerten, erinnern) dar, die Größen Einstellung, Assoziationen und Vergleiche können der affektiven Ebene (fühlen) zugeordnet werden und auf der konativen Ebene (handeln) sollten die Kaufabsicht, der effektive Kauf, Kaufempfehlungen und der Wiederholungskauf im Rahmen der Erfolgskontrolle betrachtet werden.

### Neue Medien

Bei der Online-Kommunikation können folgende Messkriterien zur Beurteilung der Kontaktleistung herangezogen werden [vgl. Pepels 2002, S. 220f]:

- *Hit*: Kontakt zu einer werbetragenden Datei.
- *Visit*: Zusammenhängender Nutzungsvorgang eines Angebotes im Internet als Trägerkontakt, wobei ein Nutzungsvorgang ein technisch erfolgreicher Seitenkontakt eines Internet-Browsers auf das aktuelle Angebot darstellt.
- *Visit Length*: Dauer vom ersten bis zum letzten Seitenaufruf innerhalb eines Visits.
- *Page Impression*: Anzahl der Sichtkontakte und Zugriffe der Nutzer mit einer potenziell werbeführenden HTML-Seite als Maß für die Nutzung der einzelnen Seiten.
- *Ad Impression*: Potenzieller Kommunikationsmittelkontakt als Anzahl der vom Browser der Nutzer abgerufenen Mittel vom Server eines Trägers.
- *Ad Clicks*: Anzahl der Klicks auf einen werbetragenden Hyperlink, der zur Website des Werbungtreibenden führt.
- *Ad Click Rate*: Anteil der Nutzer, die auf ein Banner geklickt haben, das zu einem Produktangebot führt, an allen Nutzern des Internet-Angebotes.

### Checkliste für das Markenmanagement

In Darstellung 124 sind die Voraussetzungen für eine erfolgreiche Anwendung des identitätsorientierten Markenmanagements aufgelistet. Durch eine stimmige Aufbereitung der einzelnen Komponenten werden das Differenzierungspotenzial, die Vorziehenswürdigkeit und der Wiedererkennungswert der Marke erhöht.

| | |
|---|---|
| **Vollständigkeit** | Sind die relevanten Identitätsmerkmale vollständig erfasst? Andernfalls würde ein Teil der Kaufrelevanz nicht erfasst. |
| **Trennschärfe** | Sind die Elemente des Markenmanagements trennscharf erfasst und genau steuerbar? Redundanzen behindern die Umsetzung und verursachen unnötige Kosten. |
| **Integration** | Sind die einzelnen Identitätsbestandteile schlüssig aufeinander abgestimmt? Das Ganze ist mehr als die Summe seiner Teile! |
| **Praktikabilität** | Sind die Grundlagen des Markenmanagements einfach und verständlich? Das erleichtert die Unterstützung im Management und das Zusammenspiel der verschiedenen Akteure. |

**Darstellung 124**
Checkliste: Sind alle diese Anforderungen für das Markenmanagement erfüllt?

### Erfolgskontrolle für den Vertriebsprozess

Die Überlegungen zum Verkaufstrichter führen zu einem qualitativ neuen Ansatz für die Vertriebssteuerung. Diese Total-Sales-Quality-Strategie zeichnet sich durch folgende Punkte aus [Winkelmann 2008, S. 314]:

- Der Trichter ist als mehrstufiger Prozess zu organisieren und darf nicht nur als Input-Output-Modell gesehen werden.
- Voraussetzung für die konzentrierte Kundenbearbeitung und den Erfolg der Maßnahmen ist die konsequente Vorqualifizierung der Interessenten in verfolgungswürdige Leads.
- Denn es ist besser, den Verkaufstrichter mit weniger, aber dafür mit sorgfältiger ausgewählten Leads zu füllen. Das heißt, dass der Trichter eng gehalten werden und sich durch hohe Abschlussquoten (Hit-Rates) auszeichnen muss, nicht umgekehrt.
- Die Leads sind auf jeder Stufe nach festgelegten Regeln weiter zu qualifizieren. Auf dieser Basis kann über die Art der weiteren Bearbeitung entschieden werden.
- Alle Prozessstufen im Trichter müssen überwacht und optimiert werden. Die eingesetzten Erfolgskennziffern (EKZ) sind entsprechend auszuwählen und zu verfolgen.
- Das Kundenmanagement muss dafür sorgen, dass immer neue Leads dem Trichter zugeführt werden. Der Trichter darf nicht austrocknen!
- Zu den Aufgaben des Verkaufstrichter-Managements gehören neben der Befüllung des Trichters die Überwachung und Steuerung der Stufenübergänge, der Verweildauern, der Kosten und der Erfolgskennziffern.
- Für das operative Verkaufsmanagement sind Methoden, Bearbeitungsschritte, Ressourcenzuteilungen und Kostenrahmen vorzugeben.

Durch die Unterstützung durch das Controlling mit einer systematischen Vorgehensweise kann eine konzentrierte Kundenbearbeitung erreicht werden. Erfolgskennziffern (EKZ) helfen, diesen Prozess gezielt zu steuern. So ermöglicht die konsequente Vorqualifizierung eine bessere Identifikation der Interessenten und eine höhere Wahrscheinlichkeit der Ansprache (EKZ 1, vgl. Darstellung 110). Dies wird zu mehr und zu besseren Terminen führen und die Terminquote (EKZ 2) verbessern. Durch die gezielte Abstimmung der Verkaufsgespräche werden mehr und höhere Abschlüsse zu erzielen sein und damit kann die Abschlussquote (EKZ 3) verbessert werden. Wenn durch gezielte Angebotserstellung aufgrund von sorgfältigen Bedarfsanalysen dann auch noch das Ergebnis pro Kunde (EKZ 4) erhöht werden kann, dann verbessert sich dadurch auch das Vertriebsergebnis.

Diese Analyse ermöglicht es dem Controlling, die Transparenz über den gesamten Vertriebsprozess zu erhöhen. Dadurch wird es möglich, die Stellhebel für den Erfolg zu identifizieren und Ressourcen gezielt zur Verbesserung einzusetzen.

Im Verkaufstrichtermanagement werden die Informationen aus der Identifikation und Bewertung der Kunden als Basis für die Entwicklung von Maßnahmen zur Kundenbearbeitung herangezogen. Daraus lassen sich folgende Punkte auch für das Controlling ableiten [Homburg/Schäfer/Schneider 2002, S. 180f]:

- die Gestaltung des Angebotes mit Produkten und deren Merkmalsausstattung
- die Art der Bearbeitung (z.B. Telefonate, Außendienstbesuche, usw.)
- die Intensität der Bearbeitung (z.B. Häufigkeit der Außendienstbesuche)
- die Entscheidung, ob die Betreuung durch das Key Account Management erfolgt
- die Zeitpunkte der Bearbeitung (z.B. Außendienstbesuche alle drei Monate)
- die grundsätzliche Festlegung der Preis- und Lieferkonditionen wie Rabatte, Skonti Zahlungsziele, Lieferzeiten usw. für einzelne Kunden bzw. Kundengruppen.

Darstellung 125 zeigt einen Ansatz, wie der Kundenstatus mit Verkaufsmaßnahmen verbunden werden kann [Winkelmann 2008, S. 326].

| | |
|---|---|
| **Stammkunde (regelmäßig)** | • regelmäßige Besuche, Jahresverträge, gemeinsame Entwicklung, Koordinations-Meetings |
| **Stammkunde (unregelmäßig)** | • Chefbesuche, Rahmenangebote, Serviceverträge, Firmenzeitschriften |
| **Folgekunde (Folgekauf)** | • Folgebesuche, Rahmenangebote, Mailings, Firmenzeitschriften, techn. Unterstützung |
| **Erstkunde (Erstkauf)** | • Chefbesuch, Einladung ins Stammhaus, Erst- bzw. Testkaufangebot, Einweisung, Mailing |
| **Angebotskunde (Opportunity)** | • Kundenbesuch, technische Daten, Referenzen, Präsentation, Follow-Up |
| **Interessent (Prospect)** | • Anschreiben, Kundenbesuch, Angebot, Firmenbesuch |
| **potenzieller Interessent (Lead)** | • Telefonat, Mailing-Brief, Katalog, Referenzliste |

**Darstellung 125** Verkaufsmaßnahmen nach Kundenstatus

*Controlling des Gesamtprozesses*

Im Rahmen des Vertriebsmanagements befasst sich die Vertriebsplanung mit der Koordination des Einsatzes aller Vertriebsorgane (Innen- und Außendienst, Call Center, usw.) für die Kundenakquisition und Kundenbearbeitung über alle Prozessphasen hinweg. Die Identifikations- und Selektionsfunktion unterstützt den Aufbau werthaltiger Kundenbeziehungen. Das persönliche Kundengespräch wird durch den Vertriebsmitarbeiter an der Stelle geführt, an der die Wirkung am größten ist.

Dabei wird auch festgelegt, welche Informationen über das Unternehmen und seine Produkte an bestehende und potenzielle Kunden gerichtet werden. Eine erfolgreiche Geschäftsanbahnung setzt eine genaue Kenntnis der relevanten Kunden und ihrer Bedarfspotenziale voraus.

Die Geschäftsanbahnung muss den verschiedenen Besuchsanlässen angepasst sein. Daraus können die Gesprächsinhalte und Beratungsschwerpunkte [vgl. Winkelmann 2008, S. 331] abgeleitet werden:

- Der Kunde plant ein neues Projekt.
- Der Kunde wünscht eine Produktverbesserung.
- Der Kunde spezifiziert einen neuen Bedarf.
- Der Kunde möchte einen neuen Lieferanten qualifizieren.
- Der Kunde wünscht Informationen über laufende Vorgänge.
- Der Kunde wünscht Informationen über neue Technologien, Projekte, Produkte.
- Der Kunde bittet um eine Produktpräsentation und Klärung des Leistungsangebotes.
- Der Kunde möchte neue Mitarbeiter oder Abläufe vorstellen.
- Der Kunde fordert ein Reklamationsgespräch, bzw. eine -klärung.
- Der Kunde möchte ein Preisgespräch führen.
- Der Kunde möchte Fragen zur Auftragsabwicklung klären.
- Der Kunde lädt zum Jahresgespräch mit Präsentationsmöglichkeit ein.
- Der Kunde signalisiert Interesse an Beziehungspflege auf Arbeitsebene.
- Der Kunde schlägt Beziehungspflege auf Leitungsebene vor.

Die Kundenberatung hat zum Ziel, das Interesse des Kunden zu gewinnen und eine Anfrage auszulösen. Erfolgsorientierte Verkäufer haben dabei stets den Gesamtprozess im Auge und achten bereits frühzeitig auf die Auswirkungen in den Folgephasen.

Einen Überblick über den Gesamtprozess von der Zielkundenauswahl und Vorqualifizierung über die Neukundengewinnung hinaus bis zur Entwicklung zu Stammkunden gibt Darstellung 126 [erweitert aus Meyer/Davidson 2001, S. 657]. Hier ist der Gesamtprozess der Verkaufstätigkeit mit den Erfolgsfaktoren in den einzelnen Phasen dargestellt. Diese Erfolgsfaktoren sind Gegenstand des Vertriebscontrollings.

Die Erfolgskennziffern (EKZ) auf den verschiedenen Stufen ermöglichen dem Controlling die Verbesserung des Gesamtprozesses. Die Erfolgskennziffern der 10er-Systematik spiegeln die Tätigkeiten der Pre-Sales-Phase wider, die 20er-Systematik beinhaltet Tätig-

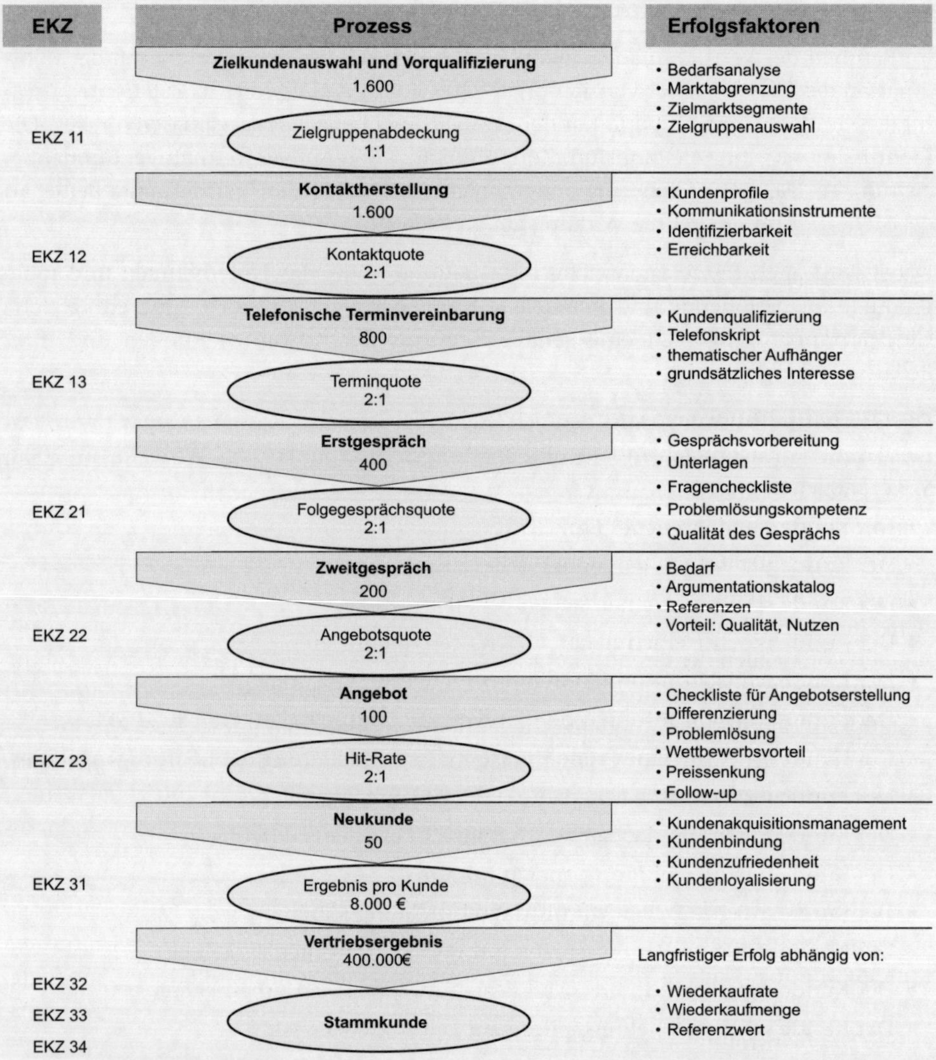


**Darstellung 126** Prozessablauf der Verkaufstätigkeit

keiten der Sales-Phase und mit der 30er-Systematik werden Tätigkeiten in der After-Sales-Phase bezeichnet.

## Checkliste mit Anforderungen an Vertriebspartner

Das Unternehmen muss im Rahmen der Vertriebsorganisation eine Entscheidung bzgl. der Vertriebswege treffen. Schlägt es den Weg des indirekten Vertriebs ein, so müssen die zukünftigen Vertriebspartner bestimmten Anforderungen genügen, um Vertriebsrisiken zu reduzieren. Darstellung 127 enthält wesentliche Prüfpunkte für die Auswahl von Vertriebspartnern.

| Anforderungen an Vertriebspartner | |
|---|---|
| stabile finanzielle Situation | fachliche Kompetenz |
| Verkaufsstärke | infrastrukturelle Voraussetzungen |
| Produktsortiment | kompetentes Management |
| gute Reputation | ähnliche Unternehmenskultur |
| breite Marktabdeckung | Unternehmensgröße |

**Darstellung 127** Checkliste: Anforderungen an Vertriebspartner

### Verkaufsgebietsanalysen

Durch Verkaufsgebietsanalysen können die Umsatzerlöse der Planungseinheiten auf größere Vertriebsregionen und weiter auf die darin operierenden Regionalvertriebe zugeordnet und analysiert werden. Darauf aufbauend wird eine weiterführende Erfolgsbetrachtung vorgenommen. Das Vertriebscontrolling hat dabei die Leistungsfähigkeit der Kundenbetreuung unter Berücksichtigung unterschiedlicher Kundenstrukturen sicherzustellen. Hierdurch werden anhand von Fragestellungen, wie der Kundenstruktur, den Potenzialen der Bestandskunden, der Effizienz des Außendienstes, der Erfüllung von Planvorgaben, Marktanteilen, Marktdurchdringung und Potenzialausschöpfung bei Bestandskunden und der Kundenzufriedenheit/Kundenbindung Informationen gesammelt. Anhand der Auswertung dieser Fragen werden Zielgrößen bezüglich des Marktanteils im Verkaufsgebiet und der Potenzialausschöpfung bei Bestandskunden im Verhältnis zum Einkaufsbudget gebildet, um die Kundendurchdringung und die Marktausschöpfung zu ermitteln.

Zusätzlich müssen auch qualitative Faktoren berücksichtigt werden, wie die Existenzsicherung, die Innovationskraft, die Mitarbeiterzufriedenheit, die Kundentreue und die Kundenbindung. Nahezu alle Planungsinstrumente sind von Informationen abhängig, somit hat die sorgfältige Planung einen besonderen Stellenwert für den Unternehmenserfolg. Das Controlling muss diese Informationen mit einbeziehen.

### IT-Unterstützung im Vertrieb

Durch die computergestützte Steuerung des Vertriebes wird integriertes Kundenmanagement erst Wirklichkeit. Mit Hilfe von Softwarelösungen soll die Qualität der Abwicklung von kundenbezogenen Prozessen abgesichert und verbessert werden [Winkelmann 2003, S. 179]. Prozesse werden so weit wie nötig standardisiert, bleiben jedoch flexibel genug, um auf individuelle Kundenbedürfnisse einzugehen. Der Außendienst kann z.B. durch ein Computer-Aided-Selling-System (CAS) unterstützt werden, welches informationstechnologische Unterstützung von Planungs- und Abwicklungsaufgaben im Rahmen von Verkaufsprozessen bietet [Hofbauer/Hellwig 2012, S. 127f]. Darstellung 128 zeigt die Komponenten eines CAS-Systems zur Steuerung und zur Unterstützung des Vertriebs.

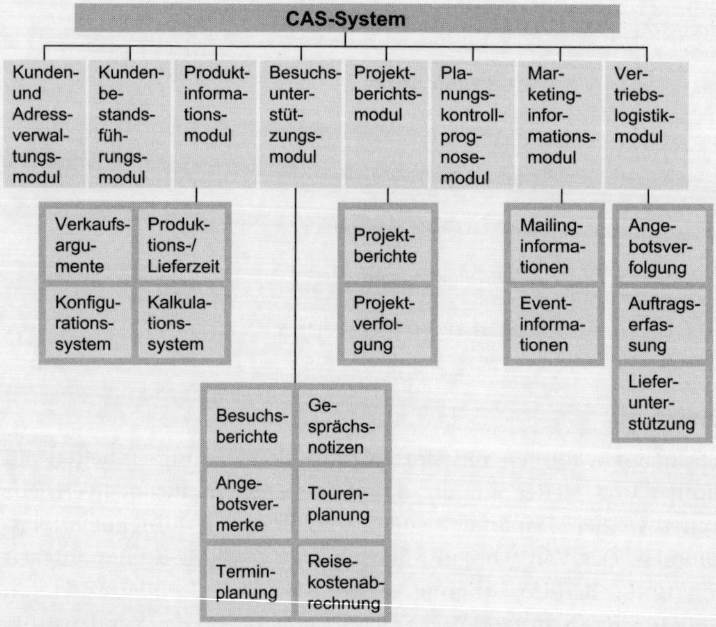


**Darstellung 128** CAS-System

## Informationsquellen über mögliche Geschäftspartner

Die Einschätzung des Risikos im Rahmen des *Forderungsmanagements* während der Vertragsanbahnung ist ein Werkzeug, das dem effizienten Ressourceneinsatz und der Risikominderung dient. Um diese Einschätzung treffen zu können, sind eine Vielzahl von Informationen über mögliche Geschäftspartner notwendig, die Darstellung 129 [vgl. Huber 2005, S. 80f] zeigt.

| | |
|---|---|
| **Geschäftskorrespondenz** | • gesetzliches Mindestmaß an geschäftsrelevanten Informationen<br>• Geschäftsbriefe, Formulare, Bestellscheine<br>• Detaillierung je nach Geschäftsform |
| **Handelsregister** | • Führung bei Registergerichten bzw. Amtsgerichten<br>• Detaillierung je nach Geschäftsform<br>• genießt öffentlichen Glauben; jeder darf Einsicht nehmen |
| **Schuldnerverzeichnis** | • Führung bei Vollstreckungsgerichten<br>• persönliche Daten<br>• eidesstattliche Versicherung<br>• etwaige Haftanordnung<br>• Kreis der Auskunftsberechtigten beschränkt |
| **Auskunfteien** | • private Dienstleister, die Wirtschaftsauskünfte anbieten<br>• z.B. Bonität, Struktur, finanzielle Verhältnisse<br>• für Auskunfteien i.d.R. nicht zugänglich: Daten der Schufa |
| **Gewerberegister** | • Anzeige beim Gewerbeamt bei Aufnahme eines Gewerbes<br>• Informationsumfang: Name, betriebliche Anschrift, Tätigkeit<br>• schriftlicher Antrag auf Auskunft unter Angabe von Gründen |

**Darstellung 129** Informationsquellen über mögliche Geschäftspartner

Zudem können veröffentlichte Jahresabschlüsse herangezogen werden. Bei Kapitalgesellschaften besteht eine gesetzliche Pflicht zur Offenlegung. Je nach Größe variieren Art und Umfang der Offenlegung. In den Paragraphen 325f HGB werden für kleine, mittelgroße und große Kapitalgesellschaften teilweise unterschiedliche Anforderungen normiert, wobei sich die jeweiligen Größenklassen aus Paragraph 267 HGB ableiten.

### Zahlungsbedingungen

Darstellung 130 [vgl. Huber 2005, S. 183] staffelt Zahlungsbedingungen nach Fälligkeit und ist wichtiger Bestandteil des Order-to-Cash-Programmes. Durch das bewusste Einsetzen der Zahlungsbedingungen kann das Risiko von Forderungsausfällen reduziert werden.

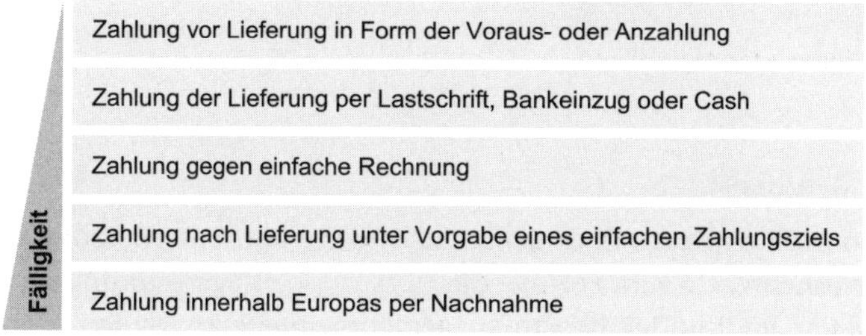


**Darstellung 130** Zahlungsbedingungen nach Fälligkeit

### Betriebliches Mahnwesen

Das betriebliche Mahnwesen wird durch die Vergabe von Mahnschlüsseln gesteuert. Mahnschlüssel erlauben dem Unternehmen, Kunden individuell zu behandeln, indem jeder einzelne Vorgang geprüft und in die entsprechende Kategorie eingeordnet wird. Darstellung 131 zeigt eine mögliche Einteilung der Mahnschlüssel.

Der Ablauf des Mahnverfahrens ist zeitlich grundsätzlich festzulegen. Durch die Vergabe des Mahnschlüssels ergibt sich damit ein konkreter Ablauf für den Mahnrhythmus. Darstellung 132 zeigt den Ablauf eines Mahnverfahrens.

| | |
|---|---|
| 0 | Die Forderung wurde voll ausgeglichen; der Betrag kommt in die Liste der ausgeglichenen Posten, keine Mahnung erforderlich. |
| 1 | Die Forderung wurde nicht oder nur teilweise beglichen; es wird durch Standardbrief gemahnt. |
| 2 | Die Forderung wurde nicht oder nur teilweise beglichen; der Kunde wird durch individuelles Schreiben gemahnt. |
| 3 | Die Forderungen an den Kunden sind nicht beglichen; der Kunde bezahlt monatlich oder vierteljährlich; Mahnungen sind nicht erforderlich (Mahnsperre). |
| 4 | Der Kunde wurde bereits mehrmals erfolglos gemahnt; der Fall wird der Klageabteilung oder dem Rechtsanwalt übergeben. |

**Darstellung 131** Mahnschlüssel

| Zeit | Maßnahme | Inhalt |
| --- | --- | --- |
| 10 Tage nach Fälligkeit | Erinnerung | Durch Zusendung eines neuen Angebots, einer Rechnungsabschrift oder eines Kontoauszuges |
| 14 Tage später | 1. Mahnung | Höfliche Aufforderung zur Zahlung. Androhung des Einzugs durch ein Inkassoinstitut oder durch eine Postnachnahme |
| 14 Tage später | 2. Mahnung | Höfliche Aufforderung zur Zahlung. Androhung des Einzugs durch ein Inkassoinstitut oder durch eine Postnachnahme |
| 14 Tage später | Postnachnahme | Der Nachnahmeantrag ergibt sich aus der Forderung, dem Vorzeige- und dem Beförderungsentgelt und dem Zahlscheinentgelt |
| 14 Tage später | 3. Mahnung | Setzen eines letzten Termins, Androhung von gerichtlichen Maßnahmen |

**Darstellung 132** Ausführliches Mahnverfahren

### Kennzahlen für den Kundendienst

Zur Unterstützung des Controllingprozesses und zur Fundierung von Entscheidungen können verschiedene Instrumente wie zum Beispiel die Deckungsbeitragsrechnung und die Break-Even-Analyse auch im Kundendienstmanagement eingesetzt werden [vgl. Czenskowsky 2007, S. 373]. Es gibt aber auch spezielle Kennzahlen für den Kundendienst.

Ein umfangreiches Kundendienst-Controlling mit Hilfe von festgelegten Kennzahlen ist unerlässlich, um die Effizienz der Prozesse und der Mitarbeiter und die Zielerreichung zu bewerten. Kennzahlen setzen hierzu vorhandene Daten zueinander in Beziehung und bieten damit eine verdichtete Darstellung der Sachverhalte. Wichtige qualitätsorientierte Kennzahlen für den Kundendienst sind beispielsweise der Prozentsatz der Lost Calls im Call Center (abgebrochene Anrufversuche, weil die Leitung besetzt war) und die Reaktionszeit nach Meldung einer Störung (Durchschnittszeit in Stunden) [vgl. Biermann 2007, S. 192].

Da Kundendienstprozesse zu einem großen Teil außerhalb des Unternehmens stattfinden, werden eben diese Prozesse besonders deutlich vom Kunden wahrgenommen. Deshalb ist deren Controlling extrem wichtig. Aufbauend auf den Kennzahlengrundlagen ergeben sich viele aussagekräftige Kennzahlen, die effektiv zur Steuerung des Kundendienstes eingesetzt werden können. Darstellung 133 zeigt Kennziffern auf, mit denen sich der Erfolg des Kundendienstes bestimmen bzw. vergleichen lässt [Hofbauer/Schöpfel 2010, S. 310].

Darstellung 134 [Stausberg 2006, S. 47] zeigt weitere Erfolgskennzahlen zum Kundendienstmanagement auf, mit denen die Effizienz und Wirtschaftlichkeit des Kundendiensteinsatzes ermittelt werden können.

| **Kennziffer** | **Inhalt** |
|---|---|
| **Meantime between Failure MTBF** | Durchschnittliche Zeitdauer, bis erneut ein Fehler auftritt |
| **Meantime to Repair MTTR** | Durchschnittliche Zeitdauer, bis die Reparatur abgeschlossen ist |
| **First Fix Rate FFR (Erstbehebungsanteil)** | Anteil der Reparaturfälle, bei denen der Fehler beim ersten Einsatz behoben werden konnte |
| **Total Cost of Ownership TCO** | Gesamtkosten, die dem Nutzer durch die Anschaffung und den Einsatz des jeweiligen Produktes, der Anlage oder des Systems entstehen |
| **Ersatzteilverfügbarkeit** | Lagernd oder nicht lagernd bzw. Zeitdauer, bis Ersatzteil beim Kunden ist |
| **Anfahrtszeit** | Zeit, die zwischen Beauftragung und Ankunft beim Kunden vergeht |
| **Dispositionszeit** | Dauer zwischen Kontakt mit dem Help-Desk bis zur Beauftragung des Technikers |
| **Reaktionszeit** | Dauer zwischen Störungsmeldung und dem Kontakt mit der zuständigen Annahmestelle (z.B. Help-Desk) |
| **Meldezeit** | Zeit, die vergeht, bis Fehler/Ausfall bemerkt und gemeldet werden kann |
| **Auftragsdurchlaufzeit** | Dauer, bis der gesamte Auftrag abgeschlossen ist |
| **Deckungsbeitrag (oder Umsatz) pro Kundendienst-techniker (Ø)** | $\frac{\text{Summe Deckungsbeitrag (oder Umsatz)}}{\text{Gesamtzahl der Kundendiensttechniker}}$ |
| **DB (oder Umsatz) pro Kundendienstkunde (Ø)** | $\frac{\text{Summe DB (oder Umsatz)}}{\text{Gesamtzahl Kundendienstkunden}}$ |
| **DB (oder Umsatz) pro Kundendienstauftrag (Ø)** | $\frac{\text{Summe DB (oder Umsatz)}}{\text{Gesamtzahl Kundendienstaufträge}}$ |
| **Kundendienst-Umsatzrentabilität** | $\frac{\text{Durch Kundendienstleistungen generierter Gewinn}}{\text{Kundendienstumsatz}}$ |

**Darstellung 133** Erfolgskennzahlen für das Kundendienstmanagement

| | |
|---|---|
| **Spezifische Kundendienstkosten** | $\frac{\text{Kundendienstkosten}}{\text{Einsätze}}$ |
| **Kundendienstkostenquote** | $\frac{\text{Kundendienstkosten}}{\text{Gesamtkosten des Unternehmens}}$ |
| **Anteil produktiver Zeit** | $\frac{\text{Arbeitszeit beim Kunden}}{\text{Gesamte Arbeitszeit des Kundendienstes}}$ |
| **Arbeitsproduktivität** | $\frac{\text{Arbeitsstunden gesamt}}{\text{Dauer (oder Anzahl) der Kundendiensteinsätze}}$ |
| **Fehleinsatzkostenanteil** | $\frac{\text{Kosten für Wiederholbesuche}}{\text{Kundendienstkosten}}$ |
| **Auslastungszeit der Fahrzeuge** | $\frac{\text{Tatsächliche Nutzungszeit}}{\text{Maximal mögliche Nutzungzeit}}$ |
| **Fahrzeitanteil je Einsatz** | $\frac{\text{Summe der Fahrzeiten}}{\text{Gesamtzeit der Kundendiensteinsätze}}$ |

**Darstellung 134** Erfolgskennzahlen des Kundendiensteinsatzes

### 11.2.2 Marketing und Vertrieb: Erfolgskennzahlen

| Kennzahl | Berechnung | Interpretation für Rating |
|---|---|---|
| **Rabattquote** | Rabattsumme * 100 / Bruttoumsatz | Niedrige Rabattquote:<br>• erhöht Rentabilität des Unternehmens<br>• zeigt Verhandlungs-effizienz |
| **Relativer Preisindex** | eigener Angebotspreis / Angebotspreis der Konkurrenz | Vergleicht die Preisniveaus und ermöglicht Abschätzung des Erlöspotenzials. |
| **Bekanntheitsgrad** | positive Rückmeldungen * 100 / Anzahl der Befragungen | Je größer die Rate, umso stärker die Marktposition und Kaufwahrscheinlichkeit bei positivem Image. |
| **Rücklaufquote** | Rücklauf * 100 / Aussendungen | Hohe Rücklaufquote:<br>• effizientes Direktmarketing<br>• unterstützt Geschäftsan-bahnung |
| **Hit-Rate** | gewonnene Aufträge * 100 / Anzahl Verhandlungen | Misst die Effizienz im Vertriebsprozess und lässt auf die Effektivität der Kundenplanung schließen. |
| **Vertriebskanal-spezifischer Deckungsbeitrag** | vertriebskanalbedingte Erlöse<br>- vertriebskanalbedingte Kosten des Herstellers<br>= vertriebskanalspezifischer DB | Zeigt den Erfolgsbeitrag von Vertriebskanälen u. ermög-licht den Effizienzvergleich verschiedener Kanäle. |
| **Vertriebskosten-struktur** | variable Vertriebskosten * 100 / Vertriebsgesamtkosten | Ausschlaggebend für die Effizienz des Vertriebs. Hohe Fixkosten decken Optimierungsbedarf auf. |
| **Key-Account-Effizienz** | Netto-Auftragssumme eines Schlüsselkunden * 100 / Akquisitionskosten | Bildet die Effizienz der Key-Account-Aktivitäten ab und deckt bei niedrigen Raten Optimierungspotenziale auf. |
| **Day Sales Outstanding (Forderungslaufzeit)** | Ø Forderungsbestand * 365 / Umsatz pro Jahr | Die Verweildauer der Forderungen basiert auf dem Zahlungsverhalten der Schuldner.<br>Hoher Wert:<br>• deutet auf drohende Forderungsausfälle hin |
| **Forderungsqualität** | ∑ fälliger Forderungen * 100 / ∑aller Forderungen | Gilt als Frühindikator für die Marktentwicklung.<br>Niedrige Quote:<br>• hohe Forderungsqualität<br>• geringeres Liquiditätsrisiko |

**Darstellung 135** Erfolgskennzahlen Marketing und Vertrieb

### 11.2.3 Marketing und Vertrieb: Checkliste

| | | | |
|---|---|---|---|
| Marketing-konzeption | Gibt es eine Marketing-Konzeption, welche die marktorientierten Aufgaben koordiniert? | Ja | Nein |
| | Wurde ein umfassender Marketingplan erstellt? | Ja | Nein |
| Segmen-tierung | Wurde eine Marktsegmentierung zur Identifikation profitabler Zielgruppen durchgeführt? | Ja | Nein |
| | Werden Segmentierungsergebnisse auch für andere Aufgaben bereitgestellt? | Ja | Nein |
| Positionie-rung | Wurde eine Positionierungsanalyse vorgenommen? | Ja | Nein |
| | Wird die Strategie durch eine wirkungsvolle Positionierungsart umgesetzt? | Ja | Nein |
| Preis- und Konditionenmanagement | Werden alle Bestandteile des Preis- und Konditionenmanagements ausreichend berücksichtigt? | Ja | Nein |
| | Sind Sie auf den Preiswettbewerb optimal vorbereitet? | Ja | Nein |
| | Verfügen Sie über ein wirksames Preiscontrolling-System? | Ja | Nein |
| Kommunikations-management | Sind die kommunikationspolitischen Erfolgsfaktoren identifiziert und integriert? | Ja | Nein |
| | Ist die Marketing-Kommunikation wirtschaftlich auf die Ziele (Bekanntheit, Präferenzen, Marken) ausgerichtet? | Ja | Nein |
| | Ist der Einsatz der Kommunikationsinstrumente individuell auf die Zielpersonen abgestimmt? | Ja | Nein |
| Vertriebs-management | Ist die Vertriebsorganisation auf die Markterfordernisse effizient und ressourcenoptimal ausgerichtet? | Ja | Nein |
| | Werden besonders wichtige Schlüsselkunden individuell betreut? | Ja | Nein |
| | Steuern Sie den Vertriebsmanagementprozess mit aussagefähigen Erfolgskennziffern? | Ja | Nein |
| Kundendienst-management | Ist ein kunden- und wertorientiertes Kundendienstmanagement installiert? | Ja | Nein |
| | Sind die kaufmännischen und technischen Dimensionen des Kundendienstes prozessorientiert organisiert? | Ja | Nein |
| | Steuern Sie den Kundendienstmanagementprozess mit aussagefähigen Erfolgskennziffern? | Ja | Nein |
| Forderungs-manage-ment | Werden Risiken im Forderungsmanagement vorausschauend beurteilt? | Ja | Nein |
| | Ist ein konsequentes Forderungsmanagement installiert? | Ja | Nein |

**Darstellung 136** Checkliste Marketing und Vertrieb

## 11.3 Marketing und Vertrieb: Zusammenfassung

| Inhalte | Tools | Erfolgskennzahlen |
|---|---|---|
| • Marketingkonzeption<br>• Zielgruppenspezifische Marktbearbeitung<br>• Produktpositionierung<br>• Preis- und Konditionenmanagement<br>• Kommunikationsmanagement<br>- Integration der Erfolgsfaktoren<br>- Direktmarketing<br>- Identitätsorientiertes Markenmanagement<br>- Imagepolitik und Corporate Identity<br>• Vertriebsorganisation und Vertriebssystem<br>• Integriertes Vertriebsmanagement<br>• Forderungsmanagement<br>• Kundendienstmanagement | • Checkliste für den Marketingplan<br>• Segmentierungsprozess<br>• Positionierungsmodell<br>• Vorbereitung auf den Preiswettbewerb<br>• Target Pricing<br>• Praxisbeispiel Konditionensystem<br>• Erfolgskontrolle Marketing-Kommunikation<br>• Checkliste für das Markenmanagement<br>• Checkliste Anforderungen an Vertriebspartner<br>• Verkaufsgebietsanalysen<br>• IT-Unterstützung im Vertrieb (CAS-System)<br>• Technischer Kundendienst<br>• Kaufmännischer Kundendienst<br>• Informationsquellen über mögliche Geschäftspartner<br>• Zahlungsbedingungen<br>• Betriebliches Mahnverfahren | • Rabattquote<br>• relativer Preisindex<br>• Bekanntheitsgrad<br>• Rücklaufquote<br>• Hit-Rate<br>• Vertriebskanalspezifischer Deckungsbeitrag<br>• Vertriebskostenstruktur<br>• Key-Account-Effizienz<br>• Day Sales Outstanding<br>• Forderungsqualität<br>• EKZ für Kundendienst |

**Darstellung 137** Zusammenfassung Marketing und Vertrieb

# 12 Kunden und Lieferanten

Betrachtet man die Erfolgskriterien von Unternehmen, so wird meist nach Abhängigkeiten des Unternehmens von Kunden und Lieferanten gesucht. Um das Geschäftsrisiko einzuschätzen, ist dieser Blick sehr wohl berechtigt. Denn begibt sich das Unternehmen in eine Abhängigkeit, egal ob auf Kunden- oder Lieferantenseite, kann das Unternehmen durch Ausfall des Lieferers oder durch Wegbrechen eines umsatzstarken Kunden in eine Krise stürzen. Das Controlling muss somit sicherstellen, dass dieses aus der Abhängigkeit resultierende Risiko optimal gemanagt wird. Jedoch ergeben sich im Bereich Kunden und Lieferanten auch Potenziale, die den Erfolg durch eine Wertsteigerung positiv beeinflussen. Das Customer Relationship Management soll durch die Aufrechterhaltung einer lang anhaltenden und profitablen Kundenbeziehung den Ertrag steigern. Der Kundenwert und der Kundenbeziehungslebenszyklus sind dabei wichtige Steuerungsgrößen. Eine weitere Möglichkeit zur Erhöhung der Rentabilität bietet das Beschaffungsmarketing. Eine Ausrichtung des Beschaffungsprozesses nach dem Gesichtspunkt der Effizienz kann hohe Einsparungspotenziale aufdecken, die sich wiederum auf die Wettbewerbsposition auswirken.

## 12.1 Kunden und Lieferanten: Beziehungen

Die Beziehung zu den Kunden muss für das Controlling besonders wichtig sein. Kunden haben Bedürfnisse und das Unternehmen erfüllt diese. Kunden sind die Abnehmer der produzierten Produkte und Dienstleistungen. Auch das Controlling prüft die Kundenbasis und die Potenziale der Kunden. Durch ein systematisches Management der Kundenbeziehung lassen sich Potenziale und Risiken aufdecken. Der Kundenbeziehungslebenszyklus veranschaulicht den zeitlichen Verlauf von Kundenbeziehungen und erlaubt einen gezielten Ressourceneinsatz. Informationssysteme, wie das Data Warehouse, helfen bei der Aufdeckung von Potenzialen und erhöhen die Effizienz in der Kundenbearbeitung, um den größtmöglichen Kundenwert zu generieren.

Viele Unternehmen betrachten die Beschaffung lediglich unter dem Aspekt der Kosten. Diese reine Kostenbetrachtung ist aber nicht ausreichend, da die Gefahr besteht, dass der Qualitätsaspekt vernachlässigt wird. Der billigste Lieferant muss nicht der günstigste sein. Qualitäts- und Terminaspekte sowie Flexibilität sind in einem ausgewogenen Beschaffungssystem ebenso zu berücksichtigen [Gietl/Lobinger/Knon 2004, S. 201]. Erkennt das Unternehmen die Beschaffung als strategische Aufgabe, so ist es möglich, die Qualität der eigenen Produkte zu steigern, Risiken zu reduzieren und die Wettbewerbsfähigkeit zu erhöhen [Hofbauer/Bauer 2004, S. 2]. Das Controlling prüft auch die

Risiken, welche für ein Unternehmen durch die Abhängigkeit von wenigen Lieferanten bestehen. Eine solche Abhängigkeit stärkt die Verhandlungsposition des Zulieferers und erlaubt ihm, höhere Preise durchzusetzen. Durch den Ausfall eines Schlüssellieferanten kann das Unternehmen in eine schwere Krise stürzen. Beschaffungsmarktrisiken bestehen bspw. in Preisschwankungen bei wesentlichen Rohstoffen/Zulieferprodukten oder in der Versorgungssicherheit einzelner Beschaffungsprodukte [Gleißner/Füser 2003, S. 182]. Um diesen Risiken entgegenzutreten, gilt es, den Beschaffungsvorgang effizient zu managen. Voraussetzung dafür ist die Betrachtung der eigenen Wertkette und der Supply Chain. Das Supply Chain Management betrachtet die Bereiche vom *Beschaffungsmarkt* über die eigene interne Beschaffung, Produktion bis zum Absatz und integriert ebenso den *Absatzmarkt* [Günter/Kuhl 2000, S. 376f]. Durch diese Sichtweise können Rationalisierungseffekte erzielt werden und es wird gewährleistet, dass im Sinne der Kundenanforderung gehandelt wird.

### 12.1.1 Kundenbeziehungslebenszyklus

Das Beziehungsmarketing betrachtet die Kundenbeziehung über ihren Lebenszyklus. Darstellung 138 [vgl. Stauss 2006, S. 434] zeigt einen idealtypischen Kundenbeziehungslebenszyklus. Kundenbeziehungen durchlaufen mehrere Phasen, welche es gezielt zu managen gilt. Dabei steht folgende Frage im Vordergrund: Stehen *Aufwand* und *Kundenwert* in einem angemessenen Verhältnis zueinander? Je nach Kundenwert werden segmentspezifische oder individualisierte Maßnahmen entwickelt und eingesetzt [Zezelj 2000, S. 11f]. Durch die Auswahl anhand der Kundenattraktivität wird die Grundlage für die Auswahl der richtigen Maßnahmen für den richtigen Kunden geschaffen und eine individuelle Gestaltung von Kundenbeziehungen ermöglicht.

Das Grundkonzept des Beziehungsmanagements zielt auf die optimale, wirtschaftliche und andauernde Gestaltung der Kundenbeziehung ab. Das heißt, es müssen die richti-

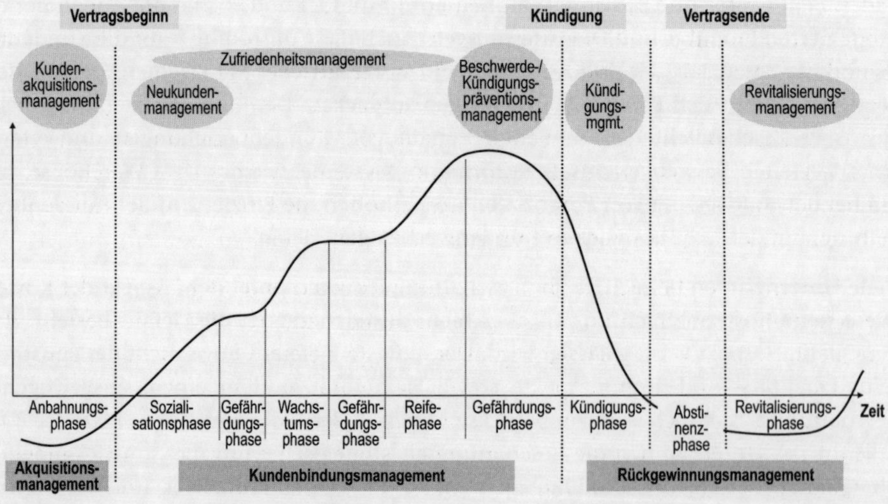


**Darstellung 138** Kundenbeziehungslebenszyklus

gen Ressourcen zum richtigen Zeitpunkt eingesetzt werden, um die Kundenbeziehung so lange wie möglich aufrechtzuerhalten. Jede einzelne Phase im Lebenszyklus verfolgt ein bestimmtes Ziel, aus welchem sich besondere Aufgaben ableiten lassen. Diese Ziele und Aufgaben werden im Folgenden kurz dargestellt [vgl. Hofbauer/Hellwig 2012, S. 37; Stauss 2006, S. 435f; Zezelj 2000, S. 14f].

In der *Anbahnungsphase* gilt es, die Aufmerksamkeit und das Interesse von potenziellen Kunden für eine Leistung zu wecken. Das Unternehmen betreibt Interessentenmanagement, welches potenzielle Kunden zum Erstkauf bewegen soll. Potenziell wertvolle Kunden werden mit einem höheren Aufwand akquiriert als weniger attraktive Kunden.

Das *Kundenbindungsmanagement* hat das Halten und das Ausbauen der Kundenbeziehung zum Inhalt. Die Wichtigkeit dieser Phase ergibt sich aus den hohen Akquisitionskosten, welche in der Anbahnungsphase zu Buche schlugen und erst durch eine anhaltende Beziehung amortisiert werden können. Somit wird in der Sozialisationsphase die Festigung der Geschäftsbeziehung verfolgt, indem Neukunden gezielt betreut werden. Aufgrund der neuen Beziehung sind Kunden nach dem Erstkauf oft noch unsicher. Um diese Unsicherheit abzubauen, müssen sie aktiv mit Informationen versorgt werden und es sollte ihnen die Möglichkeit gegeben werden, in einen Dialog mit dem Anbieter zu treten. Dadurch werden sie in ihrer Kaufentscheidung bestärkt und die Vertrauensbasis wird weiter aufgebaut.

Die *Wachstums- und Reifephase* hat bereits eine stabile Geschäftsbeziehung zum Inhalt. In diesen Phasen befinden sich zufriedene Kunden, welche nicht ernsthaft über eine Beendigung der Geschäftsbeziehung nachdenken. Das Zufriedenheitsmanagement soll die Geschäftsbeziehung stärken und weiter stabilisieren. Kunden werden also durch bevorzugte und individuelle Behandlung an das Unternehmen gebunden und/oder durch den Aufbau von Wechselbarrieren an einem Abbruch der Beziehung gehindert.

Der *Reifephase* folgt eine *Gefährdungsphase*. Gefährdet sind Geschäftsbeziehungen, wenn Kunden unzufrieden sind und den Abbruch der Geschäftsbeziehung erwägen. Notwendige Managementaufgabe ist es nun, Gründe für die Kundenunzufriedenheit aufzudecken und diesen mit gezielten Maßnahmen entgegenzuwirken. Das Beschwerdemanagement dient der Stabilisierung von Geschäftsbeziehungen. Sollten Kunden ihre Unzufriedenheit nicht artikulieren, ihr Verbundenheitsgefühl verloren haben oder „Variety Seeking" betreiben, kommt das Kündigungspräventionsmanagement zum Tragen. Durch ein proaktives Monitoring können Kündiger identifiziert und durch gezielte Maßnahmen zur Beibehaltung der Geschäftsbeziehung bewegt werden. Das Rückgewinnungsmanagement kommt zum Einsatz, wenn Kunden nicht gehalten werden konnten.

In der *Kündigungsphase* erfolgt eine Betreuung, indem sie auf den Anlass der Kündigung, mit dem Ziel der Rücknahme, angesprochen werden.

Mit dem *Revitalisierungsmanagement* versucht man schließlich, verlorene Kunden nach einer Abstinenzzeit zurückzugewinnen und die Geschäftsbeziehung wieder zu revitalisieren.

Darstellung 139 fasst die Normstrategien im Kundenbeziehungslebenszyklus zusammen [Stauss 2000, S. 452].

| | Noch-Nicht-Kunden | Aktuelle Kunden | | | | Nicht-Mehr-Kunden | |
|---|---|---|---|---|---|---|---|
| | Zeitpfad | | | | | | |
| **Phasen im Lebenszyklus** | Anbahnungsphase | Sozialisationsphase | Wachstums-/Reifephase | Gefährdungsphase | | Kündigungsphase | Revitalisierungsphase |
| **Art der Geschäftsbezieh.** | potenziell | neu | stabil | gefährdet | | verloren | rückgewonnen |
| **Ziel** | Anbahnung neuer Geschäftsbeziehungen | Festigung v. neuen Geschäftsbeziehungen | Stärkung v. stabilen Geschäftsbeziehungen | Stabilisierung gefährdeter Beziehungen v. beschwerenden Kunden | Verhinderung von Kündigungen | Rücknahme von Kündigungen | Wiederanbahnung von Geschäftsbeziehungen |
| **Kundenorientierte Managementaufgabe** | Interessentenmanagement | Neukundenmanagement | Zufriedenheitsmanagement | Beschwerdemanagement | Kündigungspräventionsmanagement | Kündigungsmanagement | Revitalisierungsmanagement |
| | **Kundenakquisitionsmanagement** | **Kundenbindungsmanagement** | | | | **Rückgewinnungsmanagement** | |

**Darstellung 139** Normstrategien im Kundenbeziehungslebenszyklus

Die Orientierung am Kundenbeziehungslebenszyklus, in Abstimmung mit der eingeschlagenen Unternehmensstrategie, gibt Aufschluss über die optimale Gestaltung des Kundenmanagements. Damit lassen sich konkrete Vorgehensweisen zur Kundengewinnung, zur Pflege der Kundenbeziehung und zur Kundenbindung ableiten, welche bei Optimierung in einen Wettbewerbsvorteil münden können und eine hervorragende Umsetzung der Werteorientierung bedeuten. Eine Optimierung der Kundenstruktur ist für das Controlling dahingehend anzustreben, weil einseitige Abhängigkeiten mit einem hohen Risiko verbunden sind, sollte ein wichtiger Kunde ausfallen. Indem eine Bewertung mittels eines Portfolios erfolgt, kann die Kundenstruktur eingeschätzt und Handlungsbedarf abgeleitet werden.

**Die Kundenbeziehungslebenszyklus-Betrachtung**

- **erlaubt eine differenzierte Kundenbearbeitung nach Wertaspekten,**
- **baut profitable Kundenbeziehungen auf, hält diese aufrecht und**
- **setzt somit die Werteorientierung im Unternehmen um.**

### 12.1.2 Kundenwissen und Informationstechnologien

Eine kundenorientierte Erstellung der Leistung ist notwendige Bedingung für den Unternehmenserfolg. Das Unternehmen muss auf die Bedürfnis- und Verhaltensstrukturen der Zielgruppen eingehen, um den Markt optimal auszuschöpfen. Das Wissen über den Kunden ist Voraussetzung für eine zielgruppenspezifische Marktbearbeitung. Die Kundenorientierung wird durch neue IT-Technologien wesentlich erleichtert. Diese ermöglichen es, den Kunden kennen zu lernen, die wertvollsten Kunden herauszufiltern, die in Zukunft potenziellen Kunden zu erfassen und auf diese Informationen hin die differenzierte Produktgestaltung, die Individualisierung der Beratung und die kundenspezifische Dienstleistung auszurichten [Rapp 2005, S. 70].

Ein Unternehmen benötigt qualifizierte und kreative Mitarbeiter, welche durch Führungskräfte und flexible Strukturen unterstützt werden, um das Wissen über den Kunden ständig aktuell zu halten und im Falle von Bedürfnisänderungen schnell reagieren zu können [Handlbauer 2000, S. 146]. Das Wissen über den Kunden ist somit die Basis der Kundenorientierung. Indem eine systematische Erfassung der Kundendaten vorgenommen wird, ist das Unternehmen in der Lage, Potenziale aufzudecken.

Wesentlichen Einfluss auf den effizienten Einsatz der *Kundeninformationen* und damit auf ein Risiko minimierendes Handeln im Unternehmen hat das Informationsmanagement. Um Ressourcen effizient zuzuteilen und Fehlinvestitionen zu vermeiden, sollten die Kundeninformationen in einer zentralen Kundendatenbank gespeichert und nach verschiedenen Kriterien analysiert werden. Ziel des Database-Marketings ist es, dem Kunden ein maßgeschneidertes Angebot zum richtigen Zeitpunkt zu unterbreiten [Hofbauer/Hellwig 2012, S. 163]. Die Bereitstellung der benötigten Infrastruktur bzw. die systematische Verwaltung der Daten wird vom Informationsmanagement und den dazugehörigen Informationssystemen übernommen.

Das *Informationssystem* übernimmt den Prozess des Sammelns, Verwertens, Filterns und Verteilens der für die Manager relevanten Daten [Fank 2001, S. 64f]. Informationen, die in einem Unternehmen ausgetauscht werden, lassen sich systematisieren, organisieren

| | |
|---|---|
| **Administrations-systeme** | • werden lediglich zur schnelleren Datenverarbeitung verwendet.<br>• Hauptaufgaben sind meist einfache Abläufe, z.B. Serienbriefe.<br>• sind in allen Bereichen und Funktionen des Betriebes einsetzbar. |
| **Dispositions-systeme** | • steuern einfache, gut strukturierte Arbeitsabläufe.<br>• stützen Routineentscheidungen auf unt. u. mittl. Mgmtebene.<br>• wirken in allen Funktionsbereichen des Unternehmens. |
| **Analyse-/ Kontrollsysteme** | • bauen auf Administrations-/Dispositionssystemen auf.<br>• dienen zur Verdichtung von Informationen, z.B. Soll-Ist-Vergleiche.<br>• liefern Entscheidungsgrundlagen für das mittlere Management.<br>• wirken nach Funktionsbereichen oder als übergreifende Systeme. |
| **Planungs-/ Entscheidungs-systeme** | • bieten die höchste Verdichtungsstufe.<br>• zur Vertriebs-/Investitionsplanung, Gewinnplanung, Simulationen.<br>• Alternativenerprobung komplexer Themen im oberen Management.<br>• dienen der Verzahnung der einzelnen Funktionsbereiche. |

**Darstellung 140** Klassifikation von Informationssystemen

und spezifisch auswerten. Folglich nimmt die Bedeutung von computergestützten Informationssystemen zu. Nicht nur die Möglichkeit, Wettbewerbsvorteile z.B. durch kundenspezifische Vertriebsmaßnahmen zu erringen, wird durch solche Systeme beeinflusst, selbst die Überlebensfähigkeit von Unternehmen wird immer stärker durch den Einsatz von Informations- und Kommunikationstechnologien bestimmt. Zur Klassifikation von Informationssystemen bietet sich die Art der Aufgaben an, die mit Hilfe des Informationssystems bewältigt werden sollen. Darstellung 140 zeigt eine Unterscheidung von Informationssystemen nach ihren Aufgaben [vgl. Fank 2001, S. 68f].

Diese vier Arten von Informationssystemen können als Schichtmodell dargestellt werden, das die Verdichtung der Informationen auf den verschiedenen Managementebenen beschreibt [Fank 2001, S. 68]. Die entstehenden Perspektiven mit unterschiedlichem Verdichtungsgrad sind zugeschnitten auf die Fragestellungen der verschiedenen Managementlevels. Darstellung 141 zeigt das Schichtmodell integrierter Informationssysteme [Fank 2001, S. 70f; in Anlehnung an Scheer 1990, S. 8].

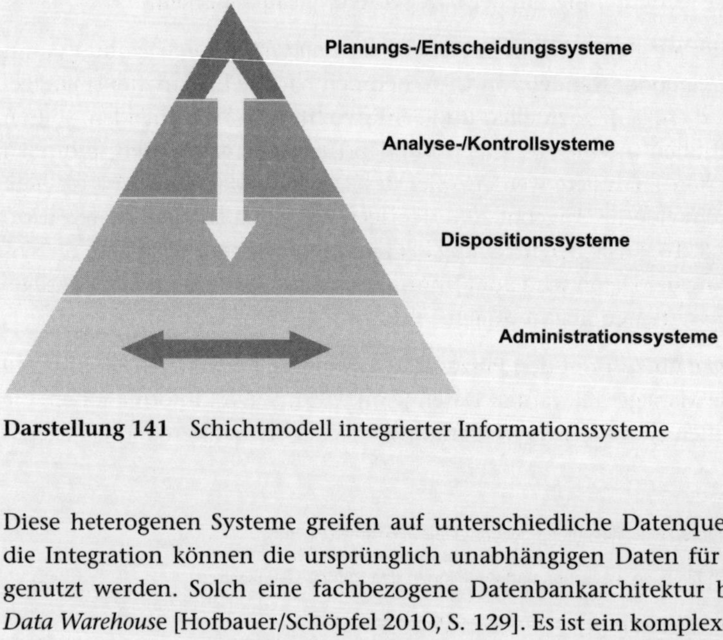


**Darstellung 141** Schichtmodell integrierter Informationssysteme

Diese heterogenen Systeme greifen auf unterschiedliche Datenquellen zurück. Durch die Integration können die ursprünglich unabhängigen Daten für dispositive Zwecke genutzt werden. Solch eine fachbezogene Datenbankarchitektur bezeichnet man als *Data Warehouse* [Hofbauer/Schöpfel 2010, S. 129]. Es ist ein komplexes System aus Hardware- und Softwarekomponenten, das wiederum in die übrige IT eingebunden ist. Im Data Warehouse werden Daten aus unterschiedlichen Geschäfts- und Funktionsbereichen integriert und konsolidiert [Jung/Winter 2000, S. 4]. Diese Technologie stellt die Grundlage für das *Database-Marketing* dar und verwaltet das Wissen über die Kunden. Ein vollständiges und gut strukturiertes Kundenwissen kann eine strategische Ressource darstellen. Durch einen Wissensvorteil ist die Organisation in der Lage, die generierten Daten zur Strategieabstimmung zu verwenden, um Kunden langfristig an das Unternehmen zu binden, und sie als Frühwarnsystem zu nutzen, um Abwanderungen der Kunden zur Konkurrenz zu vermeiden [vgl. Jobs 2000, S. 155f]. Einsatzgebiete sind Zielgruppenanalysen, das Aufdecken von Cross-Selling-Potenzialen sowie eine effiziente Abstimmung der Marketing- und Vertriebsressourcen. Im Rahmen des Kunden-Monitorings nutzen diese Programme Kennzahlensysteme, um eine Entscheidungsgrundlage für den wertgesteuerten Maßnahmeneinsatz zu schaffen.

Der Einsatz von Informationstechnologien bringt jedoch erst größtmöglichen Nutzen, wenn diese in die CRM-Strategie integriert sind. Erst dann bilden diese Technologien die datentechnische Grundlage, um unter ökonomischen Gesichtspunkten die richtigen Kunden zu finden und diese zur richtigen Zeit und mit dem richtigen Angebot anzusprechen [Rapp 2005, S. 75f]. Durch die Nutzung einer fundierten Datenbasis wird das Kunden- und Marktwissen erweitert. Auf Grund solcher Planungsgrundlagen werden Risiken, welche sich bspw. auf die Konzentration von unrentablen Kunden oder Segmenten erstrecken, reduziert. Sie eröffnen dem Unternehmen auch die Möglichkeit, Chancen, wie z.B. veränderte Kundenanforderung, frühzeitig zu identifizieren und umzusetzen.

Um eine zielgruppenspezifische Bearbeitung der bestehenden und potenziellen Kunden zu ermöglichen, müssen Kunden analysiert und Kundenprofile erstellt werden. Hierfür werden verschiedene Datenarten genutzt. Unterschieden werden Grunddaten, Potenzialdaten und Reaktionsdaten. Grunddaten beschäftigen sich mit der Frage „Wer sind unsere Kunden?". Dies sind produktunabhängige, meist langfristig stabile Daten. Potenzialdaten befassen sich mit dem Nachfrageverhalten der Kunden und beantworten damit die Frage, was die Kunden brauchen. Sie berücksichtigen produktspezifische und zeitliche Daten. Reaktionsdaten geben Aufschluss über den Erfolg des Unternehmens und den Erfolg des Wettbewerbs beim Kunden. Es werden sowohl ökonomische als auch nicht-ökonomische Daten erfasst [Hofbauer/Hellwig 2012, S. 162]. Die zentralen Daten der oben genannten Kategorien sind in Darstellung 142 aufgeführt [Homburg/Schäfer/Schneider 2002, S. 179].

Quelle dieser *Kundeninformationen* sind entweder Primärdaten, z.B. aus Marketinguntersuchungen, oder Daten aus externen Dateien. Möglichkeiten, externe Daten zu erhalten, sind Telefon- und Adressverzeichnisse, Firmendatenbanken, Listbroker (Vermitt-

| **Wer sind unsere Kunden?** Grunddaten zur Kundenbeschreibung | **Was brauchen unsere Kunden?** Potenzialdaten über Kundenbedürfnisse | **Wie erfolgreich sind wir/ unsere Wettbewerber?** Reaktionsdaten |
|---|---|---|
| • demografische Daten<br>• sozio-ökonomische Daten<br>• Segmentzugehörigkeit<br>• Kundenpriorität (Kundenbewertung) | • Bedürfnisse<br>• Bedarf an bisher gekauften Produkten<br>• zeitliche Verteilung des Bedarfs<br>• optimale Kontaktzeiten<br>• Cross-Selling-Potenzial<br>• erzielbares Preisniveau<br>• Serviceanforderungen<br>• sonstige Erwartungen des Kunden | • Umsatz mit dem Kunden<br>• Kundendeckungsbeitrag<br>• Customer Lifetime Value<br>• eigener Bedarfsdeckungsbeitrag<br>• Kundenzufriedenheit<br>• Kundenbindung<br>• Image beim Kunden<br>• Cross-Selling-Erfolg<br>• Preissensitivität<br>• Werbeelastizität |

**Darstellung 142** Zentrale Kundeninformationen im Überblick

lung von Adressen zwischen Unternehmen) oder der Datenaustausch mit kooperierenden Unternehmen [Hofbauer/Hellwig 2012, S. 163; Hippner/Wilde 2006, S. 227].

Auf Basis der erfassten Informationen können Maßnahmen zur Kundenbearbeitung abgeleitet werden. Unter anderem werden Entscheidungen über die Intensität und die Zeitpunkte der Bearbeitung, die grundsätzliche Festlegung von Preis- und Lieferkonditionen sowie über die Festlegung der angebotenen Produkte getroffen. In der Konsequenz hat dies Einfluss auf die Kunden- und Vertriebsplanung. Die gewonnenen Informationen unterstützen demnach auch bei der Vertriebsbezirkseinteilung sowie bei Routen-, Quoten- und Besuchsplanung [Hofbauer/Hellwig 2012, S. 173].

**Das Kundenwissen und die Informationstechnologien**

- **fördern Differenzierungspotenziale,**
- **erlauben einen optimalen Ressourceneinsatz und**
- **beeinflussen die Wirtschaftlichkeit des Unternehmens.**

### 12.1.3 Kundenzufriedenheit und Kundenbegeisterung

Erfolgreichen Unternehmen gelingt es immer wieder, ihre Kunden zu begeistern. Nur durch Begeisterung werden zufriedene Kunden zu loyalen und überzeugten Kunden, welche ein weitaus intensiveres Weiterempfehlungsverhalten entwickeln. Die Kundenzufriedenheit ist notwendige Bedingung für den Geschäftserfolg. Erst durch einen zufriedenen Kunden wird die Basis für eine anhaltende Geschäftsbeziehung geschaffen. Zufriedene Kunden werden zu Wiederholungskäufern, das Unternehmen profitiert von sozialer Kommunikation und Referenzen und das Produkt wird zum Selbstläufer. Somit ist der langfristige Erfolg der Organisation gesichert, es muss weniger Marketingaufwand betrieben werden und es sind keine Preiszugeständnisse erforderlich. Diese Wirkungskette resultiert in einer höheren *Profitabilität* des Unternehmens. Unzufriedene Kunden hingegen werden nur einmal kaufen, einen Markenwechsel vornehmen und das Unternehmen mit negativer sozialer Kommunikation schädigen [Winkelmann 2003, S. 113]. Dies hat Auswirkungen auf den Erfolg des Produktes und resultiert in einem Preisverfall mit höheren Marketingausgaben, um das Produkt zu stärken. Die Folge aus der gestiegenen Kostenbelastung und geringeren Umsätzen ist die Schmälerung der Profitabilität.

Um Kunden langfristig zu binden, gilt es diese nicht nur zufrieden zu stellen, sondern zu begeistern. Das KANO-Modell stellt die Anforderungen an die Leistung innerhalb der Dimensionen Kundenzufriedenheit/Kundenunzufriedenheit sowie Erfüllung/Nichterfüllung der Anforderungen dar und unterscheidet drei Zufriedenheitsfaktoren [Stahl et al. 2000, S. 180f; Winkelmann 2003, S. 116]:

- *Basisfaktoren:* Die Basisfaktoren beziehen sich immer auf die grundlegenden Merkmale eines Produktes oder einer Dienstleistung. Sie umfassen jene Produkt- bzw. Leistungsattribute, die Unzufriedenheit auslösen, wenn sie nicht oder nicht den Erwartungen entsprechend wahrgenommen werden. Jedoch führen sie bei einer Wahrnehmung durch den Kunden nicht zur Zufriedenheit.
- *Leistungsfaktoren:* Dies sind Produkt- oder Dienstleistungseigenschaften, die einerseits beim Kunden Zufriedenheit stiften können, wenn seine Erwartungen übertrof-

fen werden, andererseits auch Unzufriedenheit hervorrufen können, wenn die wahrgenommenen Eigenschaften hinter den Erwartungen zurück bleiben.

- *Begeisterungsfaktoren:* Begeisterungsfaktoren umfassen jene Leistungskomponenten, die Zufriedenheit auslösen, wenn sie angeboten werden, jedoch nicht notwendigerweise Unzufriedenheit verursachen, wenn sie nicht vorhanden sind. Wurde der Kunde durch solche Begeisterungsfaktoren „überrascht", so wird er dazu neigen, den gesamten Produktnutzen spontan aufzuwerten.

Kunden zu begeistern, um sie langfristig an das Unternehmen zu binden, mag notwendige Bedingung sein. Jedoch darf nicht vergessen werden, dass Kundenbegeisterung auch mit Kosten verbunden ist. Um die Kundenbeziehung auf einem profitablen Niveau zu halten, gilt es herauszufinden, auf welchen Service der Kunde besonderen Wert legt, und diesen mit einem „begeisterungsfähigen" Konzept perfekt zu erfüllen. Legt ein Kunde bspw. großen Wert auf pünktliche Lieferung, so wird er begeistert sein, wenn die Ware schon vor dem vereinbarten Lieferzeitpunkt zugestellt wird. Durch einen übertriebenen Einsatz der Kundenbegeisterung wird Kundenwert vernichtet, da die Erwartungshaltung des Kunden durch die Begeisterungsfaktoren stets ansteigt und immer mit Kosten verbunden ist. Somit lässt sich daraus ableiten, dass sich die Bemühungen zur Kundenbindung nur bei jenen Kunden oder Kundengruppen lohnen, die eine entsprechende Profitabilität aufweisen [Stahl et al. 2000, S. 182]. Darstellung 143 zeigt den Zusammenhang zwischen Kundenzufriedenheit und Unternehmenswert [Stahl et al. 2000, S. 181].

Lediglich über die Basis-, Leistungs- und Zufriedenheitsfaktoren Bescheid zu wissen, ist nicht ausreichend, um Kunden möglichst lange an das Unternehmen zu binden. Viel-

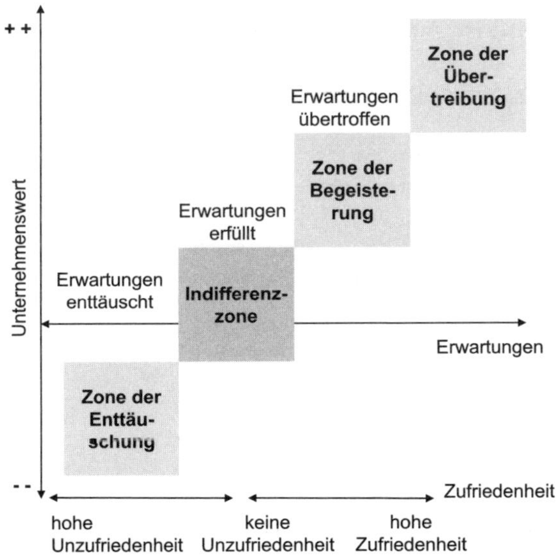


**Darstellung 143**
Zusammenhang zwischen Kundenzufriedenheit und Unternehmenswert

mehr muss das Unternehmen die Möglichkeit der Kundenzufriedenheitsanalyse nutzen. Indem der Kunde eine direkte Einschätzung seiner Zufriedenheit vornimmt, lassen sich brauchbare Informationen bzgl. zukünftiger Geschäftsanforderungen ermitteln und wirksame Gegenmaßnahmen im Falle von Unzufriedenheit ableiten. Die Zufriedenheitsmessung versucht durch eine ständige Kontrolle, Risiken einer Kundenabwanderung frühzeitig zu erkennen, und durch einen mehr oder weniger direkten Dialog, Potenziale aufzudecken, um Kunden weiterhin zu binden.

**Kundenzufriedenheit und Kundenbegeisterung sind notwendige Bedingungen,**

- **um eine Geschäftsbeziehung aufzubauen,**
- **den Kunden langfristig an das Unternehmen zu binden,**
- **sein gesamtes Potenzial abzuschöpfen und somit die Profitabilität zu steigern.**

### 12.1.4 Integriertes Beschaffungsmarketing

Das integrierte Beschaffungsmarketing erlaubt durch die prozessorientierte Sichtweise, den Beschaffungsvorgang unter den Gesichtspunkten der Effizienz und Versorgungssicherheit optimal zu gestalten. In Darstellung 144 sind die Phasen des integrierten Beschaffungsmarketings dargestellt [vgl. Hofbauer/ Bauer 2004, S. 13]. Eine Controllingphase schließt diesen Prozess ab.

Die folgenden Ausführungen beziehen sich auf den *Beschaffungsprozess*, dieser soll jedoch nicht in seiner Gesamtheit dargestellt werden. Es wird speziell auf wertgenerierende Elemente eingegangen, welche auch Relevanz für das Controlling haben. Eine umfassende Ausführung zum Beschaffungsmarketing liefert Hofbauer/Bauer 2004, „Integriertes Beschaffungsmarketing".

Grundsätzlich gilt es eine kundenorientierte Aufgabenfeldstrategie und Organisation für die Beschaffung zu bestimmen. Im Rahmen der Organisationsplanung wird auch eine Entscheidung über den Einsatz von IT-Systemen getroffen. IT-Systeme sind eine

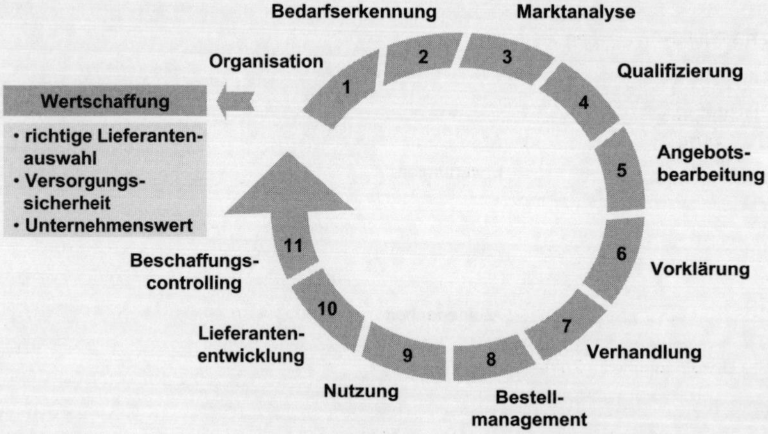


**Darstellung 144** Prozessbetrachtung des integrierten Beschaffungsmarketings

**Darstellung 145** IT-Unterstützung in der Beschaffung

wichtige Grundvoraussetzung des Beschaffungsmanagements. Durch den Einsatz von modernen Informations- und Kommunikationstechnologien werden die Informations- und Kommunikationsgeschwindigkeit sowie die Informationsaufbereitung effizient gestaltet. Darstellung 145 zeigt die verschiedenen Aspekte der IT-Unterstützung in der Beschaffung [Hofbauer/Bauer 2004, S. 29].

*Enterprise-Resource-Planning-Systeme* (ERP-Systeme) leisten nicht nur einen wichtigen Beitrag auf operativer Ebene, sie helfen auch der Unternehmensführung, ständig „up-to-date" zu sein. Gerade die Verfügbarkeit von Informationen für die Unternehmensleitung ist ein wichtiges Instrument im Rahmen des Risikomanagements.

Die Phase der Bedarfserkennung beginnt mit der Produktentwicklung. Je nach Wertschöpfungstiefe des Unternehmens muss eine *Make-or-Buy*-Entscheidung getroffen werden, die durch die Leistungsfähigkeit der eigenen Produktion und die Leistungsfähigkeit des Beschaffungsmarktes bestimmt wird [Boutellier/Locker 1998, S. 10]. Auch Belange des Risikomanagements fließen in die Alternativenwahl mit ein. Fallen die zu beschaffenden Produkte direkt in das Kerngeschäft des Unternehmens, so muss eine Grundsatzentscheidung getroffen werden, welche Auswirkungen auf das ganze zukünftige Unternehmensumfeld haben kann: Besitzt das Unternehmen die notwendigen Kernkompetenzen, um das Objekt in Eigenerstellung zu produzieren, kommt grundsätzlich eine „Make-Entscheidung" in Frage. Ein Abwägen der Alternativen wird vorgenommen, wenn das Unternehmen eine Kompetenz zur Eigenfertigung hat, jedoch auch andere Anbieter diese Leistung erbringen können. Da Spezialisten i.d.R. günstiger produzieren, fließt in diese Entscheidung auch der Kostenaspekt ein. Nicht unterschätzt werden darf, dass die Entscheidung für einen spezialisierten Lieferanten auch die Nutzung seines Know-how-Potenzials mit sich bringt. Ein weiteres Argument ist die Wahrung der Flexibilität im Unternehmen selbst. Trifft das Unternehmen eine „Buy-Entscheidung", so ist es in der Lage, flexibler auf Marktveränderungen zu reagieren [Gietl/Lobinger/Knon 2004, S. 204]. Sollte der bearbeitete Markt des Unternehmens eine hohe Dynamik aufweisen, steigt bei Eigenfertigung das Risiko von Fehlinvestitionen, welches durch Fremdbezug reduziert werden kann. Eine Outsourcingentscheidung erlaubt auch einen effizienten Kapitaleinsatz, indem die Produktion flexibel gestaltet wird, und sie beeinflusst die Kapitalbindungsquote [Gietl/Lobinger/Knon 2004, S. 211].

Hat das Unternehmen entschieden, das Gut zu beschaffen, gilt es nun, den richtigen Lieferanten dafür zu finden. Dies geschieht im Rahmen der Beschaffungsmarktanalyse. Die vorherrschenden Marktstrukturen entscheiden über die Lieferantenmacht. Beide Faktoren haben maßgeblichen Einfluss auf die Abhängigkeit und das Preisdurchsetzungsvermögen des Unternehmens. Um die Stellung des Unternehmens am Beschaffungsmarkt einzuschätzen, gilt es, die Menge und die Qualitäten von Angebot und Nachfrage am Markt zu beurteilen und zu wissen, in welchem Umfang das Angebot Absatz findet [Hofbauer/Bauer 2004, S. 55f]. Auch muss sich der Einkäufer ein Bild über die *Nachfragestruktur* des Marktes machen.

Herrscht ein Nachfragemonopol vor, so kann der Nachfrager eine relativ starke Verhandlungsposition einnehmen, sofern eine Vielzahl von Anbietern vorhanden ist. Im Falle des Nachfrageoligopols kann der Nachfrager, unter der Voraussetzung einer hohen Beschaffungsmenge, ebenfalls eine starke Verhandlungsposition einnehmen. Versorgungsschwierigkeiten treten auf, wenn bei einer angespannten Marktsituation die Nachfragekonkurrenten bspw. durch Exklusivverträge oder durch frühzeitigen Materialaufkauf den Beschaffungsmarkt praktisch eliminieren. Ein Nachfragepolypol räumt dem Unternehmen keinen preispolitischen Spielraum ein. Außerdem beeinflussen saisonale und konjunkturelle Marktschwankungen sowie trendbedingte Marktveränderungen das Angebot [vgl. Hofbauer/Bauer 2004, S. 58f].

Aufgabe der Beschaffungsmarktanalyse ist es, leistungsfähige Lieferanten zur Deckung des Bedarfes zu identifizieren. Diese potenziellen Lieferanten werden im Lieferantenpool zusammengefasst. Dieser wird durch eine Vorselektion nach Kriterien, wie allgemeiner Unternehmensdaten (Inhaberverhältnisse, Finanzlage, Betriebsklima usw.), spezieller produktbezogener Daten (Fertigungskapazitäten, Qualitätsniveau, Technologien, Leistungsfähigkeit usw.) und Konditionen/Service, gebildet.

Bei der Qualifizierung werden potenzielle Lieferanten in Bezug auf ihre Leistungsfähigkeit detaillierter beurteilt. Die Beurteilungsintensität wird je nach Wichtigkeit des zu beschaffenden Gutes ausfallen, um potenzielle Risiken, z.B. durch einen Ausfall des Lieferanten, im Vorhinein zu mindern (vgl. Kapitel 12.1.5).

Grundsätzlich kann für das Controlling nach den Größen *Beschaffungsvolumen* und *Versorgungsrisiko* eine Einteilung der Beschaffungsobjekte vorgenommen werden, wie Darstellung 146 zeigt [Boutellier/Locker 1998, S. 11].

**Darstellung 146** Klassifizierung von Beschaffungsgütern

Strategische Produkte bergen ein höheres Risiko für das beschaffende Unternehmen. Neben einer genauen Bedarfsprognose und präziser Marktforschung sollte auch eine Risikoanalyse und Notfallplanung vorgenommen werden [Pepels 2000, S. 1043f]. Bezüglich Hebelprodukten sollte die volle Einkaufsmacht ausgenutzt werden, indem gezielte Preis- und allgemeine Verhandlungsstrategien angewendet werden. Engpassgüter erfordern in erster Linie eine Mengensicherung, falls unumgänglich, auch gegen Aufpreis. Jedoch sollte sich das Unternehmen nach Substituten umsehen, um das von Engpassgütern ausgehende *Versorgungsrisiko* zu reduzieren. Unkritische Produkte unterliegen der Produktstandardisierung und einer Optimierung der Auftragsmengen [Pepels 2000, S. 1043]. Effiziente Bearbeitung und Bestandsoptimierung leisten einen Beitrag zur Reduzierung von Kostenpositionen. Aus der Art des Beschaffungsgutes kann die Art des gesuchten Lieferanten abgeleitet werden, welche ebenfalls in einem Portfolio dargestellt werden kann (siehe Darstellung 164) [Hofbauer/Bauer 2004, S. 75].

Im Rahmen der Verhandlungsphase werden Entscheidungen bzgl. der Vertragsart und der Vertragsgestaltung getroffen. Durch die vertragliche Gestaltung besteht die Möglichkeit der Risikoübertragung. Die Form des Risikotransfers setzt eine gewisse Machtposition und/oder Verhandlungsposition voraus [Olfert/Ehrmann 2005, S. 91]. Da das Vertragsrecht eine Vielzahl von Gestaltungsmöglichkeiten eröffnet, sollten Verträge auch unter dem Gesichtspunkt von Risikominderung oder -transfer verhandelt werden. Die Wahl der Vertragsart liefert ebenso ein Potenzial zur Erhöhung der Effizienz im Prozess. Durch den Abschluss von Rahmenverträgen können z.B. interne Bearbeitungskosten gesenkt werden [Gietl/Lobinger/Knon 2004, S. 210]. Zahlungsziele und Zahlungsvereinbarungen leisten ihren Beitrag zum Liquiditätsmanagement. Durch möglichst lange *Zahlungsfristen* werden liquide Mittel länger im eigenen Unternehmen gebunden.

Das *Bestellmanagement* beschäftigt sich mit allen Aktivitäten zur Auftragsbearbeitung und den Überwachungs- und Koordinationsaufgaben, die vorrangig bis zur Belieferung anfallen [Hofbauer/Bauer 2004, S. 138]. In dieser Prozessphase bestehen große Kosteneinsparungspotenziale, wenn Bestellmengen und -termine richtig ermittelt werden. Große Bestellmengen bringen nicht nur günstigere Beschaffungspreise mit sich, sondern auch hohe Lagerbestände und eine hohe Kapitalbindung. Unternehmen, welche im Sinne der Wertegenerierung handeln, orientieren sich bei Bestellvorgängen an den aktuellen Einstandskosten der Güter, Preis-Mengen-Relationen, Kosten der Bestellabwicklung, Lagerhaltungskosten, Finanzierungskosten, Finanzierungsmöglichkeiten und den realisierbaren Liefermöglichkeiten [Hofbauer/Bauer 2004, S. 139f]. Ein weiterer wichtiger Aspekt, welcher direkten Einfluss auf die Kundenzufriedenheit hat, ist die Qualitätskontrolle im Wareneingang. Die verbauten Zulieferteile im produzierten Gut beeinflussen die Qualität des Endproduktes. Die Wareneingangsprüfung kontrolliert das Beschaffungsobjekt hinsichtlich der Qualität und Quantität, um eine lückenlose Qualitätssicherung zu gewährleisten. Ein defektes Beschaffungsobjekt im Endprodukt führt zu einem Imageschaden für das produzierende Unternehmen und nicht für den Lieferanten.

Während der Nutzungsphase des Beschaffungsobjektes werden wertvolle Informationen zur *Lieferantenbewertung* gewonnen. Lieferantenbewertungen werden mittlerweile systematisch mit Softwareunterstützung durchgeführt, um größtmögliche Objektivität zu gewährleisten. Durch eine Begutachtung ergeben sich sowohl Vorteile für den Lieferer als auch für das beschaffende Unternehmen. Das Unternehmen profitiert von der Entwicklung einer engen Lieferer-Abnehmer-Kooperation, indem es durch die Bewertung nicht nur die Realisierung der eigenen Sachziele kontrolliert, sondern auch Kostenvorteile ausbildet. Diese Bewertungssysteme generieren Informationsbedarf zur

- Versorgung nach qualitativen, wirtschaftlichen und zeitlichen Kriterien,
- Minimierung von Versorgungsrisiken und
- Nutzung der Kooperations-, Problemlösungs- und Entwicklungskompetenzen der Anbieter [Hirschsteiner 2003, S. 181].

Die Ergebnisse der Bewertung dienen zur Selektion von Lieferantenbeziehungen. Leistungsfähige Lieferanten können durch gezielte Einflussnahme entwickelt werden, wohingegen nicht leistungsfähige Zulieferer gegebenenfalls aussondiert werden, um die *Liefersicherheit* zu gewährleisten [Hofbauer/Bauer 2004, S. 174] (für weiterführende Ausführungen siehe Kapitel 12.1.5).

Zusammenfassend lässt sich folgender Grundsatz aufstellen: Das Beschaffungsmanagement dient der Wertschaffung durch Verbesserungen bei der Optimierung von Wirtschaftlichkeit, Qualität, Verfügbarkeit und anderen Erfolgsaspekten [Hirschsteiner 2003, S. 123].

**Das integrierte Beschaffungsmarketing**

- **integriert die Kundenanforderungen schon in der Beschaffung,**
- **erhöht durch ein gezieltes Lieferantenmanagement die Qualität und Effizienz und**
- **reduziert beschaffungsseitige Risiken.**

### 12.1.5 Lieferantenmanagement

Längst gilt es in der Beschaffung nicht mehr, lediglich Kosteneinsparungen zu erzielen. Vielmehr muss sich das Beschaffungsmanagement verstärkt mit wettbewerbsrelevanten Rahmenbedingungen auseinandersetzen, also den Beschaffungsmarkt aktiv und gezielt nutzen, um eine Verbesserung von Produktdesign, -technologie und -qualität zu realisieren. Die Maßnahmen, die hierzu ergriffen werden, sollten strukturiert und nachhaltig im Rahmen eines *Supplier Relationship Managements* (SRM) gestaltet werden. Dieses sollte in das prozessorientierte Konzept des integrierten Beschaffungsmarketings eingebettet sein [vgl. Hofbauer/Bauer 2004]. Systematisch entwickelte Partnerschaften tragen zur Wettbewerbsfähigkeit bei und beeinflussen den Erfolg positiv, indem beschaffungsseitige Risiken minimiert werden und die Effizienz erhöht wird.

Potenzielle Lieferanten werden noch vor der Angebotseinholung beurteilt. Die *Lieferantenbeurteilung* ist von der *Lieferantenbewertung* zu unterscheiden. Die Lieferantenbeurteilung erfolgt vor Auftragserteilung, die Lieferantenbewertung auf Basis der bereits erbrachten Leistung, also nach der Auftragserteilung [Hofbauer/Mashhour/Fischer 2009]. Darstellung 147 zeigt eine Auswahl von Leistungskriterien, die zur Beurteilung herangezogen werden [Hirschsteiner 2003, S. 117].

| Produkt/Leistung | Ausstattung | Finanzen | Beziehungen |
|---|---|---|---|
| • Lieferprogramm<br>• Qualität<br>• Preise<br>• Konditionen<br>• Forschung/Entwicklung<br>• Service | • Standort<br>• Management<br>• Mitarbeiter<br>• Anlagen<br>• Einrichtungen<br>• Kapazitäten<br>• Reserven<br>• Logistik | • Kapital<br>• Bonität<br>• Prosperity<br>• Unternehmenspolitik<br>• Ressourcen | • Marketing<br>• Absichten<br>• Interessen<br>• Flexibilität<br>• Kontinuität<br>• Zuverlässigkeit<br>• Beratung<br>• Kooperation |

**Darstellung 147** Leistungskriterien zur Anbieterbeurteilung

Für die *Lieferantenbeurteilung* kommen folgende Methoden zum Einsatz, wobei das angewendete Verfahren auf Basis der Risikorelevanz des Beschaffungsgutes gewählt wird [Pfefferli 2002, S. 23]:

- Selbsteinschätzung durch die Lieferanten
- Auditierung (z.B. auf Basis von ISO 9000)
- Assessment (z.B. auf Basis von Total Quality Management)

Die Selbsteinschätzung ermöglicht dem Unternehmen eine schnelle Information über einen potenziellen Lieferanten. Die Selbsteinschätzung wird mittels einer Checkliste durchgeführt, die vom Lieferanten auszufüllen ist bzw. gemeinsam im Rahmen eines Unternehmensbesuchs beim Anbieter ausgefüllt wird. Darstellung 148 zeigt die Struktur der Selbstbeurteilungscheckliste für die Selbsteinschätzung durch den Lieferanten [Hofbauer/Bauer 2004, S. 80].

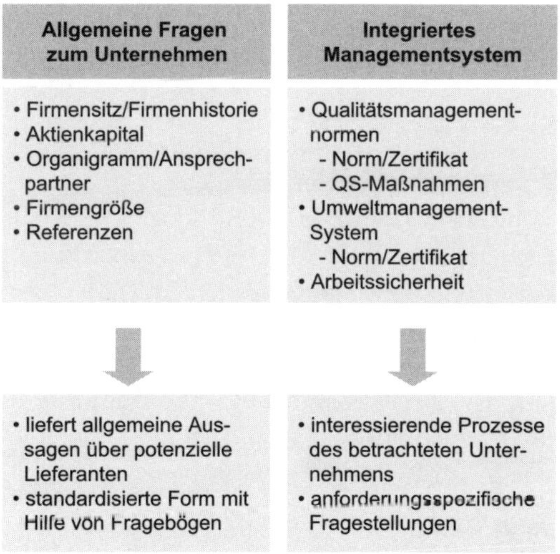


**Darstellung 148** Struktur der Selbstbeurteilungscheckliste

Industriebetriebe sollten die Lieferantenselbstbeurteilung den Bewertungskriterien der Norm ISO 9000 anpassen und nur Unternehmen mit einem Zertifikat einer anerkannten Zertifizierungsgesellschaft als Lieferanten zulassen. Verfügen potenzielle Lieferanten nicht über ein solches Zertifikat, so sind zusätzliche Beurteilungsmaßnahmen wie z.B. ein Lieferanten-Audit einzuleiten. Das Audit ist eine systematische und unabhängige Untersuchung. Damit wird evaluiert, ob die Tätigkeiten und die damit verbundenen Resultate den geplanten Anforderungen entsprechen und die angestrebten Ziele erreicht werden können [Hofbauer/Bauer 2004, S. 82]. Das Lieferanten-Audit beurteilt das Managementsystem, die hergestellten Produkte und die Prozesse. Ziel ist, eine Aussage über die Umsetzungsfähigkeit des potenziellen Lieferanten zu treffen, hinsichtlich organisatorischer und personeller Voraussetzungen, Produktqualität und Prozessqualität. Eine umfassende Beurteilung von Lieferanten lässt sich mittels eines Assessments realisieren. Das Assessment beleuchtet ausgewählte Prozesse, welche durch bestimmte Kriterien (z.B. Beziehungen zwischen Mitarbeitern, Prozessen und Ergebnissen, Prozessqualität und Qualitätsplanung, angewendete Führungsinstrumente, usw.) und deren Gewichtung eine ganzheitliche Schlussfolgerung über die Leistungsfähigkeit zulassen. Darstellung 149 zeigt beispielhaft ein Assessment nach den Kriterien des Total Quality Managements (TQM) [Pfefferli 2002, S. 41].

| Kriterium | Gewichtung | Maximale Punktzahl |
|---|---|---|
| Führung | 10 % | 100 |
| Mitarbeiterführung | 9 % | 90 |
| Politik und Strategie | 8 % | 80 |
| Ressourcen | 9 % | 90 |
| Prozesse | 14 % | 140 |
| **Ergebnisse** | **Gewichtung** | **Maximale Punktzahl** |
| Mitarbeiterführung | 9 % | 90 |
| Kundenzufriedenheit | 20 % | 200 |
| Auswirkungen auf die Gesellschaft | 6 % | 60 |
| Geschäftsergebnis | 15 % | 150 |
| Summe | **100 %** | **1.000** |

**Darstellung 149** Lieferanten-Assessment nach TQM

Im Anschluss an die Beurteilung müssen die Lieferanten entsprechend klassifiziert werden. Die Klassifizierung erfolgt über *Qualifikationslevel* (QL) [Hofbauer/Bauer 2004, S. 84].

- *QL-1-Lieferanten* sind qualifizierte Lieferanten, welche in der Lage sind, strategische Produkte zu liefern und aufgrund eines Benchmarks einen „Best-in-Class“-Status erhalten haben. Mit QL-1-Lieferanten können Partnerschaften eingegangen werden.
- *QL-2-Lieferanten* sind qualifizierte Lieferanten, welche alle Anforderungen des Qualitätsmanagement-Systems nach Normen wie ISO 9001 erfüllen.
- *QL-3-Lieferanten* fallen in die Kategorie der genehmigten Lieferanten, die aus Erfahrungen oder auf Empfehlungen ausgewählt wurden und deren Produkte und Prozesse die kommerziellen Anforderungen erfüllen.

Diese Einstufung ist nach Aufbau der Geschäftsbeziehung ausschlaggebend für den Grad der Zusammenarbeit. Sind infolge dieser Maßnahmen die Weichen für eine einmalige Übereinkunft gestellt, ergibt sich in der Praxis oftmals auch die Bereitschaft, langfristige Kooperationsverträge abzuschließen.

| Verantwortliche Fachabteilung | Bewertungskriterien |
|---|---|
| **Materialwirtschaft**<br>• Einkauf | • Kostenanalyse: Transparenz, Ermittlung und Verteilung von Rationalisierungsgewinnen<br>• Preisgestaltung: Preisentwicklung, Preisbindung<br>• Unternehmensdaten: Management, Organisation, Standort- und Umweltfaktoren, Rechtsform, Finanzen, Ertragskraft, finanzielle Investitionen<br>• Kommunikation<br>• Kulanz, Reklamationsverhalten<br>• Service |
| • Logistik: Disposition Wareneingang Lager | • Vertragsgestaltung und Gegengeschäfte<br>• Lieferverhalten: Termin- und Mengentreue, Flexibilität bei Mengenveränderungen, Sonderaktionen, Einhalten von Zusagen<br>• Abrufverhalten, Änderungsdienst<br>• Transport: Spediteurkonzept, Transportmittel und -wege<br>• Verpackung: Gebindegröße, Mehrwegverpackungen<br>• Lieferkapazitäten<br>• Lager: Kapazitäten, Pufferlager, Lagereinrichtungen<br>• Kommunikation: frühzeitige Warnung, Erreichbarkeit<br>• Kommissionierungsstrategien |
| **Qualitätssicherung** | • allgemeines Qualitätssicherungssystem<br>• Lieferqualität<br>• Prüfeinrichtungen: Prüffeld, Labor<br>• Prüfmittelüberwachung<br>• Verpackungs- und Transportschutz<br>• Reklamationsverhalten: Schnelligkeit, Bereitschaft zur Zusammenarbeit |
| **Konstruktion** | • Entwicklungspotenzial<br>• Bereitschaft zur Zusammenarbeit<br>• Anwendungsberatung<br>• Innovationspotenzial<br>• Produkt-Know-how: Produktpalette, technische Referenzen<br>• Mitarbeiterqualifikation<br>• Einsatz von CAD Techniken |
| **Produktion** | • Maschinenpark: Ausstattung, flexible Strukturen<br>• Rüst- und Produktionszeiten<br>• Produktionsmöglichkeiten: Kapazität, Auslastung, Elastizität<br>• Herstellungsprozesse: Eignung<br>• Mitarbeiterqualifikation |

**Darstellung 150** Kriterien zur Lieferantenbewertung

Die *Lieferantenbewertung* liefert aussagekräftigere Ergebnisse als die Lieferantenbeurteilung, da auf eine größere und vielschichtigere Menge von Daten zurückgegriffen werden kann [Hofbauer/Bauer 2004, S. 156]. Für die Bewertung wird ein Kriterienkatalog zusammengestellt. Die Auswahl der Kriterien erfolgt in Zusammenarbeit mit allen am Beschaffungsprozess beteiligten Abteilungen, um eine einseitige Auswahl zu vermeiden. Darstellung 150 zeigt einen Überblick möglicher Bewertungskriterien [vgl. Staub 1998, S. 101].

Die Bewertung liefert frühzeitig Informationen über Abweichungen und Trends und verschafft dem Unternehmen die Möglichkeit, proaktiv zu handeln. Um einen Überblick über die Ergebnisse der Bewertung zu erhalten, kann eine Einteilung der Lieferanten erfolgen, die zugleich eine Basis für die *Lieferantenentwicklung* darstellt. Darstellung 151 zeigt die Stufenleiter der Lieferantenentwicklung [Hartmann 2004, S. 39].

Nach erfolgter Bewertung ist zu analysieren, ob das Anforderungsprofil an den Lieferanten gestiegen ist bzw. steigen wird und ob Handlungsbedarf zur Entwicklung des Lieferanten besteht. Dies kann der Fall sein, wenn Leistungsdefizite beim Lieferanten auszumachen sind oder wenn Potenziale erkannt wurden, die genutzt und ausgebaut werden sollen. Darstellung 152 zeigt aktive Entwicklungsmaßnahmen im Lieferantenmanagement [Hofbauer/Bauer 2004, S. 179].

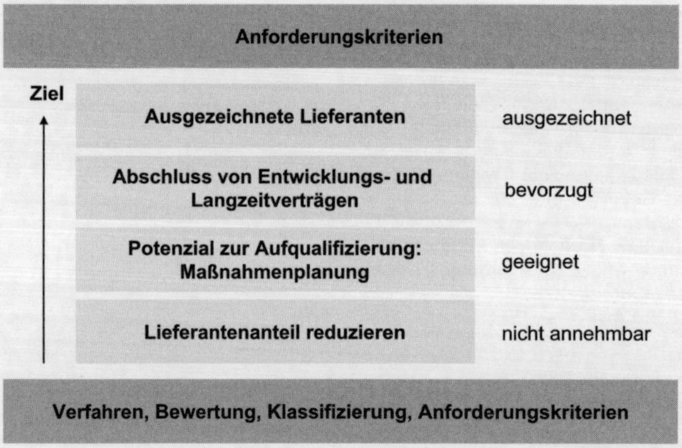


**Darstellung 151** Stufenleiter der Lieferantenentwicklung

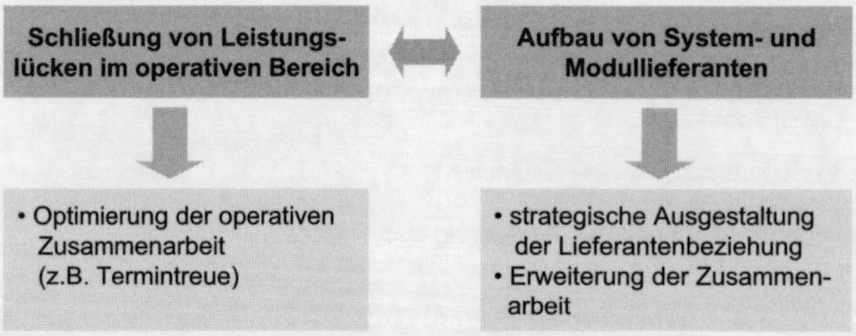


**Darstellung 152** Maßnahmen der Lieferantenentwicklung

Die Schließung von Leistungslücken verfolgt das Ziel, Leistungsdefizite zwischen vereinbarten und erreichten Vorgaben zu reduzieren. Der Abnehmer kann zur Schließung der Lücken beitragen, indem er durch operative Beratung, Know-how-Transfer, Beratung zu strategischen Fragestellungen, Transfer von personellen Ressourcen und durch finanzielle Unterstützung einen Beitrag leistet [Hofbauer/Bauer 2004, S. 81].

Ist das Unternehmen an einer intensiven Prozess- und Lieferantenintegration interessiert, besteht die Möglichkeit, potenzialträchtige Lieferanten zu Wertschöpfungspartnern zu entwickeln. Darstellung 153 zeigt die Entwicklungsmöglichkeiten von Lieferanten in Abhängigkeit von Wettbewerbsposition und Wertschöpfungstiefe [Hofbauer/ Bauer 2004 S. 178].

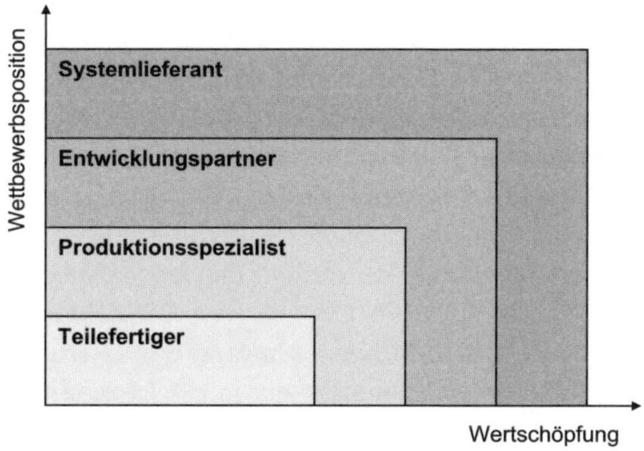


**Darstellung 153** Änderungen im Anforderungsprofil an Lieferanten

Wird eine *Partnerschaft mit einem Systemlieferanten* eingegangen, so werden Objekte mit hoher Wertschöpfungstiefe zugekauft und das Unternehmen unterhält nur noch wenige Abnahmebeziehungen. Alle Kontakte und Maßnahmen zu Vorlieferanten übernimmt der Systemlieferant [Hofbauer/Bauer 2004, S. 178]. Der Hersteller konzentriert sich auf seine Kernkompetenzen. Auch im Bereich der Innovationen bietet die Integration von Lieferanten vom Produktentstehungsprozess an Vorteile (Earliest Supplier Envolvement). Durch die Nutzung von Synergien werden Win-Win-Partnerschaften gestaltet, welche die Wettbewerbsfähigkeit beider Seiten stärken [Hartmann 2004, S. 75f]. Der Aufbau einer vertrauensvollen Beziehung ist der wichtigste Erfolgsfaktor einer Lieferantenpartnerschaft, welcher sich durch den Grad von Offenheit, Zuverlässigkeit, Fairness und Verschwiegenheit bestimmen lässt. Das Unternehmen kann ausgewählte Lieferanten zu System- und/oder Modullieferanten entwickeln, um eine langfristige Erfolgssicherung anzustreben.

Darstellung 154 stellt Merkmale von System- und Modullieferanten gegenüber [Hofbauer/Bauer 2004, S. 182].

Die Lieferantenentwicklung sollte mit personifizierten, terminierten und quantifizierten Maßnahmen einhergehen. Eine entsprechende Kommunikationspolitik sowie Lie-

| Systemlieferant | Modullieferant |
|---|---|
| • gemeinsame Konzeptentwicklung<br>• Serienentwicklung durch den Systemlieferant<br>• enge, offene, transparente Zusammenarbeit<br>• hohes Entwicklungspotenzial<br>• Technologieführerschaft<br>• abnehmerindividuelle, zumeist produktbezogene Entwicklungsleistung<br>• langfristige vertragliche Bindung | • enge Zusammenarbeit mit dem Hersteller<br>• keine gemeinsame Entwicklungsleistung für das System<br>• Einbeziehung des Lieferanten häufig in der Serienentwicklungsphase<br>• Montage-Know-how<br>• mittelfristige vertragliche Bindung |

**Darstellung 154** Unterscheidung System- und Modullieferant

ferantenbesuche oder Lieferantentage stärken die Beziehung im Zeitverlauf. Zusätzlich können Workshops durchgeführt werden. Mögliche Themen sind Prozessabläufe, logistische Problemstellungen wie Verpackung und Lagerstrategien oder administrative Inhalte wie Liefer- und Rechnungsdokumentation [Hartmann 2004, S. 62f]. Diese Maßnahmen sollten aber nicht voneinander losgelöst umgesetzt werden, sondern durch ein Konzept zur Lieferantenentwicklung zielgerichtet und strategisch orientiert abgedeckt sein [Hartmann 2004, S. 35]. Das *Lieferanten-Monitoring* kontrolliert den Umsetzungserfolg der Lieferantenentwicklung. Ziel ist es, die Effektivität der aktiven Entwicklungsmaßnahmen und Abweichungen zu ermitteln. Durch Mittel der Lieferantenbewertung, interne Gespräche und Analysegespräche mit Lieferanten kann der Entwicklungserfolg evaluiert werden. In einer internen Analyse lassen sich die Ergebnisse der Entwicklung und weitere Maßnahmen ableiten, welche schließlich mit dem Lieferanten erörtert werden. Fehlende Erfolge in der Lieferantenentwicklung führen zu einem Lieferantenwechsel.

Verfolgt das Unternehmen Single-Sourcing-Strategien, so sind Instrumente zum präventiven Risikomanagement einzusetzen. Darstellung 155 [vgl. Hartmann 2004, S. 90f] zeigt Möglichkeiten, um ein ausgewogenes Lieferantenmanagement zu gewährleisten, Risiken zu vermeiden und somit die Controllingbewertung positiv zu beeinflussen.

Darüber hinaus müssen Signale am Markt sowie Kennzahlen der Lieferanten (z.B. Auftragslage, Cashflow und Umsatzentwicklung) verfolgt werden. Die Resultate werden in

| | |
|---|---|
| **Technologie-Assessment** | • Aufzeigen von Chancen und Risiken alternativer Technologien<br>• bei Systemen, Modulen, A-Teilen und risikobehafteten Technologien |
| **Lieferanten-Assessment** | • Aufzeigen von Chancen und Risiken der Lieferantenauswahl<br>• Anwenden standardisierter Fragenkataloge<br>• führt zu einer besseren Kenntnis der Lieferanten |
| **Integriertes Informationssystem** | • muss die schnelle Verfügbarkeit von Informationen gewährleisten<br>• z.B. Teiledatenbanken, Lieferantenportfolio, Lieferantenbewertung |

**Darstellung 155** Präventives Risikomanagement im Lieferantenmanagement

einem Lieferantencontrollingsystem zusammengefasst. Da die Ergebnisse der Lieferantenbewertung in der Regel als Maßstab für die Vergleiche in den Folgeperioden dienen, sind Lieferantenbewertungssysteme und Lieferantencontrolling häufig eng verzahnt. Wichtig ist, zu jedem Zeitpunkt eine vertrauensvolle und offene Kommunikation mit den Partner-Lieferanten zu pflegen, welche als Basis für eine erfolgreiche und Wert schaffende Zusammenarbeit dient [Hartmann 2004, S. 91f].

**Das Lieferantenmanagement**

- **schafft die Basis für erfolgreiche Partnerschaften,**
- **trägt zu Innovations- und Wettbewerbsvorteilen bei und**
- **kann durch rentabilitätswirksame Maßnahmen das Ergebnis verbessern.**

### 12.1.6 Sourcing-Strategien

Im Rahmen des Beschaffungsmarketings muss auch eine Entscheidung bzgl. der Sourcing-Strategien getroffen werden. Beschaffungsstrategien können nach geografischen Gesichtspunkten sowie nach Anzahl der möglichen Lieferanten und nach Umfang der benötigten Leistung ausgewählt werden [Hofbauer/Bauer 2004, S. 22]. Diesen Strategien stehen gewisse Vorteile und Nachteile gegenüber, welche Einfluss auf die Kosten und die Abhängigkeit vom Lieferanten haben.

*Global Sourcing* ist die systematische Ausdehnung der Beschaffungspolitik auf internationale Beschaffungsquellen [Hofbauer/Bauer 2004, S. 23]. Möchte ein Unternehmen auf dem internationalen Beschaffungsmarkt tätig sein, so muss es sich der jeweiligen Länderrisiken bewusst sein. Politische, wirtschaftliche Risiken, Wechselkursschwankungen, Transportrisiken und Qualitätsrisiken müssen genau eingeschätzt werden, um effizient beschaffen zu können. Diesen Risiken stehen Möglichkeiten zur Senkung von Materialkosten, die Verminderung der Abhängigkeit von inländischen Lieferanten und sogar die Schaffung neuer Absatzmärkte durch Kontakte im Rahmen der Beschaffungsaktivitäten gegenüber [Ehrmann 2004, S. 100].

Wenn ein Unternehmen sich nur auf eine Bezugsquelle konzentriert und mit diesem Zulieferer eine intensive Beziehung eingeht, spricht man von *Single Sourcing*. Neben günstigeren Preisen, da sich das Bestellvolumen konzentriert, können vor allem logistische und qualitative Vorteile erzielt werden [Hofbauer/Bauer 2004, S. 25]. Es wird also eine gleichmäßige Qualität sichergestellt. Ein weiterer Vorteil ergibt sich durch die Verminderung der Kapitalbindung. Durch dieses Abhängigkeitsverhältnis wird jedoch jeglicher Wettbewerb unter den Zulieferern eliminiert, es können Probleme beim Wechsel des Zulieferers auftreten [Ehrmann 2004, S. 101].

Muss eine hohe Versorgungssicherheit gewährleistet sein, so empfiehlt sich die Strategie des *Multiple Sourcings*. In diesem Falle wird das Beschaffungsgut von mehreren Lieferanten bezogen. Das Unternehmen beugt somit einem Komplettausfall der Produktion vor [Gietl/Lobinger/Knon 2004, S. 206].

Bei *Modular Sourcing* überträgt der Abnehmer dem Lieferanten Wertschöpfungsstufen der Produktion und bezieht einbaufertige Module für die Endmontage [Hofbauer/Bauer

2004, S. 27]. Der Hersteller macht sich somit das Kostensenkungspotenzial zunutze und verlagert kostenintensive Baugruppen auf den Lieferanten, um sich weiterhin auf die Kernaktivitäten konzentrieren zu können.

Im Rahmen der Werteorientierung und des Risikomanagements müssen Unternehmen das Für und Wider jeder einzelnen Sourcing-Strategie genau überdenken. Eine Effizienzsteigerung ist nur bei kalkulierbarem Risiko sinnvoll. Der Beitrag des Controllings zum Lieferantenmanagement sichert die zukünftige Ertragskraft des Unternehmens, indem Indikatoren für den potenziellen Ausfall des Lieferanten rechtzeitig erkannt werden können.

**Die Sourcing-Strategien**

- **nehmen Einfluss auf die Kostenposition des Unternehmens,**
- **bergen jedoch auch Beschaffungsrisiken und**
- **folglich muss gewährleistet werden, dass eine effiziente Beschaffung mit kalkulierbaren Risiken gewählt wird.**

## 12.2 Kunden und Lieferanten: Hilfsmittel zur Umsetzung

### 12.2.1 Kunden und Lieferanten: Tools

#### Data-Warehouse-Technologien im Database-Marketing

Die Referenzarchitektur, auf die sich die meisten Data-Warehouse-Modelle beziehen, zeigt Darstellung 156 [Jung/Winter 2000, S. 11]. Die Basis bilden dabei die operativen Systeme und die dazugehörigen Datenhaltungssysteme. Operative Systeme, also Transaktionssysteme, werden in *Administrations- und Dispositionssysteme* unterschieden (vgl. Darstellung 141). Die Datenverwaltung innerhalb der Transaktionssysteme erfolgt mittels großer relationaler Datenbanken. Gespeichert werden Datenelemente, beispielsweise Kontonummern oder Namen von Kontoinhabern. Entscheidungsträger im Unternehmen können diese Art von Informationen meist nicht nutzen [Voß/Gutenschwager 2001, S. 255]. Aus diesem Grund ist eine Strukturierung und Konsolidierung der Daten für managementrelevante Analysen notwendig. Im Kern-Data-Warehouse werden die Daten normalisiert und detailliert, um später grundsätzlich alle Auswertungen zu ermöglichen. Die *Data-Mart-Sicht* bietet eine materialisierte Sicht, d.h. die Daten werden (wie auf einem Marktplatz, „Mart") so zusammengefasst und bereitgehalten, dass die Nutzer die für sie relevanten Daten selektieren können. Die oberste Schicht der Architektur, die Business-Intelligence-Schicht, bietet verschiedene Analysewerkzeuge, wie das Data Mining, OLAP (Online Analytical Processing) oder Ad-hoc-Abfragen [Jung/Winter 2000, S. 10]. Diese Tools können mit einer hohen (Reaktions-) Geschwindigkeit aussagekräftige Führungsinformationen erzeugen, die die kunden- und marktorientierte Steuerung des Unternehmens ermöglichen.

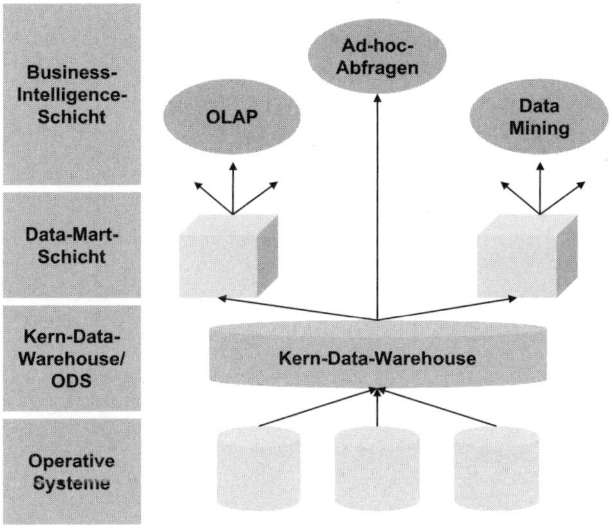


**Darstellung 156** Data Warehouse – Referenzarchitektur

Bei der Speicherung der Daten im Kern-Data-Warehouse sind folgende Bedingungen zu erfüllen:

1. Die Daten müssen uninterpretiert abgelegt sein. Im Gegensatz zu den operativen Daten sind im Data Warehouse Daten zu einem Thema, nicht aber zu einem konkreten Geschäftsvorfall gespeichert.
2. Die Daten werden normiert abgelegt. Das bedeutet, dass die Daten aus den verschiedenen Datenbeständen in ein Format gebracht werden.
3. Die Zeit dient als Bezugsgröße. Die Daten in operativen Systemen sind i.d.R. nur zum Zeitpunkt der Bearbeitung aktuell. Das Data Warehouse bildet das Unternehmen jedoch zu verschiedenen Zeitpunkten ab.
4. Die Daten müssen über einen längeren Zeitraum (fünf bis zehn Jahre) genutzt werden können, damit Vergleiche mit Perioden in der Vergangenheit angestellt werden können.

Operativen Nutzen bietet ein Data Warehouse (DW) vor allem in den Bereichen Kunden-Profiling und Kundenbeziehungsmanagement. Durch eine integrierte Datenbasis wird es möglich zu erkennen, welche verschiedenen Produkte ein Kunde bereits bezieht. Kombiniert mit Daten über die genutzten Distributionskanäle und die Häufigkeit der Kontaktaufnahme kann ein individuelles Profil erstellt werden. Aus technologischer Sicht bietet es sich daher an, die Referenzarchitektur des Data Warehouse (entsprechend Darstellung 156) um sämtliche Schnittstellen zu erweitern, die im Vertriebsprozess relevant sind. Das Ergebnis dieser Erweiterung bietet einen Überblick über die Elemente des Database-Marketings (siehe Darstellung 157) [Hofbauer/Hellwig 2012, S. 164; Hippner/Wilde 2006, S. 213].

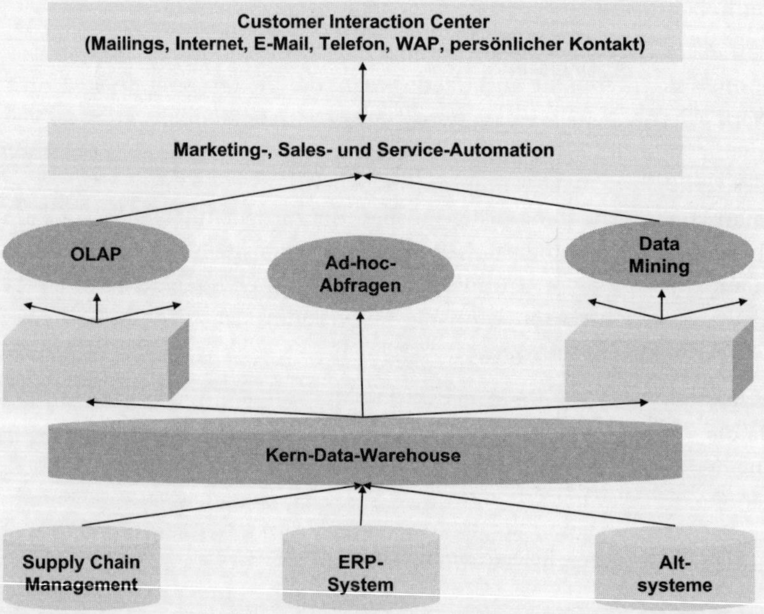


**Darstellung 157** Elemente des Database-Marketings

### Data Mining

Bei großen Datenvolumina wächst der Bedarf an einer übergreifenden Methodik, die Muster oder Trends der Datenbasis selbstständig erkennt und anzeigt. Ein System, das die dafür notwendigen statistischen Methoden zusammenführt, ist das Data Mining. Mit Hilfe des sog. *SEMMA-Prozesses* (vgl. Darstellung 158) können Wünsche und Vorlieben der Kunden identifiziert und Kriterien zur Kundensegmentierung bzw. Kundenbearbeitung aufgestellt werden [Hannig 1998, S. 90].

Die Analyseergebnisse werden in übersichtlichen Reports zusammengefasst und visualisiert. Besonders attraktiv ist Data Mining für Unternehmen mit großen Datenvolumina, z.B. wenn das Unternehmen viele Kunden mit zahlreichen Produkten bedient.

| | |
|---|---|
| **Sample (Stichproben)** | • statistisch gültige Stichproben großer Dateien<br>• Testen von Abfragemodellen<br>• Ablegen der aufgetretenen Muster im Datenbestand des DW |
| **Explore (Erforschung)** | • Erkennung von Variablen und Trends<br>• Visualisierungs- und Manipulationstrends für besseren Einblick |
| **Modify (Einschränkung)** | • Reduktion der Variablen<br>• nur noch Abfragen für relevante Fragestellung<br>• Suche nach aussagekräftigen Mustern und Beziehungen |
| **Model (Modellierung)** | • Verknüpfung von Voraussagen und Testhypothesen<br>• Instrumente: neuronale Netze, Baumdiagramme |
| **Assess (Festlegung)** | • Anwendung des Abfragemodells auf den Datenbestand<br>• Überprüfung des Ergebnisses |

**Darstellung 158** Data Mining – SEMMA-Prozess

### Kundenzufriedenheitsmessung

Da die Kundenzufriedenheit ein entscheidender Faktor des Unternehmenserfolges bzw. -misserfolges ist, muss sie regelmäßig abgefragt werden, um die Ertragskraft des Unternehmens zu sichern. Hierfür stehen dem Unternehmen mehrere Möglichkeiten zur Verfügung [Winkelmann 2003, S. 117f]. Starke Kunden können eine Lieferantenbewertung oder ein Audit des zertifizierten Lieferanten nach Qualitätsnormen, wie z.B. TQM, fordern. Eine pragmatische, aber kostengünstige Lösung zur Zufriedenheitsmessung kann eine Selbsteinschätzung des Außendienstes sein. Der Außendienst schätzt die Zufriedenheit des Kunden auf einer Skala von 1 (indiskutabel) bis 10 (hervorragend) ein. Durch ein computergestütztes Berichtswesen kann die Entwicklung der Zufriedenheit über einen bestimmten Zeitraum als Frühwarnsystem dienen.

Eine weitere Methode der Zufriedenheitsmessung ist die Befragung. Hier wird mittels einer Ratingskala die Zufriedenheit zu verschiedenen Faktoren erfragt und gleichzeitig eine Einschätzung der Wichtigkeit vorgenommen. Darstellung 159 [Winkelmann 2003, S. 126] zeigt einen Auszug aus einer Kundenzufriedenheitsbefragung, welche die Verbesserung der Kompetenz und des Engagements von Außen- und Innendienst zum Inhalt hat. Die Ergebnisse können schließlich in einem Portfolio visualisiert werden.

| | | |
|---|---|---|
| 1. Wie zufrieden sind Sie mit | der Qualität unserer Produkte? | |
| sehr unzufrieden | 0 10 20 30 40 50 60 70 80 90 100 | sehr zufrieden |
| 2. Wie wichtig ist Ihnen | die Qualität unserer Produkte? | |
| sehr unwichtig | 0 10 20 30 40 50 60 70 80 90 100 | sehr wichtig |
| 3. Wie zufrieden sind Sie mit | der Qualität unserer Serviceleistungen? | |
| sehr unzufrieden | 0 10 20 30 40 50 60 70 80 90 100 | sehr zufrieden |
| 4. Wie wichtig ist Ihnen | die Qualität unserer Serviceleistungen? | |
| sehr unwichtig | 0 10 20 30 40 50 60 70 80 90 100 | sehr wichtig |
| 5. Wie zufrieden sind Sie mit | dem Umfang unserer Serviceleistungen? | |
| sehr unzufrieden | 0 10 20 30 40 50 60 70 80 90 100 | sehr zufrieden |
| 6. Wie wichtig ist Ihnen | der Umfang unserer Serviceleistungen? | |
| sehr unwichtig | 0 10 20 30 40 50 60 70 80 90 100 | sehr wichtig |
| 7. Wie zufrieden sind Sie mit | unserer Reaktion auf Ihre technischen Sonderwünsche? | |
| sehr unzufrieden | 0 10 20 30 40 50 60 70 80 90 100 | sehr zufrieden |
| 8. Wie wichtig ist Ihnen | unsere Reaktion auf Ihre technischen Sonderwünsche? | |
| sehr unwichtig | 0 10 20 30 40 50 60 70 80 90 100 | sehr wichtig |
| 9. Wie zufrieden sind Sie mit | unsere Liefertreue? | |
| sehr unzufrieden | 0 10 20 30 40 50 60 70 80 90 100 | sehr zufrieden |
| 10. Wie wichtig ist Ihnen | unsere Liefertreue? | |
| sehr unwichtig | 0 10 20 30 40 50 60 70 80 90 100 | sehr wichtig |
| 11. Wie zufrieden sind Sie mit | unserer Auftragsabwicklung? | |
| sehr unzufrieden | 0 10 20 30 40 50 60 70 80 90 100 | sehr zufrieden |
| 12. Wie wichtig ist Ihnen | unsere Auftragsabwicklung? | |
| sehr unwichtig | 0 10 20 30 40 50 60 70 80 90 100 | sehr wichtig |

**Darstellung 159** Kundenzufriedenheitsbefragung

### ABC-Analyse für Kunden

Mit der ABC-Analyse zur Kundenklassifizierung entsprechend Darstellung 160 [Winkelmann 1999, S. 116] können Kunden einfach bewertet werden. Die Kunden werden anhand des getätigten Umsatzes als A-, B- und C-Kunden klassifiziert. Die Methode weist jedoch gravierende Nachteile auf, da sie nur eine vergangenheitsorientierte Betrachtung darstellt. Durch die reine Umsatzbetrachtung werden Einkaufspotenziale des Kunden im relevanten Markt vernachlässigt, was wiederum die Wettbewerbssituation nur unzulänglich abbildet. Somit verdeutlicht die ABC-Analyse nur die Abhängigkeit des Unternehmens von Kunden. Da das Controlling meist nach der Abhängigkeit von einzelnen Kunden fragt, ist dieses Instrument hier trotzdem aufgeführt. Betrachtet man die ABC-Analyse jedoch unter dem Aspekt der Werteorientierung, so ist eine Klassifizierung der Kunden nach deren Potenzial aussagefähiger.

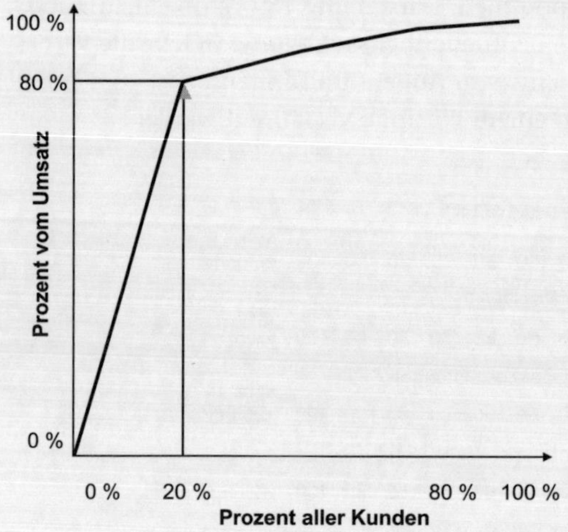


**Darstellung 160** Umsatzkonzentration gemäß ABC-Analyse

Die ABC-Analyse kann auch im Beschaffungs-Controlling Anwendung finden. An ihren Achsen werden dann der jeweilige Lieferanteil eines Lieferanten und das Einkaufsvolumen aufgetragen.

### Kundenportfolios

Durch die Kundenqualifizierung bzw. Kundenbewertung ist das Unternehmen in der Lage, die wichtigen Kunden von den unwichtigen zu trennen. Durch diese Einteilung kann eine dem Kundenwert entsprechende Zuteilung der Ressourcen vorgenommen werden [Winkelmann 2003, S. 250].

*Strategische Kundenportfolios* visualisieren mehrere oder alle Kunden mit ihrer Attraktivitätsbeurteilung in einem geschlossenen Bild [Winkelmann 2003, S. 263]. Analog zum Marktwachstums-/Marktanteils-Portfolio lässt sich zur Kundenklassifizierung das Port-

**Darstellung 161** Strategisches Kundenportfolio

folio an den Achsen „Kunden-Umsatzwachstum" und „relativer Lieferanteil" aufspannen. Darstellung 161 zeigt das strategische Kundenportfolio [Winkelmann 2003, S. 264].

Die Unternehmensführung sieht somit auf einen Blick [Winkelmann 1999, S. 118]

- die Verteilungsstruktur der eigenen Geschäftsfelder in den unterschiedlichen strategischen Marktpositionen,
- bei gleichzeitiger Bewertung von Wettbewerbern eigene Konkurrenzvor- und -nachteile,
- Zukunftschancen und -risiken des eigenen Produktprogramms und die
- Ausgewogenheit oder Unausgewogenheit des eigenen Produktprogramms.

Auf operativer Ebene lässt sich eine Vielzahl an Kundenportfolios erstellen. Durch deren Unterstützung werden wichtige Kunden identifiziert, die Abbildung der Zielgruppen

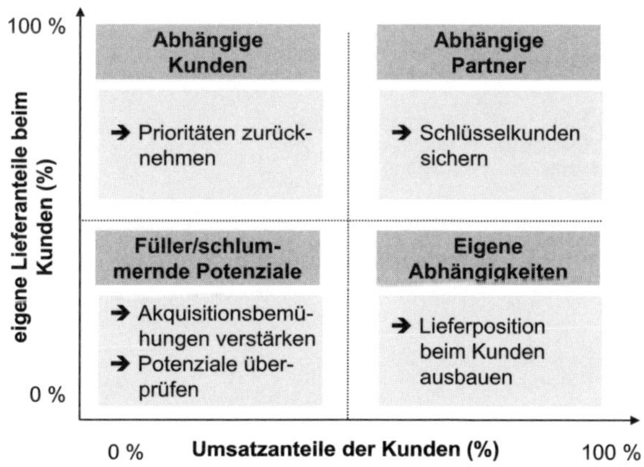


**Darstellung 162** Machtportfolio

**Beschaffungs-Controlling**

| Beschaffungswirkung | Soll-Vorgaben |
|---|---|
| **Mängellieferung** | • Qualitätskontrolle<br>• Gebrauchsprüfung<br>• Beanstandungsquote |
| **Garantiefall** | • Qualitätskontrolle |
| **Handlingschaden** | • Handlingschadenskontrolle |
| **Servicemängel** | • Serviceleistungskontrolle<br>• Servicebeanstandungsquote |
| **Leistungsniveauverbesserung** | • Qualitätskontrolle<br>• Gebrauchsprüfung<br>• Beanstandungsquote<br>• Wareneingangskontrolle |
| **Serviceverbesserung** | • Serviceleistungsquote<br>• Servicebeanstandungsquote |
| **Lieferverzug** | • Verzugsquote |
| **Mehr- bzw. Mindermenge** | • Fehlermengenquote<br>• Wareneingangskontrolle |
| **Fehllieferung** | • Identitätsprüfung |
| **Versorgungsausfall** | • Lieferausfallquote<br>• Lieferantensicherheitsstruktur<br>• Versorgungsrisiko |
| **Bestandsunterschreitung** | • Sicherheitsbestand<br>• Lagerreichweite<br>• Vorratsstruktur |
| **Zurückweisung** | • Reklamationsquote der Bedarfsträger |
| **Beschaffungsobjektobsolenz** | • Lieferantenflexibilitätsstruktur |
| **Lieferantenabhängigkeit** | • Rahmenvertragsquote<br>• Stammlieferantenquote |

| Beschaffungswirkung | Soll-Vorgaben |
|---|---|
| **Einstandspreiserhöhung** | • Einstandspreiskontrolle<br>• Preisobergrenzen<br>• Verhandlungsziel<br>• Preisindex |
| **Spekulationsverluste** | • Einstandspreiskontrolle<br>• Preisobergrenzen |
| **Einkaufskostensteigerung** | • Kosten pro Bestellung |
| **Transportkostensteigerung** | • Transportkostensatz<br>• Transportmittelnutzungsgrad |
| **Entsorgungskostensteigerung** | • Recyclingquote |
| **Lagerkostensteigerung** | • Lagerkostensatz<br>• Lagerraumnutzungsgrad |
| **Einstandspreissenkung** | • Einstandspreiskontrolle<br>• Preisobergrenzen<br>• Verhandlungsziel<br>• Preisindex |
| **Beschaffungsfunktionskostensenkung** | • Kosten pro Bestellung<br>• Kosten pro Dispositionsvorgang<br>• Lagerhaltungskostensatz<br>• Transportkostensatz |
| **Bestandsüberschreitungen** | • Sicherheitsbestand<br>• Lagerreichweite |
| **Lagerhüter** | • Umschlagshäufigkeit<br>• durchschnittliche Lagerdauer |
| **Notkäufe** | • Anzahl der Eilbestellungen |
| **Entsorgungsproblematik** | • Sondermüllquote<br>• Recyclingpotenzialnutzung |

**Darstellung 163**
Zusammenfassung von Beschaffungswirkungen mit Zuordnung zu möglichen Soll-Vorgaben

erfolgt erfolgsorientiert und der Ressourceneinsatz wird effektiv gesteuert. Unterscheiden lassen sich folgende Portfolioarten [vgl. Winkelmann 1999, S. 119f]:

- Das *Machtportfolio*, das gegenseitige Abhängigkeiten von Lieferanten und Kunden zeigt und sehr gut *für die zukunftsorientierte Betrachtung geeignet* ist.
- Das *Chancenpotenzial*-Portfolio, das Einkaufspotenziale des Kunden und Lieferanteile des Unternehmens gegenüberstellt und somit eine Priorisierung potenzialmäßig wichtiger Kunden erlaubt.
- Das *Kundenrendite-Portfolio*: Hier werden Deckungsbeiträge in Prozent vom Umsatz ermittelt und den Umsatzanteilen der Kunden gegenübergestellt. Damit lassen sich ergebnisstarke Kunden identifizieren, welche mit Priorität behandelt werden können.

Darstellung 162 zeigt das Machtportfolio und die jeweiligen Handlungsrichtungen.

### Ermittlung von Beschaffungswirkungen

Über den gesamten Beschaffungsprozess hinweg sollte ein übergreifendes *Beschaffungs-Controlling* betrieben werden. Für die verschiedenen Prozessphasen ergeben sich eine Reihe von Beschaffungswirkungen, die anhand von Soll-Vorgaben überwacht werden können. Die verschiedenen Wirkungen und Vorgaben sind in Darstellung 163 aufgeführt [Hofbauer/Bauer 2004, S. 199; vgl. Palupski 1998, S. 212].

Zu beachten ist, dass mögliche Ist-Abweichungen nicht nur aus Prozess- und Schnittstellenproblemen resultieren können, sondern dass auch bestimmte Konstellationen auf dem Absatz- und Beschaffungsmarkt sowie im Unternehmen und in der Umwelt zu Abweichungen führen können [Hofbauer/Bauer 2004, S. 200].

### Lieferantenportfolio

Durch die Bewertung der Beschaffungsprodukte lassen sich *Normstrategien* für Lieferanten ableiten, um die Relevanz des Lieferanten für das Unternehmen zu bestimmen und Handlungsoptionen zum Management etwaiger Risiken und der Wertschöpfungsprozesse mit Renditewirkung zu erhalten. Auch gibt diese Klassifizierung Einsicht in die Abhängigkeit des Unternehmens von Lieferanten. Darstellung 164 zeigt mögliche Konstellationen [Hartmann 2004, S. 30; Boutellier/Locker 1998, S. 11].

### Lieferantenbewertung und Controlling

Eine Potenzial- und Leistungsbewertung von Lieferanten erfolgt mit dem Ziel, geeignete Lieferanten für Kooperationen zu finden oder gegenwärtige Lieferanten zu einem kooperationsfähigen Level zu entwickeln. Die Selektion erfolgt anhand der Messung des Zielerreichungsgrades. Für die Bestimmung der *Lieferantenleistung* wird eine Vielzahl von Kriterien herangezogen. Die Beurteilung erfolgt durch ein abteilungsübergreifendes Bewertungsteam aus den Bereichen Materialwirtschaft (Einkauf, Logistik), Qualitätssicherung, Konstruktion und Produktion [Hofbauer/Bauer 2004, S. 162f]. Je nach vorherrschendem Informationsstand können einfache Notensysteme, mit und ohne Gewichtung, Punktungsmodelle und Kennzahlenverfahren herangezogen werden. Explizite

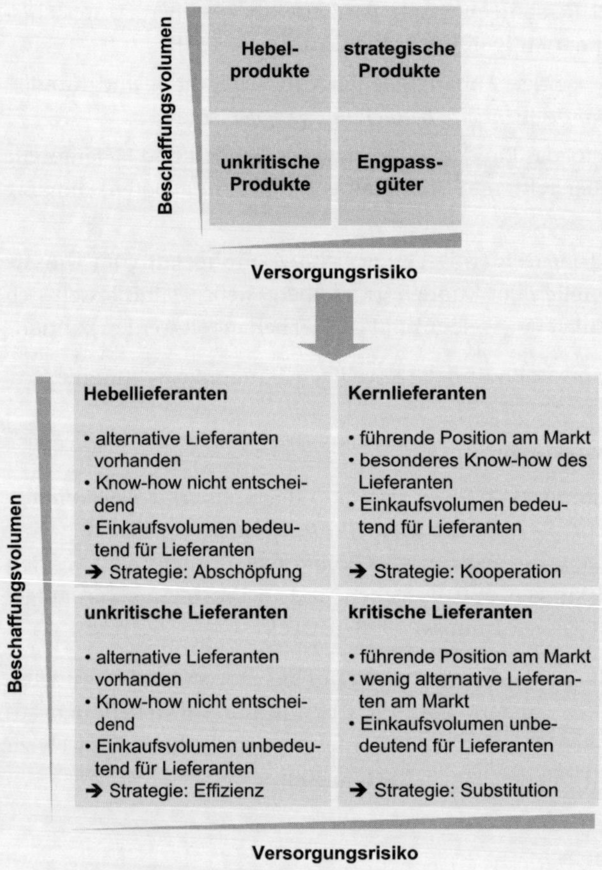


**Darstellung 164** Lieferantenportfolio

Anhaltspunkte zur Bewertung werden durch das Aufstellen von Polaritätenprofilen gewonnen, wie Darstellung 165 [Hofbauer/ Bauer 2004, S. 168] zeigt.

Weitere Darstellungsmöglichkeiten sind Fieberkurven und Netzdarstellungen. Sie zeigen die Entwicklung des Lieferanten im Zeitverlauf. Das Netzdiagramm fasst mehrere Kriterien zusammen und erlaubt einen detaillierten Situationsüberblick.

Die während einer Geschäftsbeziehung mit den Lieferanten gewonnenen Informationen fließen in das Controlling der Lieferantenleistung ein [vgl. Hofbauer/Mashhour/ Fischer 2009, S. 51ff] und bestimmen die Art und Weise des weiteren Vorgehens und der Zusammenarbeit. Bei dem Lieferantencontrolling fließen Erfahrungen aus der Lieferantenbeziehung mit tatsächlich realisierten Leistungsparametern ein. Die Kernaufgabe besteht darin, zu überprüfen, in welchem Ausmaß die Lieferanten die gestellten Anforderungen an Produkt und Leistung erfüllt haben und weiter erfüllen können. Mit dieser Überprüfung werden die Lieferfähigkeit und die Lieferleistung eines Lieferanten transparent gemacht. Dadurch können mögliche Schwachstellen in der Zusammenarbeit aufgedeckt und eliminiert werden.

| | Bewertungsstufen | | | | | | |
|---|---|---|---|---|---|---|---|
| **Beurteilungsmerkmale** | -3 | -2 | -1 | 0 | +1 | +2 | +3 |
| **Lieferzeit** | -30 Tage | -25 Tage | -20 Tage | -15 Tage | -10 Tage | -5 Tage | sofort |
| **Termintreue** | > 5 Wochen später | 4 Wochen später | 3 Wochen später | 2 Wochen später | 1 Woche später | AT später | pünktlich |
| **Qualitätsanforderungen** | nicht erfüllt | | | erfüllt | | | übererfüllt |
| **Reklamationsquote** | > 50 % | > 35 % | > 25 % | > 20 % | > 15 % | > 10 % | > 5 % |
| **technische Beratung und Service** | nicht möglich | | | Problem b. Rückfragen | | | kompetente Auskunft |
| **Durchsetzbarkeit von Auftrags-/Sonderwünschen** | nicht möglich | | | mit Verzöger. u. Kosten | | | immer möglich |
| **Preise** | 15 % über Preisniv. | 10 % über Preisniv. | 5 % über Preisniv. | durchschnittl. Preisniv. | etwas günstiger | erhebl. günstiger | konkurrenzlos günstig |
| ... | | | | | | | |

**Lieferant A** ············ **Lieferant B** ———

**Darstellung 165** Polaritätenprofil zur Lieferantenbewertung

Die Bewertung der erbrachten Leistung dient der Erfolgskontrolle, sie ist Ausgangspunkt für die Aufdeckung, Quantifizierung und für die Einleitung von Verbesserungsmaßnahmen. Bei der Bewertung werden nicht nur die Qualitätsleistung, sondern auch die Termin- und Mengenzuverlässigkeit betrachtet. Da die Lieferanten zunehmend auch in den Produktentstehungsprozess mit einbezogen werden (vgl. Kapitel 14.2.1) muss auch die Entwicklungsleistung in Form der Customer Integration in die Bewertung einfließen. Im Rahmen der ganzheitlichen Bewertung müssen auch Aspekte wie Technologiebeherrschung, Innovationsfähigkeit, Know-how-Stärke, Serviceangebote und Zusatzleistungen bewertet werden [Hofbauer/Bauer 2004, S. 156].

Folgende Aspekte und Tendenzen sprechen für die Implementierung einer Lieferantenbewertung [vgl. Hofbauer/Mashhour/Fischer 2009, S. 54]:

- *Objektivierung der Entscheidungsfindung*
  Durch die Lieferantenbewertung werden subjektive Einflüsse eliminiert und die lückenlose Dokumentation der Lieferantenleistung, unabhängig von Personen und Zeitpunkten, gewährleistet.
- *Auswahlentscheidung über Lieferanten*
  Die Auswahlentscheidungen sind aufgrund von gestiegenen Anforderungen an Qualitäts-, Entwicklungs- und Logistikkompetenz deutlich schwieriger geworden. Die

Lieferantenbewertung liefert verlässliche Informationen für die Entscheidungsfindung.

- *Integration des Lieferanten*
  Die Beschaffungsmärkte sind durch Komplexität und zunehmende Konzentrationstendenzen gekennzeichnet. Die Lieferantenbewertung unterstützt die Identifikation von strategischen Partnern, die zur Integration in die eigene Wertschöpfungskette geeignet sind.
- *Abhängigkeit von Lieferanten*
  Zunehmende Auslagerung von Wertschöpfungsaktivitäten und die Erhöhung des Zukaufanteils führen zu einer höheren Abhängigkeit von den Beschaffungsmärkten. Die eigene Wettbewerbsfähigkeit wird zunehmend immer stärker von den Lieferanten bestimmt. Eine systematische Lieferantenbewertung ist daher unumgänglich.

Eine objektive und nachvollziehbare Lieferantenbewertung sollte sowohl im Interesse der Abnehmer als auch im Interesse der Lieferanten liegen, da beide Seiten daraus wertvolle Hinweise ziehen können, wie sie in Zukunft noch besser werden können.

Im Folgenden werden Ziele und Nutzenaspekte einer Lieferantenbewertung dargestellt [vgl. Hofbauer/Mashhour/Fischer 2009, S. 55]:

- *Schaffung von Problembewusstsein*
  Die Diskussionen mit dem Lieferanten über die Bewertung und deren Ergebnisse bieten die Möglichkeit, Verbesserungspotenziale in der Zusammenarbeit zu identifizieren und dadurch ein beiderseitiges Problembewusstsein zu schaffen.
- *Objektivierung und Optimierung der Lieferantenauswahl*
  Durch eine systematische Lieferantenbewertung sollen Lieferantenentscheidungen durch eine methodisch saubere Vorgehensweise unterstützt und transparent gemacht werden.
- *Entwicklung und Pflege der Lieferantenbeziehungen*
  Die Bewertung der Lieferanten kann Ansatzpunkte für Verbesserungspotenziale identifizieren. Daraus können Zielvereinbarungen und Anreizsysteme für das Erreichen eines höheren Leistungsniveaus abgeleitet werden.
- *Steuerung der Lieferantenbeziehung*
  Da die Leistungsfähigkeit der Lieferanten im Zeitablauf variieren kann, ist es erforderlich, die Leistungsfähigkeit und den Erfüllungsgrad der Anforderungen durch regelmäßige Bewertung zu überprüfen und die Versorgungssicherheit zu sichern.
- *Kontinuierliche Verbesserung der Lieferqualität*
  Durch die permanente Bewertung der Lieferanten werden die Schwachstellen frühzeitig erkannt, dadurch wird ein kontinuierlicher Verbesserungsprozess ermöglicht.
- *Optimierung des Lieferantenportfolios*
  Die Lieferantenbewertung ermöglicht die Identifikation und Weiterentwicklung von ausgezeichneten Lieferanten. Auf der anderen Seite können aber auch Lieferanten mit schlechter Performance identifiziert und aus dem Kreis der Lieferanten eliminiert werden.

Die sehr gut bewerteten Lieferanten bleiben im Kreis der zugelassenen Lieferanten und werden bei entsprechendem Potenzial in der nächsten Phase der Lieferantenentwicklung weiter entwickelt.

### Analyse der Leistungsdefizite – Gap-Analyse

Wurde eine Lieferantenbewertung durchgeführt, steht der Entwurf von Strategien und Maßnahmen zur Lieferantenentwicklung an. Um den Handlungsbedarf im Rahmen der Lieferantenentwicklung ableiten zu können, sollten die Leistungsdefizite der operativen Zusammenarbeit mit den Lieferanten ermittelt werden. Dazu werden die Ergebnisse der Lieferantenbewertung auf Leistungslücken hin untersucht [Hofbauer/Bauer 2004, S. 176]. Die Gap-Analyse dient als Entscheidungsgrundlage für die Lieferantenentwicklung, aus welcher Fördermaßnahmen abgeleitet werden können. Darstellung 166 zeigt die Funktionsweise der Gap-Analyse [Hofbauer/Bauer 2004, S. 177].

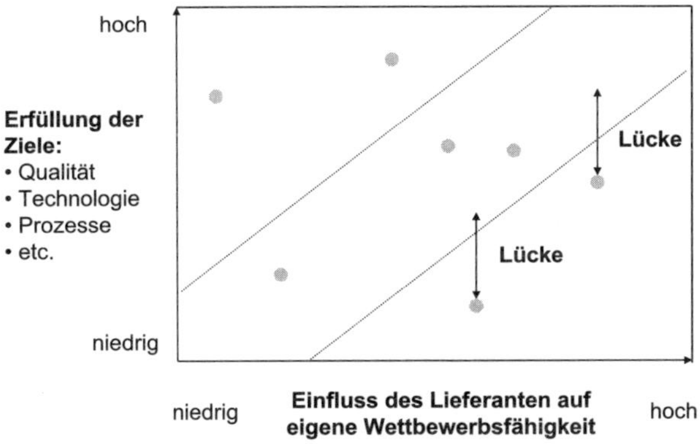


**Darstellung 166** Gap-Analyse zur Beurteilung des Handlungsbedarfs

## 12.2.2 Kunden und Lieferanten: Erfolgskennzahlen

| Kennzahl | Berechnung | Interpretation für Rating |
|---|---|---|
| **Kundenwert (Customer-Lifetime-Value)** | Summe der abdiskontierten Einzahlungsüberschüsse eines Kunden über Zeit der Kundenbeziehung | Ermittelt den Gewinnbeitrag pro Kunde über die voraussichtliche Beziehungsdauer.<br>Hoher Wert:<br>• zukünftige Profitabilität der Geschäftsbeziehung |
| **Kundenkonzentration (ABC-Analyse)** | $\frac{\text{kumulierter Anteil am Gesamtumsatz}}{\text{kumulierter Anteil an der Gesamtzahl der Kunden}}$ | Klassifiziert Kunden (oder auch Lieferanten) nach ihrer Umsatzbedeutung.<br>• lässt Rückschlüsse auf Abhängigkeiten zu |
| **Neukundenintensität bzw. Kundenbindung** | $\frac{\text{Umsatz mit Neukunden / Altkunden * 100}}{\text{Gesamtumsatz}}$ | Misst Erfolg der Neukundenakquisition/Kundenbindung, in Relation zum Umsatz.<br>Hohe Quote:<br>• zeugt v. Vertriebseffizienz<br>• sichert Zukunftsfähigkeit |
| **Kunden-deckungsbeitrag** | Kundenerlöse – zurechenbare Kosten | Erlaubt eine Einordnung der Kunden in Rentabilitätsgruppen. |
| **Kundenprofitabilität** | $\frac{\text{Kunden-Deckungsbeitrag * 100}}{\text{Kundenumsatz}}$ | Hohe Rate:<br>• Indikator für effektives Kundenmanagement |
| **Kunden-zufriedenheitsindex** | Erfassung direkter Stärken-/Schwächen-Aussagen zu Kunden bzgl. Produkten/DL | Deckt Potenziale zur Zufriedenheitssteigerung auf und ist Abwanderungsindikator. |
| **Lieferanteil** | $\frac{\text{Jahreseinkaufsbudget des Kunden * 100}}{\text{Jahresumsatz mit Kunden}}$ | Hinweis auf mögliche gegenseitige Abhängigkeiten und unzureichende Kundenpflege.<br>Hohe Rate:<br>• Rentabilitätssteigerung<br>• starke Verhandlungsmacht |
| **Verzugsquote** | $\frac{\text{Anzahl nicht eingehaltener Liefertermine * 100}}{\text{Gesamtzahl erhaltener Lieferungen}}$ | Veränderungen d. Kennzahl beeinflussen über Material- u. Beschaffungskosten die Rentabilität.<br>Niedrige Quote:<br>• hohe Lieferzuverlässigkeit |
| **Optimale Bestellmenge** | $X_{opt} = \sqrt{\frac{2 * B * BK_{fix}}{p * (i + l)}}$<br>B = Bedarf pro Jahr in Stück<br>$BK_{fix}$ = rel. Kosten je Bestellakt<br>p = Einstandspreis pro Stück<br>i = Zinskosten in % pro Jahr<br>l = Lagerkosten in % d. Menge | Bei der opt. Bestellmenge sind Beschaffungs- und Lagerkosten am niedrigsten. Durch gleichförmige Nachfrage des Jahresbedarfs wird die Kapitalbindung reduziert. |

**Darstellung 167** Erfolgskennzahlen Kunden und Lieferanten

### 12.2.3 Kunden und Lieferanten: Checkliste

| | | | |
|---|---|---|---|
| Kundenbeziehungs-lebenszyklus | Kennen Sie den Wert Ihrer Kunden für das Unternehmen? | Ja | Nein |
| | Stehen Kundenwert und Aufwand in einem angemessenen Verhältnis? | Ja | Nein |
| | Wird die Kundenbeziehung systematisch gepflegt? | Ja | Nein |
| | Kennen Sie die Phasen des Kundenbeziehungslebenszyklus? | Ja | Nein |
| | Wurden gezielte Maßnahmen für die jeweiligen Phasen erarbeitet? | Ja | Nein |
| Kunden-wissen | Nutzen und generieren Sie stets Kundenwissen, um den Markt zielgruppenspezifisch bearbeiten zu können? | Ja | Nein |
| | Setzen Sie datenbankgestützte Informationstechnologien ein, um Kundenwissen systematisch zu generieren? | Ja | Nein |
| Kunden-zufriedenheit | Kennen Sie die Faktoren, welche die Kundenzufriedenheit bestimmen? | Ja | Nein |
| | Haben Sie die Werte der Kundenzufriedenheit ermittelt? | Ja | Nein |
| | Werden aus den Ergebnissen der Kundenzufriedenheitsanalyse Maßnahmen abgeleitet? | Ja | Nein |
| Integr. Beschaf-fungsmarketing | Ist der Beschaffungsprozess wertschöpfend aufgebaut? | Ja | Nein |
| | Bei welchen Gütern gibt es Abhängigkeiten und Beschaffungsrisiken? | Ja | Nein |
| | Untersuchen Sie die Beschaffungsmärkte konsequent auf Potenziale? | Ja | Nein |
| Lieferanten-management | Gibt es ein präventives Risikomanagement für Lieferanten? | Ja | Nein |
| | Bewerten Sie Ihre Lieferanten auf Grund ihrer tatsächlich erbrachten Leistungen? | Ja | Nein |
| | Leiten Sie aus der Lieferantenbewertung Entwicklungsmaßnahmen ab? | Ja | Nein |
| Sourcing-Strategien | Sind die Sourcing-Strategien zielorientiert begründet? | Ja | Nein |
| | Werden die Sourcing-Strategien einem Risikomanagement unterworfen? | Ja | Nein |
| Tools | Betreiben Sie eine Kundenqualifizierung mittels Portfolioverfahren? | Ja | Nein |
| | Ermitteln Sie die Beschaffungswirkungen, um den Prozess effizient zu steuern? | Ja | Nein |

**Darstellung 168** Checkliste Kunden und Lieferanten

## 12.3 Kunden und Lieferanten: Zusammenfassung

| Inhalte | Tools | Erfolgskennzahlen |
|---|---|---|
| • Kunden<br>- Kundenbeziehungs-lebenszyklus<br>- Kundenwissen und Informationstechnologien<br>- Kundenzufriedenheit und Kundenbegeisterung<br>• Lieferanten<br>- Integriertes Beschaffungsmarketing<br>- Lieferantenmanagement<br>- Sourcing-Strategien | • Data Warehouse im Database-Marketing<br>• Data Mining<br>• Kundenzufriedenheits-messung<br>• ABC-Analyse für Kunden<br>• Kundenportfolios<br>• Lieferantenportfolio<br>• Lieferantenbewertung<br>• Analyse der Leistungs-defizite – Gap-Analyse | • Kundenwert<br>• Kundenkonzentration<br>• Neukundenintensität bzw. Kundenbindung<br>• Kundendeckungsbeitrag<br>• Kundenprofitabilität<br>• Kundenzufriedenheits-index<br>• Lieferanteil<br>• Verzugsquote<br>• optimale Bestellmenge |

**Darstellung 169** Zusammenfassung Kunden und Lieferanten

# 13 Produkte und Leistungserstellungsprozesse

Produkte und Leistungserstellungsprozesse sind die Lebensadern eines Unternehmens. Ohne leistungsfähige Produkte ist das Unternehmen nicht in der Lage, am Markt zu bestehen. Leistungsfähige Produkte werden jedoch erst durch effiziente Prozesse ermöglicht. Der Prozess des Produktmarketings umfasst die Produktentwicklung, die Produkterstellung und die anschließende Vermarktung. Erst wenn diese Leistungskette mit einer hohen Performance durchlaufen wird, kann das Unternehmen seine Gewinnziele erreichen. Somit dient eine effiziente Ausgestaltung der Wertschöpfung dem Erfolg.

Marktorientierung und Werteorientierung sind gerade im Bereich der Produktpolitik essenziell. Hier entscheidet sich, ob das Unternehmen seine Ziele erreichen kann. Denn durch produktpolitische Maßnahmen sollen insbesondere akquisitorische und präferenzpolitische Voraussetzungen geschaffen werden, um die zentralen Unternehmensziele zu erreichen [Becker 2002, S. 490]. In diesem Sinne ist es nur allzu gut vorstellbar, dass sich im Rahmen der Produktpolitik eine Vielzahl von Potenzialen bzw. Chancen verbergen, jedoch auch Risiken. Das Controlling untersucht auch die Geschäftschancen und -risiken, die sich bzgl. der Produkte ergeben können. Durch die konsequente Ausrichtung des Unternehmens auf den Markt und seine Kunden werden Chancen erfasst und Risiken gemindert.

Leistungserstellungsprozesse leisten einen wesentlichen Beitrag zum wirtschaftlichen Erfolg eines Produktes. Sie stellen einen Transformationsprozess dar, welcher Produktionsfaktoren (Input) in Produkte (Output) umwandelt [Berning 2001, S. 8]. Durch die effiziente und effektive Gestaltung des Leistungserstellungsprozesses wird Wert geschaffen. Auch gilt es, gleichbleibende Prozesse zu kreieren, welche die geforderten Qualitätsstandards erfüllen [Hofbauer/Sangl 2011, S. 458ff]. Das Controlling stellt Fragen zu Kapazitäten, Engpässen, effizienter Prozessgestaltung und Produktivität.

## 13.1 Produkte und Leistungserstellungsprozesse: Wertdimensionen

### 13.1.1 Produktpolitik

Das Produkt ist Dreh- und Angelpunkt der Wertschaffung. Ein Unternehmen mag eventuell eine besondere Kompetenz in der Optimierung von Prozessen haben, jedoch kann es ohne marktfähige Produkte nicht überleben. Mit der Leistung wird Wert für den Kunden und auch Wert für das Unternehmen generiert. Ein Produkt ist grundsätzlich alles, um ein Bedürfnis oder einen Wunsch zu befriedigen. Unterschieden werden Produkte in physische Güter und Dienstleistungen.

Ein Produkt ist nicht einfach ein Produkt. Da es der Bedürfnisbefriedigung dient, stiftet es einen bestimmten Nutzen. Aufgrund des vorherrschenden Wettbewerbs versuchen sich Hersteller zu differenzieren und erweitern den Nutzen des ursprünglichen Produktes. Das *Produktkonzept* besteht aus mehreren Ebenen. Der *Produktkern* beschreibt den Grundnutzen aus Käufersicht und stellt die Problemlösung dar [Winkelmann 2000, S. 180f]. Das *generische Produkt* ist das funktionsfähige Basisprodukt, wohingegen das *erwartete Produkt* alle Nutzen bringenden Eigenschaften und das übliche/erwartete Aussehen besitzt. Mittels der Integration eines Zusatznutzens kann sich der Hersteller von seinen Wettbewerbern differenzieren. Im erweiterten Produkt werden über besondere Produkteigenschaften zusätzliche Nutzenwerte erzielt. Das maximale Produkt stellt eine Art „Produktvision" dar und steckt den maximalen Gestaltungsrahmen für die Produkteigenschaften ab. Darstellung 170 zeigt die verschiedenen *Produktebenen* [Winkelmann 2000, S. 181].

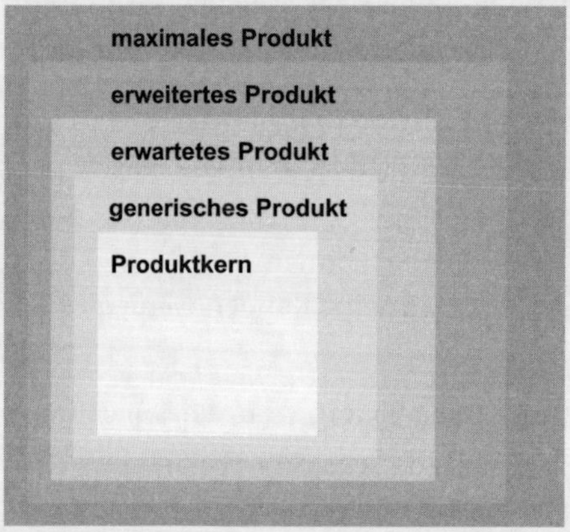


**Darstellung 170** Produktebenen

Gerade in gesättigten Märkten verändern sich die Ansprüche der Abnehmer und es entstehen zusätzliche Wünsche bzw. Problemlösungsanforderungen [Becker 2002, S. 158]. Durch den Anbau eines Nutzens kann die Wettbewerbsfähigkeit eines Produktes verbessert werden. Auf diese Weise entstehen neue Standards, die in der Regel denjenigen Unternehmen Vorteile am Markt verschaffen, die sie zuerst entwickeln und einführen [Becker 2002, S. 159]. Somit kann festgehalten werden, dass eine enge Verzahnung der Produktpolitik mit der Marktorientierung und der Fähigkeit des Unternehmens, Forschung und Entwicklung zu betreiben, besteht. Nur damit ist die Organisation in der Lage, sich fortwährend von der Konkurrenz zu differenzieren.

Das Produkt kann durch nutzenbeeinflussende Faktoren gestärkt werden. Zu diesen Faktoren zählen das Design, die Verpackung, die Marke und die Qualität [Hofbauer 2004a,

2f]. Das Design unterstützt die Differenzierung und verleiht dem Produkt ein unverwechselbares Aussehen. Die Verpackung schützt das Gut, weckt Aufmerksamkeit und dient der Produktbeschreibung und Kaufanregung. Psychologische Wünsche werden durch den Kauf von Markenprodukten befriedigt, indem mit der Marke bestimmte Assoziationen ausgelöst werden. Marken erlauben eine unternehmensspezifische Produktkennzeichnung, welche die Präferenzbildung und die zielgruppenspezifische Imagebildung unterstützen [Becker 2002, S. 501]. Die Qualität ist ein weiterer Faktor, der den Erfolg des Produktes bestimmt. Sie sollte grundsätzlich an den Qualitätsvorstellungen der Konsumenten ausgerichtet sein. Denn hier entscheidet sich, ob der Kunde mit dem Produkt zufrieden ist und an das Unternehmen gebunden werden kann.

Weitere Überlegungen im Rahmen der Produktpolitik sollten zum *Produktprogramm* angestellt werden. Bezüglich des Produktprogramms ist abzuwägen, ob durch das Anbieten von mehreren Produkten und Produktausführungen das Nutzenangebot erweitert werden kann [Becker 2002, S. 507]. Die Sortimentstiefe spiegelt sich im Grad der Produktdifferenzierung wider. Mit verschiedenen Produktvarianten können unterschiedliche Zielgruppen angesprochen werden. Es kann z.B. auch zu dem originären Produkt eine zusätzliche Dienstleistung angeboten werden, indem sich Anbieter spezialisieren. So ist z.B. zu erkennen, dass sich ein Trend zu integrierten Systemlösungen entwickelt. Durch die Erweiterung des Serviceangebotes wird dem Kunden eine umfassende Lösung für ein Gesamtproblem aus einer Hand geboten. Gesättigte Märkte erschweren die Differenzierung von Gütern, deshalb gilt ein guter Service als Wachstumsmotor. Zuverlässige Servicestrategien werden vom Kunden als flexibel und innovativ wahrgenommen und sind vom Wettbewerb nicht leicht zu kopieren, da guter Service in den Köpfen der Mitarbeiter beginnt [Winkelmann 2000, S. 213]. Eine Ausweitung des Produktprogramms kann auch in die Breite erfolgen. Durch vertikale, horizontale und laterale Diversifikation kann ein Unternehmen neue Märkte erobern. Der Diversifizierungsgrad der Produktpalette ist ein Controllingkriterium. Das Unternehmen sollte genau prüfen, welche Chancen und Risiken sich aus der Diversifizierung ergeben. So kann ein Einstieg in vor- und nachgelagerte Marktstufen eine Streuung des Risikos auf mehrere Produkte ergeben. Jedoch ist ebenso genau zu prüfen, ob sich durch weit ausufernde Sortimente die Kostenstruktur nicht nachteilig entwickelt. So führen z.B. Ersatzteil-, Lagerhaltungs- und Verwaltungsaufwand zu hohen Komplexitätskosten. Empirische Untersuchungen haben ergeben, dass Unternehmen mit einer geringen Variantenvielfalt eine deutlich höhere Umsatzrendite realisieren als solche mit hoher Variantenvielfalt [Kleinaltenkamp/Jacob 1999, S. 19]. Die Entscheidung über die Variantenvielfalt ist grundsätzlich von der Marktattraktivität und dessen Potenzial abhängig zu machen.

*Produktprogrammentscheidungen* sind keineswegs operative Entscheidungen, sie werden durch die Produkt-/Marktstrategie bestimmt. Ob sich ein Unternehmen nun für die Erstellung einer standardisierten oder individualisierten Leistung entscheidet, ist rein nach ökonomischen Gesichtspunkten zu beurteilen [Kleinaltenkamp/Jacob 1999, S. 25]. Ein hoher Individualisierungsgrad erlaubt dem Unternehmen zwar höhere Preise für die differenzierte Leistung durchzusetzen, jedoch verringert sich mit zunehmender Individualisierung des Produktes auch die Segmentgröße. Im Rahmen der Marketingplanung muss die wirtschaftliche Tragfähigkeit der Zielgruppe unbedingt überprüft werden, um sicherzustellen, dass das Produkt nicht auf eine zu geringe Abnehmerzahl trifft.

Damit eine Leistung am Markt Absatz findet, müssen im Rahmen der Marktforschung die Idealvorstellungen zu einem Gut erfragt werden, um mit diesen Ergebnissen ein optimales Nutzenbündel kreieren zu können. Hier kommt der Kommunikation eine entscheidende Rolle zu. Ein Risiko besteht immer in der falschen Interpretation von Informationen. Der Informationsfluss kann schon zwischen Unternehmen und Kunden gestört sein, oder es wird bereits im Internen falsch kommuniziert (vgl. Darstellung 182). Die Folge ist die Entwicklung von Leistungen, welche vom Markt nicht oder nur schlecht angenommen werden. Das Unternehmen muss also die Kundenwünsche richtig erfassen, um das Risiko von Produktflops nachhaltig zu reduzieren.

**Die Produktpolitik**

- **bildet Nutzenkomponenten nach den Kundenbedürfnissen aus,**
- **kreiert dadurch eine größtmögliche Vorziehenswürdigkeit des Produktes und**
- **steigert somit die Rentabilität.**

### 13.1.2 Professionelles Produktmanagement

Die Entwicklung und Markteinführung von neuen Produkten wird immer riskanter und ist mit hohen Investitionen verbunden. Aufgrund der Tatsache, dass sich ehemalige Innovationen zu Standards entwickeln, ist ein ständiger Fortschritt überlebensnotwendig für Unternehmen. Durch Innovationen können neue Märkte erschlossen werden, sie sichern die Wettbewerbsfähigkeit und gestalten das Produktportfolio ausgewogen. Das Produktmanagement versteht sich als Mittler zwischen Kunde und einzelnen Unternehmensfunktionen (z.B. Einkauf, Fertigung, Forschung und Entwicklung und Vertrieb) [Winkelmann 2000, S. 210]. Die Betrachtung des Produktmanagements aus der Prozessperspektive sichert eine schlüssige und zielgerichtete Vorgehensweise, welche sich auf wertschöpfende Aktivitäten konzentriert [Hofbauer/Sangl 2011, S. 315ff]. Die Kundenorientierung steht – wie immer – im Fokus und die prozessorientierte Sichtweise unterstützt die Generierung von Zeit- und Kostenvorteilen, welche maßgebliche Erfolgsfaktoren bei der Einführung neuer Produkte sind. Durch das integrierte Risikomanagement lassen sich Risiken reduzieren. Das Risiko, welches durch den hohen Investitionsbedarf der Neuentwicklung besteht, wird ebenso vermindert wie die Gefahr, dass sich das Produkt am Markt nicht durchsetzen kann.

Darstellung 171 zeigt den Prozess des professionellen Produktmanagements [Hofbauer/Sangl 2011, S. 321]. Auch hier gilt, dass im Rahmen dieses Buchs speziell auf controllingrelevante Aspekte eingegangen wird, und für eine weiterführende Darstellung wird auf das Buch Hofbauer/Sangl [2011] „Professionelles Produktmanagement" verwiesen.

Die erste Phase des Produktmanagement-Cycles nimmt bezüglich des strategischen Controllings eine besondere Stellung ein. Die strategische Orientierung setzt den Rahmen durch die unternehmenseigenen Kompetenzen/Fähigkeiten und durch die Marktorientierung für Produktinnovationen. Die Produktpolitik und das Controlling erfragen bei der Analyse des Lebenszyklus, in welcher Lebensphase sich die Technologie befindet, auf der die Produkte eines Geschäftsfeldes beruhen [Winkelmann 2000, S. 183].

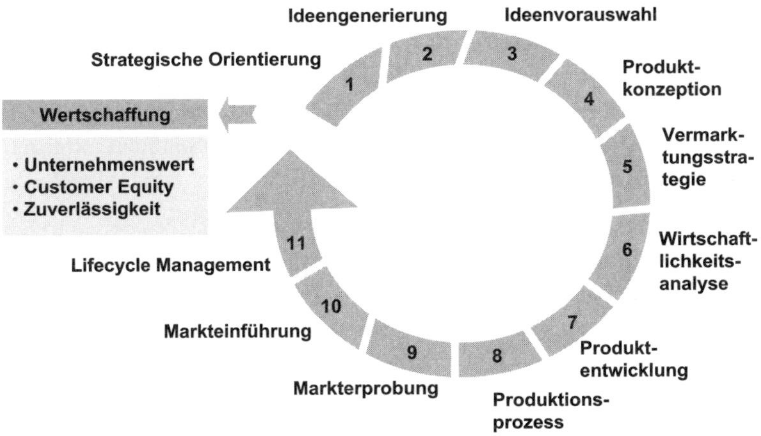


**Darstellung 171** Professionelles Produktmanagement

In Darstellung 172 [Hofbauer/Sangl 2011, S. 528] ist der erweiterte Produktlebenszyklus dargestellt. Er zeigt die Wachstumsmöglichkeiten des Unternehmens durch Produkte auf. Das Unternehmen sollte auf ein ausgewogenes Produktportfolio Wert legen (vgl. Marktwachstums-Marktanteils-Portfolio), um auch zukünftig mit innovativen Produkten bestehen zu können. Andererseits würde das Risiko, welches durch die Überalterung von Produkten im Markt entsteht, die zukünftige Ertragskraft stark schmälern. Auch müssen die Marketing-Mix-Komponenten auf die jeweilige Phase des Lebenszyklus abgestimmt werden, um die Leistung möglichst lange am Markt halten zu können. Je länger sich das Produkt auf dem Markt befindet, desto mehr verliert es von seiner Inno-

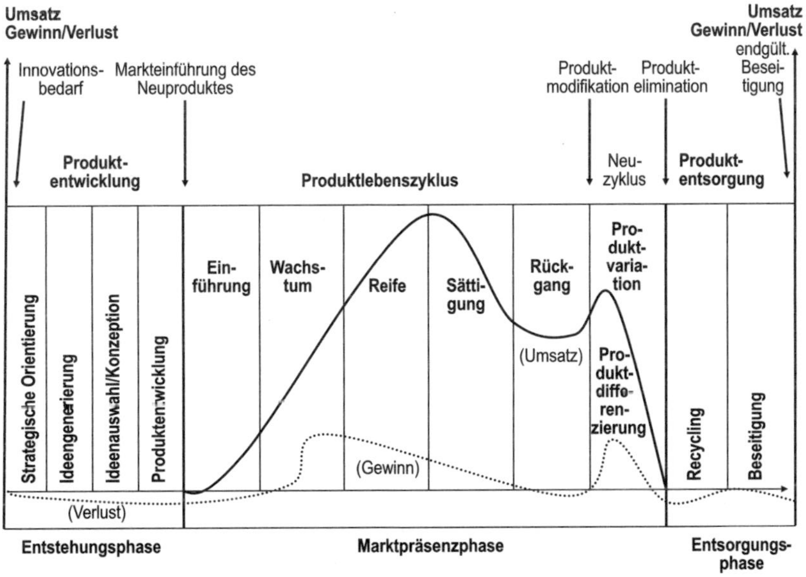


**Darstellung 172** Erweiterter Produktlebenszyklus

vationskraft und der Wettbewerb intensiviert sich. Ebenso verändern sich die Kundenansprüche mit zunehmendem Alter der Produkte. Innovationen verlieren ihren modernen Charakter und werden zu Standards. Das Lifecycle Management wirkt dieser Entwicklung entgegen. Durch Produktvariation oder Produktdifferenzierung kann eine Verlängerung der Marktpräsenzzeit ermöglicht werden, bis Produkte schließlich aufgrund des Umsatzrückgangs vom Markt genommen werden.

Im Rahmen des Produktmanagements werden auch Entscheidungen zu den übrigen Marketing-Mix-Bereichen und der verfolgten Strategie getroffen. Es beeinflusst somit den Bereich Kommunikation, Preis und Distribution. Die Betrachtung des Lebenszyklus sollte phasenspezifisch vorgenommen werden. Sie dient der Entscheidungsfindung für operative Marketingmaßnahmen, denn jede Phase verfügt über spezielle Eigenschaften und diese sind in die Planung mit einzubeziehen.

Zu jeder Phase lassen sich Normstrategien ableiten. Indem die Aktivitäten auf die jeweiligen Phasen abgestimmt werden, lässt sich der Ressourceneinsatz effizient steuern und die Rentabilität positiv beeinflussen. Darstellung 173 zeigt Normstrategien des operativen Marketings nach Lebenszyklusphasen [Hofbauer/Sangl 2011, S. 529].

Ein weiterer Aspekt, der die strategische Stoßrichtung im Produktmanagement festlegt, sind Kernkompetenzen. Werden neuartige Kundenbedürfnisse identifiziert, so können diese zu einer Neuausrichtung des Leistungsprogramms führen [Winkelmann 2000, S. 188]. Da Kernkompetenzen einen wichtigen Erfolgsfaktor zur Wertschaffung darstellen, sollten sie Grundlage für Neuproduktentwicklungen sein. Das neue Produkt muss durch eine Kernkompetenz unterstützt werden [Winkelmann 2000, S. 189f]. Auch muss es zur bereits vorhandenen Marktstrategie passen und es sollte durch die Nutzung der bereits vorhandenen Vermögenswerte des Unternehmens realisiert werden können. Der Marketing-Alignment-Prozess (vgl. Darstellung 80), welcher bereits im Teil „Markt und Branche" vorgestellt wurde, kann zur Abstimmung herangezogen werden.

Einige Zeiträume im Lebenszyklus sind für das Controlling von besonderer Bedeutung [Matys 2001, S. 89]:

- *Time-to-Market*
  Die Zeit von der Produktidee bis zur Markteinführung.
- *Pay-off-Time*
  Der Zeitraum, innerhalb dessen die Amortisation eintritt, also von der Markteinführung bis zum Break-Even-Point.
- *Break-Even-Point*
  Der Zeitpunkt, an dem die Erträge den Aufwendungen entsprechen und der Eintritt in die Gewinnphase erfolgt.
- *Ertragszeit*
  Der Zeitraum nach dem Break-Even-Point, in dem das Produkt Reingewinne erwirtschaftet.

Ein idealtypischer Verlauf des Produktlebenszyklus kann jedoch nicht gewährleistet werden. Schließlich beruht er lediglich auf empirischen Beobachtungen von Vergangenheitsverläufen, die keinesfalls mit naturwissenschaftlichen Gesetzmäßigkeiten zu ver-

| | Einführung | Wachstum | Reife/Sättigung | Rückgang |
|---|---|---|---|---|
| **Produkt** | Angebot eines Grundproduktes | • Verbesserung der Produktqualität<br>• Entwicklung neuer Ausstattungsmerkmale<br>• Erweiterung des Angebots durch Produktvariation | • Produktmodifikationen<br>- Qualitätsverbesserungen<br>- Verbesserung der Produktausstattung<br>- verbessertes Styling<br>• Anpassung des Produktes an neue Anforderungen der Kundenbedürfnisse | • Eliminierung absatzschwacher Produkte<br>• Wiederbelebung von Produkten<br>- Produktvariation<br>- Produktdifferenzierung |
| **Preis** | am maximalen Wert für den Nutzer orientiert<br>→ Skimming-Strategie | rechtzeitiges Absenken der Preise, um Segmente preisbewusster Kunden zu erschließen<br>→Penetrationsstragie | • Anpassung an Konkurrenzpreise<br>• niedrigere Preise als die Konkurrenz<br>• Preisdifferenzierungen<br>• aktive Preispolitik | Preissenkungen |
| **Werbung** | • Einführungswerbung<br>• Bekanntmachen des Produktes bei Frühadoptoren und im Handel | Massenwerbung<br>• Produkt den Durchbruch verschaffen<br>• Erhalten von Präferenzen gegenüber ersten Konkurrenten | Unterscheidungsmerkmale und Vorteile des Produktes hervorheben | • wenig absatzpolitische Anstrengungen<br>• Erhaltung der treuesten Kunden |
| **Verkaufsförderung** | • intensive Verkaufsförderung<br>• persönlicher Verkauf | Verkaufsförderungsaufwand senken und die hohe Nachfrage voll ausnutzen | • Aufwand wieder erhöhen<br>• Anreize zum Markenwechsel bieten<br>• Verkaufsförderung bei Absatzpartnern | Verkaufsförderungsaufwand auf ein Minimum absenken |
| **Vertrieb** | • selektiver Aufbau eines Vertriebssystems für das Produkt<br>• Absatzpartner informieren und motivieren | Vertriebssystem verdichten | weitere Verdichtung des Vertriebssystems | selektiv auslichten: unrentable Vertriebspunkte eliminieren |
| **Operative Marketingziele** | • Produkt bekannt machen<br>• Erstkäufe herbeiführen | größtmöglicher Marktanteil | größtmöglicher Gewinn bei gleichzeitiger Sicherung des Marktanteils | Kostensenkung und „Absahnen" |

**Darstellung 173** Normstrategien im operativen Marketing nach Lebenszyklusphasen

gleichen sind [Hofbauer/Sangl 2011, S. 527]. Der Verlauf kann durch konjunkturelle und saisonale Einflüsse verfälscht oder durch strategisches Verhalten beeinflusst werden. So sind die Zeiträume produktspezifisch zu betrachten und der Einfluss spezieller Kräfte, welche auf den Zyklus wirken, müssen bei Entscheidungen berücksichtigt werden.

Erfolgreiche Innovationen sichern die Ertragskraft und die Lebensfähigkeit des Unternehmens. Jedoch ist es nicht ausreichend, Produkte nach Kundenwünschen zu entwickeln und diese auf den Markt zu bringen, vielmehr hängt der Erfolg von der Amortisation der Entwicklungskosten ab. Der Produktlebenszyklus wird von verschiedenen Kräften beeinflusst, welche den Erfolg von Innovationen beeinträchtigen können. Unternehmen sollten sich über diese Risiken bewusst sein und diese genau kalkulieren. Darstellung 174 zeigt die wirkenden Einflüsse.

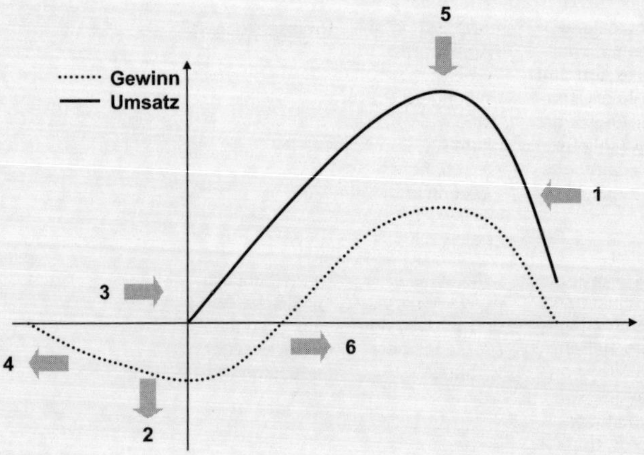


**Darstellung 174** Einflüsse auf den Produktlebenszyklus

Auf den Lebenszyklus wirken sechs *Kräfte* [Hofbauer 2004a, S. 8]:

1. Es ist zu beobachten, dass die Produktlebenszyklen immer kürzer werden und somit viel weniger Zeit bleibt, Gewinne zu erzielen.
2. Die Vorlaufkosten steigen, da immer komplexere Produkte entwickelt werden müssen.
3. Die zur Verfügung stehende Entwicklungszeit verkürzt sich, da es sehr wichtig ist, ein Produkt schnell auf den Markt zu bringen, um auf aktuelle Kundenwünsche reagieren zu können.
4. Jedoch besteht auf der anderen Seite die Notwendigkeit, dass genügend Entwicklungszeit zur Verfügung steht, damit das Produkt auch wirklich durchdacht und ausgereift auf den Markt kommt.
5. Auf den Märkten kann man Preiserosionen beobachten. Bei geringer Differenzierung der Produkte wird der Konkurrenzkampf über den Preis ausgetragen.
6. Die Verkürzung des Produktlebenszyklus und die Erhöhung der Vorlaufkosten führen zu einer Verschiebung des Break-Even-Punktes, d.h. Unternehmen kommen später in die Gewinnzone.

Umso mehr erfordern diese Wirkmechanismen ein effizientes Produktmanagement.

Ein neues *Produktkonzept* sollte grundsätzlich immer auf Wirtschaftlichkeit hin geprüft werden. Die Wirtschaftlichkeitsprüfung erfolgt, nachdem evaluiert wurde, dass für die Idee eine ausreichende Präferenzwirkung auf Seiten der Nachfrager zu erwarten ist. Die Aufgabe der Wirtschaftlichkeitsanalyse besteht darin, die Produktkonzepte hinsichtlich ihres Kapitalbedarfs und ihrer Kapitalrückflüsse zu untersuchen und ihre wirtschaftliche Attraktivität zu beurteilen [Hofbauer/Sangl 2011, S. 401]. Im zentralen Interesse der Analyse stehen das Umsatzpotenzial sowie die Kosten- und Gewinnentwicklung. Es erfolgt also eine Prognose über den zu erwartenden Absatz und zukünftige Gewinne. Die positive Wirtschaftlichkeitsprüfung stellt den Input für die Produktentwicklung dar, denn diese ist ein wesentlicher Kostenfaktor. Abhängig von der Branchenstruktur stellen neue Produktentwicklungen einen wichtigen Faktor zur Sicherung der Lebensfähigkeit von Unternehmen dar [Haunerdinger 2005, S. 118]. In dieser Phase muss es gelingen, das Produkt mit einem einzigartigen Kundenvorteil auszustatten, da dieser die wesentliche Erfolgsdeterminante der Innovation darstellt [Weiber/Kollmann/Pohl 2006, S. 139]. Die Effizienz der Produktentwicklung wird am Faktor Zeit gemessen. Sollte es gelingen, die Entwicklungszeiten zu verkürzen, so wird ein früher Markteintritt mit hohen Gewinnen belohnt und im Vergleich zur Konkurrenz ein höherer Absatz erzielt. Dieses Phänomen wird als „First Mover Advantage" bezeichnet. Aus diesem Vorteil der höheren Absatzzahlen lässt sich wiederum ein Erfahrungskurveneffekt ableiten, der zu Kostenvorteilen führt und somit das Gewinnpotenzial erhöht. Mit der Markterprobung wird noch ein letztes Mal versucht, das Risiko abzuschätzen, dass das Produkt nicht vom Markt angenommen wird. Und die Erfolgsträchtigkeit wird getestet, indem die Markterprobung sehr sorgfältig durchgeführt wird [Hofbauer/Sangl 2011, S. 485ff]. Da die Markteinführung hohe Kosten beansprucht, wird in dieser Phase sichergestellt, dass die prognostizierten Absatzchancen auch tatsächlich gegeben sind. Bezüglich der Markteinführung müssen Entscheidungen über den Zeitpunkt des erstmaligen Markteintritts, den anvisierten Zielmarkt und Zielkunden sowie Entscheidungen bezüglich des Marketing-Mix und Maßnahmen der Kontrolle getroffen werden [Hofbauer/Sangl 2011, S. 522]. Schließlich wird mit dem Beginn des Lifecycle-Managements der Produktabsatz vorangetrieben. Indem eine maximale Ausschöpfung des Diffusionspotenziales angestrebt wird, werden sich nun die Entwicklungskosten amortisieren, bis das Unternehmen Gewinne erzielt.

Zusammenfassend lässt sich festhalten, dass Effizienz und Effektivität durch ein professionelles Produktmanagement erheblich gesteigert werden können. Jeder Prozessschritt ist mit einem Kontrollmechanismus versehen, um somit das Risiko, dass ein Neuprodukt nach horrenden Investitionen floppt, so gering wie möglich zu halten.

**Das professionelle Produktmanagement**

- **generiert marktfähige Produkte,**
- **grenzt das Risiko im Prozessverlauf stetig ein und**
- **erhöht die Profitabilität des Unternehmens.**

### 13.1.3 Produktionsorganisation, -planung und -steuerung

Die *Produktionsorganisation* sorgt für reibungslose Prozesse, um Qualität und Wirtschaftlichkeit zu gewährleisten. Sie unterliegt verschiedenen Prinzipien. Beim Verrichtungsprinzip ist die Produktion nach den durchzuführenden Verrichtungen gegliedert und daher nicht ablaufgebunden [Matyas 2001, S. 59f]. Dieses System besticht durch seine hohe Flexibilität und durch relativ geringe Arbeitsplatzkosten. Nachteilig wirkt sich die komplizierte Steuerung der Aufträge aus. Ist die Produktion nach dem Flussprinzip gestaltet, folgt sie dem Materialfluss. Hier besteht eine flussgerichtete Anordnung der Maschinen und Abteilungen. Vorteile werden in der guten Planbarkeit und einfachen Steuerung der Produktion gesehen, welche zu einer hohen Maschinenauslastung führt. Durch die Verkettung von Maschinen besteht jedoch immer die Gefahr, dass bei Maschinenausfall ein Produktionsstillstand eintritt. Eine flexible Gestaltung des Fertigungsprozesses ist nicht möglich und es entstehen hohe Kosten bei einem Produktwechsel auf der Produktionslinie [Matyas 2001, S. 60].

Grundsätzlich gilt es, die Produktionsaufgaben und den Ablauf so festzulegen, dass durch effiziente Planung eine Verkürzung der Durchlaufzeit (von Auftragserteilung bis Auslieferung) ermöglicht wird. Ebenso muss eine hohe Lieferbereitschaft gewährleistet sein und es besteht der Zwang zur Einhaltung der Auftragstermine, um den Kunden zufriedenzustellen [Hofbauer/Sangl 2011, S. 461].

Im Rahmen der *Produktionsplanung* werden die Produktionsaufgaben und der Produktionsablauf festgelegt. Unter *Produktionssteuerung* versteht man das Veranlassen, Überwachen und Sichern der Durchführung von Produktionsaufgaben hinsichtlich Bedarf, Qualität, Kosten und Arbeitsbedingungen [Matyas 2001, S. 63f]. Ziel der effizienten Planung und Steuerung ist einerseits die Minimierung der Durchlaufzeit und der Bestände und andererseits die Maximierung der Produktionsmittelauslastung. Die Effizienz der Produktion ist eine wichtige Stellgröße, da sie direkten Einfluss auf die Kosten des Produktes ausübt. Somit muss die Wertschöpfung optimiert werden, da der Kunde nur bereit ist, für wertschöpfende Tätigkeiten zu zahlen [Gietl/Lobinger/Knon 2004, S. 214]. Nicht wertschöpfende Tätigkeiten müssen vermieden werden. Da sich die Produktionsplanung auch mit der Prozessgestaltung befasst, sollte eine Prozessanalyse erfolgen, welche eine Einteilung nach wertschöpfenden und nicht wertschöpfenden Prozessen vornimmt. Im folgenden Schritt dieser Analyse werden die nicht wertschöpfenden Prozesse auf Verschwendung hin geprüft [Hofbauer/Sangl 2011, S. 197]. Verschwendung im Produktionsprozess wirkt sich auf die sieben Bereiche aus, die in Darstellung 175 aufgeführt sind [Gietl/Lobinger/Knon 2004, S. 215].

Durch eine analytische Vorgehensweise lassen sich Kompetenzen im Unternehmen entwickeln. Das Unternehmen kann eine Produktionskompetenz aufbauen, wenn es entweder eine außergewöhnlich hohe Flexibilität oder eine außergewöhnlich hohe Effizienz aufweist [Gleißner/Füser 2003, S. 326]. Diese Kompetenzen können durch einen hohen Automatisierungsgrad, geringe Rüstzeiten, niedrige Rüstkosten sowie eine technologisch führende Maschinenausstattung realisiert werden.

Die Planung des *Fertigungssystems* muss unter Qualitäts-, Zeit- und Kostengesichtspunkten erfolgen, um die Wettbewerbsfähigkeit der Organisation nicht zu gefährden. Sys-

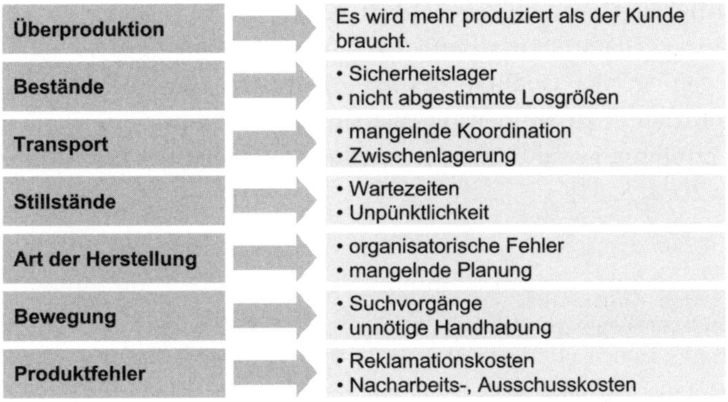


**Darstellung 175** Verschwendung in der Fertigung

teme wie Lean Production und Kanban können für die Gestaltung einen wertvollen Beitrag leisten. Das ganzheitliche Produktionskonzept Lean Production vereint Vorteile handwerklicher Produktion, also bspw. Flexibilität, Produktvielfalt und anspruchsvolle Arbeitsinhalte, mit den Vorteilen einer Massenproduktion. Dadurch wird eine entschlackte Produktion gebildet, welche fähig ist, mit möglichst geringem technisch-organisatorischem Aufwand und möglichst wenigen Mitarbeitern marktfähige, qualitativ hochwertige Produkte zu fertigen [Winkelmann 2000, S. 418]. Just-in-Time geht gezielt gegen die Hauptverschwendungsbereiche vor und wird durch das Kanban-Prinzip gesteuert.

Muss aufgrund von *Innovationen* eine neue Fertigung errichtet werden, so ist das Timing mit der Produkteinführung in den Markt eine wichtige Größe. Es entstehen negative Konsequenzen für die Profitabilität eines Unternehmens, sollten Produktionsanlagen nicht zur rechten Zeit einsatzbereit zur Verfügung stehen. Durch eine Verzögerung der Markteinführung steigen zum einen die Kosten für die termingerechte Fertigstellung, zum anderen können Gewinnpotenziale nicht umfassend realisiert werden [Hofbauer/Sangl 2011, S. 462].

**Produktionsorganisation, planung und -steuerung**

- **minimieren die Durchlaufzeiten der zu produzierenden Produkte,**
- **optimieren die Produktionsauslastung und**
- **erhöhen die Wirtschaftlichkeit des Unternehmens.**

### 13.1.4 Qualitätsmanagement

Qualität ist ein wichtiger Faktor für die Kundenzufriedenheit. Sie stellt nicht nur das Ergebnis des Fertigungsprozesses dar, sondern dient dem Kunden zur Bewertung eines Produktes. Die Ziele des Qualitätsmanagements liegen zum einen in der Fehlerbewirtschaftung und zum anderen in der Optimierung des Nutzens sowohl für den Kunden als auch für das Unternehmen [Hofbauer/Sangl 2011, S. 154]. Das Qualitätsniveau muss den Kundenanforderungen entsprechen, damit das Unternehmen nicht seine Wettbewerbsfähigkeit verliert. Qualität wird durch verschiedene Dimensionen bestimmt. Zu diesen zählen Normgerechtigkeit, Gebrauchstauglichkeit, Güte, Design, Leistung, Zuverlässigkeit und Umweltverträglichkeit, Wirtschaftlichkeit und Ästhetik [Pepels 2003, S. 837f]. Die Anforderungen an die Qualität werden durch die Marktorientierung bestimmt und durch ein effizientes Zusammenspiel der Unternehmensprozesse werden sie umgesetzt und deren Erfüllung gewährleistet. Darstellung 176 zeigt das Prozessmodell [Gietl/Lobinger/Knon 2004, S. 63].

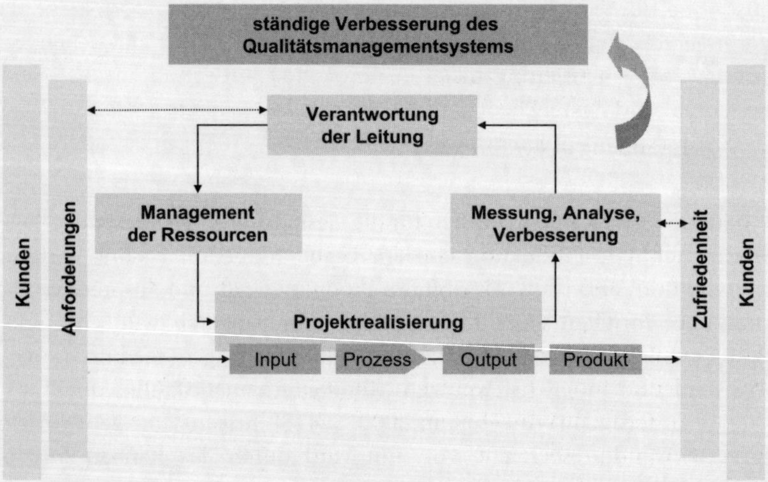


**Darstellung 176** Prozessmodell der ISO 9001

Modernes Qualitätsmanagement hat die systematische Erarbeitung von Qualität zur Aufgabe und erstreckt sich über den gesamten Produktlebenszyklus. Dies bedingt eine Ausweitung des Qualitätsmanagements auf das gesamte Unternehmen. Jeder Mitarbeiter, egal ob aus dem Marketing-, Entwicklungs-, Produktionsplanungs-, Produktions- oder Servicebereich, leistet durch sein Qualitätsbewusstsein und seine Arbeit einen Beitrag zum Halten und Verbessern der Qualitätsstandards für Produkte und Dienstleistungen [Hofbauer/Sangl 2011, S. 152]. Qualitätsanforderungen werden jedoch nicht ausschließlich durch das Produkt bzw. die Dienstleistung bestimmt, sie erstrecken sich auch auf Aktivitäten der Sales- und After-Sales-Phase. So beeinflussen z.B. das Verkaufsgespräch, die Produktauslieferung, Reparaturen, Entsorgung usw. ebenfalls die Qualität.

Zu den Aufgaben des Qualitätsmanagements zählen die *Qualitätsplanung*, die *Qualitätslenkung*, die *Qualitätssicherung* und *Qualitätsförderung*. Im Rahmen der Qualitätsplanung werden die Bedürfnisse von Kunden, der Öffentlichkeit und des Unternehmens erfasst. Eine Unterscheidung der zu planenden Qualitäten für Kunden kann auf drei Ebenen vorgenommen werden [Winkelmann 2006, S. 207]:

- *Erfahrungsqualitäten*
  Sie werden während des Gebrauchs sichtbar und können nicht a priori am Produkt überprüft werden (Beispiel: Reparatur eines Fernsehers).

- *Suchqualitäten*
  Sie entsprechen den messbaren Leistungsmerkmalen und werden im Kaufprozess gezielt gesucht und verifiziert (Beispiele: Benzinverbrauch, Farbe).
- *Glaubens- und Vertrauensqualitäten*
  Sie werden durch einen emotionalen Vorgang beurteilt. Anbieterimage und Beziehungsqualität sind ausschlaggebende Dimensionen (Beispiele: ärztliche Beratung, Fondsrendite).

Die *Planung* muss eine strategische und eine kurzfristige Sichtweise verfolgen, da schnelle Veränderungen der Kundenbedürfnisse und sich verkürzende Produktlebenszyklen eine rechtzeitige Implementierung neuer Technologien notwendig machen, um neue Bedürfnisse schnell und flexibel bedienen zu können. Die *Qualitätslenkung* umfasst die Steuerung der Prozesse und Abläufe nach den vorgegebenen Spezifikationen. Um dies zu realisieren, sind folgende Aspekte umzusetzen [Vollert 2004, S. 202f]:

- Prinzip des internen Kunden/Lieferanten
- Strukturierung wettbewerbsentscheidender Prozesse in Subprozesse, Prozessschritte und Einzelaktivitäten
- Festlegung der Prüfverantwortlichen
- Installation von Regelkreisen je Arbeitsplatz zur Vermeidung von Störungen bei Prozessen und Verdichtung zu Regelkreisen auf Abteilungs- bzw. Bereichsebene
- Messung der Leistungsqualität an den Schnittstellen und innerhalb der Prozesse
- Verständnis der Spezifikationen sicherstellen

Die *Qualitätssicherung* minimiert das Risiko qualitätsbezogener Fehler oder eliminiert diese im besten Fall. Das Auftreten von Fehlern ist stets mit negativen Konsequenzen für das Unternehmen und dessen Kunden verbunden. Aus diesem Grund werden im Rahmen der Qualitätssicherung Maßnahmen wie das Absichern von Qualitätsrisiken, die Analyse der Qualität, die Bearbeitung von Qualitätsproblemen und das Mitwirken bei der *Qualitätsförderung* ergriffen [Vollert 2004, S. 205]. Die Qualitätsförderung verfolgt eine permanente Verbesserung der Produkte, Dienstleistungen und Prozesse, indem sie das Qualitätsbewusstsein im gesamten Unternehmen fördert. Die Qualitätsförderung bedient sich Instrumenten wie z.B. dem betrieblichen Vorschlagswesen, der Beteiligung an Qualitätswettbewerben, Qualitätszirkel und Qualitätsverbesserungsteams [Vollert 2004, S. 205f].

Ein besonderer Nutzen des Qualitätsmanagements für das Unternehmen liegt darin, dass sich damit Leistungsrisiken steuern lassen. Gerade für kleine und mittelständische Unternehmen wird der Qualitätsaspekt zum Überlebensfaktor, da dieser die Kundenzufriedenheit bestimmt. Die Qualität selbst sollte einem Unternehmen wichtiger sein als kurzfristige Gewinnsteigerungen, da erst durch sie mittel- und langfristige Gewinne bestimmt werden [Pepels 2003, S. 837f].

Durch den Einsatz von standardisierten Qualitätsmanagement-Systemen kann das Controlling erleichtert werden. Ziel dieser Systeme ist es, Mängel und Verbesserungsmöglichkeiten im Verfahren, im Prozessablauf sowie in der Aufbau- und Ablauforganisation zu finden, diese aufzugreifen und gezielt zu beheben [Matyas 2001, S. 211]. Ein Total-

Quality-Management-Konzept besteht im Wesentlichen aus drei Implikationen für die Gestaltung von Leistungserstellungsprozessen [Hofbauer/Sangl 2011, S. 158]:

- Einführung statistischer Methoden zur Sicherung der Prozessqualität
- Formulierung und Dokumentation von umfassenden Richtlinien zur Anwendung der Methoden und Durchführung der Prozesse
- Zertifizierung der Umsetzung dieser Richtlinien durch autorisierte Institutionen

Hohe Qualität ist auch der Schlüssel zu einer höheren Produktivität, daraus resultieren sinkende Kosten und wettbewerbsfähige Preise, was wiederum zu höheren Marktanteilen und somit zu einer Renditesteigerung im Unternehmen führt [Matyas 2001, S. 205]. Unternehmen können spezielle Qualitätskompetenzen entwickeln, indem sie die Vorgaben der Kunden mit sehr hoher Wahrscheinlichkeit erfüllen [Gleißner/Füser 2003, S. 326]. Betrachtet man die Wirkkette der Qualität, so ist ersichtlich, dass diese eine hohe Relevanz für das Controlling hat.

**Das Qualitätsmanagement**

- **nimmt Einfluss auf die Kundenzufriedenheit,**
- **reduziert das Risiko von Fehlleistungen und**
- **erhöht die Produktivität des Unternehmens.**

### 13.1.5 Six Sigma

Six Sigma ist eine Methode des Qualitätsmanagements zur Verbesserung der Prozessqualität, die auf Fakten und statistischen Messdaten beruht. Fehler sollen von vornherein vermieden und damit Kosten reduziert werden. Nicht nur die qualitative Verbesserung von Produkten und Dienstleistungen, sondern auch die Steigerung der Rentabilität, die Erhöhung der Gewinnspanne und Kapazitätszuwachs durch Optimierung bestehender Anlagen gehören zu den Zielsetzungen des Konzeptes.

Grundidee des Konzeptes ist, die Fehlerquote in Prozessen auf ein Niveau von 6σ und somit eine Prozessgenauigkeit von 99,99966 Prozent zu bringen. Dies entspricht 3,4 Fehlern pro einer Million Fehlermöglichkeiten. Unternehmen, die nicht nach der Six-Sigma-Methode geführt werden, weisen im Durchschnitt ein Niveau von drei bis vier Sigma, also 99,7 bis 99,9 Prozent Prozessgenauigkeit, auf. Zur Verdeutlichung der Größenordnungen dient Darstellung 177 [vgl. Hofbauer/Sangl 2011, S. 176].

Die größte Ursache für fehlerhafte Prozesse liegt in der *Variation.* Diese wird durch Einflussfaktoren wie Mitarbeiter, Materialien und Maschinen verursacht. Um der Variation entgegenzuwirken, implementieren Unternehmen Qualitätskontrollsysteme. Diese Kontrollsysteme verursachen in erster Linie hohe Kosten, welche in der Konsequenz negativ auf den Gewinn und auf die Unternehmensrentabilität wirken. Six Sigma setzt jedoch an der Ursache an. Fehler und die damit verbundenen Kosten sollen erst gar nicht entstehen. Nicht nur die optimierte Kostensituation verbessert das Ergebnis; die Wert schaffende Prozessorientierung leistet ebenso einen wesentlichen Beitrag. Besonders deutlich wird dies in Darstellung 178 [Hofbauer/Sangl 2011, S. 178].

| σ | Prozessgenauigkeit | Rechtschreibung |
|---|---|---|
| 1 | 68,3% | 170 Rechtschreibfehler pro Seite eines Buches |
| 2 | 95,5% | 25 Rechtschreibfehler pro Seite eines Buches |
| 3 | 99,7% | 1,5 Rechtschreibfehler pro Seite eines Buches |
| 4 | 99,9% | 1 Fehler pro 30 Seiten |
| 5 | 99,99% | 1 Fehler in einer mehrbändigen Enzyklopädie |
| 6 | 99,99966% | 1 Fehler in allen Büchern einer kleinen Bibliothek |
| 7 | | 1 Fehler in allen Büchern mehrerer großer Bibliotheken |

**Darstellung 177** Six Sigma: Matrix zum Verständnis der Größenordnungen

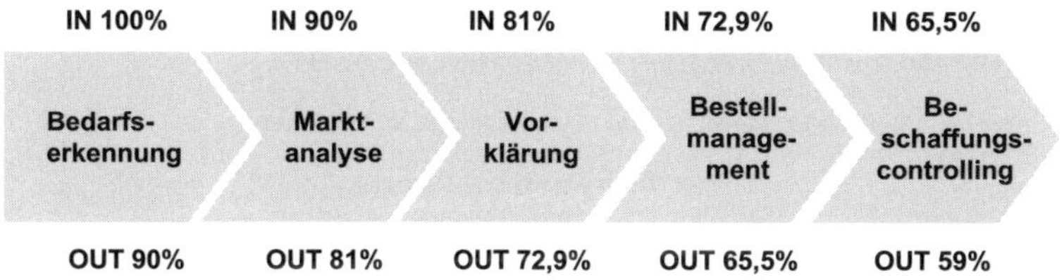


**Darstellung 178** Darstellung eines Prozesses bei einer Leistung von 90 Prozent

Um Six Sigma erfolgreich einführen zu können, müssen nicht nur das Management, sondern auch Mitarbeiter, Lieferanten und Kunden einbezogen werden. Außerdem ist es nötig, ein geeignetes Messsystem sowie ein Ausbildungsprogramm für die Mitarbeiter aufzubauen. Solch ein Ausbildungssystem ist nötig, da die Mitarbeiter Wissen und Fähigkeiten bezüglich Ursachen und Ausprägungen von Variation erlernen sollen. Dazu gehören beispielsweise Methoden zur Analyse von Prozessen und deren Leistungen, statistische Werkzeuge sowie Projekt- und Changemanagement. Six Sigma kann in verschiedenen Umfängen implementiert werden, die in Darstellung 179 dargestellt werden [Magnusson et al. 2004, S. 57].

| | |
|---|---|
| **Unternehmensweite Strategie** | • Implementierung einer kundenbezogenen Einstellung<br>• Aufbrechen alter Strukturen<br>• hin zu mehr Flexibilität |
| **Verbesserungsprogramm** | • effizienteres Gestalten der Wertschöpfungskette<br>• Verbessern operationaler Schwächen<br>• schnellere Produktentwicklung |
| **Problemlösungen** | • Verbessern ganz spezieller Bereiche wie hohe Kosten, Überschreiten von Lieferterminen<br>• sehr prozessbezogen |

**Darstellung 179** Umsetzungsarten für Six Sigma

Die Einführung von Six Sigma muss gut strukturiert und geplant werden. Wichtige Bausteine für den Projekterfolg sind die Prozessoptimierung, die Prozess- und Produktentwicklung sowie das Prozessmanagement zur Sicherstellung der Nachhaltigkeit [Lunau 2006, S. 8]. Als konkrete Roadmap zur Implementierung der Six-Sigma-Management-Methode können die fünf Schritte dienen, wie sie in Darstellung 180 dargestellt werden [Pnade et al. 2000, S. 131].

| | |
|---|---|
| **1. Identifizieren von Kernprozessen** | • Identifizieren der Kernprozesse<br>• Festlegen der Key Outputs u. d. Key Customers der Kernprozesse<br>• Erstellen einer Übersichtskarte der Kernprozesse |
| **2. Erkennen der Kundenbedürfnisse** | • Analyse von Anforderungen, Bedürfnissen und Meinungen der Kunden<br>• Ableitung der Kundenstimmungen und zukünftigen Trends |
| **3. Messen der aktuellen Leistung** | • Datensammlung<br>• Messung<br>• Identifizieren von Verbesserungspotenzial (z.B. First Pass Yield) |
| **4. Prozessverbesserung** | • Auswahl geeigneter Prozesse zur Verbesserung<br>• DMAIC-Methode (Define, Measure, Analyse, Improve, Control) |
| **5. Weiterführung der Six-Sigma-Initiative** | • neue Verbesserungsprojekte für noch vorhandene Schwachstellen<br>• Erfolgsfaktoren: Unterstützung des Managements, Learning Organisation, Führungsqualität, Transparenz und Vertrauen |

**Darstellung 180** Fünf Schritte zur Einführung von Six Sigma

Der vierte Schritt des Fahrplanes, die eigentliche Verbesserungsarbeit, ist das Kernstück der Six-Sigma-Initiative. Die *DMAIC-Methode* und ihre Teilphasen „Definieren" (Define), „Messen" (Measure), „Analysieren" (Analyse), „Verbessern" (Improve) und „Kontrollieren" (Control) wird aus diesem Grund näher erläutert.

Die *Definitionsphase* schafft einen Überblick über das zentrale Problem. Dazu müssen Prozesse, Teilprozesse und etwaige Probleme im Detail analysiert und beispielsweise in Flussdiagrammen dargestellt werden. In der sich anschließenden *Messphase* wird die Leistung der zuvor definierten Prozesse ermittelt. Neben der konkreten Prozessleistung sind auch Ursachen für Variationen im Ergebnis dieses Teilschrittes enthalten. Die Resultate dieser Phase werden ausgewertet und miteinander in Beziehung gesetzt, um diejenigen Prozessschritte zu identifizieren, welche für Variationen verantwortlich sind. Dies geschieht in der *Analysephase*, indem Hypothesen aufgestellt und nach erfolgter Prüfung der Daten verifiziert oder verworfen werden. Die Erkenntnisse über die Einflussfaktoren auf Prozesse werden in der anschließenden *Verbesserungsphase* genutzt, indem Ideen zur Problemlösung generiert werden. Der Ablauf einer solchen Lösungssuche ist in Darstellung 181 aufgezeigt [Broecheler/Schönberger 2004, S. 149].

In der letzten Phase des DMAIC-Kreislaufes erfolgt die Entwicklung eines Kontrollsystems zur Überwachung der Prozessleistung. Darüber hinaus sollen Kosteneinsparungen aufgezeigt, eine vollständige Projektdokumentation vorgelegt und das Projekt an den Auftraggeber übergeben werden.

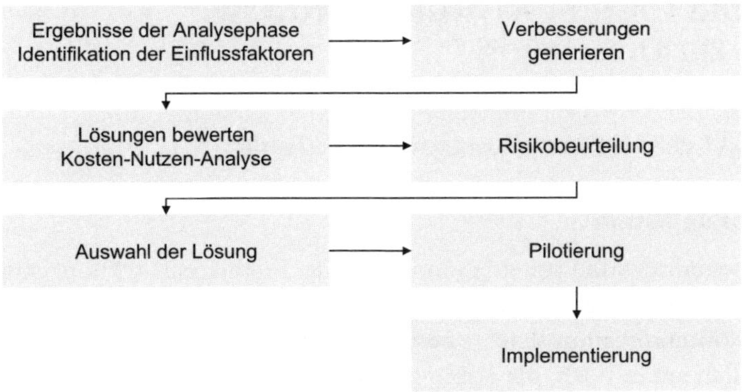


**Darstellung 181** Ablauf der Lösungssuche

Six-Sigma-Projekte, vor allem die Prozessverbesserung, sind durch ein Denken in Zahlen, Daten und Fakten geprägt. Des Weiteren ist es erforderlich, sich mit gängigen statistischen Größen und Verfahren wie Stichproben, Mittelwerten, Varianzen und Hypothesentests auseinanderzusetzen. Die Beteiligten sollten deshalb die statistischen Grundkonzepte kennen und verstehen [Lunau 2006, S. 11]. Die mathematisch-statistischen Fakten stellen zudem eine hervorragende Basis für das Controlling dar. Wer Prozesse und Leistungsdaten konkret messen, belegen und diskutieren kann, zeigt strukturiertes und kompetentes Vorgehen im Unternehmen.

Allen Phasen und Prozessschritten im Rahmen eines Six-Sigma-Projektes ist gemeinsam, dass die „Stimme des Kunden" (Voice of the Customer, VOC) nicht außer Augen gelassen wird. Das Konzept Six Sigma ist stark kundenorientiert und erfordert eine ständige Reflexion über die aktuellen Kundenbedürfnisse. Six Sigma stützt sich dabei auf Daten und Fakten sowie eine Vielzahl von Werkzeugen. Mit der konsequenten Umsetzung von Six Sigma können nicht nur Probleme, sondern auch deren Ursachen behoben werden; die daraus resultierenden Veränderungen können das Unternehmen zu ausschlaggebenden Wettbewerbsvorteilen führen [Hofbauer/Sangl 2011, S. 174].

**Das Six-Sigma-Management-Konzept**

- **resultiert in einer höheren Effizienz der Prozessergebnisse,**
- **verändert die Unternehmenskultur hin zur Qualitätsorientierung und**
- **führt zu Wettbewerbsvorteilen und einer starken Marktposition.**

## 13.2 Produkte und Leistungserstellungsprozesse: Hilfsmittel zur Umsetzung

### 13.2.1 Produkte und Leistungserstellungsprozesse: Tools

#### Gap-Analyse der Kommunikation

Die Gap-Analyse der Kommunikation spielt besonders bei der Produktentwicklung eine Rolle. Die Kundenanforderung muss vollständig und richtig erfasst werden. Im Unternehmen dürfen keine Kommunikationsdefizite auftreten, damit der Prozess kundenorientiert abläuft. Schließlich gilt es noch, die Kommunikation zum Markt zielgruppengerecht zu gestalten, damit das Produkt eine genügend hohe Anzahl von Kunden findet. Eine lückenlose Kommunikation bildet die Voraussetzung für die erfolgreiche Entwicklung und Vermarktung des Produktes. Bruchstellen (Gaps), die dabei auftreten können, müssen identifiziert und verhindert werden. Darstellung 182 zeigt das Gap-Modell der Kommunikation [in Anlehnung an Kleinaltenkamp/Plinke 1998, S. 52].

Folgende Probleme können auftreten:

*Gap 1:* Erwartungen des Nachfragers werden falsch aufgenommen.

*Gap 2:* Die wahrgenommenen Erwartungen werden nicht richtig spezifiziert.

*Gap 3:* Es passieren Fehler bei der Umsetzung von Spezifikationen in ein konkretes Leistungsergebnis.

*Gap 4:* Leistung wird falsch positioniert und präsentiert, da evtl. Dinge versprochen werden, die durch die Leistungserstellung nicht gehalten werden können.

*Gap 5:* Zusammenwirken der Gaps 1 bis 4; der Nachfrager nimmt ein Leistungsergebnis wahr, das nicht seinen zuvor geäußerten Erwartungen entspricht und somit bei ihm zu Unzufriedenheit und Dissonanz führt.

#### Phasen, Inhalte und Tools des Produktmanagements

Darstellung 183 zeigt noch mal alle Prozessphasen des integrierten Produktmanagements im Überblick. Die Inhalte haben strategischen oder operativen Charakter und müssen identifiziert, analysiert, geplant und durchgeführt werden. Die genannten Tools dienen zur Umsetzung und zum Controlling der Maßnahmen, um schließlich die Werteorientierung im Unternehmen zu gewährleisten.

#### Programmstrukturanalysen

Programmstrukturanalysen dienen zur Beurteilung des aktuellen Produktprogramms. Diese können nach Absatzmengen, Umsatz und Deckungsbeitragsgrößen vorgenommen werden [Winkelmann 2000, S. 190]. Die Absatz-Strukturanalyse zeigt den Anteil der abgesetzten Mengen einzelner Produkte am Gesamtabsatz und analysiert die Mengenkonzentration. Umsatz-Strukturanalysen weisen auf Umsatzkonzentrationen und auf den Verkaufserfolg der einzelnen Produkte hin. Dadurch lässt sich die Produktabhängigkeit des Cashflows ermitteln. Deckungsbeitrag-Strukturanalysen berechnen Produktrangfolgen nach Gewinnbeiträgen und analysieren die Gewinnabhängigkeiten von

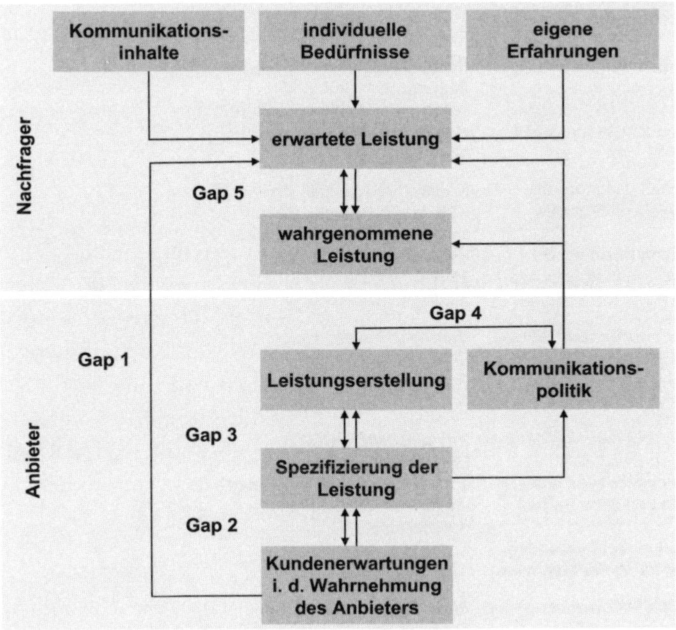


**Darstellung 182** Gap-Modell der Kommunikation

einzelnen Produkten bzw. von Großkunden, die diese Produkte in großen Mengen beziehen [Winkelmann 2000, S. 190].

### Produktionsplanungs- und -steuerungssysteme

Durch den Einsatz von IT-Systemen kann die Produktionsplanung bzgl. Produktionsressourcen und -kapazitäten vorgenommen werden. Produktionsplanungs- und -steuerungssysteme integrieren die Auftragsverwaltung, Programmplanung, Bedarfsermittlung, Kapazitätsplanung, Ablaufplanung und die Fertigung. Die daraus resultierenden Informationen liefern wertvolle Erkenntnisse hinsichtlich der Qualität des gesamten Prozesses, zeitlichen Aspekten und Kosteneffizienz. Darstellung 184 zeigt den Aufbau eines PPS-Systems mit seinen Modulen [Tysiak 2000, S. 185].

### Qualitätsinformationssysteme

Die wachsende Bedeutung des Qualitätsmanagements (QM) hat in vielen Unternehmen zum Aufbau umfassender Qualitätsmanagementsysteme geführt. Die Durchführung von QM-Maßnahmen verursacht erhebliche Kosten. Die Erfassung dieser Kosten gestaltet sich schwierig, da die betrieblichen computergestützten Informationssysteme, wie z.B. Produktionsplanungs- und -steuerungssysteme oder Kosten- und Leistungsrechnungssysteme nicht über ausreichende Daten verfügen. Insbesondere fehlen Daten über Prozess- und Prozessergebnisqualität sowie monetäre Daten zur verursachten Qualitätsabweichung. Diese Daten werden in eigenständigen Systemen erfasst, die in der Regel auf wenige Bereiche beschränkt bleiben. Eine situationsbezogene Filterung der Daten

| Phase | Inhalt | Tools |
|---|---|---|
| **1. Strategische Orientierung** | • Identifikation von Marktchancen<br>• Festlegung der Richtung der Ideen- und Innovationssuche | Portfoliotechnik, Gap-Analyse, Szenariotechnik, Marktforschung, Positionierung, Segmentierung, Marketing-Alignment-Prozess |
| **2. Ideengenerierung** | • Generierung von möglichst vielen Ideen zur Problemlösung<br>• Abstimmung zwischen Bedarfs- und Technologiepotenzial | Kreativitätstechniken (Synektik), F&E-Tools, Patente, Beschwerdeanalysen, Reports, Verbesserungsvorschläge, Marktforschung |
| **3. Ideenvorauswahl** | • möglichst trennscharfe Selektion von Erfolg versprechenden Ideen, für die weiter investiert werden soll | Verträglichkeitsanalysen, Screening (Prüflisten), Scoring-Modell |
| **4. Produktkonzeption** | • weitere Konkretisierung der selektierten Ideen durch Erstellung von Modellen, Darstellungen und Beschreibungen<br>• Spezifikation und Festlegung der Ausprägung der Merkmale | Produktstudien (USP), Marketingpflichtenheft, technisches Pflichtenheft, Customer Integration, Produkt-Markt-Konstellation |
| **5. Vermarktungsstrategie** | • Planung auf Produktebene<br>• Ermittlung von Prognosewerten bzgl. Zielerreichung | Prognosetechniken, Sales-Forecast, SWOT-Analysen, Marketing-Plan, Marketing-Fact-Book |
| **6. Wirtschaftlichkeitsanalyse** | • Abgleich mit Unternehmenszielen<br>• Profitabilitätsanalyse | Break-Even-Analysen, Kapitalwertverfahren, Rentabilität, Businessplan, Product-Fact-Book |
| **7. Produktentwicklung** | • weitere Realisierung zu physischem Produkt, Prototypen<br>• Qualitätssicherung<br>• Funktionalität und Design | Projektmanagement, Qualitätssicherung, FMEA, Rapid Prototyping, Simulationen, Simultaneous Engineering, Customer Integration |
| **8. Produktions- und Prozessentwicklung** | • Beschaffungsmarketing<br>• Materialversorgung und Logistik<br>• Prozessplanung und -sicherung<br>• Kapazitätsmanagement | FMEA, Qualitätssicherung, Prozessstabilität, Netzplantechnik, Lieferantenqualifizierung |
| **9. Markterprobung** | • letzte Möglichkeit vor Markteinführung, Tests bzgl. Funktionalität und Akzeptanz durchzuführen<br>• Gap-Analyse der Kommunikation | Funktionstests, Produkttests, Markttests (ß-Test) |
| **10. Markteinführung** | • Adressierung an möglichst großes Marktpotenzial<br>• möglichst schnelle Diffusion<br>• möglichst großer eigener Marktanteil | Adoptionstheorie, Diffusionsmodelle, Strategieoptionen |
| **11. Lifecycle-Management** | • Sicherung der Wettbewerbsposition<br>• Abhebung durch Wettbewerbsvorteil<br>• Schaffung von Werten | Produktlebenszyklus, produktpolitische Optionen, Equity-Management, Controlling-Tools |

**Darstellung 183** Phasen, Inhalte und Tools des Produktmanagements

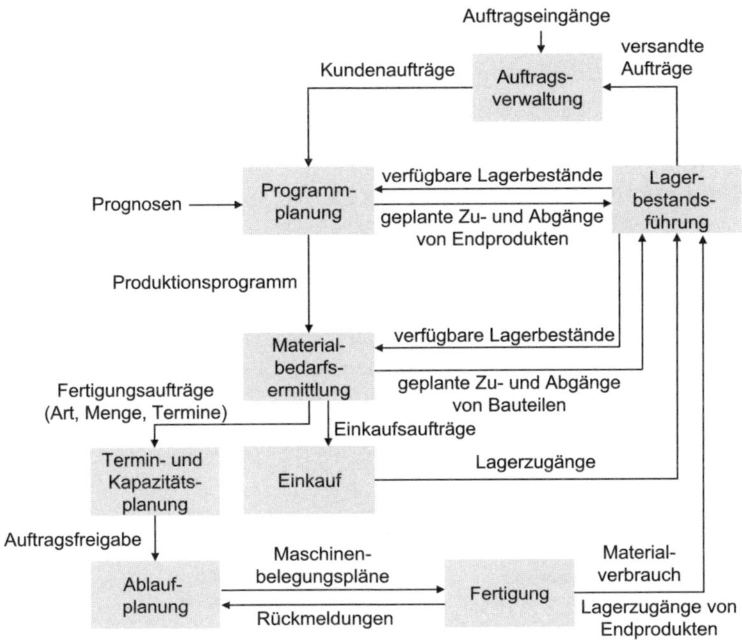


**Darstellung 184** Aufbau und Module eines PPS-Systems

und eine geeignete Präsentation bleibt oft aus; die Entscheidungsunterstützung ist begrenzt.

Informationssysteme zur Unterstützung des Qualitätscontrollings können Abhilfe schaffen. Sie bauen auf bestehenden Informationssystemen auf (z.B. Qualitätscontrolling-Informationssysteme, QCIS). Grunddaten für das Qualitätscontrolling resultieren in erster Linie aus der Erfassung der Ist-Auftragsabwicklung. Berücksichtigt werden dabei vor allem die Teilprozesse Fertigung und Montage. Diese Daten werden standardmäßig in PPS-Systemen erfasst. Das *Qualitätscontrolling* betrachtet die Daten detailliert. Neben der Angabe der Menge an Gutteilen sind auch Angaben für den Grund einer Qualitätsabweichung zu erfassen. Dies wird bereits durch einige PPS-Systeme unterstützt. Ebenso bieten einige PPS-Systeme Schnittstellen zu Standard-PC-Programmen wie Excel, Kosten- und Leistungsrechnungssystemen sowie Qualitätsmanagementsystemen. Damit qualifizieren sich PPS-Systeme zu einer geeigneten Basis für die Datenerfassung, Datenverarbeitung und Informationsabgabe im Rahmen des Qualitätscontrollings. Das Qualitätscontrollingsystem verarbeitet bereitgestellte Informationen über technische Sachverhalte, deren monetäre Bewertung und Strukturierung. So können Qualitätsabweichungen identifiziert und bewertet werden. Die Qualitätsabweichungen können dabei unterschieden werden in Prozessqualitätsmerkmals-, Prozessergebnisqualitätsmerkmals-, Leistungs- und Kostenabweichung. Diese Einteilung unterstützt das Qualitätscontrolling bei der Ursachenforschung und der Planung geeigneter Maßnahmen. Das Qualitätscontrollingsystem muss den unternehmensspezifischen Anforderungen entsprechen. Das Qualitätscontrolling macht es möglich, Qualitätskosten zu bestimmen und auszuwerten und durch gezielte, wirtschaftlich sinnvolle Verbesserungsmaßnahmen zu einer effizienten Produktion zu gelangen. Dies geschieht durch die Erfassung von relevanten Qualitätsdaten bei der Rückmeldung im PPS-System und die anschließende Verarbeitung der Qualitätsdaten zu aussagekräftigen Kennzahlen [Eversheim 1997, S. 105f].

**Umsetzung der DMAIC-Methode**

Im Rahmen der DMAIC-Methode können verschiedene Tools zur Anwendung kommen. In der ersten Phase des DMAIC-Prozesses („Define") wird ein Überblick über das zentrale Problem generiert. Dazu eignen sich Flussdiagramme oder Treiberbäume, welche die Zusammenhänge und Abhängigkeiten der Problemstellung visualisieren. Darstellung 185 zeigt ein Beispiel für einen Treiberbaum [Broecheler/Schönberger 2004, S. 54].

**Darstellung 185** Treiberbaum

Die zweite Phase („Measure") stellt Einflussfaktoren dar, die Variation verursachen. Hier dient das Fischgrätdiagramm zur Verdeutlichung der verschiedenen Triebkräfte. Darstellung 186 zeigt den Aufbau eines solchen Fischgrätdiagramms [Broecheler/Schönberger 2004, S. 62].

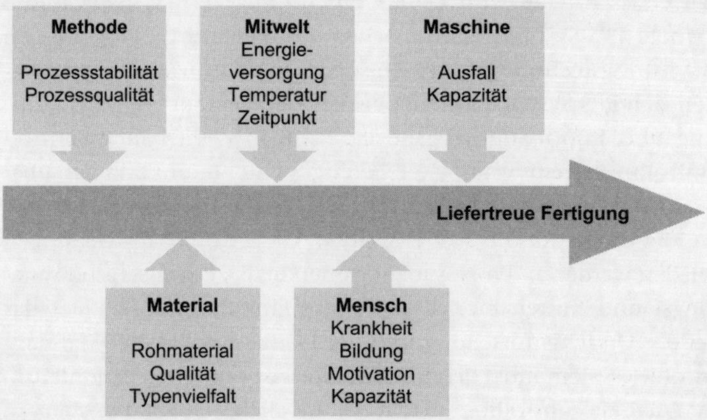


**Darstellung 186** Fischgrätdiagramm

### 13.2.2 Produkte und Leistungserstellungsprozesse: Erfolgskennzahlen

| Kennzahl | Berechnung | Interpretation für Rating |
|---|---|---|
| **Produktaltersstruktur** | $\frac{\text{Anzahl neuer / junger / alter Produkte * 100}}{\text{Gesamtanzahl Produkte}}$ | Gibt Auskunft über die Zukunftsträchtigkeit des Unternehmens. Ein ausgewogenes Verhältnis sichert die zukünftige Ertragskraft. |
| **Innovationsrate** | $\frac{\text{Umsatz mit Neuprodukten * 100}}{\text{Gesamtumsatz}}$ | Zeigt, welchen Anteil die neuen Produkte am Gesamtumsatz haben. |
| **Deckungsbeitrag/ Umsatz-Steuerung** | $\frac{\text{DB der A/B/C-Artikel * 100}}{\text{Umsatz der A/B/C-Artikel}}$ | Gibt Aufschluss über den Erfolg einzelner Produkte bzw. Produktgruppen. |
| **Produktprofitabilität** | $\frac{\text{DB des Produktes * 100}}{\text{gesamter Deckungsbeitrag}}$ | Bestimmt die Relevanz des Produktes für die Ertragssteigerung im Unternehmen und misst die Effektivität der Marketingaktivitäten. |
| **Produktkostenindex** | $\frac{\text{eigene Produkt-Stückkosten}}{\text{Konkurrenz-Produkt-Stückkosten}}$ | Deckt Potenziale für Wettbewerbsvorteile auf.<br>Niedrige Rate:<br>• hohe Kosteneffizienz |
| **Time-to-Market (relativ)** | $\frac{\text{Dauer von der Produktentwicklung bis zur -platzierung am Markt}}{\text{Zeitdauer beim stärksten Konkurrenten}}$ | Zeigt die Fähigkeit des Unternehmens, Entwicklungsprozesse effizient zu gestalten (→Rate <1) und dadurch die Profitabilität zu erhöhen. |
| **Kapazitäts-auslastungsgrad** | $\frac{\text{(Plan-)Beschäftigung * 100}}{\text{maximale Kapazität}}$ | Gibt Aufschluss über Effizienz des Mitteleinsatzes im Produktionsprozess. |
| **Prozesseffizienz** | $\frac{\text{wertschöpfende Zeit * 100}}{\text{Durchlaufzeit}}$ | Eine niedrige Prozesseffizienz deutet auf geringe Wertschöpfung hin u. identifiziert Potenziale zur Kosten- u. Durchlaufzeitreduzierung. |
| **Ausschuss** | $\frac{\text{Anzahl fehlerhafter Einheiten}}{\text{Einheiten gesamt}}$ | Beschreibt den Anteil fehlerhafter Einheiten (inkl. Nacharbeiten). Je niedriger die Rate, umso besser ist die Prozessqualität. |
| **First Pass Yield (FPY)** | $1 - \left(\frac{\text{Nacharbeit in Stück}}{\text{Input in Stück}}\right)$ | Nur die Ergebnisse werden als korrekt gewertet, die sämtliche Prozesse auf Anhieb u. ohne Nacharbeit fehlerfrei durchlaufen.<br>Niedriger FPY → geringe Fehlleistungskosten. |

**Darstellung 187** Erfolgskennzahlen Produkte und Leistungserstellungsprozesse

### 13.2.3 Produkte und Leistungserstellungsprozesse: Checkliste

| | | | |
|---|---|---|---|
| Produktpolitik | Ist die Produktpolitik auf Wertschaffung ausgerichtet? | Ja ☐ | Nein ☐ |
| | Haben Sie die Produktkonzepte im Hinblick auf die Nutzenstiftung überprüft? | Ja ☐ | Nein ☐ |
| | Sind alle nutzenbeeinflussenden Faktoren einbezogen? | Ja ☐ | Nein ☐ |
| | Sind Produktprogramm und Sortiment auf Märkte und Kunden abgestimmt? | Ja ☐ | Nein ☐ |
| | Führen Sie eine Betrachtung des Produktlebenszyklus durch? | Ja ☐ | Nein ☐ |
| Produkt-management | Haben Sie ein professionelles Produktmanagement implementiert? | Ja ☐ | Nein ☐ |
| | Sind die einzelnen Prozessphasen aufgabenadäquat definiert? | Ja ☐ | Nein ☐ |
| | Werden in den einzelnen Phasen spezifische Tests und Wirtschaftlichkeitsbetrachtungen durchgeführt? | Ja ☐ | Nein ☐ |
| Produktion und Qualität | Sorgt die Organisation der Prozesse für reibungslose Prozesse? | Ja ☐ | Nein ☐ |
| | Wird in der Produktion die Wertschöpfung erhöht und Verschwendung vermieden? | Ja ☐ | Nein ☐ |
| | Ist das Qualitätsmanagement so ausgerichtet, dass Fehler vermieden werden? | Ja ☐ | Nein ☐ |
| | Werden Fehlermöglichkeiten-Einfluss-Analysen zur Risikoabschätzung durchgeführt? | Ja ☐ | Nein ☐ |
| | Dient das Qualitätsmanagement auch der Optimierung des Kundennutzens? | Ja ☐ | Nein ☐ |
| | Werden die verschiedenen Dimensionen der Qualität regelmäßigen Überprüfungen unterzogen? | Ja ☐ | Nein ☐ |
| | Wird systematisch nach den Ursachen für Fehler gesucht? | Ja ☐ | Nein ☐ |
| | Gibt es eine wirkungsvolle Qualitätssicherung? | Ja ☐ | Nein ☐ |
| Tools | Werden die Bruchstellen (Gaps) bei der Produktentwicklung ausgeschaltet? | Ja ☐ | Nein ☐ |
| | Werden die Prozessphasen im Produktmanagement systematisch abgearbeitet? | Ja ☐ | Nein ☐ |
| | Sind die Produktionsplanungs- und -steuerungssysteme auf die Belange abgestimmt und auf Effizienz getrimmt? | Ja ☐ | Nein ☐ |
| | Werden Flussdiagramme und Treiberbäume systematisch analysiert? | Ja ☐ | Nein ☐ |

**Darstellung 188** Checkliste Produkte und Leistungserstellungsprozesse

# 13.3 Produkte und Leistungserstellungsprozesse: Zusammenfassung

| Inhalte | Tools | Erfolgskennzahlen |
|---|---|---|
| • Produkte<br>- Produktpolitik<br>- Professionelles Produktmanagement<br>• Leistungserstellungsprozesse<br>- Produktionsorganisation<br>- Produktionsplanung<br>- Produktionssteuerung<br>- Qualitätsmanagement<br>- Six Sigma | • Gap-Analyse der Kommunikation<br>• Phasen, Inhalte und Tools des Produktmanagements<br>• Programmstrukturanalyse<br>• PPS-Systeme<br>• Qualitätsinformationssysteme<br>• Umsetzung der DMAIC-Methode | • Produktaltersstruktur<br>• Innovationsrate<br>• Deckungsbeitrag/Umsatz-Steuerung<br>• Produktprofitabilität<br>• Produktkostenindex<br>• Time-to-Market (relativ)<br>• Kapazitätsauslastungsgrad<br>• Prozesseffizienz<br>• Ausschuss<br>• First Pass Yield |

**Darstellung 189**
Zusammenfassung Produkte und Leistungserstellungsprozesse

# 14 Performance Measurement und Auditing

Ein leistungsfähiges Controlling ist unverzichtbare Voraussetzung für jedes gut geführte Unternehmen. Das Controllingsystem eines Unternehmens ist ein übergreifendes Instrumentarium, mit dem ein Unternehmen zielorientiert gesteuert werden kann. Wesentlicher Bestandteil der Aufgabenstellung ist die adäquate *Versorgung mit Informationen*, um die Transparenz im Unternehmen zu erhöhen und schnelle und zielsichere unternehmerische Entscheidungen zu ermöglichen. Dadurch soll auf operativer Ebene ein wesentlicher Beitrag zur Effizienz und auf strategischer Ebene ein wesentlicher Beitrag zur Effektivität geleistet werden. Beide Dimensionen tragen zur Zukunftsfähigkeit des Unternehmens bei und sind wichtige Prüfpunkte für das Controlling.

Mit zunehmender Komplexität der Märkte und Aufgaben verstärkt sich der Zwang der permanenten Anpassung an die Anforderungen des externen und internen Umfeldes. Damit das Unternehmen in diesem Umfeld bestehen kann, ist es Aufgabe der Unternehmensführung, einen kontinuierlichen Prozess der Planung, Steuerung und Kontrolle aller wertschöpfenden Aktivitäten zu implementieren. Durch das Controlling soll eine interne und externe Harmonisierung hergestellt werden. Dem *Marketing-Controlling* kann sowohl eine Effizienzorientierung als auch eine zunehmende Marktorientierung zugewiesen werden [Link et al. 2000, S. 13]. Erforderlich ist eine erfolgsorientierte Controlling-Konzeption, welche eine ausgeprägte und reaktionsschnelle Antizipationsfähigkeit der Organisation ermöglicht, um die Wettbewerbsfähigkeit und Existenzsicherung zu gewährleisten [Müller 2002, S. 19]. Das strategische Controlling soll zukünftige Chancen, aber auch Schwachstellen rechtzeitig identifizieren und nimmt dadurch eine Früherkennungsfunktion ein. Das klassische Controlling hat weitgehend mit innerbetrieblichen Prozessen und Kalkulationsverfahren zu tun.

Die permanenten Anpassungen, mit denen ein Unternehmen durch die sich verändernden Marktgegebenheiten ständig konfrontiert wird, bedürfen eines effizienten Performance Measurements, wobei das Controlling koordinierende und steuernde Aufgaben übernehmen kann, um der Unternehmensleitung den bestmöglichen Service zur Zielerreichung zu liefern.

In den folgenden Abschnitten wird auf die Kernelemente des strategischen und operativen Controllings näher eingegangen, wobei eine Fokussierung auf spezielle Inhalte des Performance Measurements erfolgt.

# 14.1 Performance Measurement und Auditing: Erfolgssicherung

## 14.1.1 Planungs-, Steuerungs- und Kontrollaufgaben

Die Marketing- und Vertriebsziele leisten einen zentralen Beitrag zur Erfüllung der übergeordneten Unternehmensziele. Deshalb ist es wichtig, ein Zielsystem aufzustellen, mit dem Realisierungsmöglichkeiten und Zusammenhänge aufgezeigt werden können. Da das gesamte Unternehmen zielorientiert ausgerichtet sein muss, ist es erforderlich, ein wirksames Performance Measurement zu implementieren. Der Vorteil der *Prozessorientierung* ist, dass hier die internen und externen Informationen aus allen Prozessphasen und den dazugehörenden Meilensteinen zentral zusammenlaufen und somit sofortiges Agieren und Reagieren auf Änderungen bzw. Abweichungen ermöglichen. Darstellung 190 zeigt den Ablauf der Planungs- und Controllingaufgaben [Hofbauer/Hellwig 2012, S. 458].

Das Hauptziel der Planung ist die langfristige *Erfolgssicherung*. Voraussetzung dafür ist, dass Chancen identifiziert und strategische Erfolgspotenziale erschlossen werden kön-

**Darstellung 190** Ablaufdarstellung der Planungs- und Controllingaufgaben

nen. Die strategischen und operativen Ziele müssen mit der entsprechenden Planung darauf abgestimmt werden. Der nächste Schritt liegt in der Analyse, hier werden die Ist- mit den Planzahlen abgeglichen und die Ursachen für Abweichungen näher untersucht. Daran schließt sich die Koordinations- und Steuerungsfunktion des Controllings an, die dazu dient, die Effektivität und die Effizienz des unternehmerischen Handelns zu gewährleisten. Dann schließt sich der Kreis, indem der Prozess wieder bei der Überprüfung der Ziele und Planungsmaßnahmen ansetzt, damit das Unternehmen immer besser werden kann.

Mit der *RADAR-Logik* lässt sich die grundsätzliche Betrachtungsweise darstellen. Diese Abkürzung steht für:

- *Results (Ergebnisse)*
  Die aus dem Strategieprozess angestrebten Ergebnisse und Ziele müssen als erstes definiert werden. Diese Ergebnisse enthalten die Leistung des Unternehmens in finanzieller und operationeller Hinsicht und berücksichtigen die Ansprüche der Interessensgruppen.
- *Approach (Vorgehen)*
  In diesem Schritt werden die Vorgehensweisen geplant und überprüft, damit die gesteckten Ergebnisse und Ziele aktuell und nachhaltig erreicht werden können.
- *Deployment (Umsetzung)*
  Die systematische Umsetzung soll die Vollständigkeit und Zielorientierung der Vorgehensweisen gewährleisten.
- *Assessment und Review (Bewertung und Überprüfung)*
  Die Überwachung und Auswertung der Vorgehensweisen und der Ergebnisse aus deren Umsetzung sollen zur kontinuierlichen Verbesserung beitragen. Diese Verbesserungspotenziale gilt es zu identifizieren und nutzbar zu machen [vgl. Jankulik et al. 2005, S. 108f].

**Leistungstreiber im Performance Measurement**

Durch das Performance Measurement soll die Effizienzmessung und Zielorientierung zur Wertegenerierung eines Unternehmens ermöglicht werden. Dazu dienen Aufbau und Einsatz von Messgrößen für die vier Perspektiven der Balanced Scorecard (vgl. Kapitel 9.2.1): Kunden, Potenzial, Prozesse und Finanzen.

Eine Systematisierung der Leistungstreiber zeigt Ursache- und Wirkungszusammenhänge auf. Definitionsgemäß ist ein Leistungstreiber ein „Befähiger" (Mittel und Weg), mit dem die Erreichung eines Zieles möglich wird. Durch die Nutzung von Frühindikatoren kann man im Controlling die Auswirkungen auf die angestrebten Unternehmensziele rechtzeitig aufdecken.

Der Zielerreichungsgrad der aus der strategischen Planung abgeleiteten Ziele muss durch das Performance Measurement festgestellt und analysiert werden.

Darstellung 191 zeigt die Komponenten von Leistungstreibern [Müller 2002, S. 227].

Das Performance Measurement betrachtet dabei nicht nur die Ausprägung der Messgrößen, sondern geht den Ursachen für Erfolg oder Abweichung auch auf den Grund.

| Leistungstreiber | | | |
|---|---|---|---|
| **Strategische Ziele** | **Messgrößen** | **Lenkungsgrößen** | **Frühindikatoren** |
| Welche strategischen Ziele spiegeln die gewählte Strategie am besten wider? | Wie kann die Erreichung der strategischen Ziele eindeutig gemessen werden? | An welchen Einflussgrößen muss angesetzt werden, um die strategischen Ziele zu erreichen? | Mit welchen Größen werden Entwicklungen und Störungen angezeigt, die die Zielerreichung tangieren? |
| Leistungstreiber liefern den Ansatzpunkt zur Ableitung strategischer Ziele. | Leistungstreiber werden über die strategischen Ziele messbar gemacht. | Leistungstreiber sind kritische Elemente im Netzwerk der Balanced Scorecard. | Leistungstreiber liefern den Ansatzpunkt zur Ableitung von Frühindikatoren. |
| Ziele mit hoher Wirkungsintensität auf die Überlebensfähigkeit der Unternehmung. | Problem, qualitative Einflussgrößen einer Messung zugänglich zu machen. | Aktive und kritische Elemente als Lenkungsgrößen herausfiltern. | Ergänzung durch diagnostische Messgrößen nötig. |

**Darstellung 191** Komponenten von Leistungstreibern

Durch die *Messgrößen* wird der Zusammenhang zwischen den Zielen und Lenkungsgrößen hergestellt. Die Lenkungsgrößen bestimmen die Richtung des unternehmerischen Handelns im Hinblick auf die Zielerreichung und durch die Messgrößen wird der Zielerreichungsgrad festgestellt. Messgrößen müssen nicht ausschließlich in quantifizierbarer Form vorliegen, vielmehr gelingt es oft nur indirekt, über Indikatoren auf die Messgrößen zu schließen.

## 14.1.2 Strategische Dimension des Performance Measurements

Die strategische Dimension fokussiert sich auf die Identifikation und Erschließung zukünftiger Erfolgspotenziale. Da hierdurch die Zukunftsfähigkeit des Unternehmens bestimmt wird, hat es einen ganz besonderen Stellenwert. Die Bedeutung für das Controlling ist enorm hoch, da hier Erfolgspotenziale aufgedeckt werden und Risikomanagement betrieben werden muss.

Bei der strategischen Unternehmensführung werden im Wesentlichen die externen Erfolgspotenziale betrachtet und nutzbar gemacht. Zukunftsprognosen sind dabei auf ihren Realitätsbezug hin zu überprüfen, wobei die Generierung und Abstimmung der relevanten Informationen über das Unternehmensumfeld mit den angestrebten Strategien naturgemäß schwierig ist. Das strategische Performance Measurement hat geeignete Instrumente bereitzustellen, um realitätsnahe und belastungsfähige Informationen liefern [Müller 2002, S. 39] und damit die strategischen Zielsetzungen untermauern zu können. Auf dieser Grundlage soll das Unternehmen die eigene Marktstellung permanent überwachen können, um adäquate Anpassungen im Hinblick auf die Wettbewerbsfähigkeit und Überlebensfähigkeit des Unternehmens ergreifen zu können. Da Erfolgspotenziale nicht einfach gegeben sind, obliegt es dem strategischen Performance Measurement, diese zu identifizieren und nutzbar zu machen. Dies lässt sich durch einen

| Instrumente mit hohem Potenzial für die ... | | |
|---|---|---|
| **Problemstellungsphase** | **Suchphase** | **Bewertungsphase** |
| • Früherkennungssystem<br>• Szenariotechnik<br>• Delphi-Methode<br>• Gap-Analyse<br>• SWOT-Analyse<br>• Einzelkundenorientierte Problemstellung<br>• systematisches Innovationsmanagement | • Portfolioanalysen<br>• Positionierungsanalyse<br>• Benchmarking<br>• Erfahrungskurvenanalyse<br>• Branchenstrukturanalyse<br>• Wertkettenanalyse<br>• Lebenszyklusanalyse<br>• Balanced Scorecard | • Scoring-Modelle<br>• Investitionsrechnung<br>• Prozesskostenrechnung<br>• Target-Costing<br>• Shareholder-Value-Analysen<br>• Customer-Lifetime-Value-Analysen<br>• Wertanalysen |

**Darstellung 192** Instrumente des strategischen Performance Measurements

Planungszyklus bewerkstelligen, der durch drei Phasen gekennzeichnet werden kann. Darstellung 192 zeigt einen Überblick über die Instrumente, die in den einzelnen Phasen genutzt werden [Link et al. 2000, S. 21].

In der frühen Phase der *Problemstellung* müssen Instrumente genutzt werden, die helfen, strategische Erfolgspotenziale aus den bereitgestellten Informationen zu identifizieren. Zentrale Aufgabe ist es, frühzeitig sowohl Chancen als auch Bedrohungen zu erkennen, um mit strategischen Maßnahmen darauf reagieren zu können. Durch diese Analyse wird der Prozess zur Schaffung von Erfolgspotenzialen in Gang gesetzt.

In der *Suchphase* gilt es, auf Basis der strategisch relevanten Erkenntnisse aus der Phase der Problemstellung geeignete Erfolgspotenziale zu erkennen bzw. erste Strategiekonzepte zu entwickeln und diese auf Realitätsbezug hin zu überprüfen. Dabei eliminiert das Unternehmen bereits frühzeitig diejenigen Alternativen, die nicht zur Zielerreichung beitragen oder irrelevant sind. Außerdem wird innerhalb der Portfolioanalysen bzw. Positionierungsanalysen die gegenwärtige Situation dargestellt und eine Projektion auf die Zukunft vorgenommen.

Die *Bewertungsphase* stellt Methoden bereit, mit denen sich die Erfolgspotenziale beurteilen und spezifische Zielerreichungsbeiträge bzw. Problemlösungen abbilden lassen. Dabei wird die Erfolgswirkung der strategischen Maßnahmen beachtet. Bei der Umwandlung von Erfolgspotenzialen in finanzielle Größen müssen Unsicherheiten in geeigneter Weise berücksichtigt werden.

Speziell das strategische Marketing-Controlling bildet einen langfristigen Horizont über fünf bis zehn Jahre ab. Zum Aufgabengebiet gehören Cashflow-Analysen für den strategischen Planungsprozess, Kostenstrukturschätzungen für Wettbewerber, Prognose von Produktentwicklungen und Produktkosten, Feasibility-Studien für spezielle Vorhaben, Analyse von möglichen Firmenzusammenschlüssen oder -übernahmen (Mergers and Acquisitions, Joint Ventures).

Im Folgenden werden Marketing-Audit, Marktpotenzialanalysen, Portfolioanalysen sowie Kostenstrukturanalyse und Benchmarking näher vorgestellt.

### Marketing-Audit

Neben der Überwachung der Ergebnisse durch das Performance Measurement im Hinblick auf die Zielerreichung muss im Rahmen einer Verfahrenskontrolle auch die Überprüfung des Zustandekommens dieser Ergebnisse durchgeführt werden. Dies geschieht durch das Marketing-Audit in einer vom laufenden Arbeitsprozess losgelösten Überprüfung derjenigen Prozesse, die zu den gewünschten Ergebnissen führen sollen [Pepels 2000, S. 628]. Die Zielsetzung dabei ist, eine kontinuierliche Anpassung des Mitteleinsatzes an die sich ändernden Rahmenbedingungen der marktorientierten Unternehmensführung zu ermöglichen. Dieser Prozess ist aber nicht losgelöst von den Ergebnissen, denn zur Realisierung müssen immer Mittel-Zweck-Beziehungen betrachtet werden. Ein wesentliches Erfolgspotenzial eines marktorientiert geführten Unternehmens liegt darin, frühzeitig die Marktanforderungen zu erkennen und sie adäquat in Maßnahmen umsetzen zu können. Dieser permanente Prozess der Erkenntnisgewinnung, Entwicklung und Veränderung setzt voraus, dass alle damit verbundenen Aktivitäten regelmäßig auf den Prüfstand gestellt werden [Link et al. 2000, S. 196].

Ein *Audit* analysiert die Strategien des Unternehmens, überprüft die Verfahren und Prozesse auf Effektivität, ermittelt die wirtschaftlichste Kombination der Marketinginstrumente und versucht die Organisationsstruktur auf die jeweiligen Aufgaben oder Prozesse abzustimmen [Hofbauer/Hellwig 2012, S. 355]. Dabei wird die Eignung der Instrumente für den Aufbau von zukünftigen Erfolgspotenzialen überprüft. Das gesamte absatzpolitische Instrumentarium, die Systematik der Entscheidungsprozesse, wie auch die Organisationsform und Abläufe werden im Rahmen eines Audits untersucht. Dies sollte nicht als Revisionsaktivitäten interpretiert werden, vielmehr möchte man durch diese Systematik Schwachstellen frühzeitig identifizieren. Die generelle Aufgabe erstreckt sich auf die *Arbeitsinhaltsprüfung* (Prämissen, Ziele, Strategien, Planung und Steuerung, Maßnahmen) und andererseits die *Arbeitsbedingungen* (Organisation, Personalführung, Prozesse, Instrumente).

Die Strategien werden demnach prozessbegleitend auf ihre Tragfähigkeit und Realisierbarkeit hin überprüft. Damit die Komplexität reduziert wird, beruht jede Planung auf Prämissen. Die Kontrolle der Prämissen, die sogenannte Prämissenkontrolle, dient der Vollständigkeitsprüfung, damit alle relevanten Einflüsse für die Entscheidungsfindung berücksichtigt werden können. Eine Unterscheidung bei den untersuchten Erfolgspotenzialen wird dabei zwischen Tatbestandsbeschreibungen (z.B. Kunde wünscht qualitativ hochwertige Produkte) und Wenn-Dann-Aussagen (kausale Wirkungszusammenhänge) getroffen.

Durch diese Überprüfung sollen Schwachstellen bei Annahmen bzgl. Kunden, Märkten und Wettbewerbern möglichst frühzeitig erkannt und Fehlentwicklungen vermieden werden. Dies bezieht sich auf die Gestaltung des Marketing-Planungs- und -Kontrollsystems genauso wie auf die Vorgehensweisen, Inhalte und Resultate von Managemententscheidungsprozessen. Schwerpunkt ist die Aufdeckung von Fehlentwicklungen bei den Leistungstreibern. Innerhalb des Marketing-Audits werden vier Prüfgebiete unterschieden [Link et al. 2000, S. 197]:

- *Organisations-Audit*
  Überprüfung der Organisation und der Prozesse im Hinblick auf Effizienz und Koordinationsaspekte, um reaktionseffiziente Prozesse und die Marktorientierung der Unternehmensführung zu gewährleisten.
- *Strategien-Audit*
  Überprüfung der Grundannahmen bei der Entwicklung von strategischen Konzepten und bzgl. der Vollständigkeit und Operationalisierung von Zielen sowie Klärung der Vereinbarkeit und Konsistenz von Strategieansätzen mit dem Gesamtzielsystem.
- *Verfahrens-Audit*
  Darstellung und Prüfung des Ist-Zustandes im Hinblick auf Informationsgewinnung, Planung und Kontrollverfahren im Unternehmen.
- *Marketing-Mix-Audit*
  Abstimmung der operativen und strategischen Planungsinhalte. Wechselseitige Abstimmung der einzelnen Marketing-Mix-Maßnahmen und Überprüfung der geplanten Budgets.

**Potenzialanalysen für den Markt**

Mit Hilfe der Marktpotenzialanalysen sollen externe Erfolgs- und Gewinnchancen deutlich gemacht werden. Durch diese Art von strategischer Analyse sollen Potenziale identifiziert werden, aus denen zukünftig Gewinne geschöpft werden können. Die Struktur des Marktes und die Wettbewerbsintensität bestimmen, inwieweit das Unternehmen sich ständig an neue Gegebenheiten am Markt anpassen muss und die Schwächen der Konkurrenz nutzen kann, um daraus eigene Stärken abzuleiten [Becker 2001, S. 113]. Schlüsselfaktor der Analyse ist die *Marktattraktivität*, wobei das *Vertriebscontrolling* Informationen über die Kundenstruktur, Marktwachstumsdaten und die Anbieter-/Nachfragerkonzentration sammelt.

Daneben ist die *Wettbewerbsposition* von Bedeutung, worunter sich der absolute bzw. relative Marktanteil, aber auch andere mögliche Wettbewerbsvorteile wie z.B. das relative Lohnkostenniveau im entsprechenden Land sowie dessen relative Produktionsqualität verstehen. Außerdem beeinflussen die Sortimentsbreite, die Form der Distribution, die Distributionsdichte und die Lieferfähigkeit die relative Wettbewerbsposition.

Ein weiterer Schlüsselfaktor ist die *Investitionsattraktivität* in den jeweiligen Märkten. Die entsprechenden Analysen sollen sicherstellen, dass das Unternehmen die Investitionen dorthin lenkt, wo das Unternehmen in Zukunft Gewinne abschöpfen kann. Nicht zu vergessen ist dabei die Kostenattraktivität, für die Kennzahlen beispielsweise zu Forschungs- und Entwicklungskosten und Marketingkosten ermittelt werden und unter ständiger Beobachtung kontrolliert werden.

Die Marktpotenzialanalyse ist die Vorstufe der *Gap-Analyse*, bei der quantitative Faktoren wie Erlös, Gewinn oder ROI für die Zukunft prognostiziert werden, um herauszufinden, ob die strategischen Ziele in Zukunft erreichbar sind, oder ob sich eine Lücke auftut. In Kombination mit anderen Instrumenten, wie der *SWOT-Analyse* (Stärken- und Schwächenanalyse, Chancen und Risiken) werden die strategischen Ziele, die von der

Unternehmensleitung vorgegeben werden, überprüft und können bei Abweichungen neu justiert werden.

### Portfolioanalysen

Stärken und Schwächen eines Unternehmens können mit der Portfolioanalyse sehr gut dargestellt werden. Betrachtungsgegenstand sind meist strategische Geschäftseinheiten, mit denen die Produktgruppen abgebildet werden. Auf Basis der Portfolioanalyse werden die Erfolgsfaktoren identifiziert und der relevante Markt, auf den das Portfolio anzuwenden sein soll, bestimmt [Becker 2001, S. 62f]. Aufgrund der Erkenntnisse aus der Portfolioanalyse lassen sich dann Strategien ableiten. Das Portfolio versucht Fragestellungen zum Markt darzustellen, wie beispielsweise zur Wettbewerbsintensität oder dem Produktangebot des eigenen Unternehmens am Markt und den Teilmärkten, in denen das Unternehmen tätig ist. Zusätzlich wird das Leistungsangebot genauer analysiert, Produktneuerscheinungen und die einzelnen Produktlebenszyklen der Produktgruppen betrachtet, um Feststellungen darüber zu treffen, welche strategischen Bewegungen gemacht werden müssen. Dafür muss auch eine finanzielle Betrachtung stattfinden, wobei die Ertragskraft der einzelnen Produktgruppen, die zukünftigen Cashflows und die notwendigen Investitionen ersichtlich werden.

Besonders verbreitet ist das *Marktanteils-Marktwachstums-Portfolio* der Boston Consulting Group. Dort werden die einzelnen Produktgruppen bezüglich relativem Marktanteil und der Wachstumsrate abgebildet, welche die Stellung im Produktlebenszyklus charakterisiert. Dieses Portfolio wurde bereits unter Kapitel 10.2.1 vorgestellt (vgl. Darstellung 79).

Ein weiterer Portfoliotyp ist das *Marktattraktivitäts-Produktstärke-Portfolio*, in dem Stärken und Schwächen und auch Chancen und Risiken hinsichtlich von Märkten beurteilt werden können. Hinter der Marktattraktivität verbergen sich Faktoren wie die Größe des Marktes, das zukünftige Marktwachstum, die geografische Struktur, die politische oder wirtschaftliche Situation, Markteintritts- oder Austrittsbarrieren, Wettbewerbskonzentration und die Konkurrenzsituation sowie die Preiselastizität der Nachfrage. Der Marktattraktivität wird die Produktstärke gegenübergestellt, unter diesem Kriterium werden die relative Marktposition (ROI, Marketingpotenzial), das relative Produktionspotenzial (Prozesswirtschaftlichkeit, Hardware, Energie- und Rohstoffversorgung), das relative F&E-Potenzial (Innovationen) und auch die Qualifikation der Manager und Mitarbeiter (Professionalität, Führungssysteme) aufgeführt. Ziel ist es, auch hier die Einflussgrößen auf den ROI in der strategischen Geschäftseinheit zu erarbeiten. Das Performance Measurement trifft Aussagen über die Zusammensetzung des ROI und auf welche Art und Weise die Stellgrößen Wettbewerbsposition, Marktcharakteristika und Kapital- oder Produktionsstruktur Auswirkung darauf haben.

### Benchmarking und Kostenstrukturanalysen

Hilfreich für eine gute Unternehmensführung ist die Orientierung an Spitzenstandards anderer Unternehmen, das Benchmarking. Dabei werden erfolgskritische Vergleichs- und Richtwerte ermittelt und die erforderlichen Prozesse und Vorgehensweisen umgesetzt. Zielsetzung ist es, von besonders erfolgreichen Vorgehensweisen möglichst viel und möglichst schnell zu lernen. Durch das Benchmarking werden die eigenen Leistungen in ausgewählten Bereichen mit einem Standard verglichen. Zielsetzung ist, Best Practice zu erreichen oder sogar den Benchmark zu übertreffen.

Aus dem Benchmarking lassen sich wertvolle Hinweise ableiten. Die Durchführung eines Benchmarking kann auch intern erfolgen. Zielsetzung dabei ist, alle Bereiche auf ein bestimmtes Niveau zu bringen. Bereits unternehmensinterne Vergleiche von Vorgehensweisen können Leistungssteigerungspotenziale aufdecken.

Das externe Benchmarking beinhaltet drei Varianten [Link et al. 2000, S. 117]. Zum einen das *konkurrenzorientierte Benchmarking*, durch das man Aufschluss erhält, wie es um die eigene Position im Vergleich zum direkten Wettbewerbsumfeld, idealerweise zum Marktführer, bestellt ist. Die zweite Variante ist ein *branchenbezogenes Benchmarking*, durch welches das Unternehmen gegenüber dem aktuellen Stand bezüglich Produktneuheiten und Trends gebenchmarkt wird. Die dritte Variante ist das *Benchmarking mit branchenfremden Unternehmen*, durch das der Blick über den Tellerrand gerichtet wird. Bei dieser Variante ist der Innovationsgehalt besonders hoch, da das Unternehmen sich hier mit dem Besten einer bestimmten Leistung vergleicht.

Das Benchmarking ist als kontinuierlicher Prozess zu verstehen, mit dem man Verbesserungshinweise und wettbewerbsorientierte Zielvorgaben erhält. Die Umsetzungsmaßnahmen reichen von Rationalisierungsmaßnahmen bis hin zum Business Process Reengineering (vgl. Kapitel 9.1.3).

Im Vertrieb betrachtet das Benchmarking die Optimierung von Prozessen durch den gesamten Selling Cycle [Hofbauer/Hellwig 2012], also z.B. für Vertriebsstrukturen, Kundenstrukturen, Erfolgsbewertung der Außendiensttätigkeit, Servicebereiche, Kundendienstleistungen und Kennziffern zur Feinsteuerung durch Planung und Controlling.

Wertvolle Hinweise über die Leistungsfähigkeit eines Unternehmens lassen sich auch aus dem Vergleich von Kostenstrukturen gewinnen. Die Kostenstruktur von Produkten wird durch bestimmte Kostentreiber festgelegt. Kostenbestimmend sind sowohl die Anforderungen vom Markt, die in Funktionalitäten umgesetzt werden, aber auch die einzelnen Schritte im Herstellungsprozess. Auch die Kosten über den gesamten Lifecycle müssen einbezogen werden. Daraus können die Kostentreiber ermittelt werden, die für die Kostenanalyse des Produkts wichtige Ansatzpunkte liefern. Um Spitzenleistungen im Hinblick auf Leistung und Kosten erbringen zu können, ist es manchmal erforderlich, festgefahrene Wege der Problemlösung zu verlassen.

**Das strategische Performance Measurement**

- **deckt zukünftige Potenziale auf,**
- **ermöglicht die Steuerung der Zielerreichung und**
- **sichert die Zukunftsfähigkeit durch Effektivität.**

### 14.1.3 Operative Dimension des Performance Measurements

Der Übergang von der strategischen zur operativen Unternehmensführung ist dadurch gekennzeichnet, dass die Entscheidungen über die Erschließung und Nutzung der relevanten Erfolgspotenziale bereits gefallen sind [Link et al. 2000, S. 201]. Im operativen Teil geht es nun darum, diesen strategischen Rahmen durch Maßnahmen im operativen Marketing auszufüllen. Dazu sind die Mittel- und Kurzfristziele abzuleiten und die entsprechenden Maßnahmen über die Planperioden zu budgetieren. Die Aufteilung bezieht sich vor allem auf Umsatz-, Kosten- und Erfolgsbudgets. Das operative Controlling unterstützt die Planung, Steuerung und Kontrolle durch die Bereitstellung geeigneter Instrumente der Selbststeuerung, dabei steht die Nutzung von vorhandenen Erfolgspotenzialen im Vordergrund. Beim operativen Controlling steht die kurzfristige Gewinnsicherung im Vordergrund. Durch die operative Dimension des Performance Measurements soll die betriebswirtschaftliche Komplexität transparent gemacht werden, damit das Unternehmen aus ganzheitlicher Sicht geführt werden kann. Wirtschaftlichkeit und Profitabilität sollen durch eine optimale Maßnahmenkombination, insbesondere auch der Marketing- und Vertriebsmaßnahmen, erreicht werden.

Die *drei operativen Dimensionen des Performance Measurements,* welche die Hauptinstrumente des Marketing-Controllings beinhalten [Link et al. 2000, S. 21], sind in Darstellung 193 mit ihren Aktivitäten aufgeführt.

| Umsatzcontrolling | Kostencontrolling | Erfolgscontrolling |
|---|---|---|
| • Prognosemodelle<br>• Früherkennungsmodelle<br>• Umsatzplanung<br>• Gap-Analyse<br>• Planungsmodell<br>• Erlösrechnungssystem<br>• Abweichungsanalysen<br>• Umsatzstrukturanalyse | • Einzelkostenplanung<br>• Gemeinkostenplanung<br>• Benchmarking<br>• Plankalkulation<br>• Zero-Base-Budgeting<br>• Kostenvergleichsrechnungen<br>• Abweichungsanalysen | • Preisoptimierung<br>• Programmstrukturoptimierung<br>• professionelles Vertriebsmanagement<br>• integrierte Marketing-Kommunikation<br>• Deckungsbeitragsanalyse<br>• Abweichungsanalysen |

**Darstellung 193** Dimensionen des operativen Marketing-Controllings

Diese operativen Aktivitäten haben das Ziel, die Ressourcen bestmöglich einzusetzen, um einen effizienten Ablauf der markt- und kundenorientierten Tätigkeiten zu gewährleisten. Eine möglichst zeitnahe Verfügbarkeit der Informationen ist dazu zwingend erforderlich. Der Planungszeitraum beträgt im operativen Bereich ca. ein Jahr. Das Aufgabengebiet erstreckt sich neben der Absatz- und Umsatzplanung auf monatliche Berichte über die Entwicklung des Umsatzes, der Vertriebskosten, der Deckungsbeiträge, Prozesscontrolling, Verkaufsgebietsanalysen und Kundenerfolgsrechnungen bis zu Kostenanalysen.

### Absatz- und Umsatzplanung

Für jedes marktorientiert geführte Unternehmen stellen die Absatz- und Umsatzzahlen wesentliche Planungsgrundlagen dar. Aus diesem Grund müssen diese Planungen auch Gegenstand des Performance Measurements sein, damit auf Änderungen rechtzeitig reagiert werden kann. Kriterium ist insbesondere die Qualität der Planung im Hinblick auf Planungsgenauigkeit und Zielerreichung.

Bei der *Absatzplanung* werden die Erkenntnisse aus der Umfeldanalyse übernommen, in der die Aufnahmefähigkeit des Marktes und dessen Kauf- und Konkurrenzverhalten im Vorfeld analysiert worden sind. Über Erstkaufmodelle und bisherige Absatzverläufe und die Struktur der Abnehmer lässt sich eine Absatzprognose ableiten. Danach folgt ein Abgleich zwischen dem Absatzpotenzial und dem tatsächlichen Leistungspotenzial des Unternehmens. Auf dieser Basis wird ein Absatzplan aufgestellt. Bevor der Plan verabschiedet wird, findet eine Abstimmung mit anderen Teilplänen statt, vor allem mit dem Kapazitätsplan. Distribution und Logistik müssen entsprechend abgestimmt werden. Danach wird der Plan verabschiedet und später auf seine Zielerfüllung hin überprüft [Pepels 2000, S. 361].

Ein Absatzplan sollte über folgende Dimensionen Auskunft geben:

- sachlich (Verkaufsprogramm des eigenen Unternehmens)
- wertmäßig (Preisstellung/Ergebnisplanung)
- mengenmäßig (Auftragseingang, Stückzahlen)
- räumlich (Welche Vertriebsgebiete deckt das Unternehmen ab?)
- zeitlich (Ist der Planungshorizont jährlich, quartalsmäßig oder monatlich?)

Die *Umsatzprognose* und *Umsatzplanung* sind weitere Kernaufgaben der Planung. Hier werden der Auftragseingang, Auftragsbestand und monatliche sowie kumulierte Umsatzerlöse des laufenden Jahres, des Vorjahres und der Planung gemessen und dargestellt. Die geplanten Absatzmengen werden zunächst aufgrund der Planprämissen und später gemäß Aktualisierung von Außendienst und Marketing monatlich aktualisiert. Die Planung sollte es ermöglichen, dass die Umsatzerlöse nach Ländern, Verkaufsgebieten, Niederlassungen, Außendienstmitarbeitern und Kundengruppen abgebildet werden können. Wichtig sind auch Mengenrechnungen und Umsatzdarstellungen in wachstums- bzw. preisbereinigter Form. Die Marketing- und Vertriebsanstrengungen müssen der vorhersehbaren Marktsituation angepasst werden.

Das *Vertriebscontrolling* sollte Trends aufdecken, um Umsatzverläufe infolge von Auftragsverschiebungen unmittelbar vorherzusehen. Für die Umsatzprognose gibt es unterschiedliche Verfahren, die in der Praxis angewendet werden. Die einfachste Form ist die unterjährige Prognose. Die Planüber- oder -unterschreitungen werden bis zum Jahresende hochgerechnet. Daraus kann man einen gleitenden 12-Monats-Umsatz errechnen. Diese Werte kann man einer Trendextrapolation unterziehen, um Zukunftswerte zu erhalten. Monatsumsätze werden mit der Methode der gleitenden Durchschnitte ermittelt. Das Verfahren bildet einen Mittelwert und setzt diesen als Prognosewert für die nächste Periode an. Die Prognosewerte reagieren schneller, wenn aktuelle Vergangenheitswerte höher gewichtet werden als weiter zurückliegende. Bottom-up werden die

Umsatzwerte von Kundengruppen, Regionen, Produkten oder Vertriebskanälen hochgerechnet und abgeglichen.

Die Aufgabe liegt nicht nur in der Ermittlung von Abweichungen, sondern auch in der Aufdeckung der Ursachen. Die Analysen auf Basis von Produkten bzw. Produktgruppen sind sinnvoll, damit die Beobachtung der Mengen-, Preis- und Umsatzentwicklungen der einzelnen Produkte und Produktgruppen im Zeitvergleich und im Vergleich zum Plan, sowie die Analyse der Deckungsbeiträge der jeweiligen Produkte/Produktgruppen ermöglicht werden.

**Kostentransparenz und Wertanalyse**

Damit das Unternehmen auf Effizienz getrimmt werden und wettbewerbsfähig sein kann, ist es erforderlich, über die Kostenrechnung eine *Kostentransparenz* herzustellen. Das operative Marketing-Controlling analysiert die Aktivitäten unter den aktuellen Bedingungen. Primäre Infoquelle für das Performance Measurement ist das interne Rechnungswesen. Dabei finden messbare Steuerungsgrößen wie Umsatz, Kosten und Gewinn Verwendung. Umsatzerlöse können nur generiert werden, wenn vorher Ressourcen und Waren eingesetzt worden sind. Die hierfür erforderlichen Kosten müssen näher analysiert werden. Die Analyse kann sich dabei auf verschiedene Einheiten wie Vertriebseinheit, Produkteinheit, Kundengruppe, Mitarbeiter und den Vertriebsweg beziehen.

Eine klassische Methode ist es, die verursachten Kosten den Kostenträgern (z.B. Produkten) zuzurechnen. Dazu gibt es verschiedene Verfahren, wie Divisionskalkulation, Äquivalenzziffernkalkulation oder die mehrstufige Zuschlagskalkulation. Eine Verbesserung dieser Tools ist die *Prozesskostenkalkulation*. Dabei werden die Kosten für jeden einzelnen Prozess festgelegt. So werden drei unterschiedliche Effekte erreicht.

- *Komplexitätseffekt*
  Es werden Komplexitätskosten bei hoher Variantenvielfalt berücksichtigt. Bedarf es bei Aufträgen für ein Produkt zusätzlicher Aktivitäten, so werden diese auch genau diesem Produkt zugerechnet.
- *Allokationseffekt*
  Dem Produkt werden nur die Kosten zugerechnet, die es verursacht. Es besteht keine Abhängigkeit von der Zuschlagsbasis, sondern von den wirklich entstandenen Kosten.
- *Degressionseffekt*
  Die Prozesskostenrechnung stellt die Degressionseffekte dar, die bei größeren Mengen pro Stück entstehen.

Die anzustrebende Kostentransparenz soll aber nicht nur die entstandenen Kosten möglichst genau und verursachungsgerecht auf die Kostenträger verteilen, vielmehr ist auch dafür Sorge zu tragen, dass Kosten gar nicht erst anfallen, oder wenn Leistungen nicht mehr erforderlich sind, diese auch abgebaut werden. Die *Gemeinkostenwertanalyse* soll die *Kostensenkung* durch Abbau nicht zielgerechter Leistungen oder durch Rationalisierung der Aufgabenerfüllung im Gemeinkostenbereich von Unternehmen bewerkstelligen. Dies ist erforderlich und stets lohnend, da sonst ein ständiges Anwachsen des

Gemeinkostenblocks zu befürchten wäre. Nicht nur die Kosteneinsparung, sondern auch die Vereinfachung von Vorgängen soll damit erreicht werden [Pepels 2000, S. 610f].

Jede wertanalytische Vorgehensweise beginnt mit der Vorbereitungsphase, in der die Controllingabteilung den Untersuchungsbereich festlegt. Die Kosten für die erbrachten Leistungen müssen ermittelt werden, damit man eine Ausgangsbasis hat. Die Terminplanung und der grobe Arbeitsablauf der Wertanalyse werden mit dem verantwortlichen Produktmanager oder aber mit der Geschäftsleitung festlegt. In der Analysephase wird als erster Schritt der Ist-Zustand aufgenommen, worin die Leistungserbringung (Art/Umfang/Intensität), d.h. die Beschreibung der jeweiligen Funktion, die Kosten der Funktion und der Ressourceneinsatz erfasst werden. Dabei ist es wichtig, zu analysieren, welche Leistung für wen erbracht wird. Der Ist-Zustand wird auf Plausibilität, Funktionserfüllung und Funktionskosten geprüft und im Anschluss daran ein gewünschter Soll-Zustand fixiert. Die Durchführung einer Kosten-Nutzen-Analyse liefert ein Ergebnis aus der Bewertung des Leistungsempfängers und dem aktuellen Stand der erbrachten Leistung. Gemeinsam mit den Mitarbeitern sind daraufhin Einsparideen zu erarbeiten und auf ihren Realitätsbezug zu überprüfen. Als Nächstes erfolgt eine wirtschaftliche und technische Prüfung der Lösungsmöglichkeiten, mit denen versucht wird, den Soll-Zustand zu erreichen. Nach der Prüfung und Beschlussfassung folgt die Planung der Umsetzung, bei der die Maßnahmen schriftlich fixiert werden. Es bedarf eines Zeitplans und Verantwortlichkeiten müssen festgelegt werden. Die Ergebnisse sind festzuhalten und der Maßnahmenkatalog ist der Unternehmensleitung zur Genehmigung vorzulegen. Danach werden die Budgets zugewiesen.

Eine vorhandene Kostentransparenz und der Einsatz von Instrumenten zum Kostenabbau oder zur Kostenvermeidung sind gute Voraussetzungen für das Performance Measurement.

**Das operative Performance Measurement**

- **fördert die Zielerreichung durch Maßnahmenkontrolle,**
- **steuert den Ressourceneinsatz zur Nutzung vorhandener Potenziale und**
- **sichert die Wettbewerbsfähigkeit durch Effizienz.**

### 14.1.4 Von der strategischen zur operativen Planung

Durch die Planung soll das Unternehmen auf die Zukunft vorbereitet werden. Im Vordergrund stehen dabei die *Wettbewerbsfähigkeit* nach außen und die *Ressourcenallokation* nach innen. *Marketing und Vertrieb* sollen diese Steuerungsverantwortung in einem Spannungsfeld zwischen Kunden- und Kostenorientierung und im Abgleich mit den strategischen Zielvorgaben der Geschäftsleitung so übernehmen [Winkelmann 2005, S. 579], dass sie sich nahtlos in das Controlling einfügt. Dieser Verantwortung können Marketing und Vertrieb aber nur nachkommen, wenn die eingesetzten Instrumente neben der Optimierung der Aktivitäten schnell auch eine höhere Qualität der Planung und Steuerung ermöglichen [Ackerschott 1997, S. 17]. Dies kann durch die Integration der Controllingfunktion geschehen. Planungs- und Controllingfunktion sollen dazu direkt im Vertriebsbereich integriert werden. Voraussetzung dafür ist profundes betriebswirtschaftliches Wissen. Planung und Controlling bedingen einander und folgerichtig werden die Aufgaben im Marketing-Controlling integriert. Von Vorteil ist es, wenn leistungsfähige Informations- und Steuerungssysteme für das Performance Measurement verwendet werden, damit entscheidungsrelevante Informationen zur Zielerreichung zeitnah und reaktionsschnell generiert werden können.

Die wichtigsten Aufgaben des Performance Measurements bei der Planung [Winkelmann 2005, S. 583] sind:

- Ermittlung und Analyse qualitativer Planungsparameter (Kundenzufriedenheit, Servicequalität)
- Forecast-Rechnungen und Planrevision
- Durchführung permanenter Soll-Ist-Vergleiche für die Leistungen und Kosten in allen Planungseinheiten (Geschäftsfeld, Produktgruppen, Produkte)
- Abgleich der Ist-Werte, um frühzeitig strategische Planungslücken zu erkennen
- Leistungsverbesserung u.a. durch Benchmarking
- Aufbau eines Frühwarnsystems und Aufdeckung von Schwachstellen
- Aufbau und Nutzung eines verdichteten Kennzahlensystems zum Performance Measurement

Für die Qualität der *Unternehmensplanung* ist entscheidend, dass die operativen Planungsinhalte schlüssig aus den strategischen Planungsinhalten abgeleitet werden. In der strategischen Planung wird für einen längeren Zeitraum (3 bis 10 Jahre) festgelegt, welche Leistung auf welchen Märkten unter welchen Bedingungen angeboten werden soll. Aus diesen Produkt-Markt-Beziehungen werden dann Ziele und Ergebnisse abgeleitet, diese beinhalten Werte für Marktanteile, Absatz, Umsatz, Kostenposition und Ergebnis. Um diese zu erreichen, müssen die entsprechenden Maßnahmen festgelegt werden.

Aus diesen Vorgaben leiten sich die *operativen Planungsinhalte* ab. Folgende Funktionen werden in diesem Zusammenhang von Planung und Controlling ausgefüllt [Winkelmann 2005, S. 584]:

- Prognose der Geschäftstätigkeit innerhalb des kurzfristigen Planungshorizonts
- Alternativen zur Zielerreichung evaluieren und auswählen
- Ressourcen für die ausgewählten Maßnahmen zuordnen und in der Budgetierung einplanen
- Verantwortung für die Führungskräfte zuteilen und Kompetenzen festlegen
- Motivation bzw. Sanktion in Abhängigkeit der Planerfüllung
- Dokumentation der Maßnahmen und Ergebnisse in nachvollziehbarer Form

Darstellung 194 zeigt den Zusammenhang der verschiedenen Vorgaben und Planungsebenen eines Berichtssystems [Winkelmann 2005, S. 585].

Im Rahmen der Planung werden aus den strategischen Zielen die operativen Ziele abgeleitet. Die *Zielformulierung* erfolgt dabei in Zusammenarbeit zwischen Unternehmenslei-

**Von der strategischen zur operativen Planung**

**Vorgaben der strategischen Unternehmensplanung**

| | | | |
|---|---|---|---|
| ▪ zentrale Vision<br>▪ Kernkompetenzen | ▪ Business Mission<br>▪ Leistungsprogramm | ▪ Geschäftsprinzip<br>▪ Marktpositionierung | ▪ Corporate-Identity-Ziele<br>▪ Umweltziele |
| ▪ Leitlinie: Wachstum | ▪ Leitlinie: Marktanteil | ▪ Leitlinie: Profit/Rendite | ▪ soziale Ziele |

**Aufbrechen der strategischen Ziele in operative Oberziele**

| | | | |
|---|---|---|---|
| ▪ Kapazitätsauslastung<br>▪ Positionierungen | ▪ Umsatzerlöse<br>▪ Lieferservice | ▪ Marktanteil<br>▪ weitere Serviceziele | ▪ Kosten/Gewinne<br>▪ spez. Marketingziele |
| ▪ nach Geschäftsfeldern | ▪ nach Produkten | ▪ nach Regionen | ▪ nach Vertriebskanälen |

**Herunterbrechen in die operativen Berichtsebenen**

| | | | |
|---|---|---|---|
| ▪ Bereichsbudgets | ▪ Produktbudgets | ▪ Aktionsbudgets | ▪ Kundenbudgets |
| ▪ Angebotsberichte<br>▪ Reklamationsberichte | ▪ Verkaufsberichte<br>▪ F&E-Berichte | ▪ Wettbewerbsberichte<br>▪ Neukundenberichte | ▪ Kontaktberichte<br>▪ Lost-Customer-Berichte |

| | | | |
|---|---|---|---|
| ▪ Wochenberichte | ▪ Monatsberichte | ▪ Quartalsberichte | ▪ Jahresplanung |

**Darstellung 194** Planungsebenen eines Unternehmens

tung und verantwortlichen Mitarbeitern. Dabei gilt, dass die Ziele anspruchsvoll, aber dennoch realistisch angesetzt werden müssen.

Aus den Vorgaben der strategischen Unternehmensplanung werden *operative Oberziele* abgeleitet. Diese Oberziele werden dann weiter in operative Ziele und Kennzahlen zerlegt und mit Maßnahmen für einzelne Mitarbeiter, Kunden und Produkte hinterlegt. Wichtig ist, dass die verschiedenen Ziele und Zielebenen aufeinander abgestimmt sind. Unterscheiden lassen sich hier Ziele für Planungseinheiten (Umsatzerlöse nach Produktgruppe) und Ziele für Maßnahmen (Aufbau Vertriebskanal für Produktgruppe). Zu beachten ist auch die Ziel-Mittel-Beziehung, denn was für die höhere Planungsebene ein Mittel zur Zielerreichung ist, kann für die nachfolgende Ebene als Zielvorgabe dienen. Die Planung für diese Maßnahmen wird für jeden Verantwortungsbereich durchgeführt und mit einem entsprechenden Budget ausgestattet.

Basis für die Budgetierung sind qualitative und quantitative *Zielgrößen*, die in die Gewinn-, Umsatz-, Absatz- und Kostenplanung eingehen. Die Planungs- und damit auch Controllingaufgaben umfassen zudem die Investitions-, Produktions-, Material-, Personal- und Finanzplanung. Diese Planungsaufgaben basieren alle auf dem Performance Measurement. Aus diesem Grund kommt der Marketing- und Vertriebsplanung eine enorme Bedeutung zu. Voraussetzung für eine plausible und realistische Planung sind profunde Markt- und Branchenkenntnisse sowie die Beherrschung von Informationsverarbeitungs- und Prognosetechniken.

Zielgrößen für die Planung sind sowohl quantitativer als auch qualitativer Art. Darstellung 195 zeigt verschiedene Zielgrößen des Performance Measurements [vgl. Hofbauer/ Hellwig 2012, S. 356].

| Qualitative Zielgrößen | Quantitative Zielgrößen |
|---|---|
| • Existenzsicherung (keine Illiquidität, keine Überschuldung<br>• sozialer Betriebs"frieden"<br>• Beachtung ökologischer Nebenbedingungen<br>• Innovationskraft<br>• Kompetenz, Mitarbeiterqualifikation<br>• Image, Ansehen<br>• Markteinfluss, Macht<br>• Mitarbeiterzufriedenheit<br>• Kundentreue<br>• Kundennähe-Index<br>• Kundenbindung<br>• Kundenzufriedenheiten | • Auftragseingänge, Auftragsbestände<br>• Absatzmengen, Umsatzerlöse<br>• Einkaufs-, Verkaufspreise<br>• Marktanteile (insbes. relevanter Markt)<br>• Zielgruppen-Marktanteile, Neukunden, rückgewonnene, verlorene Kunden<br>• Beanstandungs-, Reklamationsquote<br>• Lagerbestände<br>• Lieferservice-Grade (Schnelligkeit, Auslieferungen)<br>• Kosten<br>• Ergebnisse, Gewinne, Deckungsbeiträge<br>• Renditen (ROI, ROS)<br>• Eigenkapitalquote<br>• Innovationsquote<br>• Kapazitätsauslastungen |

**Darstellung 195** Qualitative und quantitative Planungsgrößen

Die aufgezeigten Aufgaben, Vorgehensweisen, Planungsinhalte, Zielgrößen und Funktionen im Zusammenhang mit Planung und Controlling sind hervorragende Indikatoren für das Performance Measurement.

**Die Planung**

- **bereitet Unternehmen auf zukünftige Ereignisse vor,**
- **stellt unter wirtschaftlichen Aspekten Ressourcen zur Zielerreichung bereit und**
- **bildet die Basis für den Erfolg des Unternehmens.**

## 14.2 Performance Measurement und Auditing: Hilfsmittel zur Umsetzung

### 14.2.1 Performance Measurement und Auditing: Tools

#### Customer Equity

Eine sehr gute Beurteilungsbasis für den *Kundenwert* aus Anbietersicht ist der *Customer Lifetime Value* [Hofbauer/Hellwig 2012, S. 48], der mittels der Kapitalwertmethode berechnete erwartete Kundenwert über die Dauer der Kundenbeziehung. In diesen Wert fließen alle zurechenbaren Erlöse und Kosten ein. Dazu gehören auch Potenziale aus Up-Selling und Cross-Selling (siehe Kapitel 8.2.4) sowie aus Referenzen. Die dazu nötige Systematik lässt sich unternehmensspezifisch entwickeln und gibt den direkten Bezug der Steuerungsgrößen auf die Zielgrößen wieder. Die Summe der Customer Lifetime Values aller Kunden eines Unternehmens ergibt den gesamten Wert der Kundenbeziehungen. Dieser Wert wird als *Customer Equity* bezeichnet.

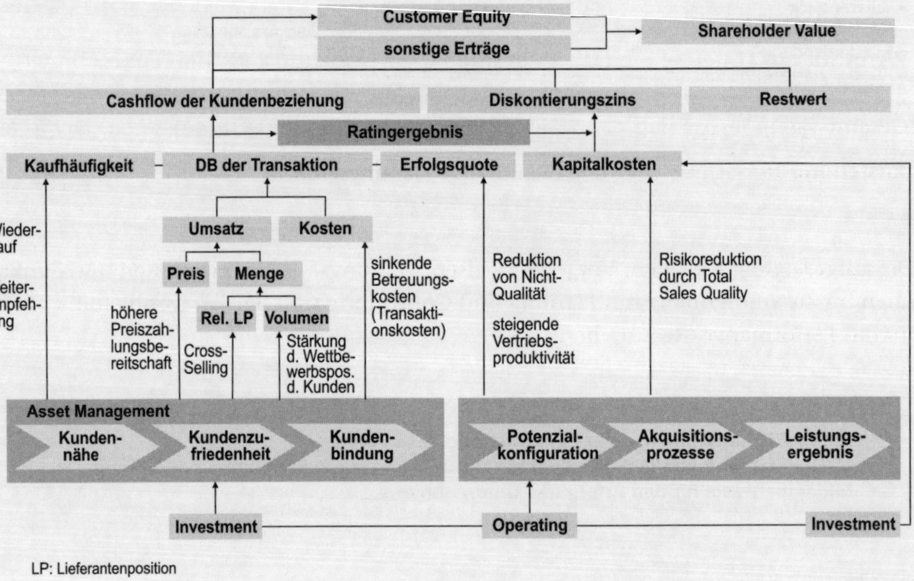


**Darstellung 196** Einflussgrößensystem auf den Wert der Customer Equity

#### Performance Measurement mit Kennzahlensystemen

Kennzahlensysteme bilden komplexe unternehmerische Zusammenhänge ab, um sie für die Erreichung von Zielvorgaben zu beschreiben, zu koordinieren und analysierbar zu machen. Ein Kennzahlensystem gilt als Informationssystem, mit dem komplexe Zusammenhänge durch Messgrößen abgebildet und transparent gemacht werden. Die Bedeutung des Kennzahlensystems ist enorm hoch, da es die Möglichkeit zur zielorientierten Steuerung und zum Benchmarking gibt.

*Geschäftswertbeitrag – Economic Value Added (EVA)*

Die Differenz zwischen Geschäftsergebnis und Kapitalkosten (Eigen- und Fremdkapital) wird Geschäftswertbeitrag genannt. Ein positiver Wert besagt, dass ein Unternehmen, eine Geschäftseinheit oder eine Produktlinie mehr verdient als die Kapitalkosten betragen. Demnach muss jede Unternehmenseinheit nachhaltig in der Lage sein, die Kapitalkosten zu erwirtschaften, und darüber hinaus die Erwartungen des Kapitalmarktes erfüllen, um zur Erhöhung des Geschäftswertes beizutragen [Müller 2002, S. 126].

Ein Kennzahlenmodell, welches geeignet ist, einen ganzheitlichen Blick auf das Unternehmen und seine verschiedenen Einflussgrößen zu bekommen, ist eben dieser Geschäftswertbeitrag (GWB). Er setzt sich aus verschiedenen Treibergrößen zusammen. Zerlegt man das Geschäftsergebnis und die Kapitalkosten immer weiter in ihre Einzelbestandteile, dann kann man jedes Unternehmen anhand seiner Geschäftsspezifika analysieren. Dadurch bekommt man Hinweise über Schwachstellen und über gezielte Maßnahmen zur Optimierung. Durch die Treiberbäume werden gleichzeitig auch Wechselwirkungen zwischen Geschäftsergebnis und Kapitalkosten aufgedeckt. Dies verhindert, dass einzelne Erfolgsfaktoren isoliert betrachtet werden. So kann zum Beispiel eine Skontogewährung zu einem Forderungsabbau führen. Aber erst ein Abgleich mit den gesparten Kapitalkosten zeigt, ob diese Maßnahme wertsteigernd ist.

Wenn für ein Unternehmen die relevanten Treiber identifiziert sind, dann können an diesen Stellen gezielt die Hebel angesetzt werden. Mit Kenntnis der Wirkung auf das Gesamtsystem lassen sich dann die verschiedenen Maßnahmen evaluieren. Ziel ist die

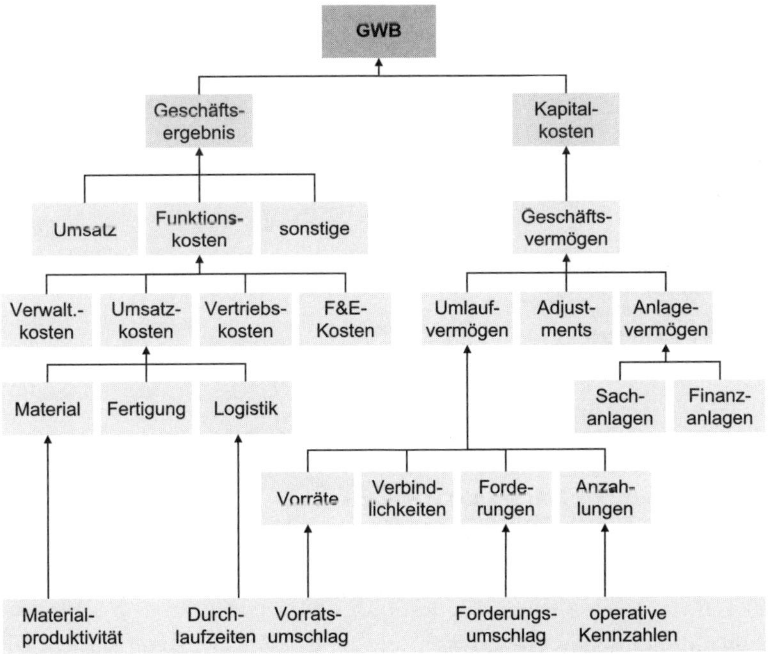


**Darstellung 197** Einflussgrößen auf den Geschäftswertbeitrag

konsequente Ausrichtung aller unternehmerischen Entscheidungen auf den Geschäftswert des Unternehmens. Der Unternehmenswert errechnet sich aus der Differenz des aktuellen Marktwerts und dem gebundenen Vermögen [Jankulik et al. 2005, S. 131]. Ziel des jeweiligen Unternehmens ist auch ein jährlicher Zuwachs des Unternehmenswertes. Darstellung 197 zeigt die Einflussgrößen auf den Geschäftswertbeitrag [Jankulik et al. 2005, S. 132].

*Return-on-Quality-Kennzahlensystematik*

Gut geeignet für das Performance Measurement ist auch die Return-on-Quality-Kennzahlensystematik in Darstellung 198 [Jankulik et al. 2005, S. 133]. Dieses Modell bezieht alle Qualitätsmaßnahmen mit ein, die in einem markt- und qualitätsorientierten Unternehmen durchzuführen sind, um einen positiven Einfluss auf die Gewinnsituation auszuüben. Der Gewinn und die Rentabilität des Unternehmens werden in Abhängigkeit der qualitätsverbessernden Maßnahmen abgebildet. In diese Betrachtung fließen die Total Costs of Quality ein. Die Investitionen in die qualitätsverbessernden Maßnahmen sollen zum einen den Wert für den Kunden erhöhen und zum anderen die Kosten für alle Leistungsarten reduzieren.

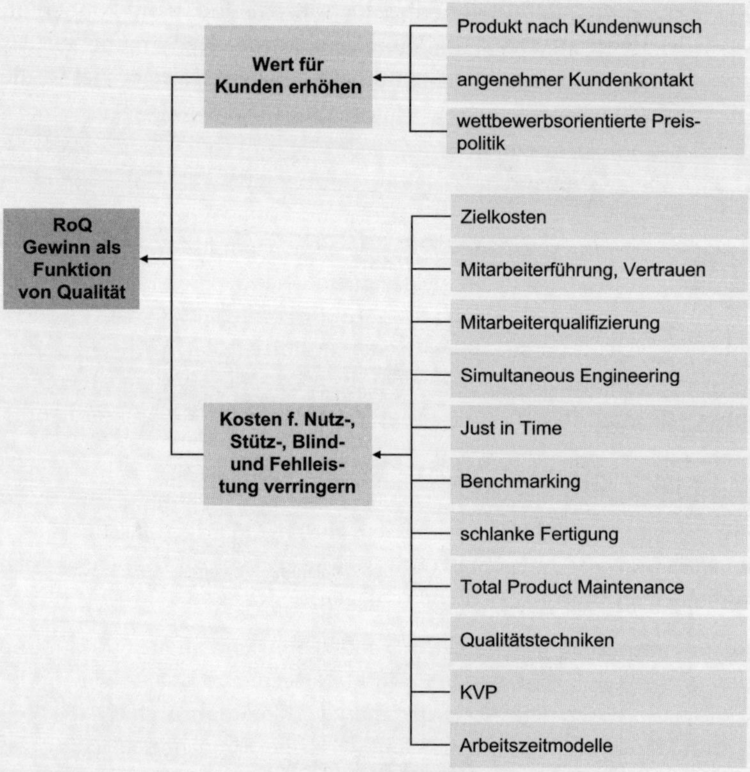


**Darstellung 198** Return-on-Quality-Systematik

Die Return-on-Quality-Systematik strebt die Erhöhung des Wertes für Kunden oder Kundengruppen an. Dies ist die typische Aufgabenstellung des *Relationship Managements*, bei dem die Kundenorientierung und die Ausgestaltung der Beziehung der Kunden zum Unternehmen im Mittelpunkt stehen. Ein weiterer Punkt ist der wettbewerbsorientierten Preispolitik gewidmet, da die Produkte nur dann wettbewerbsfähig sind, wenn sie für den Kunden auch preislich als attraktiv gelten.

Return-on-Quality bezieht sich auch auf die Verringerung der Kosten für Nutz-, Stütz-, Blind- und Fehlleistungen. Eine solche Kostenminimierung ist z.B. durch Target Costing zu erreichen, durch das die Zielgröße der erlaubten Kosten am Markt bestimmt werden kann. Weitere Maßnahmen wie KVP, Simultaneous Engineering, Design for Manufacture, Just in Time, Arbeitszeitmodelle oder das Beschaffungsmarketing [Hofbauer/Bauer 2004] können enorme Kostenreduktionen bewirken. Eine weitere Möglichkeit, die Qualität zu steigern, liegt darin, die Mitarbeiterqualifizierung und -führung zu verbessern oder aber ein andersartiges Arbeitsmodell einzuführen.

### Balanced Scorecard

Die Balanced Scorecard wurde unter Kapitel 9.2.1 bereits kurz als Tool vorgestellt. An dieser Stelle geht es besonders um ihre Relevanz für das strategische Controlling.

Die Balanced Scorecard ist ein Steuerungsinstrument, bei dem eine strategische Sicht vorausgesetzt wird. Als Folge davon werden mehrere, auch externe Maßstäbe in die Strategieentwicklung miteinbezogen, mit denen das Topmanagement bei der Umsetzung dieser Instrumente frühzeitig Informationen erhält und ein Unternehmen ausgewogen und erfolgreich steuern kann. Die Balanced Scorecard ist ein Performance-Measurement-System, das dazu dient, strategische Ziele des Unternehmens durch Messgrößen quantifizierbar zu machen. Ziel ist es, die Organisation und ihre Leistungsfähigkeit auf Basis weniger Messgrößen derart zu gestalten, dass die Strategie und Vision im Zielsystem fest verankert sind. Die klassischen Perspektiven sind Kunden, Finanzen, Prozesse sowie Potenziale (vgl. Darstellung 60). Bei der Wahl und Differenzierung der Perspektiven sind die strategisch bedeutsamen Erfolgs- und Handlungsfelder für das jeweilige Unternehmen herauszuarbeiten. Durch die Perspektiven ist eine Art Geschäftsmodell festgelegt, das Aufschluss über die erfolgsbestimmenden Ursache-Wirkungs-Beziehungen gibt.

Damit wird bei der Anwendung transparent, welche Voraussetzungen geschaffen werden müssen, damit das Unternehmen innovativ sein und die richtigen Leistungsparameter bereitstellen kann, um marktgerechte Wertangebote erstellen zu können, die sich in einer Steigerung des Finanzergebnisses niederschlagen.

In der *Kundenperspektive* formuliert das Management Ziele hinsichtlich der Struktur und Anforderungen der Kunden. Hier sind Kunden und Marktsegmente zu analysieren und Produkt-Markt-Kombinationen zu definieren, in denen der Marktauftritt durch die Positionierung einen Kundennutzen begründet. Somit wird die Kundenorientierung zur Voraussetzung, um die Finanzziele erreichen zu können. Dies bedeutet in der Konsequenz, dass sich hervorragende Finanzergebnisse nur dann erzielen lassen, wenn die richtigen Stellhebel der Kunden- und Prozessorientierung bedient werden. Damit werden Kundennähe, Kundenzufriedenheit und Kundenloyalität zu einem zentralen Erfolgsindikator [vgl. Müller 2002, S. 202].

Bei der *Finanzperspektive* steht der nachhaltige wirtschaftliche Erfolg im Vordergrund. Die Erwartungen der Stakeholder, vor allem der Kapitalgeber, müssen berücksichtigt werden. Im Strategiefeld Finanzen findet die Festsetzung des Zielsystems statt, was beispielsweise die Erhöhung des Unternehmenswertes oder Steigerung des Cashflows beinhaltet. Die klassischen Finanzkennzahlen geben Auskunft über die wirtschaftlichen Konsequenzen von Maßnahmen. Sie zeigen an, ob und inwieweit die Strategie und die damit verbundenen Umsetzungsmaßnahmen zur Ergebnisverbesserung beitragen.

Die *Prozessperspektive* erstreckt sich darauf, diejenigen Prozesse zu identifizieren, in denen noch Verbesserungsschwerpunkte gesetzt werden müssen. Die Prozesse stellen die Basis dafür dar, die Kundenerwartungen zu erfüllen. Die Steuerungskennzahlen fokussieren sich auf diejenigen Prozesse, die für die Strategieumsetzung bedeutend sind und einen Einfluss auf die Kundenzufriedenheit und die Unternehmenszielerreichung

| **Kundenperspektive** | |
|---|---|
| **Ziele** | **Leistungsmaßstäbe** |
| **Neuprodukte** | • Umsatzanteil der neuen Produkte<br>• Umsatzanteil der patentrechtlich geschützten Produkte |
| **reaktionsschneller Vertrieb** | • Lieferpünktlichkeit (bewertet aus Sicht der Kunden) |
| **Vorzugslieferant** | • Anteil der Verkäufe an Stammkunden |
| **Partnerschaftsverhältnis zum Kunden** | • Umfang der gemeinsamen Entwicklungsanstrengungen |

| **Finanzperspektive** | |
|---|---|
| **Ziele** | **Leistungsmaßstäbe** |
| **Überleben** | • Cashflow<br>• ROI<br>• Liquidität |
| **Erfolgreich sein** | • vierteljährliches Umsatzwachstum und Betriebsergebnis nach Sparten |
| **Vorankommen** | • Steigerung des Marktanteils und der Eigenkapitalrendite |

| **Potenzialperspektive** | |
|---|---|
| **Ziele** | **Leistungsmaßstäbe** |
| **Technologieführerschaft** | • Zeitbedarf für die Entwicklung der nächsten Produktgeneration |
| **Lernprozess in der Fertigung** | • Bearbeitungszeit bis zur Produktreife |
| **Konzentration auf Kernprodukte** | • prozentualer Anteil der Produkte, die 80 Prozent des Umsatzes bringen |
| **Zeit bis zur Marktreife** | • eigene Neuprodukteinführung verglichen mit dem Wettbewerb |

| **Prozessperspektive** | |
|---|---|
| **Ziele** | **Leistungsmaßstäbe** |
| **Technologisches Potenzial** | • eigene Fertigungstechnik im Vergleich zum Wettbewerb |
| **Fertigungsexzellenz** | • Durchlaufzeiten<br>• Stückkosten<br>• Ertrag |
| **Leistungsfähige Entwicklung** | • Effizienz im Produktmanagement |
| **Einführen neuer Produkte** | • tatsächlicher Verlauf der Einführung, verglichen mit den Planvorgaben |

**Darstellung 199** Anwendungsbeispiele für die Perspektiven der BSC

haben. Es empfiehlt sich, auch die Innovationsprozesse in diese Perspektive aufzunehmen, denn damit wird ein langfristiger Aspekt der Wertschöpfung betrachtet.

Die *Potenzialperspektive* bezieht sich auf die Mitarbeiter sowie die Lern- und Entwicklungsperspektive im Unternehmen. Hier geht es um die Frage, worin die Potenziale für die Zukunft liegen. Dahinter verbergen sich Wissen, Qualifikation, Innovationen, Innovationskraft, Kreativität, Technologie und Informationssysteme. Strategische Ziele sind Technologieführerschaft, Konzentration auf Kernprozesse oder Minimierung von Prozesszeiten. Die Potenzialperspektive identifiziert diejenigen Voraussetzungen, die geschaffen und kontinuierlich ausgebaut werden müssen, um langfristig erfolgreich zu sein.

Darstellung 199 zeigt Anwendungsbeispiele für die verschiedenen Perspektiven der Balanced Scorecard [vgl. Link et al. 2002, S. 39]. Die Leistungsmaßstäbe müssen durch ein leistungsfähiges Performance Measurement ermittelt werden.

### Marktattraktivitäts-Wettbewerbsvorteils-Portfolio

Das Marktattraktivitäts-Wettbewerbsvorteils-Portfolio von McKinsey ist eines der aussagekräftigsten Portfolios. Als Achsenbezeichnungen dienen hier die relative Wettbewerbsstärke und die Marktattraktivität. Im Grunde sind beide Achsen eine Erweiterung des Marktanteils-Marktwachstums-Portfolios der Boston Consulting Group. Zur Anwendung müssen die Erfolgsfaktoren für die Achsen Wettbewerbsstärke und Marktattraktivität bestimmt werden. Die Erfolgsfaktor-Bewertungen führen zu den Portfoliopositionen. Aus diesen Positionen im Portfolio findet die Ableitung von Strategien statt, welche sowohl strategisch als auch operativ mit Zielen, Maßnahmen und Budgets versehen werden.

Die Dimension der *Marktattraktivität* beinhaltet folgende Faktoren:

- Marktpotenzial (Marktvolumen, Marktwachstum)
- Marktqualität (technologisches Niveau, Investitionsintensität, Wettbewerbsklima)
- Energie und Rohstoffversorgung (Rohstoffpreise, Verhandlungsstärke gegenüber Lieferanten)
- Umfeldsituation (Konjunktur, Inflation, Handelshemmnisse, Umweltschutz)

Die Dimension der *Wettbewerbsstärke* beinhaltet Erfolgsfaktoren in den Bereichen:

- Marktposition, d.h. wie groß ist der Marktanteil, welche Wachstumsraten werden prognostiziert, wie hoch sind das Risiko und die Eintrittsbarrieren.
- Das Unternehmenspotenzial, welches in den Entwicklungsabteilungen des Unternehmens entsteht, worunter vor allem die Innovationskraft und die Innovationskontinuität zählen.
- Das fachliche Know-how und die Qualifikation der Mitarbeiter und Führungskräfte.
- Produktionspotenzial des Unternehmens, denn durch effiziente Gestaltung der Prozesse, optimale Infrastruktur als auch Energieversorgung kann in Zukunft eine bestimmte Marktposition erreicht werden.

| Marktattraktivität | relative Wettbewerbsstärke: niedrig | relative Wettbewerbsstärke: mittel | relative Wettbewerbsstärke: hoch |
|---|---|---|---|
| hoch | **Selektiv ausbauen**<br>• Stärkenspezialisierung<br>• Schwachstellenanalyse<br>• Kooperationen | **Investiver Ausbau**<br>• Marktführerschaft<br>• Stärken ausbauen<br>• intensive(r) Vertrieb/Kommunikationspolitik | **Führen - Sichern**<br>• Angriffe von Marktführern abwehren<br>• F&E stärken<br>• Imagewerbung/moderate Preispolitik |
| mittel | **Begrenzt expandieren/ausbauen**<br>• Rationalisieren<br>• Investitionen abwägen<br>• Synergien nutzen<br>• Kooperationen | **Übergangsstrategie**<br>• Programm verteidigen<br>• Rationalisieren<br>• Vertrieb/F&E: Stärken technischer Vorteile<br>• Kommunikationspolitik intensivieren | **Selektiv ausbauen**<br>• in attraktive Segmente investieren<br>• F&E speziell für attraktive Segmente<br>• Konkurrenz abwehren<br>• Produktivität stärken |
| niedrig | **Desinvestieren**<br>• Investitionen einstellen<br>• Bereiche abstoßen<br>• Fixkosten senken<br>• Service steigern<br>• Kommunikationspolitik einschränken | **Gewinnorientierung**<br>• Position in rentablen Segmenten verteidigen<br>• Investitionen minimieren<br>• Gewinne abschöpfen<br>• Produkte verbessern<br>• F&E umlenken | **Schwerpunkt verlagern**<br>• Beschränkung auf attraktive Segmente<br>• vorhandene Stärken nutzen<br>• verstärkte PR und Image<br>• Synergien suchen<br>• Lizenzvergabe/Verkauf |

**Darstellung 200**
Marktattraktivitäts-Wettbewerbsvorteils-Portfolio mit Normstrategien

Darstellung 200 zeigt das Marktattraktivitäts-Wettbewerbsvorteils-Portfolio mit seinen Normstrategien.

Aus der jeweiligen Zuordnung der eigenen Angebotsgruppen lassen sich *Normstrategien* ableiten, die man in drei Typen zusammenfassen kann:

- Investitions- und Wachstumsstrategie durch Mittelbindung in den Feldern „Führen-Sichern" und „investiver Ausbau"
- Abschöpfungs- oder Desinvestitionsstrategien durch Mittelfreisetzung in den Feldern „Desinvestieren" und „Gewinnorientierung"
- die selektiven Strategien für alle übrigen Felder.

### Deckungsbeitragsrechnungen

Eine weitere Möglichkeit zur Erhöhung der Kostentransparenz und zur Analyse der Erfolgsträchtigkeit stellen Kalkulationsverfahren dar. Das bedeutendste Kalkulationsverfahren auf Teilkostenbasis ist die Deckungsbeitragsrechnung. Hier werden die Kosten in fix und variabel unterschieden. Der Deckungsbeitrag entspricht der Differenz zwischen Umsatzerlösen und den variablen Kosten. Der Vorteil dieser Vorgehensweise ist, dass man die Betrachtungsweise individuell auf das Entscheidungsproblem abstimmen kann. Ein Beispiel dafür könnte die Betrachtung auf den Ebenen Produkt, Produktgruppen, Sortiment und Gesamtunternehmen sein. Den Erlösen auf der jeweiligen Ebene werden die zurechenbaren Kosten gegenübergestellt. Die fixen Kosten werden je nach Zurechnungsstufe sukzessiv in die Betrachtung mit einbezogen. Dadurch erhöht sich die Transparenz über den Ergebnisbeitrag der jeweiligen Zurechnungsstufen [Hofbauer/ Hellwig 2012, S. 357].

Diese Betrachtung ist für die Erfolgssteuerung gut geeignet, da man genau erkennt, bis zu welcher Stufe die Betrachtungsobjekte mit positiven Deckungsbeiträgen zum Erfolg beitragen. Zur Ermittlung des Stück-Deckungsbeitrages werden vom Erlös pro Stück die variablen Stückkosten abgezogen. Der Produkt-Deckungsbeitrag I ergibt sich durch Multiplikation des Stück-DB mit der Stückzahl. Zieht man davon die diesem Produkt zurechenbaren Einzelkosten (fixe Kosten für dieses Produkt, z.B. Spezialmaschine) ab, so erhält man den Produkt-DB II.

Darstellung 201 zeigt beispielhaft die Deckungsbeitragsrechnung für Produkte.

Auf der nächsten Stufe lassen sich dann mehrere Produkte zu Produktgruppen zusammenfassen. Hier werden die dieser Ebene zurechenbaren Kosten (z.B. gemeinsame Kosten für Vertrieb und Distribution) von der Summe der Produkt-DB II abgezogen und der DB III auf Produktgruppenebene ermittelt. Führt man diese Betrachtung weiter, so könnte man auf DB-Ebene IV die Produktgruppen in einem Sortiment zusammenfassen.

| Produkt-Deckungsbeitragsrechnung | |
|---|---|
| Nettoerlös des Produktes | |
| ./. variable Kosten | |
| = Stück-DB | |
| X abgesetzte Menge | |
| = Produkt-DB I pro Periode | |
| ./. sonstige Einzelkosten | |
| = Produkt-DB II pro Periode | |

**Darstellung 201** Ermittlung des Deckungsbeitrags für Produkte

| Absatzgebiete | A1 | | | | A2 | | | |
|---|---|---|---|---|---|---|---|---|
| Kunden-gruppen | K1 | | K2 | | K1 | | K2 | |
| Produkt-gruppen | P1 | P2 | P1 | P2 | P1 | P2 | P1 | P2 |
| Umsatz | 136,7 | 61,4 | 73,3 | 24,78 | 73,4 | 65,0 | 13,9 | 6,3 |
| variable Kosten | 72,0 | 28,0 | 33,0 | 14,0 | 38,0 | 29,0 | 8,2 | 2,0 |
| Versand-EK. | 1,7 | 1,9 | 0,87 | 0,82 | 0,89 | 1,78 | 0,17 | 0,15 |
| DB I | 63,0 | 31,5 | 39,43 | 9,96 | 34,51 | 34,22 | 5,53 | 4,15 |
| Beratung | 9,0 | | 4,5 | | 1,0 | | 10,2 | |
| DB II | 85,5 | | 44,89 | | 67,73 | | -0,52 | |
| Agenturen | 12,0 | | | | 7,0 | | | |
| Verkaufsach-bearbeiter | 80,0 | | | | 55,0 | | | |
| DB III | 38,39 | | | | 5,21 | | | |
| Montage | 12,6 | | | | | | | |
| unternehmens-fixe Kosten | 16,8 | | | | | | | |
| Gewinn/Verlust | **14,2** | | | | | | | |

**Darstellung 202** Deckungsbeitragsrechnung für mehrere Dimensionen

Der Summe der auf Produktgruppenebene erzielten DB III würden die zurechenbaren Kosten (z.B. gemeinsame Werbung) gegenübergestellt. Auf Gesamtunternehmensebene würden dann alle Sortiments-DB zusammengeführt und hier die zurechenbaren Kosten (z.B. der Geschäftsleitung) gegenübergestellt.

Durch das Performance Measurement wird diese Erfolgsplanung regelmäßig überprüft. So lassen sich je nach Betrachtungsobjekt die Deckungsbeiträge für Produkte, Aufträge, Kunden usw. ermitteln und somit auch deren Erfolgsbeitrag zum Gesamterfolg des Unternehmens. Auf diese Weise lassen sich auch Vergleiche über verschiedene Objekte zum gleichen Zeitpunkt, aber auch Vergleiche im Zeitablauf anstellen, um Rückschlüsse auf die Gewinnträchtigkeit zu erhalten.

Darstellung 202 zeigt ein zahlenmäßiges Beispiel einer mehrdimensionalen Deckungsbeitragsrechnung (in TEuro).

## Computergestützte Informationssysteme

Die Unternehmensführung kann sich moderne Informations- und Kommunikationstechniken zunutze machen, um entscheidungsrelevante Informationen zeitnah zu generieren. Elektronische Datenverarbeitung und Online-Kommunikation ermöglichen nicht nur die effiziente Abwicklung von Routineprozessen, sondern eröffnen auch neue Wettbewerbschancen [Steinmann/ Schreyögg 2005, S. 414]. *Management-Informationssysteme* sind Instrumente, die sämtliche Informationen für alle nur denkbaren Managemententscheidungen buchstäblich auf Knopfdruck zur Verfügung stellen. Sie übernehmen auch Planungs- und Kontrollaufgaben und helfen bei der Entscheidungsunterstützung. Management-Informationssysteme arbeiten mit Unternehmenskennzahlen und Marktkennzahlen, um ein reales Bild des momentanen Unternehmenszustandes zu liefern. Diese Daten können je nach Unternehmensfunktion (Marketing, Vertrieb, Beschaffung usw.) ausgewertet und zu Berichten zusammengefasst werden. Auch besteht die Möglichkeit einer zukunftsgerichteten Analyse, indem Trends und Schätzungen generiert werden.

### Erfolgskennzahlen für Marketing und Vertrieb

Die vorgestellten Tools unterstützen die Unternehmensleitung bei der Wahrnehmung der Aufgaben. In der strategischen Planung werden die konzeptionellen Rahmenbedingungen für das marktorientierte Vorgehen festgelegt.

Aufgabe des operativen Controllings ist es, eine effiziente Durchführung der Aufgaben zu gewährleisten. Speziell das Marketing- und Vertriebsmanagement nutzt Kennzahlen, um für die einzelnen Verantwortungsbereiche Zielvorgaben im Hinblick auf Absatz, Kunde, Markt und Wettbewerb festzulegen. Zu den Basiskennzahlen des Performance Measurements zählen die Produktivitätskennzahlen, Wirtschaftlichkeitskennziffern und Qualitätskennziffern [Link et al. 2000, S. 296]. Die Bedeutung der Kennziffern ist branchenabhängig. *Produktivitätskennzahlen* sollen die Produktivität der Vertriebsmitarbeiter und der eingesetzten Systeme messen. *Wirtschaftlichkeitskennziffern* geben Auskunft über die Relationen von Erlösen zu bestimmten Kosten. *Qualitätskennziffern* dienen zur Beurteilung des jeweiligen Zielerreichungsgrades. Die Verwendung eines Kennzahlensystems zur Planung und Kontrolle der Vertriebsaktivitäten setzt eine Systematik von relevanten Kennzahlen voraus. Durch die Verbindung verschiedener Erfolgskennzahlen mit der Zielsetzung und ihre Verknüpfung zu einem Kennzahlensystem lässt sich die Aufgabenstellung vollständig und ausgewogen erfassen.

Darstellung 203 zeigt Performance-Kennzahlen für den Vertrieb. Diese Kennzahlen werden nach den Kategorien Umsatz und Deckungsbeitrag, Marktanteile, Akquisitionserfolge und Strukturdaten gegliedert [Winkelmann 2006, S. 105].

| | Kennziffer | Bedeutung oder weitere Erfolgskennziffern (EKZ) |
|---|---|---|
| *Umsatz und Deckungsbeitrag* | **Pro-Kopf-Umsatz und Pro-Kopf-DB pro Außendienstler** | • kritische Orientierungsgröße für Effizienzbewertungen im Verkauf<br>• Grundlage für Verkaufsgebietsanalysen<br>• Grundlage für variable Gratifikationen für die Verkäufer<br>• Grundlage zur Bemessung der Außendienststärke |
| | **Kundendeckungsbeitrag** | • EKZ: Kundenerlöse minus zurechenbare Kosten<br>• ermöglicht Zuordnung von Kunden zu Rentabilitätsgruppen<br>• interessante Größe für Kundenportfolios (Kundenwerte) |

**Darstellung 203** Performance-Kennzahlen für den Vertrieb

| | Kennziffer | Bedeutung oder weitere Erfolgskennziffern (EKZ) |
|---|---|---|
| *Umsatz und Deckungsbeitrag (Forts.)* | **Umsatzanteile** | • EKZ: Anteile der einzelnen Kundenumsätze am Gesamtumsatz<br>• Grundlage der sog. ABC-Analyse (Abhängigkeitsanalyse, wie abhängig ist das Unternehmen vom Kunden) |
| | **Umsatzlücke** | • EKZ: Umsatz-Soll minus Umsatz-Ist minus noch erwarteter Umsatz<br>• EKZ: hochgerechnet auf Jahresende ergibt Prognose Planlücke |
| *Marktanteile* | **Marktanteile** | • EKZ: Gesamtmarktanteil: eigener Absatz/Gesamtmarktpotenzial<br>• EKZ: relevanter Marktanteil: eigener Absatz/Marktpotenzial im relevanten Markt<br>• EKZ: relativer Marktanteil: eigener Absatz/Absatz der härtesten Wettbewerber<br>• Ausdruck für Kostenvorteile, Brancheneinfluss und Marktmacht |
| | **Lieferanteile** | • EKZ: eigene Anteile an Gesamt-Einkaufswerten der Kunden im relevanten Markt<br>• EKZ: durchschnittliche Lieferanteile, bezogen auf die Kundengruppen<br>• sind Signale für eigene technische oder käufmännische Wettbewerbsvorteile<br>• wichtige Größen für Kreuzauswertungen gegen Kunden-Umsatzanteile |
| | **Marktdurchdringung** | • EKZ: Anzahl eigener Kunden/Anzahl relevanter Kunden<br>• EKZ: Distributionsrate: Verkaufsstellen mit mindestens einem Stück im Regal/Gesamtzahl Verkaufsstellen |
| | **Potenzialausschöpfung** | • EKZ: Umsatzanteil am Gesamtmarktpotenzial einer Verkaufsregion<br>• EKZ: Umsatzanteil/durchschnittliche Lieferanteile der Hauptwettbewerber |
| | **Diffusionsquote** | • EKZ: Anzahl Erstkäufe/Anzahl Kunden |
| *Akquisitionserfolge* | **Erfolgsquote für Angebote** | • EKZ: Anzahl gewonnener Aufträge/Anzahl Angebote<br>• EKZ: Anzahl Neukundenangebote/Anzahl aller Angebote |
| | **Hit-Rate für Besuche** | • EKZ: Anzahl Verkaufsabschlüsse/Anzahl aller Besuche<br>• EKZ: Anzahl Verkaufsabschlüsse/Anzahl relevanter Akquisitionsbesuche<br>• EKZ: notwendige Besuchsfrequenzen für die Kundengruppen |
| | **Neukundengewinnung** | • EKZ: Anzahl der Abschlüsse/Anzahl aller Besuche<br>• EKZ: Anzahl Neukunden/Anzahl aller Kunden |
| | **Besuchsleistung** | • EKZ: Anzahl Kundenbesuche pro Reisewoche, Reisetage<br>• EKZ: Anzahl Reisetage/Gesamtzahl aktive Außendienstzeit<br>• EKZ: durchschnittliche Besuchszeit pro Reisetag |
| *Strukturdaten* | **Kundenstrukturkennziffern** | • EKZ: Anzahl und Anteile A-, B-, C-, D-, E-Kunden<br>• EKZ: Anzahl der Aufträge pro Kunde<br>• EKZ: durchschnittliche Auftragsgröße<br>• EKZ: Kundenfluktuation (verlorene, gewonnene Kunden, Passivkunden) |
| | **Kundenzufriedenheit** | • Erfassung direkter Stärken-/Schwächenaussagen von Kunden<br>• Bewertung der mit Kunden vereinbarten Benchmark-Leistungsziele |

**Darstellung 203** Performance-Kennzahlen für den Vertrieb *(Forts.)*

## 14.2.2 Performance Measurement und Auditing: Erfolgskennzahlen

| Kennzahl | Berechnung | Interpretation für Rating |
|---|---|---|
| **Economic Value Added (EVA)** | EVA = NOPAT - WACC x eingesetztes Kapital<br>NOPAT = Geschäftsergebnis nach Steuern<br>WACC = gewichtete Kapitalkosten | Instrument für Investitionsentscheidungen.<br>Positiver EVA:<br>• Geschäftseinheit, Projekt, Produktlinie o.ä. verdient mehr als die Kapitalkosten betragen. |
| **SGF-Entwicklung** | deckungsbeitragsbezogener Umsatz Periode t / deckungsbeitragsbezogener Umsatz Basisperiode | Positive SGF-Entwicklung:<br>• weist auf Steigerung des Unternehmenswerts hin<br>• trägt zur Zielerreichung bei |
| **Produktivität** | Output / Input | Optimale Ressourcennutzung erhöht die Ertragskraft des Unternehmens. |
| **Budgeteffizienz** | Wertschöpfung / projektbezogenes Budget | Ermittelt Ausmaß der Effizienz durch Einsatz des Budgets. |
| **Zielerreichungsgrad** | Zielgröße IST / Zielgröße SOLL | Indikator für die Planungsgenauigkeit sowie Steuerungs- u. Kontrollfähigkeit des Unternehmens. |
| **Reaktionszeiten** | Zeitspanne zwischen zwei Ereignissen | Kurze Reaktionszeiten erhöhen Kundenzufriedenheit, Wertschöpfung und ROI. |
| **Customer Equity** | Diskontierte Summe der Cashflows aller Kundenbeziehungen | Die Customer Equity generiert über die Zusammenfassung einzelner Kundenwerte den Unternehmenswert.<br>Hoher Wert:<br>• steigert den Unternehmenswert und<br>• sichert die Zukunftsfähigkeit des Unternehmens |
| **Renditevergleich** | R (Unternehmen) / R (Branche) | Misst Fähigkeit d. Managements, das Unternehmen werteorientiert zu führen.<br>> 1 = über Ø (strat. Vorteil)<br>< 1 = unter Ø |
| **Forschungspotenzial** | eigener Forschungsstand / Forschungsstand d. Konkurrenz | Zeigt Innovationsstärke, bewertet Ressourcennutzung und ermittelt Wettbewerbsfähigkeit (Vergleich auch für Fertigungs- u. Standortpotenzial etc. möglich). |

**Darstellung 204** Erfolgskennzahlen Performance Measurement und Auditing

### 14.2.3 Performance Measurement und Auditing: Checkliste

| | | |
|---|---|---|
| Planungs-, Steuerungs-, Kontrollfunktion des Controllings | Haben Sie ein leistungsfähiges Performance Measurement System installiert? | Ja ☐ Nein ☐ |
| | Werden zukünftige Erfolgspotenziale systematisch ermittelt? | Ja ☐ Nein ☐ |
| | Wurden die Controllingaufgaben klar definiert? | Ja ☐ Nein ☐ |
| | Verwenden Sie Leistungstreiber für die Effizienzmessung? | Ja ☐ Nein ☐ |
| | Kennen Sie die Einflussgrößen auf den Erfolg? | Ja ☐ Nein ☐ |
| Strategisches Controlling | Gibt es ein strategisches Controlling zur Aufdeckung zukünftiger Erfolgspotenziale? | Ja ☐ Nein ☐ |
| | Gibt es ein regelmäßiges Marketing-Audit? | Ja ☐ Nein ☐ |
| | Werden Marktattraktivität und Wettbewerbsstärke einem Performance Measurement unterzogen? | Ja ☐ Nein ☐ |
| | Werden durch Benchmarks Leistungssteigerungspotenziale aufgedeckt? | Ja ☐ Nein ☐ |
| Operatives Controlling | Nutzen Sie das operative Controlling zur Steuerung der Erfolgsgrößen? | Ja ☐ Nein ☐ |
| | Werden die Planungsgrößen einem Performance Measurement unterzogen? | Ja ☐ Nein ☐ |
| | Haben Sie durch den Einsatz geeigneter Systeme die Kostentransparenz hergestellt? | Ja ☐ Nein ☐ |
| Planung | Wurde die operative Planung schlüssig aus den strategischen Planungsinhalten abgeleitet? | Ja ☐ Nein ☐ |
| | Wurde die Planung mit qualitativen und quantitativen Zielgrößen hinterlegt? | Ja ☐ Nein ☐ |
| Tools | Verfügen Sie über Methoden, um den Kundenwert zu ermitteln? | Ja ☐ Nein ☐ |
| | Steuern Sie die Erfolgsmessung mit einem Kennzahlensystem? | Ja ☐ Nein ☐ |
| | Nutzen Sie adäquate Instrumente (z.B. BSC) zur Umsetzung des strategischen Controllings? | Ja ☐ Nein ☐ |
| | Verfügen Sie über ein Management-Informationssystem? | Ja ☐ Nein ☐ |
| | Können entscheidungsrelevante Informationen zeitnah und zielorientiert aufbereitet werden? | Ja ☐ Nein ☐ |
| | Gibt es klar kommunizierte Erfolgskennzahlen für das Performance Measurement? | Ja ☐ Nein ☐ |

**Darstellung 205** Checkliste Performance Measurement und Auditing

# 14.3 Performance Measurement und Auditing: Zusammenfassung

| Inhalte | Tools | Erfolgskennzahlen |
|---|---|---|
| • Planungs-, Steuerungs- und Kontrollaufgaben<br>- Leistungstreiber im Controlling<br>• strategisches Controlling<br>- Marketing-Audit<br>- Potenzialanalysen für den Markt<br>- Portfolioanalysen<br>- Benchmarking und Kostenstrukturanalysen<br>• operatives Controlling<br>- Absatz- und Umsatzplanung<br>- Kostentransparenz- und Wertanalyse<br>• von der strategischen zur operativen Planung | • Customer Equity<br>• Performance Measurement mit Kennzahlensystemen<br>• Balanced Scorecard<br>• Marktattraktivitäts-Wettbewerbsvorteils-Portfolio<br>• Deckungsbeitragsrechnungen<br>• computergestützte Informationssysteme<br>• Erfolgskennzahlen für Marketing und Vertrieb | • Economic Value Added (EVA)<br>• SGF-Entwicklung<br>• Produktivität<br>• Budgeteffizienz<br>• Zielerreichungsgrad<br>• Reaktionszeiten<br>• Customer Equity<br>• Renditevergleich<br>• Forschungspotenzial |

**Darstellung 206** Zusammenfassung Performance Measurement und Auditing

# E Zusammenfassung

Die Erfolgssicherung und damit die Erhaltung der Zukunftsfähigkeit von Unternehmen ist oberste Zielsetzung der Unternehmensleitungen. Speziell für Controller sowie Marketing- und Vertriebsmanager wurden in diesem Buch Anwendungsmöglichkeiten für Managementwerkzeuge aufgezeigt, um diese oberste Zielsetzung erfüllen zu können. Durch ein systematisches Management werden die Erfolgsorientierung, die Erfolgsmessung und die Erfolgsverbesserung transparent. Dadurch kann Handlungsbedarf schnell identifiziert werden. Die Erfolgskennzahlen dienen dem fortlaufenden Performance Measurement und ermöglichen die Steuerung und Kontrolle der eingeleiteten Maßnahmen. Die Umsetzung im Unternehmen wird durch die Bereitstellung von ausgewählten Instrumenten ermöglicht. Checklisten und Kennzahlen zu jedem vorgestellten Themengebiet erleichtern den schnellen Einsatz, jedes Themengebiet kann auch individuell betrachtet werden, da übergreifende Informationen an jeder relevanten Stelle im Buch gegeben werden.

In Darstellung 207 sind die sechs vorgestellten Themengebiete und deren Zielsetzungen nochmals im Überblick dargestellt.

In erster Linie dient einem Unternehmen eine gezielte markt-, wert- und prozessorientierte Ausrichtung der oben genannten Inhalte dazu, den Erfordernissen des Marktes aktiv zu begegnen, um die Unternehmensziele erfolgreich realisieren zu können. Basierend auf einer leistungsfähigen Organisation wird ein erheblicher Beitrag zum Unternehmenswert geleistet und dadurch das Geschäftsergebnis positiv beeinflusst.

**Darstellung 207** Dimensionen des Controllings

Zu jeder der oben aufgelisteten Dimensionen wurden die betreffenden Inhalte und Methoden zur Umsetzung vorgestellt, sowie Erfolgskennzahlen entwickelt. Die inhaltliche Betrachtung dient als erklärende Grundlage. Die Vorstellung von adäquaten Methoden zielt auf die praktische Umsetzung von zielführenden Maßnahmen ab. Die quantitativen Erfolgskennzahlen (EKZ) dienen zur Erfolgsmessung. Schließlich werden zu jedem der sechs Bereiche Checklisten zur Verfügung gestellt, welche eine Einschätzung der Performance erlauben und auf inhaltlicher Ebene Handlungsbedarf im Rahmen der markt-, werte und prozessorientierten Unternehmensorganisation identifizieren.

Durch die Nutzung der in diesem Buch gegebenen Informationen soll Unternehmen das Rüstzeug zur erfolgreichen Marktbearbeitung an die Hand gegeben werden. Den Schwerpunkt dabei bildet der Bereich Marketing und Vertrieb. Besonderes Augenmerk wird auf die Erhöhung des Unternehmenswertes gelegt, indem jede einzelne Empfehlung bzw. Maßnahme auf eine Wertgenerierung abzielt und in quantifizierbaren Größen dargestellt wird, um den Erfolg messbar zu machen.

Darstellung 208 zeigt die Zusammenhänge im Überblick.

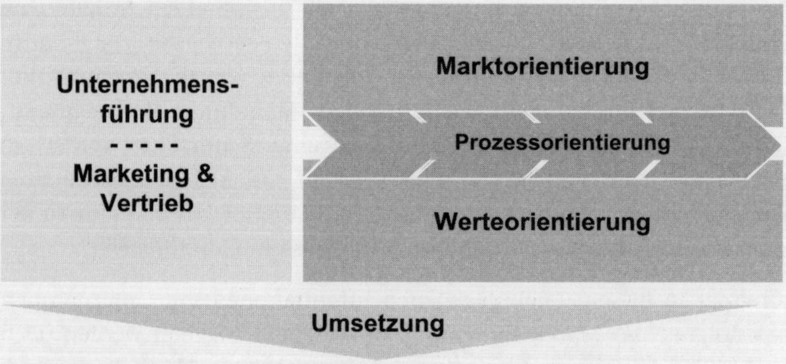


| | Inhalt | Tools |
|---|---|---|
| **Management, Organisation & Prozesse** | Erfolgsfaktoren, Unternehmens-/Geschäftsfeld-/Aufgabenfeldstrategie, Aufbauorg., Prozessorg., Prozessmgmt., BPR, Risikomgmt. |   |
| **Markt & Branche** | Marktanalyse, Umfeldanalyse, Branchenanalyse, Konkurrenzanalyse, Kundenanalyse |   |
| **Marketing & Vertrieb** | Marketingkonzeption, Positionierung, Preis-/Konditionen-/Kommunikationsmgmt., Vertriebsorg./-system, Vertriebsmgmt., Forderungsmgmt. |  |
| **Kunden & Lieferanten** | Beziehungslebenszyklus, Kundenwissen/IT, Kundenzufriedenheit/-begeisterung, Beschaffungsmarketing, Lieferantenmgmt., Sourcing Strat. | 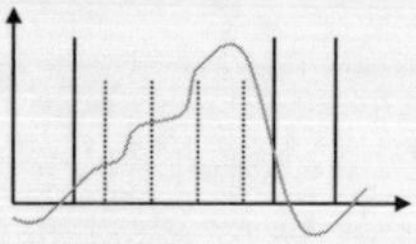 |
| **Produkte & Leistungserstellungsprozesse** | Produktpolitik, professionelles Produktmgmt., Produktionsorganisation, Produktionsplanung, Produktionssteuerung, Qualitätsmgmt., Six Sigma |  |
| **Performance Measurement & Auditing** | Leistungstreiber, Marketing-Audit, Potenzialanalysen (Markt), Portfolioanalysen, Benchmarking, Absatz-/Umsatzplanung, Planung | 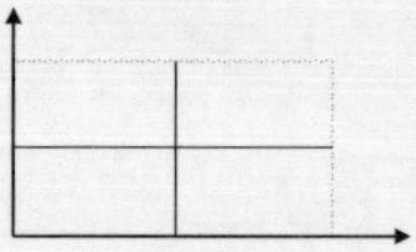 |

**Darstellung 208** Voraussetzungen und Inhalte für das Controlling in Marketing und Vertrieb

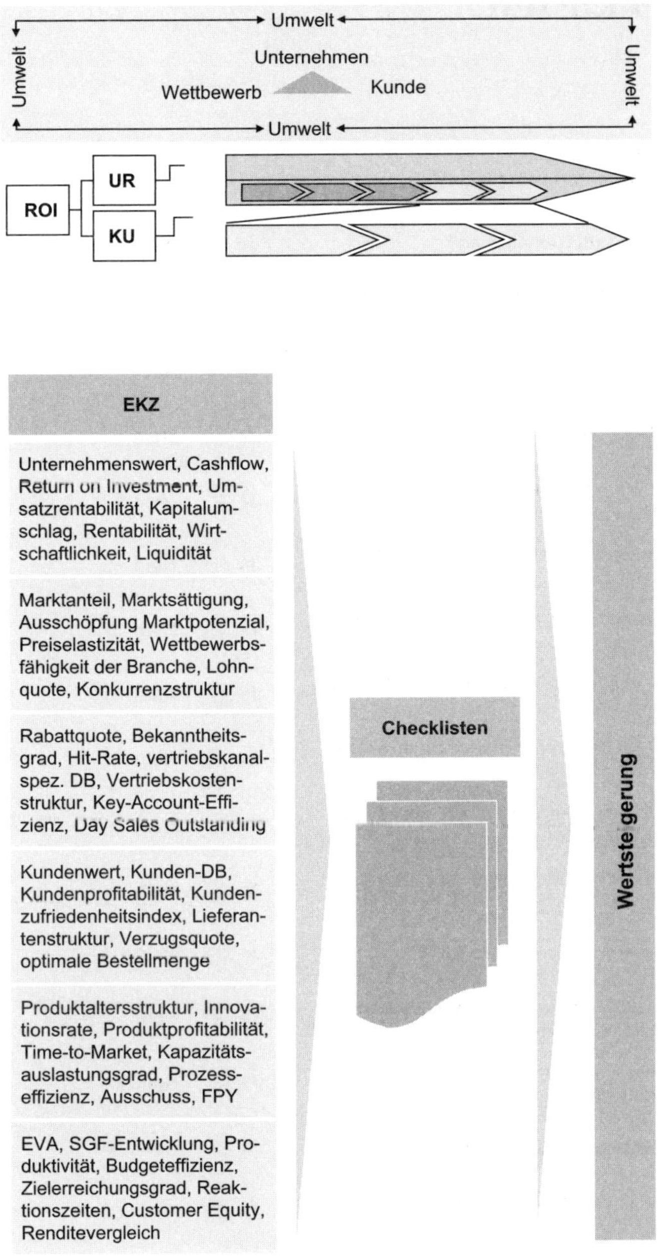


**Darstellung 208** Voraussetzungen und Inhalte für das Controlling in Marketing und Vertrieb *(Forts.)*

# Anhang I: Checklisten

| Management, Organisation und Prozesse | | | |
|---|---|---|---|
| Erfolgsfaktoren | Haben Sie die Erfolgsfaktoren identifiziert? | Ja | Nein |
| | Sichern Sie Ihre Wettbewerbsstellung durch geeignete Maßnahmen ab? | Ja | Nein |
| | Haben Sie die Erfolgsfaktoren systematisch entwickelt? | Ja | Nein |
| Strategische Planung | Gibt es eine verbindliche strategische Planung? | Ja | Nein |
| | Haben Sie die Unternehmensziele anforderungsgerecht formuliert? | Ja | Nein |
| | Verfolgen Sie eine gezielte Entwicklung der Vermögenswerte in Ihrem Unternehmen? | Ja | Nein |
| | Erfüllen die Kompetenzen des Unternehmens die Anforderungen? | Ja | Nein |
| | Wurden der Unternehmenszweck und die Unternehmensgenau definiert? | Ja | Nein |
| | Haben Sie die strategischen Geschäftsfelder genau festgelegt? | Ja | Nein |
| | Haben Sie für die strategischen Geschäftsfelder eine passende Strategie bestimmt? | Ja | Nein |
| | Haben Sie Aufgaben zur Umsetzung der Strategien erfolgsorientiert formuliert? | Ja | Nein |
| Organisation und Prozesse | Ist die Organisation marktorientiert aufgebaut? | Ja | Nein |
| | Haben Sie die Sekundärorganisation bereichsübergreifend in die Organisation implementiert? | Ja | Nein |
| | Haben Sie die Prozesse kategorisiert, um die Wertschöpfung zu erhöhen? | Ja | Nein |
| | Sind alle Prozesse effizient ausgerichtet? | Ja | Nein |
| | Kann das Management bei Störungen schnell reagieren (z.B. durch Business Process Reengineering)? | Ja | Nein |
| Risikomanagement | Haben Sie ein Risikomanagement implementiert? | Ja | Nein |
| | Haben Sie die einzelnen Risikoquellen analysiert? | Ja | Nein |
| | Haben Sie die Risikostrategie adäquat festgelegt und bewertet? | Ja | Nein |
| | Gibt es einen belastbaren Businessplan? | Ja | Nein |

| | Markt und Branche | | |
|---|---|---|---|
| Marktanalyse | Haben Sie die Marktgröße und das Marktwachstum beurteilt? | Ja | Nein |
| | Wissen Sie über die Marktcharakteristika Bescheid? | Ja | Nein |
| | Haben Sie die Marktattraktivität eingeschätzt? | Ja | Nein |
| | Kennen Sie die Schlüsselgrößen für Ihre Märkte? | Ja | Nein |
| Umfeldanalyse | Haben Sie Chancen und Risiken spezifiziert? | Ja | Nein |
| | Sind Ihnen die Komponenten der Umfeldentwicklung bekannt? | Ja | Nein |
| | Verfügen Sie über einen Maßnahmenplan, um Umfeldentwicklungen gegenzusteuern? | Ja | Nein |
| Branchenanalyse | Wurden die Triebkräfte des Branchenwettbewerbs analysiert? | Ja | Nein |
| | Haben Sie eine Beurteilung der Branchenattraktivität vorgenommen? | Ja | Nein |
| | Erfolgte eine Einschätzung der zukünftigen Branchenentwicklung? | Ja | Nein |
| Konkurrenzanalyse | Wissen Sie über die Stärken und Schwächen der Konkurrenz Bescheid? | Ja | Nein |
| | Erfolgte eine Einordnung der eigenen Wettbewerbsposition? | Ja | Nein |
| | Haben Sie Ihre eigenen Wettbewerbsvorteile abgeleitet? | Ja | Nein |
| Kundenanalyse | Kennen Sie die Bedarfslage der Kunden? | Ja | Nein |
| | Kennen Sie die Verhandlungsmacht der Kunden? | Ja | Nein |
| | Sind Ihnen die Kaufentscheidungsprozesse bekannt? | Ja | Nein |
| | Führen Sie Zufriedenheits- und Loyalitätsanalysen durch? | Ja | Nein |
| Tools | Haben Sie die Vermögenswerte, Kompetenzen und Kundenwünsche in Übereinstimmung gebracht (MAP)? | Ja | Nein |
| | Betreiben Sie Marktforschung, um Trends frühzeitig zu erkennen? | Ja | Nein |
| | Kennen Sie die Stellung Ihrer Produktgruppen im Markt und haben Sie passende Strategien abgeleitet? | Ja | Nein |

| Marketing und Vertrieb | | | |
|---|---|---|---|
| Marketing-konzeption | Gibt es eine Marketing-Konzeption, welche die marktorientierten Aufgaben koordiniert? | Ja | Nein |
| | Wurde ein umfassender Marketingplan erstellt? | Ja | Nein |
| Segmen-tierung | Wurde eine Marktsegmentierung zur Identifikation profitabler Zielgruppen durchgeführt? | Ja | Nein |
| | Werden Segmentierungsergebnisse auch für andere Aufgaben bereitgestellt? | Ja | Nein |
| Positionie-rung | Wurde eine Positionierungsanalyse vorgenommen? | Ja | Nein |
| | Wird die Strategie durch eine wirkungsvolle Positionierungsart umgesetzt? | Ja | Nein |
| Preis- und Konditionen-management | Werden alle Bestandteile des Preis- und Konditionenmanagements ausreichend berücksichtigt? | Ja | Nein |
| | Sind Sie auf den Preiswettbewerb optimal vorbereitet? | Ja | Nein |
| | Verfügen Sie über ein wirksames Preiscontrolling-System? | Ja | Nein |
| Kommunikations-management | Sind die kommunikationspolitischen Erfolgsfaktoren identifiziert und integriert? | Ja | Nein |
| | Ist die Marketing-Kommunikation wirtschaftlich auf die Ziele (Bekanntheit, Präferenzen, Marken) ausgerichtet? | Ja | Nein |
| | Ist der Einsatz der Kommunikationsinstrumente individuell auf die Zielpersonen abgestimmt? | Ja | Nein |
| Vertriebs-management | Ist die Vertriebsorganisation auf die Markterfordernisse effizient und ressourcenoptimal ausgerichtet? | Ja | Nein |
| | Werden besonders wichtige Schlüsselkunden individuell betreut? | Ja | Nein |
| | Steuern Sie den Vertriebsmanagementprozess mit aussagefähigen Erfolgskennziffern? | Ja | Nein |
| Kundendienst-management | Ist ein kunden- und wertorientiertes Kundendienstmanagement installiert? | Ja | Nein |
| | Sind die kaufmännischen und technischen Dimensionen des Kundendienstes prozessorientiert organisiert? | Ja | Nein |
| | Steuern Sie den Kundendienstmanagementprozess mit aussagefähigen Erfolgskennziffern? | Ja | Nein |
| Forderungs-manage-ment | Werden Risiken im Forderungsmanagement vorausschauend beurteilt? | Ja | Nein |
| | Ist ein konsequentes Forderungsmanagement installiert? | Ja | Nein |

| Kunden und Lieferanten | | | |
|---|---|---|---|
| Kundenbeziehungs-lebenszyklus | Kennen Sie den Wert Ihrer Kunden für das Unternehmen? | Ja | Nein |
| | Stehen Kundenwert und Aufwand in einem angemessenen Verhältnis? | Ja | Nein |
| | Wird die Kundenbeziehung systematisch gepflegt? | Ja | Nein |
| | Kennen Sie die Phasen des Kundenbeziehungslebenszyklus? | Ja | Nein |
| | Wurden gezielte Maßnahmen für die jeweiligen Phasen erarbeitet? | Ja | Nein |
| Kunden-wissen | Nutzen und generieren Sie stets Kundenwissen, um den Markt zielgruppenspezifisch bearbeiten zu können? | Ja | Nein |
| | Setzen Sie datenbankgestützte Informationstechnologien ein, um Kundenwissen systematisch zu generieren? | Ja | Nein |
| Kunden-zufriedenheit | Kennen Sie die Faktoren, welche die Kundenzufriedenheit bestimmen? | Ja | Nein |
| | Haben Sie die Werte der Kundenzufriedenheit ermittelt? | Ja | Nein |
| | Werden aus den Ergebnissen der Kundenzufriedenheitsanalyse Maßnahmen abgeleitet? | Ja | Nein |
| Integr. Beschaffungsmarketing | Ist der Beschaffungsprozess wertschöpfend aufgebaut? | Ja | Nein |
| | Bei welchen Gütern gibt es Abhängigkeiten und Beschaffungsrisiken? | Ja | Nein |
| | Untersuchen Sie die Beschaffungsmärkte konsequent auf Potenziale? | Ja | Nein |
| Lieferanten-management | Gibt es ein präventives Risikomanagement für Lieferanten? | Ja | Nein |
| | Bewerten Sie Ihre Lieferanten auf Grund ihrer tatsächlich erbrachten Leistungen? | Ja | Nein |
| | Leiten Sie aus der Lieferantenbewertung Entwicklungsmaßnahmen ab? | Ja | Nein |
| Sourcing-Strategien | Sind die Sourcing-Strategien zielorientiert begründet? | Ja | Nein |
| | Werden die Sourcing-Strategien einem Risikomanagement unterworfen? | Ja | Nein |
| Tools | Betreiben Sie eine Kundenqualifizierung mittels Portfolio verfahren? | Ja | Nein |
| | Ermitteln Sie die Beschaffungswirkungen, um den Prozess effizient zu steuern? | Ja | Nein |

| | Produkte und Leistungserstellungsprozesse | | |
|---|---|---|---|
| Produktpolitik | Ist die Produktpolitik auf Wertschaffung ausgerichtet? | Ja ☐ | Nein ☐ |
| | Haben Sie die Produktkonzepte im Hinblick auf die Nutzenstiftung überprüft? | Ja ☐ | Nein ☐ |
| | Sind alle nutzenbeeinflussenden Faktoren einbezogen? | Ja ☐ | Nein ☐ |
| | Sind Produktprogramm und Sortiment auf Märkte und Kunden abgestimmt? | Ja ☐ | Nein ☐ |
| | Führen Sie eine Betrachtung des Produktlebenszyklus durch? | Ja ☐ | Nein ☐ |
| Produktmanagement | Haben Sie ein professionelles Produktmanagement implementiert? | Ja ☐ | Nein ☐ |
| | Sind die einzelnen Prozessphasen aufgabenadäquat definiert? | Ja ☐ | Nein ☐ |
| | Werden in den einzelnen Phasen spezifische Tests und Wirtschaftlichkeitsbetrachtungen durchgeführt? | Ja ☐ | Nein ☐ |
| Produktion und Qualität | Sorgt die Organisation der Prozesse für reibungslose Prozesse? | Ja ☐ | Nein ☐ |
| | Wird in der Produktion die Wertschöpfung erhöht und Verschwendung vermieden? | Ja ☐ | Nein ☐ |
| | Ist das Qualitätsmanagement so ausgerichtet, dass Fehler vermieden werden? | Ja ☐ | Nein ☐ |
| | Werden Fehlermöglichkeiten-Einfluss-Analysen zur Risikoabschätzung durchgeführt? | Ja ☐ | Nein ☐ |
| | Dient das Qualitätsmanagement auch der Optimierung des Kundennutzens? | Ja ☐ | Nein ☐ |
| | Werden die verschiedenen Dimensionen der Qualität regelmäßigen Überprüfungen unterzogen? | Ja ☐ | Nein ☐ |
| | Wird systematisch nach den Ursachen für Fehler gesucht? | Ja ☐ | Nein ☐ |
| | Gibt es eine wirkungsvolle Qualitätssicherung? | Ja ☐ | Nein ☐ |
| Tools | Werden die Bruchstellen (Gaps) bei der Produktentwicklung ausgeschaltet? | Ja ☐ | Nein ☐ |
| | Werden die Prozessphasen im Produktmanagement systematisch abgearbeitet? | Ja ☐ | Nein ☐ |
| | Sind die Produktionsplanungs- und -steuerungssysteme auf die Belange abgestimmt und auf Effizienz getrimmt? | Ja ☐ | Nein ☐ |
| | Werden Flussdiagramme und Treiberbäume systematisch analysiert? | Ja ☐ | Nein ☐ |

| | Performance Measurement und Auditing | | |
|---|---|---|---|
| Planungs-, Steuerungs-, Kontrollfunktion des Controllings | Haben Sie ein leistungsfähiges Performance Measurement System installiert? | Ja ☐ | Nein ☐ |
| | Werden zukünftige Erfolgspotenziale systematisch ermittelt? | Ja ☐ | Nein ☐ |
| | Wurden die Controllingaufgaben klar definiert? | Ja ☐ | Nein ☐ |
| | Verwenden Sie Leistungstreiber für die Effizienzmessung? | Ja ☐ | Nein ☐ |
| | Kennen Sie die Einflussgrößen auf den Erfolg? | Ja ☐ | Nein ☐ |
| Strategisches Controlling | Gibt es ein strategisches Controlling zur Aufdeckung zukünftiger Erfolgspotenziale? | Ja ☐ | Nein ☐ |
| | Gibt es ein regelmäßiges Marketing-Audit? | Ja ☐ | Nein ☐ |
| | Werden Marktattraktivität und Wettbewerbsstärke einem Performance Measurement unterzogen? | Ja ☐ | Nein ☐ |
| | Werden durch Benchmarks Leistungssteigerungspotenziale aufgedeckt? | Ja ☐ | Nein ☐ |
| Operatives Controlling | Nutzen Sie das operative Controlling zur Steuerung der Erfolgsgrößen? | Ja ☐ | Nein ☐ |
| | Werden die Planungsgrößen einem Performance Measurement unterzogen? | Ja ☐ | Nein ☐ |
| | Haben Sie durch den Einsatz geeigneter Systeme die Kostentransparenz hergestellt? | Ja ☐ | Nein ☐ |
| Planung | Wurde die operative Planung schlüssig aus den strategischen Planungsinhalten abgeleitet? | Ja ☐ | Nein ☐ |
| | Wurde die Planung mit qualitativen und quantitativen Zielgrößen hinterlegt? | Ja ☐ | Nein ☐ |
| Tools | Verfügen Sie über Methoden, um den Kundenwert zu ermitteln? | Ja ☐ | Nein ☐ |
| | Steuern Sie die Erfolgsmessung mit einem Kennzahlensystem? | Ja ☐ | Nein ☐ |
| | Nutzen Sie adäquate Instrumente (z.B. BSC) zur Umsetzung des strategischen Controllings? | Ja ☐ | Nein ☐ |
| | Verfügen Sie über ein Management-Informationssystem? | Ja ☐ | Nein ☐ |
| | Können entscheidungsrelevante Informationen zeitnah und zielorientiert aufbereitet werden? | Ja ☐ | Nein ☐ |
| | Gibt es klar kommunizierte Erfolgskennzahlen für das Performance Measurement? | Ja ☐ | Nein ☐ |

# Anhang II: Erfolgskennzahlen

| Management, Organisation und Prozesse | | |
|---|---|---|
| **Kennzahl** | **Berechnung** | **Interpretation für Rating** |
| **Unternehmenswert** | $\sum_{t=0}^{\infty} \frac{\text{freier Cashflow}_t}{(1 + \text{WACC}_t)^t} - FK_M$<br>WACC = gewichtete Kapitalkosten<br>$FK_M$ = Marktwert des FK | Hoher Unternehmenswert:<br>• reduziert die Ausfallwahrscheinlichkeit des Unternehmens und<br>• unterstützt somit das Ratingergebnis positiv. |
| **Cashflow** | Jahresüberschuss<br>+ nicht auszahlungswirksame Aufwendungen (Abschreibung)<br>- nicht einzahlungswirksame Erträge (Rückstellung)<br>= Cashflow | Hoher Cashflow:<br>• weist auf eine gute Ertragslage des Unternehmens hin<br>• beschreibt die Schuldentilgungsfähigkeit |
| **Return on Investment (ROI)** | Umsatzrentabilität * Kapitalumschlag | Zeigt, ob zwischen Umsatz/ Umsatzrentabilität und bereitgestelltem Kapital (Bilanzsumme) ein gesundes Verhältnis besteht. |
| **Umsatzrentabilität** | $\frac{\text{Ord. Betriebsergebnis} * 100}{\text{Umsatz}}$ | Gibt Auskunft über den Erfolg pro Umsatzeinheit.<br>Ziel: hohe U-Rentabilität |
| **Kapitalumschlag** | $\frac{\text{Umsatz}}{\text{Gesamtvermögen}}$ | Zeigt, wie intensiv die Vermögensgegenstände genutzt werden (Umschlagshäufigkeit). |
| **Rentabilität** | $\frac{\text{Kapitalertrag (Gewinn)}}{\text{Kapitaleinsatz}}$ | Misst die Effektivität des zur Wertschöpfung eingesetzten Kapitals.<br>Ziel: hohe Kapitalrentabilität |
| **Wirtschaftlichkeit** | $\frac{\text{Ertrag}}{\text{Aufwand}}$ | Wirtschaftlichkeit wird durch Ertragssteigerungen u./od. Aufwandssenkungen erhöht. |
| **Liquidität 1. Grades** | $\frac{\text{Zahlungsmittel} * 100}{\text{kurzfristige Verbindlichkeiten}}$ | Fähigkeit des Unternehmens, kurzfristige Verbindlichkeiten mit vorhandenen Mitteln zurückzuzahlen.<br>Richtwert: 10 - 20% |
| **Liquidität 2. Grades** | $\frac{(\text{Liquide Mittel} + \text{kurzfristige Forderungen}) * 100}{\text{kurzfristige Verbindlichkeiten}}$ | Rückzahlungsfähigkeit kurzfristiger Verbindlichkeiten durch liquide Mittel zzgl. kurzfristige Forderungen.<br>Richtwert: 100 - 120% |
| **Liquidität 3. Grades** | $\frac{(\text{Liquide Mittel} + \text{kurzfristige Forderungen} + \text{Vorräte}) * 100}{\text{kurzfristige Verbindlichkeiten}}$ | Zeigt, inwieweit kurzfristige Verbindlichkeiten durch das gesamte Umlaufvermögen gedeckt werden können.<br>Richtwert: 120 - 150% |

| Markt und Branche | | |
|---|---|---|
| **Kennzahl** | **Berechnung** | **Interpretation für Rating** |
| **Marktanteil (absolut)** | Umsatz des eigenen Unternehmens * 100 / Gesamtumsatz des Marktes | Hoher Marktanteil:<br>• gute wirtschaftliche Stellung im Markt<br>• lässt auf geringe Wettbewerbsintensität schließen |
| **Marktanteil (relativ)** | eigener Marktanteil / Marktanteil des größten Konkurrenten | Hoher relativer Marktanteil:<br>• starke Stellung gegenüber der Konkurrenz |
| **Marktanteils-entwicklung** | Marktanteil in einer Periode * 100 / Marktanteil Vergleichsperiode | Zeigt die Entwicklung der Marktstellung eines Unternehmens. |
| **Marktsättigung** | Marktvolumen * 100 / Marktpotenzial | Hohe Marktsättigung:<br>• geringe Marktchancen<br>• weit fortgeschrittene Stellung im Lebenszyklus |
| **Ausschöpfung des Marktpotenzials** | eigener Umsatz / Gesamtumsatzpotenzial am Markt bzw. im Segment | Hohe Potenzialausschöpfung:<br>• starke Marktstellung gegenüber Konkurrenz |
| **Preiselastizität des Marktes** | Δ Umsatz / Δ Preis | Hohe Preiselastizität:<br>• eingeschränktes Preisdurchsetzungsvermögen von Unternehmen |
| **Wettbewerbs-fähigkeit der Branche** | Exportpreis eines Gutes / Weltmarktpreis eines Gutes | Bei einer Erhöhung der relativen Preise verschlechtert sich die Wettbewerbsfähigkeit einer Branche. |
| **Lohnquote** | Ø Lohnzahlungen der Branche / Branchenumsatz | Die Lohnquote misst die Beschäftigungsintensität der Branche. Eine Veränderung bedeutet eine Veränderung der Kostenbelastung der Unternehmen. |
| **Konkurrenzstruktur** | Marktvolumen der Konkurrenz / Marktvolumen gesamt | Gibt Aufschluss über die Marktstellung der Konkurrenz. |
| **Branchenrentabilität** | Ø Unternehmensrentabilität einer bestimmten Branche | Informiert über Rentabilität und Wettbewerbsintensität in einer Branche. |
| **Marktattraktivität** | Δ Marktvolumen / Δ Marktvolumen im Vorjahr | Je stärker die Summe der Umsätze im Markt (Marktvolumen) steigt, umso attraktiver ist der Markt. |

| Marketing und Vertrieb | | |
|---|---|---|
| **Kennzahl** | **Berechnung** | **Interpretation für Rating** |
| **Rabattquote** | $\frac{\text{Rabattsumme} * 100}{\text{Bruttoumsatz}}$ | Niedrige Rabattquote:<br>• erhöht Rentabilität des Unternehmens<br>• zeigt Verhandlungs-effizienz |
| **Relativer Preisindex** | $\frac{\text{eigener Angebotspreis}}{\text{Angebotspreis der Konkurrenz}}$ | Vergleicht die Preisniveaus und ermöglicht Abschätzung des Erlöspotenzials. |
| **Bekanntheitsgrad** | $\frac{\text{positive Rückmeldungen} * 100}{\text{Anzahl der Befragungen}}$ | Je größer die Rate, umso stärker die Marktposition und Kaufwahrscheinlichkeit bei positivem Image. |
| **Rücklaufquote** | $\frac{\text{Rücklauf} * 100}{\text{Aussendungen}}$ | Hohe Rücklaufquote:<br>• effizientes Direktmarketing<br>• unterstützt Geschäftsan-bahnung |
| **Hit-Rate** | $\frac{\text{gewonnene Aufträge} * 100}{\text{Anzahl Verhandlungen}}$ | Misst die Effizienz im Vertriebsprozess und lässt auf die Effektivität der Kundenplanung schließen. |
| **Vertriebskanal-spezifischer Deckungsbeitrag** | vertriebskanalbedingte Erlöse<br>- vertriebskanalbedingte Kosten des Herstellers<br>= vertriebskanalspezifischer DB | Zeigt den Erfolgsbeitrag von Vertriebskanälen u. ermög-licht den Effizienzvergleich verschiedener Kanäle. |
| **Vertriebskosten-struktur** | $\frac{\text{variable Vertriebskosten} * 100}{\text{Vertriebsgesamtkosten}}$ | Ausschlaggebend für die Effizienz des Vertriebs. Hohe Fixkosten decken Optimierungsbedarf auf. |
| **Key-Account-Effizienz** | $\frac{\text{Netto-Auftragssumme eines Schlüsselkunden} * 100}{\text{Akquisitionskosten}}$ | Bildet die Effizienz der Key-Account-Aktivitäten ab und deckt bei niedrigen Raten Optimierungspotenziale auf. |
| **Day Sales Outstanding (Forderungslaufzeit)** | $\frac{\text{Ø Forderungsbestand} * 365}{\text{Umsatz pro Jahr}}$ | Die Verweildauer der Forderungen basiert auf dem Zahlungsverhalten der Schuldner.<br>Hoher Wert:<br>• deutet auf drohende Forderungsausfälle hin |
| **Forderungsqualität** | $\frac{\sum \text{fälliger Forderungen} * 100}{\sum \text{aller Forderungen}}$ | Gilt als Frühindikator für die Marktentwicklung.<br>Niedrige Quote:<br>• hohe Forderungsqualität<br>• geringeres Liquiditätsrisiko |

| Kunden und Lieferanten | | |
|---|---|---|
| **Kennzahl** | **Berechnung** | **Interpretation für Rating** |
| **Kundenwert (Customer-Lifetime-Value)** | Summe der abdiskontierten Einzahlungsüberschüsse eines Kunden über Zeit der Kundenbeziehung | Ermittelt den Gewinnbeitrag pro Kunde über die voraussichtliche Beziehungsdauer. Hoher Wert: • zukünftige Profitabilität der Geschäftsbeziehung |
| **Kundenkonzentration (ABC-Analyse)** | $\frac{\text{kumulierter Anteil am Gesamtumsatz}}{\text{kumulierter Anteil an der Gesamtzahl der Kunden}}$ | Klassifiziert Kunden (oder auch Lieferanten) nach ihrer Umsatzbedeutung. • lässt Rückschlüsse auf Abhängigkeiten zu |
| **Neukundenintensität bzw. Kundenbindung** | $\frac{\text{Umsatz mit Neukunden / Altkunden} * 100}{\text{Gesamtumsatz}}$ | Misst Erfolg der Neukundenakquisition/Kundenbindung, in Relation zum Umsatz. Hohe Quote: • zeugt v. Vertriebseffizienz • sichert Zukunftsfähigkeit |
| **Kunden-deckungsbeitrag** | Kundenerlöse – zurechenbare Kosten | Erlaubt eine Einordnung der Kunden in Rentabilitätsgruppen. |
| **Kundenprofitabilität** | $\frac{\text{Kunden-Deckungsbeitrag} * 100}{\text{Kundenumsatz}}$ | Hohe Rate: • Indikator für effektives Kundenmanagement |
| **Kunden-zufriedenheitsindex** | Erfassung direkter Stärken-/Schwächen-Aussagen zu Kunden bzgl. Produkten/DL | Deckt Potenziale zur Zufriedenheitssteigerung auf und ist Abwanderungsindikator. |
| **Lieferanteil** | $\frac{\text{Jahreseinkaufsbudget des Kunden} * 100}{\text{Jahresumsatz mit Kunden}}$ | Hinweis auf mögliche gegenseitige Abhängigkeiten und unzureichende Kundenpflege. Hohe Rate: • Rentabilitätssteigerung • starke Verhandlungsmacht |
| **Verzugsquote** | $\frac{\text{Anzahl nicht eingehaltener Liefertermine} * 100}{\text{Gesamtzahl erhaltener Lieferungen}}$ | Veränderungen d. Kennzahl beeinflussen über Material- u. Beschaffungskosten die Rentabilität. Niedrige Quote: • hohe Lieferzuverlässigkeit |
| **Optimale Bestellmenge** | $X_{opt} = \sqrt{\frac{2 * B * BK_{fix}}{p * (i + I)}}$<br>B = Bedarf pro Jahr in Stück<br>$BK_{fix}$ = rel. Kosten je Bestellakt<br>p = Einstandspreis pro Stück<br>i = Zinskosten in % pro Jahr<br>I = Lagerkosten in % d. Menge | Bei der opt. Bestellmenge sind Beschaffungs- und Lagerkosten am niedrigsten. Durch gleichförmige Nachfrage des Jahresbedarfs wird die Kapitalbindung reduziert. |

| Produkte und Leistungserstellungsprozesse | | |
|---|---|---|
| **Kennzahl** | **Berechnung** | **Interpretation für Rating** |
| **Produktaltersstruktur** | (Anzahl neuer / junger / alter Produkte * 100) / Gesamtanzahl Produkte | Gibt Auskunft über die Zukunftsträchtigkeit des Unternehmens. Ein ausgewogenes Verhältnis sichert die zukünftige Ertragskraft. |
| **Innovationsrate** | (Umsatz mit Neuprodukten * 100) / Gesamtumsatz | Zeigt, welchen Anteil die neuen Produkte am Gesamtumsatz haben. |
| **Deckungsbeitrag/ Umsatz-Steuerung** | (DB der A/B/C-Artikel * 100) / Umsatz der A/B/C-Artikel | Gibt Aufschluss über den Erfolg einzelner Produkte bzw. Produktgruppen. |
| **Produktprofitabilität** | (DB des Produktes * 100) / gesamter Deckungsbeitrag | Bestimmt die Relevanz des Produktes für die Ertragssteigerung im Unternehmen und misst die Effektivität der Marketingaktivitäten. |
| **Produktkostenindex** | eigene Produkt-Stückkosten / Konkurrenz-Produkt-Stückkosten | Deckt Potenziale für Wettbewerbsvorteile auf.<br>Niedrige Rate:<br>• hohe Kosteneffizienz |
| **Time-to-Market (relativ)** | Dauer von der Produktentwicklung bis zur -platzierung am Markt / Zeitdauer beim stärksten Konkurrenten | Zeigt die Fähigkeit des Unternehmens, Entwicklungsprozesse effizient zu gestalten (→ Rate <1) und dadurch die Profitabilität zu erhöhen. |
| **Kapazitätsauslastungsgrad** | ((Plan-)Beschäftigung * 100) / maximale Kapazität | Gibt Aufschluss über Effizienz des Mitteleinsatzes im Produktionsprozess. |
| **Prozesseffizienz** | (wertschöpfende Zeit * 100) / Durchlaufzeit | Eine niedrige Prozesseffizienz deutet auf geringe Wertschöpfung hin u. identifiziert Potenziale zur Kosten- u. Durchlaufzeitreduzierung. |
| **Ausschuss** | Anzahl fehlerhafter Einheiten / Einheiten gesamt | Beschreibt den Anteil fehlerhafter Einheiten (inkl. Nacharbeiten). Je niedriger die Rate, umso besser ist die Prozessqualität. |
| **First Pass Yield (FPY)** | $1 - \left(\frac{\text{Nacharbeit in Stück}}{\text{Input in Stück}}\right)$ | Nur die Ergebnisse werden als korrekt gewertet, die sämtliche Prozesse auf Anhieb u. ohne Nacharbeit fehlerfrei durchlaufen.<br>Niedriger FPY → geringe Fehlleistungskosten. |

| Performance Measurement und Auditing | | |
|---|---|---|
| **Kennzahl** | **Berechnung** | **Interpretation für Rating** |
| **Economic Value Added (EVA)** | EVA = NOPAT - WACC x eingesetztes Kapital<br><br>NOPAT = Geschäftsergebnis nach Steuern<br>WACC = gewichtete Kapitalkosten | Instrument für Investitionsentscheidungen.<br>Positiver EVA:<br>• Geschäftseinheit, Projekt, Produktlinie o.ä. verdient mehr als die Kapitalkosten betragen. |
| **SGF-Entwicklung** | $\frac{\text{deckungsbeitragsbezogener Umsatz Periode t}}{\text{deckungsbeitragsbezogener Umsatz Basisperiode}}$ | Positive SGF-Entwicklung:<br>• weist auf Steigerung des Unternehmenswerts hin<br>• trägt zur Zielerreichung bei |
| **Produktivität** | $\frac{\text{Output}}{\text{Input}}$ | Optimale Ressourcennutzung erhöht die Ertragskraft des Unternehmens. |
| **Budgeteffizienz** | $\frac{\text{Wertschöpfung}}{\text{projektbezogenes Budget}}$ | Ermittelt Ausmaß der Effizienz durch Einsatz des Budgets. |
| **Zielerreichungsgrad** | $\frac{\text{Zielgröße IST}}{\text{Zielgröße SOLL}}$ | Indikator für die Planungsgenauigkeit sowie Steuerungs- u. Kontrollfähigkeit des Unternehmens. |
| **Reaktionszeiten** | Zeitspanne zwischen zwei Ereignissen | Kurze Reaktionszeiten erhöhen Kundenzufriedenheit, Wertschöpfung und ROI. |
| **Customer Equity** | Diskontierte Summe der Cashflows aller Kundenbeziehungen | Die Customer Equity generiert über die Zusammenfassung einzelner Kundenwerte den Unternehmenswert.<br>Hoher Wert:<br>• steigert den Unternehmenswert und<br>• sichert die Zukunftsfähigkeit des Unternehmens |
| **Renditevergleich** | $\frac{\text{R (Unternehmen)}}{\text{R (Branche)}}$ | Misst Fähigkeit d. Managements, das Unternehmen werteorientiert zu führen.<br>> 1 = über Ø (strat. Vorteil)<br>< 1 = unter Ø |
| **Forschungspotenzial** | $\frac{\text{eigener Forschungsstand}}{\text{Forschungsstand d. Konkurrenz}}$ | Zeigt Innovationsstärke, bewertet Ressourcennutzung und ermittelt Wettbewerbsfähigkeit (Vergleich auch für Fertigungs- u. Standortpotenzial etc. möglich). |

# Literaturverzeichnis


1. Ackerschott, H. (1997): Vertriebssteuerungssysteme: Intelligente Waffe im Wettbewerb, in: salesprofi, Nr. 9, September 1997.
2. Alter, R. (2011): Strategisches Controlling – Unterstützung des strategischen Managements, München 2011.
3. Backhaus, K. (2003): Industriegütermarketing, 7. Auflage, München 2003.
4. Baier, P. (2008): Praxishandbuch Controlling – Controllinginstrumente, Unternehmensplanung und Reporting, München 2008.
5. Barth, Th./Barth, D. (2004): Controlling, München 2004.
6. Baum, H.-G./Coenenberg, A./Günther, T. (2007): Strategisches Controlling, 4. Auflage, Stuttgart 2007.
7. Becker, J. (2000): Marketing-Strategien – systematische Kursbestimmung in schwierigen Märkten, München 2000.
8. Becker, J. (2002): Marketing-Konzeption: Grundlagen des ziel-strategischen und operativen Marketing-Managements, 7. Auflage, München 2002.
9. Berning, R. (2001): Grundlagen der Produktion, Produktionsplanung und Beschaffungsmanagement, Berlin 2001.
10. Beutin, N./Schuppar, B. (2003): Der Preis macht die Rendite, Preismanagement in der Industrie, in: salesBusiness 8/2003.
11. Benkenstein, M. (2002): Strategisches Marketing: Ein wettbewerbsorientierter Ansatz, 2. Auflage, Stuttgart 2002.
12. Birker, K. (1998): Management Organisation, Berlin 1998.
13. Birkigt, K./Stadler, M./Funck, H. (2000): Corporate Identity, Grundlagen, Funktionen, Fallbeispiele, 10. Auflage, Landsberg/Lech 2000.
14. Biermann, T. (2007): Kompakt Training Dienstleistungsmanagement, 2. Auflage, Ludwigshafen, 2007.
15. Bleicher, K. (2011): Das Konzept Integriertes Management, Visionen – Missionen – Programme, 8. Auflage, Frankfurt/New York 2011.
16. Börnecke, D. (2005): Basiswissen für Führungskräfte, Recht und Finanzen, Organisation, Strategie, Personal, Marketing und Selbstmanagement, 4. Auflage, Erlangen 2005.
17. Boutellier, R./Locker, A. (1998): Beschaffungslogistik, mit praxiserprobten Konzepten zum Erfolg, München/Wien 1998.
18. Braunstein, R. (2008): Die Controllingpioniere – Beiträge zur Geschichte des deutschsprachigen Controlling, Saarbrücken 2008.
19. Broecheler, K./Schönberger, C (2004): Six Sigma für den Mittelstand – weniger Fehler, zufriedenere Kunden und mehr Profit, Frankfurt 2004.
20. Bruhn, M. (2001): Relationship Marketing: Das Management von Kundenbeziehungen, München 2001.
21. Bruhn, M. (2002): Integrierte Kundenorientierung, Implementierung einer kundenorientierten Unternehmensführung, Wiesbaden 2002.
22. Bruhn, M. (2003): Kommunikationspolitik – Systematischer Einsatz der Kommunikation für Unternehmen, 2. Auflage, München 2003.
23. Bruhn, M. (2005): Kommunikationspolitik, 3. Auflage, München 2005.
24. Bruhn, M./Steffenhagen, H. (1998): Marktorientierte Unternehmensführung: Reflexionen – Denkanstöße – Perspektiven, 2. Auflage, Wiesbaden 1998.
25. Bruns, J. (1999): Direktwerbung im Business-to-Business-Bereich, in: Pepels, W. (1999): Business-to-Business-Marketing, Handbuch für Vertrieb, Technik, Service, Kriftel/Ts. 1999.

26. Bundesministerium für Wirtschaft und Technologie (BMWI) (2006): GründerZeiten, Nr. 46, aktualisierte Ausgabe März 2006, BMWI, Berlin 2006
27. Call, G. (1997): Entstehung und Markteinführung von Produktneuheiten – Entwicklung eines prozessintegrierten Konzepts, Wiesbaden 1997.
28. Coenenberg, A. (2005): Jahresabschluss und Jahresabschlussanalyse, 20. Auflage, Stuttgart 2005.
29. Coenenberg, A./Salfeld, R. (2003): Wertorientierte Unternehmensführung, Stuttgart 2003.
30. Copeland, T./Koller, T./Murrin, J./McKinsey & Company (2002): Unternehmenswert: Methoden und Strategien für eine wertorientierte Unternehmensführung, 3. Auflage, Frankfurt am Main 2002.
31. Czenskowsky, T. (2007): Das Controlling im After Sales Service-Management, in: Pepels, W. (Hrsg.) (2007): After Sales Service: Geschäftsbeziehungen profitabel gestalten, 2. Auflage, S. 363-389, Düsseldorf 2007.
32. Diller, H. (2006): Die Bedeutung des Beziehungsmarketings für den Unternehmenserfolg, in: Hippner, H./Wilde, K. (2006): Grundlagen des CRM, Konzepte und Gestaltung, 2. Auflage, Wiesbaden 2006.
33. Edditrex (2006): Checkliste Stärken-/Schwächenanalyse: auf http://www.edditrex.de/scripts/consulting/swot_analyse.pdf, 12.08.2006.
34. Ehrmann, H. (2004): Kompakt-Training Logistik, 2. Auflage, Ludwigshafen (Rhein) 2004.
35. Ehrmann, H. (2003): Marketing-Controlling, 4. Auflage, Ludwigshafen (Rhein) 2003.
36. Ellringmann, H. (2000): Geschäftsprozesse ganzheitlich managen: Leistungsstarke, kundenorientierte Arbeitsabläufe durch Integration von Qualitätssicherung, Umweltschutz und Arbeitssicherheit, Köln 2000.
37. Eversheim, W. (1997): Prozessorientiertes Qualitätscontrolling, Berlin/Heidelberg 1997.
38. Fank, M. (2001): Einführung in das Informationsmanagement, 2. Auflage, Oldenburg/München/Wien 2001
39. Fleisher, C./Bensoussan, B. (2003): Strategic and competitve analysis, New Jersey 2003.
40. Fritz, W./von der Oelsnitz, D. (1998): Marketing – Elemente marktorientierter Unternehmensführung, 2. Auflage, Stuttgart/Berlin/Köln 1998.
41. Gaitanides, M./Scholz, R./Vrohlings, A./Raster, M. (1994): Prozessmanagement: Konzepte, Umsetzungen und Erfahrungen des Reengineering, München/Wien 1994.
42. Gladen, W. (2008): Performance Measurement – Controlling mit Kennzahlen, 4. Auflage, Wiesbaden 2008.
43. Gleißner, W./Füser, K. (2003): Leitfaden Rating: Basel II: Rating-Strategien für den Mittelstand, 2. Auflage, München 2003.
44. Goehrmann, K. (2000): Creating Value: Die Rolle des Marketing als Werttreiber, in: Absatzwirtschaft Sondernummer Oktober 2000.
45. Gouthier, M. (2006): Neukundenmanagement, in: Hippner, H./Wilde, K. (2006): Grundlagen des CRM, Konzepte und Gestaltung, 2. Auflage, Wiesbaden 2006.
46. Gruber, H. (1995): Controlling im Wandel: Der dornige Weg des Controllers vom Medizinmann zum Dienstleister, in: Wagenhofer, A./Gutschelhofer, A. (1995): Controlling und Unternehmensführung, Wien 1995.
47. Grünig, R./Kühn, R. (2005): Methodik der strategischen Planung, 3. Auflage, Bern 2005.
48. Gruner + Jahr AG & Co.KG (2005a): Mind04, Tabellenband, Studie: Mittelstand in Deutschland 04, Köln 2005.
49. Gruner + Jahr AG & Co.KG (2005b): Mind04, Studie: Mittelstand in Deutschland 04, Köln 2005.
50. Günter, B./Kuhl, M. (2000): Industrielles Beschaffungsmanagement, in: Kleinaltenkamp, M./Plinke, W. (2000): Technischer Vertrieb, Grundlagen des Business-to-Business Marketing, Berlin/Heidelberg 2000.
51. Haberberg, A./Rieple, A. (2001): The Strategic Management of Organisations, Harlow 2001.
52. Hahn, D. (2003): Organisation des Controlling, in: Horváth, P./Reichmann, Th. (2003): Vahlens Großes Controllinglexikon, 2. Auflage, München 2003.
53. Handlbauer, G. (2000): Kundenorientiertes Wissensmanagement, in: Hinterhuber, H./Matzler, K. (2000): Kundenorientierte Unternehmensführung, Kundenorientierung – Kundenzufriedenheit – Kundenbindung, 2. Auflage, Wiesbaden 2000.
54. Hammer, M./Champy, J. (1995): Business Reengineering – Die Radikalkur für das Unternehmen, 5. Auflage, Frankfurt a. Main/New York 1995.

55. Hammer, R. (2011): Planung und Führung, 8. Auflage, München 2011.
56. Hartleben, R. E. (2001): Werbekonzeption und Briefing: Ein praktischer leitfaden zum Erstellen zielgruppenspezifischer Werbe- und Kommunikationskonzepte, Erlangen 2001.
57. Hartmann, H. (2004): Lieferantenmanagement, Gestaltungsfelder, Methoden, Instrumente mit Beispielen aus der Praxis, Gernsbach 2004.
58. Hartmann, M. (2003a): Change Studie, Mittelständisches Unternehmertum 2011, Fact Book, HVB Corporate Markets, Juli 2003.
59. Hartmann, M. (2003b): Change Studie, Mittelständisches Unternehmertum 2011, HVB Corporate Markets, Juli 2003.
60. Helm, S./Günter, B. (2001): Kundenwert – eine Einführung in die theoretischen und praktischen Herausforderungen der Bewertung von Kundenbeziehungen, in: Günter, B./Helm, S. (2001): Kundenwert, Grundlagen – Innovative Konzepte – Praktische Umsetzungen, Wiesbaden 2001.
61. Henn, H. (2007): Mit Systematik zum Vertriebserfolg, in: salesBusiness, Heft 9, September 2007.
62. Hildebrandt, K. (2001): Informationsmanagement – Wettbewerbsorientierte Informationsverarbeitung mit Standard-Software und Internet, 2. Auflage, München/Wien 2001.
63. Hinterhuber, H./Matzler, K. (2000): Kundenorientierte Unternehmensführung, Kundenorientierung – Kundenzufriedenheit – Kundenbindung, 2. Auflage, Wiesbaden 2000.
64. Hippner, H. (2006): CRM – Grundlagen, Ziele und Konzepte, in: Hippner, H./ Wilde, K. (2006): Grundlagen des CRM, Konzepte und Gestaltung, 2. Auflage, Wiesbaden 2006.
65. Hippner, H./Wilde, K. (2006): Grundlagen des CRM, Konzepte und Gestaltung, 2. Auflage, Wiesbaden 2006.
66. Hirschsteiner, G. (2003): Beschaffungsmarketing und Marktrecherchen, München/Wien 2003.
67. Hölscher, R. (2002): Von der Versicherung zur integrativen Risikobewältigung: Die Konzeption eines modernen Risikomanagements, in: Hölscher, R./Elfgen, R. (2002): Herausforderung Risikomanagement, Identifikation, Bewertung und Steuerung industrieller Risiken, Wiesbaden 2002.
68. Hofbauer, G. (2003): Marktsegmentierung – Zielgruppenorientierte Marktbearbeitung, Studienskript zur Fernsehvorlesung Personal und Marketing in der Reihe IT-Kompakt, München/ Deggendorf 2003.
69. Hofbauer, G. (2004a): Studienskript Marketing Modul MK3, Produktmanagement, Studienskript Fachhochschule Ingolstadt, Ingolstadt 2004.
70. Hofbauer, G. (2004b): Diffusion und Lifecycle Management, Working Papers, Fachhochschule Ingolstadt, Ingolstadt 2004.
71. Hofbauer, G. (2004c): Studienskript Marketing Modul MK1, Kernelemente des Relationshipmanagements, Fachhochschule Ingolstadt, Ingolstadt 2004.
72. Hofbauer, G. (2004d): Studienskript Marketing Modul MK3, Grundsätze marktorientierter Unternehmensführung, Fachhochschule Ingolstadt, Ingolstadt 2004.
73. Hofbauer, G. (2004e): Preismanagement, Marketing-online, Begleitlektüre zur E-Learning-Plattform Performance Management, Fachhochschule Ingolstadt, Ingolstadt 2004.
74. Hofbauer, G. (2007): Moderne Ansätze des Kundendienstmanagements im Investitionsgütersektor, Studienskript FH Ingolstadt 2007.
75. Hofbauer, G./Bauer, C. (2004): Integriertes Beschaffungsmarketing: Der systematische Ansatz im Wertschöpfungsprozess, München 2004.
76. Hofbauer, G./Bergmann, S. (2012): Prinzipien des Innovations- und Technologiemanagements, Working Papers, Hochschule Ingolstadt, Heft Nr. 22, Ingolstadt 2012.
77. Hofbauer, G./Dürr, K. (2011): Der Kunde – Das unbekannte Wesen. Psychologische und soziologische Einflüsse auf die Kaufentscheidung, 2. aktualisierte Auflage, Berlin 2011.
78. Hofbauer, G./Fink, T. (2008): Professionell verhandeln – erfolgreich verkaufen. So kommen Sie gezielt zum Geschäftsabschluss, Berlin 2008.
79. Hofbauer, G./Haun, V./Poost, A./Körner, R. (2005): Alpha-Kommunikatoren und die Diffusion von Innovatoren, Working Papers, Hochschule Ingolstadt, Heft Nr.10, Ingolstadt 2005.
80. Hofbauer, G./Hellwig, C. (2012): Professionelles Vertriebsmanagement, Der prozessorientierte Ansatz aus Anbieter- und Beschaffersicht, 3. Auflage, Erlangen 2012.
81. Hofbauer, G./Hohenleitner, C. (2005): Erfolgreiche Marketing-Kommunikation, Wertgestaltung durch Prozessmanagement, München 2005.

82. Hofbauer, G./Körner, R./Nikolaus, U./Poost, A. (2009): Marketing von Innovationen, Strategien und Mechanismen zur Durchsetzung von Innovationen, Stuttgart 2009.
83. Hofbauer, G./Mashhour, T./Fischer, M. (2009): Lieferantenmanagement, Die wertorientierte Gestaltung der Lieferbeziehung, München 2009.
84. Hofbauer, G,/Pattloch, A./Rumler, A./Schuchert-Güler, P. (Hrsg.)(2012): Digitale Kommunikation, Berlin 2012.
85. Hofbauer, G./Rau, D. (2011): Professionelles Kundendienstmanagement, Ansätze, Strategien Rahmenbedingungen, Erlangen 2011.
86. Hofbauer, G./Sangl, A. (2011): Professionelles Produktmanagement, Der prozessorientierte Ansatz, Rahmenbedingungen und Strategien, 2. aktualisierte und erweiterte Auflage, Erlangen 2011.
87. Hofbauer, G./Schmidt J. (2007): Identitätsorientiertes Markenmanagement, Grundlagen und Methoden für bessere Verkaufserfolge, Regensburg/Berlin 2007.
88. Hofbauer G./Schöpfel, B. (2010): Professionelles Kundenmanagement, Ganzheitliches CRM und seine Rahmenbedingungen, Erlangen 2010.
89. Hofbauer, G./Schweidler, A. (2004): Preisstudie: Der preisliche Zusammenhang des Warenkorbes für häufig gekaufte Konsumgüter, Ingolstadt 2004.
90. Hofsäss, M./Engel, D. (2003): Praxishandbuch Mediaplanung – Forschung, Studien und Werbewirkung – Mediaagenturen und Planungsprozess – Mediagattungen und Werbeträger, Berlin 2003.
91. Homburg, C. (2004): Kundenzufriedenheit, Konzepte – Methoden – Erfahrungen, 4. Auflage, Wiesbaden 2004.
92. Homburg, C./Bucerius, M. (2004): Kundenzufriedenheit als Managementherausforderung, in: Homburg, C. (2004): Kundenzufriedenheit, Konzepte – Methoden – Erfahrungen, 4. Auflage, Wiesbaden 2004.
93. Homburg, C./Daum, D. (1997): Auf der Suche nach den entgangenen Preisen, in: Absatzwirtschaft 10/1997, Düsseldorf 1997.
94. Homburg, C./Giering, A. (2002): Kundenzufriedenheit: Ein Garant für Kundenloyalität?, in: Absatzwirtschaft 1-2/2002, S. 82–91.
95. Homburg, C./Schäfer, H./Schneider, J. (2002): Sales Excellence: Vertriebsmanagement mit System, 2. Auflage, Wiesbaden 2002.
96. Homburg, C./Schäfer, H./Schneider, J. (2003): Sales Excellence. Vertriebsmanagement mit System, 3. Auflage, Wiesbaden 2003.
97. Horváth, P. (2011): Controlling, 12. Auflage, München 2011.
98. Huber, A. (2005): Forderungsmanagement, Heidelberg 2005.
99. Jankulik, E./Kuhlang, P./Piff, R. (2005): Projektmanagement und Prozessmessung – Die Balanced Scorecard im projektorientierten Unternehmen, Erlangen 2005.
100. Jobs, E. (2000): Data-Warehouse und Kundenmonitoring, in: Hofmann, M./Mertienes, M. (2000): Customer-Lifetime-Value-Management, Kundenwert schaffen und erhöhen: Konzepte, Strategien, Praxisbeispiele, Wiesbaden 2000.
101. Jung, H. (2004): Allgemeine Betriebswirtschaftslehre, 9. Auflage, München 2004
102. Jung, H. (2011): Controlling, 3. Auflage, München 2011.
103. Jung, R./Winter, R. (2000): Data Warehousing Strategie, Berlin/Heidelberg/New York 2000.
104. Kairies, P. (1999): Professionelles Produkt-Management für die Investitionsgüterindustrie für die Praxis und moderne Arbeitstechniken, 3. Auflage, Renningen-Malmsheim 1999.
105. Kieninger, M. (2003): Budget, in: Horváth, P./Reichmann, Th. (2003): Vahlens Großes Controllinglexikon, 2. Auflage, München 2003.
106. Klein, R./Scholl, A. (2011): Planung und Entscheidung – Konzepte, Modelle und Methoden einer modernen betriebswirtschaftlichen Entscheidungsanalyse, 2. Auflage, München 2011.
107. Kleinaltenkamp, M./Plinke, W. (1998): Technischer Vertrieb – Grundlagen des Business-to-Business-Marketing, Berlin/Heidelberg 1998.
108. Kleinaltenkamp, M./Jacob, F. (1999): Grundlagen der Gestaltung des Leistungsprogramms, in: Kleinaltenkamp, M./Plinke, W. (1999): Markt- und Produktmanagement, Die Instrumente des technischen Vertriebs, Berlin/Heidelberg 1999.
109. Kloss, I. (2012): Werbung, Handbuch für Studium und Praxis, 5. Auflage, München 2012.

110. Köhler, R. (2003): Marketing-Controlling, in: Horváth, P./Reichmann, Th. (2003): Vahlens Großes Controllinglexikon, 2. Auflage, München 2003.
111. Kotler, P./Armstrong, G./Saunders, J./Wong, V. (2003): Grundlagen des Marketing, 3. Auflage, München 2003.
112. Kotler, P./Bliemel, F. (2001): Marketing Management: Analyse, Planung und Verwirklichung, 10. Auflage, Stuttgart 2001.
113. Kralicek, P./Böhmdorfer, F./Kralicek, G. (2001): Kennzahlen für Geschäftsführer, 4. Auflage, Wien/Frankfurt 2001.
114. Krafft, M./Götz, O. (2006): Zusammenhang zwischen Kundennähe, Kundenzufriedenheit und Kundenbindung sowie deren Erfolgswirkung, in: Hippner, H./Wilde, K. (2006): Grundlagen des CRM, Konzepte und Gestaltung, 2. Auflage, Wiesbaden 2006.
115. Küpper, H.-U. (2008): Controlling – Konzeption, Aufgaben, Instrumente, 5. Auflage, Stuttgart 2008.
116. Kuhlmann, E. (2001): Industrielles Vertriebsmanagement, München 2001.
117. Kuß, A./Tomczak, T. (2002): Marketingplanung, Einführung in die marktorientierte Unternehmens- und Geschäftsplanung, 3. Auflage, Wiesbaden 2002.
118. Lauszus, D./Grimm, D. (2000): Preiskompetenz im Außendienst, in: Sales Profi 7/2000.
119. Liermann, F./Uecker, P. (2006): Was ist Controlling?, in: Müller, A./Uecker, P./Zehbold, C. (2006): Controlling – für Wirtschaftsingenieure, Ingenieure und Betriebswirte, 2. Auflage, München/Wien 2006.
120. Liessmann, K. (1999): Strategisches Controlling, in: Mayer, E./Liessmann, K./Freidank, C.-C. (1999): Controlling-Konzepte – Werkzeuge und Strategien für die Zukunft, 4. Auflage, Wiesbaden 1999.
121. Link, J./Gerth, N./Voßbeck, E. (2000): Marketing-Controlling, München 2000.
122. Link, J./Weiser, Ch. (2011): Marketing-Controlling – Systeme und Methoden für mehr Markt- und Unternehmenserfolg, 3. Auflage, München 2011.
123. Lunau, S. (2006): Six Sigma + Lean Toolset, Berlin/Heidelberg 2006.
124. Magnusson, K./Kroslid, D./Bergmann, B. (2004): Six Sigma umsetzen, 2. Auflage, München.
125. Matyas, K. (2001): Taschenbuch Produktionsmanagement, Planung und Erhaltung optimaler Produktionsbedingungen, München/Wien 2001.
126. Mathys, E. (2001): Praxishandbuch Produktmanagement – Grundlagen und Instrumente für eine erfolgreiche Produktvermarktung, Frankfurt/Main 2001.
127. Martin, R. (2006): Organisationsmanagement / Organisationsentwicklung, Studienskript FH Ingolstadt, Ingolstadt 2006.
128. May, E./Fuß, H.-J./Dürr, G. (2002): Industrie!, Darmstadt 2002.
129. Meffert, H. (2000): Marketing, Grundlagen marktorientierter Unternehmensführung, 9. Auflage, Wiesbaden 2000.
130. Meyer, A./Davidson, J. (2001): Offensives Marketing, Freiburg i. Br. 2001.
131. Meyer, A./Schaffer, M. (2001): Die Kundenbeziehung als ein zentraler Unternehmenswert – Kundenorientierung als Werttreiber der Kundenbeziehung, in: Günter, B./Helm, S. (2001): Kundenwert, Grundlagen – Innovative Konzepte – Praktische Umsetzungen, Wiesbaden 2001.
132. Müller, A. (2002): Controlling-Konzepte – Kompetenz zur Bewältigung komplexer Problemstellungen, Stuttgart/Berlin/Köln 2002.
133. Müller, A. (2009): Grundzüge eines ganzheitlichen Controllings, 2. Auflage, München 2009.
134. Müller, A. (2002): Controlling-Konzepte – Kompetenz zur Bewältigung komplexer Problemstellungen, Stuttgart/Berlin/Köln 2002.
135. Neu, M. (2005): Unternehmensführung, 2. Auflage, Berlin 2005.
136. Nieschlag, R./Dichtl, E./Hörschgen, H. (2002): Marketing, 19. Auflage, Berlin 2002.
137. Olfert, K./Ehrmann, H. (2005): Risikomanagement Rating-Basel II, Ludwigshafen (Rhein) 2005.
138. Olfert, K./Ehrmann, H. (2003): Balanced Scorecard, Ludwigshafen (Rhein) 2003.
139. Olfert, K./Pischulti, H. (1999): Unternehmensführung, Ludwigshafen (Rhein) 1999.
140. Palupski, R. (1998): Management von Beschaffung, Produktion und Absatz, Wiesbaden 1998.

141. Pande, P. S./Neumann, R. P./Cavanagh, R. R. (2000): The Six Sigma Way – How GE, Motorola, And Other Top Companies Are Honing Their Performance, New York 2000.
142. Pathirawasam, C./Král', M. (2012): Momentum Effect and Market States, Emerging Markets Evidence, E+M, 2012, S. 115–124, ISSN 1212-3609.
143. Pechtl, H. (2005): Preispolitik, Stuttgart 2005.
144. Pepels, W. (2005): Grundlagen der Unternehmensführung, Strategie – Stellgrößen – Erfolgsfaktoren – Implementierung, München 2005.
145. Pepels, W. (2003): Produktmanagement, 4. Auflage, München 2003.
146. Pepels, W. (2000): Marketing, Lehr- und Handbuch, 3. Auflage, München 2000.
147. Pepels, W. (1999): Business-to-Business-Marketing, Handbuch für Vertrieb, Technik, Service, Kriftel/Ts. 1999.
148. Pepels, W. (1998): Einführung in das Preismanagement, München 1998.
149. Pfefferli, H. (2002): Lieferantenqualifikation, Renningen 2002.
150. Picot, A./Dietl, H./Franck, E. (2002): Organisation, Eine ökonomische Perspektive, 3. Auflage, Stuttgart 2002.
151. Picot, A./Dietl, H./Franck, E. (2005): Organisation, Eine ökonomische Perspektive, 4. Auflage, Stuttgart 2005.
152. Piontek, J. (2004): Controlling, 3. Auflage, München 2004.
153. Preissler, P./Ebert, G. (1996): Controlling, 6. Auflage, Landsberg/Lech 1996.
154. Raab, G./Lorbacher, N. (2002): Customer Relationship Management, Aufbau dauerhafter und profitabler Kundenbeziehungen, Heidelberg 2002.
155. Rapp, R. (2001): Customer Relationship Management, Das neue Konzept zur Revolutionierung der Kundenbeziehung, 2. Auflage, Frankfurt/Main 2001.
156. Rapp, R. (2005): Customer Relationship Management, Das neue Konzept zur Revolutionierung der Kundenbeziehung, 3. Auflage, Frankfurt/Main 2005.
157. Rehbehn, R./Yurdakul, Z. B. (2003): Mit Six Sigma zu Business Excellence – Strategien, Methoden, Praxisbeispiele, Erlangen 2003.
158. Reichmann, Th. (2011): Controlling mit Kennzahlen – Die systemgestützte Controlling-Konzeption mit Analyse- und Reportinginstrumenten, 8. Auflage, München 2011.
159. Reichmann, Th./Schön, D. (2003): Projekt-Controlling, in: Horváth, P./Reichmann, Th. (2003): Vahlens Großes Controllinglexikon, 2. Auflage, München 2003.
160. Rogge, H. J. (2004): Werbung, 6. Auflage, Ludwigshafen 2004.
161. Schank, C (2000): Kundengewinnung als Startpunkt des CLV-M, in: Hofmann, M./Mertienes, M. (2000): Customer-Lifetime-Value-Management, Kundenwert schaffen und erhöhen: Konzepte, Strategien, Praxisbeispiele, Wiesbaden 2000.
162. Schierenbeck, H. (2001): Ertragsorientiertes Bankmanagement, Band 2: Risiko-Controlling und integrierte Rendite-/Risikosteuerung, 7. Auflage, Wiesbaden 2001.
163. Schierenbeck, H./Lister, M. (2002): Value Controlling – Grundlagen Wertorientierter Unternehmensführung, 2. Auflage, München/Wien 2002.
164. Schneider, D. (1997): Betriebswirtschaftslehre – Band 2: Rechnungswesen, 2. Auflage, München 1997.
165. Schneider, M. (1993): Entwicklung des Controlling, Gießen 1993.
166. Schöler, A. (2006): Rückgewinnungsmanagement, in: Hippner, H./Wilde, K. (2006): Grundlagen des CRM, Konzepte und Gestaltung, 2. Auflage, Wiesbaden 2006.
167. Schröder, E. (2003): Modernes Unternehmens-Controlling, 8. Auflage, Ludwigshafen (Rhein) 2003.
168. Schröder, E. (1996): Modernes Unternehmens-Controlling – Handbuch für die Unternehmenspraxis, 6. Auflage, Ludwigshafen (Rhein) 1996.
169. Schulte, M./Horsch, A. (2004): Wertorientierte Banksteuerung II: Risikomanagement, 2. Auflage, Frankfurt am Main 2004.
170. Stahl, H./Hinterhuber, H./Friedrich, S./Matzler, K. (2000): Kundenzufriedenheit und Kundenwert, in: Hinterhuber, H./Matzler, K. (2000): Kundenorientierte Unternehmensführung, Kundenorientierung – Kundenzufriedenheit – Kundenbindung, 2. Auflage, Wiesbaden 2000.
171. Staub, M. (1998): Das große Handbuch – Einkaufs- und Beschaffungs-Management, Landsberg/Lech 1998.

172. Stausberg, M. (2006): Kennzahlen für den Kundendienst, Weka Media, Kissing 2006.
173. Stauss, B. (2006): Grundlagen und Phasen der Kundenbeziehung: Der Kundenbeziehungs-Lebenszyklus, in: Hippner, H./Wilde, K. (2006): Grundlagen des CRM, Konzepte und Gestaltung, 2. Auflage, Wiesbaden 2006.
174. Stauss, B. (2000): Rückgewinnungsmanagement – Verlorene Kunden als Zielgruppe in: Bruhn, M./Stauss, B. (2000): Dienstleistungsmanagement, Jahrbuch 2000, Wiesbaden 2000.
175. Steinle, C./Daum, A. (2007): Controlling – Kompendium für Ausbildung und Praxis, 4. Auflage, Stuttgart 2007.
176. Steinmann, H./Schreyögg, G. (2005): Management – Grundlagen der Unternehmensführung Konzepte, Funktionen, Fallstudien, 6. Auflage, Wiesbaden 2005.
177. Thommen, J.-P./Achleitner, A.-K. (2003): Allgemeine Betriebswirtschaftslehre, 4. Auflage, Wiesbaden 2003.
178. Tysiak, W. (2000): Einführung in die Fertigungswirtschaft, München 2000.
179. Vahs, D. (2005): Organisation, Einführung in die Organisationstheorie und -praxis, 5. Auflage, Stuttgart 2005.
180. Vahs, D./Burmester, R. (2002): Innovationsmanagement – Von der Produktidee zur erfolgreichen Vermarktung, 2. Auflage, Stuttgart 2002.
181. Vergossen, H. (2004): Marketing-Kommunikation, Ludwigshafen 2004.
182. Vollert, K. (2004): Grundlagen des strategischen Marketing, 3. Auflage, Bayreuth 2004.
183. Voß, S./Gutenschwager, K. (2001): Informationsmanagement, Berlin/Heidelberg 2001
184. Weber, J. (2005): Das Advanced-Controlling-Handbuch – Alle entscheidenden Konzepte, Steuerungssysteme und Instrumente, Weinheim 2005.
185. Weber, J. (2003): Budgetierungskoordination, in: Horváth, P./Reichmann, Th. (2003): Vahlens Großes Controllinglexikon, 2. Auflage, München 2003.
186. Weber, J. /Schäffer, U. (2008): Einführung in das Controlling, 12. Auflage, Stuttgart 2008.
187. Weiber, R./Kollmann, T./Pohl, A. (2006): Das Management technologischer Innovationen, in: Kleinaltenkamp, M./Plinke, W./Jacob, F./Söllner, A. (Hrsg.) (2006): Markt- und Produktmanagement, die Instrumente des Business-to-Business-Marketing, 2. Auflage, Wiesbaden 2006.
188. Winkelmann, P. (2005): Vertriebskonzeption und Vertriebssteuerung, 3. Auflage, München 2005.
189. Winkelmann, P. (2008): Vertriebskonzeption und Vertriebssteuerung, Die Instrumente des integrierten Kundenmanagements (CRM), 4. Auflage, München 2008.
190. Winkelmann, P. (2006): Marketing und Vertrieb, 5. Auflage, München 2006.
191. Winkelmann, P. (1999): Operative Marktsegmentierung mit Hilfe von Kundenportfolios, in: Pepels, W. (1999): Business-to-Business-Marketing, Handbuch für Vertrieb, Technik, Service, Kriftel/Ts. 1999.
192. Wöhe, G. (2005): Einführung in die Allgemeine Betriebswirtschaftslehre, 22. Auflage, München 2005.
193. Zezelj, G. (2000): Das CLV-Management-Konzept, in: Hofmann, M./Mertiens, M. (2000): Customer-Lifetime-Value-Management, Kundenwert schaffen und erhöhen: Konzepte, Strategien, Praxisbeispiele, Wiesbaden 2000.

# Stichwortverzeichnis